U0210810

建筑设备集成

学校·图书馆

[日]空气调和·卫生工学会　　编

刘云俊　潘　嵩　韩一叶　　译

潘　嵩　肖玉琼　韩一叶　　校

中国建筑工业出版社

著作权合同登记图字：01-2012-0909号

图书在版编目（CIP）数据

学校·图书馆 /（日）空气调和·卫生工学会编；刘云俊，潘嵩，韩一叶译.
—北京：中国建筑工业出版社，2017.12
（建筑设备集成）
ISBN 978-7-112-21462-4

Ⅰ.①学… Ⅱ.①空… ②刘… ③潘… ④韩… Ⅲ.①学校 – 教育建筑 – 建筑
设计②图书馆建筑 – 建筑设计 Ⅳ.①TU244②TU242.3

中国版本图书馆CIP数据核字(2017)第268124号

本书由日本欧姆社授权我社翻译、出版、发行。

责任编辑：刘文昕 李玲洁
责任校对：李美娜

建筑设备集成

学校·图书馆
[日]空气调和·卫生工学会 编
刘云俊 潘 嵩 韩一叶 译
潘 嵩 肖玉琼 韩一叶 校
＊
中国建筑工业出版社出版、发行（北京海淀三里河路9号）
各地新华书店、建筑书店经销
北京京点图文设计有限公司制版
北京中科印刷有限公司印刷
＊
开本：787×1092毫米 1/16 印张：19½ 字数：604千字
2018年12月第一版 2018年12月第一次印刷
定价：78.00元
ISBN 978-7-112-21462-4
 （31124）

总 序

建筑设备专业在不同时代、不同国家包含的内容不尽相同，大体有供热、通风、空调、室内给水排水、消防、冷热源和自动控制等。在专项建筑中，有时还会涉及工艺性的内容，如洁净、除尘、气力输送、物料回收处理等。总体来说，建筑设备专业是为建筑服务的，属于支持和配合的角色，可谓是衬托红花的绿叶。

我们回顾建筑业的历史，建筑专业，也就是"龙头专业"，是建筑师们主营的专业，可以说已有约8000年的历史。很多设计大师，创造过无数辉煌的杰作，现在还能见到大量丰富的精品和精彩的遗存。对比之下，建筑设备专业是个稚嫩幼小的专业，只有约80年的历史，只是建筑专业年龄的百分之一。可是在建筑设备专业的角度看，那些古典辉煌的建筑，因缺少了内部设施，可说是精美的"空壳"。我们近代技术发展所创造的设施为建筑物带来了内涵，如给水排水管道，似循环系统；供电网络，似神经系统；空调装置，似呼吸系统；自控设备，似中枢智能系统。这些系统为建筑物带来了除外形、结构之外的主要生命体征，赋予建筑"活"的气息，因此建筑设备专业在这方面，担负着最主要的责任。

现代科技的支持和人们对建筑品质要求的全面提升，是建筑设备专业发展的动力，品质提升的要求却又带来了对全球能源、资源、环境的影响。为求发展的同时又不破坏环境、节约能源，促使我们建筑设备专业在新形势下承担起节能、环保、低碳、绿色的重大责任，这说明设备专业在建筑产业中的权重必将不断加大。

中国建筑设备发展史可概括为：新中国成立后，从无到有；改革开放后，从小到大；今天及未来，从大到强；我们还可清晰地预见，**今后更是建筑设备专业在建筑产业中，权重迅速提升的时代。**

建筑设备专业人才培养和科研人员的成长、发展与设计工程师有什么不同呢？我曾以医务界角色的不同，对上述两个不同职位的作用做过这样的描述：前者好像学习和研究制药的过程；而后者，其实是医生诊断、开方用药的过程。因此，从建筑设备专业的学习研究阶段进入工程设计阶段，就要有个重要的身份转变。这个转变，就如制药和用药的立场转变，要立即从关注药品转向关注求医者。建筑设备专业的工程设计师要关注的首先是建筑，就它的特点、功能需求以及具体的条件，分析为满足这些特点和功能开出什么样的药方来，也就是设备的解决方案。工程设计的本质应是恰当地把恰当的技术和设备用在建筑物恰当的部位，并且把它们恰当地综合好。

读了本套《建筑设备集成》的各册，引出了上述的联想。

《建筑设备集成》丛书在日本初版计14卷，自1987～1992年先后发行，成为日本建筑设备设计人员实用的一本指导书。随着时代进步，对于初版进行修订后，增进了新的观点，有了新的章节构架，叙述上更追求层次和深度，**重点考虑了设计人员在实践中对设计不同用途建筑物时对全局的把握。书中对不同类别建筑的设计实例分析，更能帮助设计人员在具体工作中加深从设备规划到方案成型整个设计过程的理解。**

日本的建筑设备专业，其研究成果和设计经验，有很多值得中国同行认真学习。在设计中，各建筑门类都各有特点，就像我们面对求医者，体质和问题应分科、分类考虑。本套《建筑设备集成》就列出了13种不同使用功能建筑分类编著，介绍理念、展示实例，这是总结、传播技术精髓的好方法。

工程设计与专题科研在思维规律上，有着一个重要的区别，**那就是工程设计会有多种途径满足要求，以方案比较和优选为主要思路。**这就要提醒中国读者，学习国际同行的技术和经验时，要不忘分析国情的异同，做综合优选。这才能使学习和吸纳本套《建筑设备集成》的技术精髓最为有效。

感谢日本作者们长期的辛勤努力和贡献，而且与时俱进地对著作多次修编。感谢中国译者和中国建筑工业出版社为广大中国同行们搭建了学习桥梁。

望全球的同行们共同努力，积极面对和迎接建筑设备专业在建筑产业中权重迅速提升的重要时代！

吴德绳

北京市建筑设计研究院　顾问总工程师

中国建筑学会暖通分会　副理事长

中国制冷学会　常务理事

空气调和·卫生工学会

出版委员会《建筑设备集成》修订分委员会　学校·图书馆小组

主　编　高井　启明　（株式会社竹中工务店）

干　事　小笠原昌宏　（株式会社日本设计）

委　员　井上　　隆　（东京理科大学）　　　小峰　裕己　（千叶工业大学）

　　　　金谷　　靖　（株式会社日建设计）　田中　良彦　（株式会社三菱地所设计）

　　　　栗城　干男　（株式会社久米设计）

执笔者（以日语发音为序）

牛尾　智秋　（株式会社日建设计）　设计实例 1

小笠原昌宏　（株式会社日本设计）　第 3 章 3.6 节，第 4 章 4.3 节

金谷　　靖　（株式会社日建设计）　第 3 章 3.3 节

栗山　荣作　（株式会社长大 Arukomu 建筑事业部）　设计例 3

小林　阳一　（株式会社安井建筑设计事务所）　设计例 4

小峰　裕己　（千叶工业大学）　第 2 章

佐藤　昌之　（株式会社日本设计）　设计例 2

长泽　　悟　（东洋大学）　第 1 章 1.1 节～ 1.3 节

原田　　仁　（株式会社三菱地所设计）　第 3 章 3.1 节，3.2 节

东　　建男　（株式会社伊东丰雄建筑设计事务所）　第 1 章 1.4 节～ 1.6 节

平松　友孝　（株式会社音·环境研究所）　第 3 章 3.7 节

布上　亮介　（株式会社竹中工务店）　第 3 章 3.4 节，3.5 节

渡边　　忍　（株式会社设备计画）　第 4 章 4.1 节，4.2 节

审校（以日语发音为序）

井上　　隆　（东京理科大学）　　　　乡　　正明　（清水建设株式会社）

小笠原昌宏　（株式会社日本设计）　　高井　启明　（株式会社竹中工务店）

金谷　　靖　（株式会社日建设计）　　原野　文男　（株式会社日建设计）

栗城　干男　（株式会社久米设计）　　原田　　仁　（株式会社三菱地所设计）

小峰　裕己　（千叶工业大学）　　　　松浦　　肇　（株式会社安井建筑设计事务所）

序

　　《建筑设备集成》是一套对各种不同用途建筑物的规划设计知识加以解说的工具书。老版共 14 卷，自 1987 年始至 1992 年先后发行，被认为是一套对设计人员很有益的入门书。不过，随着建筑环境的变化和日新月异的技术进步，全面修订本套书的必要性也开始显现出来。

　　本套书（下同）总结了迄今为止该领域庞大的知识体系，并以新的观点对各卷内容组成进行重构，设定了叙述的层次和深度，使其更加适应时代发展的要求。本套书可作为设备设计者进行方案规划和实施设计方针的实用手册，而未来的设备设计者也可通过本书掌握现有的设计技术。为了真正达到以上两个目的，本套书以从事建筑设备设计的新老技术人员为特定的读者对象。基于这一理由，本套书在章、节和项的编排上，除了重点考虑设计者在实际设计不同用途建筑物时必须掌握的基础知识以外，还特别重视设计者能否把握设计全局。

　　《建筑设备集成》把建筑物按照不同用途分为 13 个种类，各卷原则上由 4 章组成。第 1 章为各设施概要(各设施建筑特征及其发展趋势，建筑设备的特征、发展趋势和建筑物应具有的要素等)；第 2 章为设备总体规划(关于总体设备规划要点、空调设备规划、给水排水设备规划和特殊设备规划的解说)；第 3 章为设备设计(空调设备、给水排水设备和特殊设备等)；第 4 章以设计实例作为基本参照，讲述该类建筑物所具有的特征。值得一提的是第 4 章的设计实例，设定的读者对象群很广，依据建筑物规模的大小和设备布置方式的差别，选取的设计实例也不相同。我们设想，通过接触这些实例设计者的设计理念，可使读者加深对设备规划到图纸绘制的整个设计过程的理解。

　　自《建筑设备集成》初版发行以来差不多 20 年过去了，设备设计技术也有了显著的进步。本书如果能够像老版那样成为设备设计的实用手册，并有助于培养新一代设备设计技术人员，那将是一件非常令人高兴的事。

　　最后，谨向参与本书策划、编辑和审阅的出版委员会《建筑设备集成》修订分委员会的各位委员、付出艰辛劳动的各位执笔者以及提供图纸的相关人员表示由衷的感谢。

出版委员会《建筑设备集成》修订分委员会
主编　中岛正人
野原文男
2011 年 7 月

前　言

《建筑设备集成》第6卷"学校・图书馆"的修订版现已开始发行。

自初版发行以来,"学校・图书馆卷"也走过了约20个年头,其间发生的各种变化也是很大的。由于在学校建设方面开始推行考虑环境(文部科学省所说的环保学校)因素的方针,因此即使是现有学校的抗震改造也要兼顾对环境的影响。在此过程中,诸如绝热、密封、遮阳、绿化、自然通风和自然采光之类的建筑节能手法逐渐为人们所重视。此外,一些没有空调设施的中小学校恶劣的室内环境更是饱受诟病,要求改善的呼声日益高涨。据此,以中小学校为对象的环境性能评价工具"CASBEE学校"被开发出来,并开始实际应用。

对于图书馆来说,也同样提出了新的要求:社会功能的多样化,吸引更多的读者,适于各种不同的使用目的,并拥有与ICT融合的环境等。

其中,尤其是空调和给水排水的规划设计更要与此相对应。本书根据学校・图书馆的建筑特点及其发展趋势,阐释了学校・图书馆的建筑规划,讲述了学校的建筑环境规划和学校・图书馆的空调给水排水设备规划及设备设计,并介绍了最新的4个设计实例。本书可供从事学校建筑环境规划以及空调给水排水设备规划的技术人员参考,假如还能够对新一代的设计者和技术人员起到一定作用,则更是一件非常令人高兴的事。

最后,仅对参与本书策划、编辑和审阅的出版委员会《建筑设备集成》修订分委员会"学校・图书馆卷"分科小组的各位同仁、付出艰辛劳动的诸位执笔者和协助提供图纸的有关人员表示深深的感谢。

出版委员会《建筑设备集成》修订分委员会

"学校・图书馆卷"小组主编　高井启明

2011年7月

目　录

设　计　实　例

第**1**章
学校·图书馆的建筑特点及其发展趋势

1.1 学校建筑的特点

[1] 学校制度

日本《学校教育法》规定，日本的学校分为幼儿园、小学、初中、高中、中等教育学校、特别支援学校、大学、高等专门学校和专科学校等多种学校。第二次世界大战后，日本将教育机会均等作为目标，建立了6、3、3单线型的教育制度。以培养就业能力为目的的是1962年成立的高等专门学校，而以教育连贯性作为方向的则是1999年开始出现的中等教育学校。特别支援学校的学生是残障儿童，通过在这里的学习，帮助他们掌握将来在社会上独立生活所需的知识技能。因以支援为目的，故2007年起与过去的盲童学校、聋哑学校和护养学校等成为同类学校。

至于高中，其入学率已超过98%，为了适应学生的多种需求，1994年将1988年前的全日制学校，分为普通学科高中和职业学科高中，后又设置了综合学科作为新的第三学科，使得高中的数量进一步增加。到了2006年，保育所与幼儿园的界限被打破，使保育与教育一体化，作为进行育儿教育的设施，认证儿童园也被制度化了。

随着这些制度的建立，近年来学校在转变过程中出现的问题也备受关注。针对在过去实行初高中一贯制时出现的"初一抵触（从小学升入初中，因不能马上适应学校的变化而拒绝上学等）"现象，成立了以中小学联合为目的的中小学一贯制学校；另外针对"小一问题（孩子从幼儿园进入小学，因不习惯班级活动而踌躇不前等）"，加强了幼儿园与小学的衔接。此外，以设立特色高校为目标创建了多种选择讲座的综合选择制高中，甚至设置了"超级科学高中"（SSH）。总之，学校的形式完全依据设置者的判断来确定。

[2] 学习指导纲要

各学校作为教育课程所讲授的内容和规定的中小学年标准课时数以及高中的年标准课程年标准学分等被称为学习指导纲要。教学内容由教科书、作为课外教育活动的道德教育及各种特别活动和2002年创设的综合性学习时间构成，从2011年度开始，在小学增加了外语教学活动。另外，高中不设道德教育课，特别支援学校则包括培养自立活动的教学内容。幼儿园也参照这一教育纲要，替代教科书的教育内容由健康、人际关系、环境、语言、举止等5方面及全年活动安排等组成。各学校设立者和学校均以此作为指导原则，确定各具特色的教学课程。

学习指导纲要的内容根据社会状况和教育目标侧重点的变化，基本上每10年修订一次。作为实施这一纲要所应具备条件的建设项目，除了要确保设施方面——教室、学习空间及运动空间的数量、面积、结构以及内部设备之外，还要求具有可随时加以改进的柔性。

在2011年开始施行的新学习指导纲要中，将进一步培养"生存能力"作为一种"综合的学习能力"，而且在培养学生掌握知识技能和思考力、判断力及表现力等的同时，还要求学生具有"丰富的内心世界"和"健壮的体魄"，实现三位一体的目标。这样一来，便对完善的学校设施功能建设提出了更高的要求，使学校成为具有多样化学习内容及学习活动形态的学习空间，还可用来进行外语活动，从事武术活动，充实理科教育和加强信息化等。

[3] 在园儿童和在校学生人数及其演变

截至2010年4月，幼儿园在园儿童数为160.6万人，小学学生数699.3万人，中学学生数355.8万人。日本社会正处于少子化进程中，无论在园儿童还是在校学生人数都在大大减少。与30年前相比，小学约减少了500万人，中学约减少了250万人。幼儿园的情况是，4、5岁的孩子少了，3岁的孩子却增加了。高中的学生人数也在减少。由于包括中等教育前期课程的高中升学率达到创历史新高的98%，因此才使全日制和定时制学校二者合起来的学生人数略有增加。特别支援学校的幼儿、儿童和学生人数为12.2万人，较上年增加了5000人，亦是历史新高。

伴随着这样的变化，偏僻地区的人口过疏化仍在进行中，而城市中心部则因社会性迁移变得空洞化，因此学校也加快了整合和重组的速度。

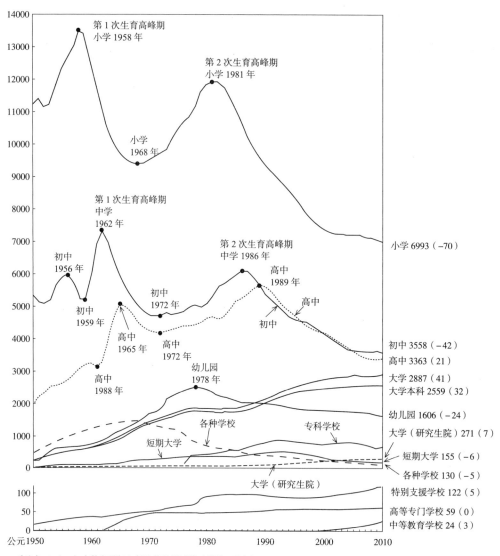

图 1.1　在园在校学生人数的变化（据日本文部科学省统计资料）

〔注〕　1.（　）内数字系与上年比较的增减值（单位：千人）。
　　　　2. 2006 年度以前的特别支援学校包括盲童学校、聋哑学校和护养学校。

[4] 学校的种类及其数目（2010 年度）

　　幼儿园 13392 所（国立 49 所、公立 5107 所、私立 8236 所），较上年度减少 124 所，与 10 年前（2000 年）的 14461 所相比，则减少了 1000 所以上。班级数 70841 个，较上一年度减少 680 个，与 10 年前相比减少了 2000 多个。

　　小学 22000 所（总校 21730 所、分校 270 所）。按设置者分类，国立 74 所、公立 21713 所（较上一年度减少 261 所）、私立 213 所（较上一年度增加 3 所）。在这 10 年期间，减少的学校约在 2000 所以上，而且学校的整合及撤销仍在进行中。

　　普通班级数 277589 个，其中"单式班级"数 241380 个，"复式班级"数 5859 个，合计较上一年度减少 614 个。特别支援班级 * 数 30350 个，较上一年度增加 1297 个。每一班级平均儿童数 25.2 人，相当于每位正式教师负责 16.7 名学生。

───────────

* 所谓"特别支援班级"，系指由日本《学校教育法》第 81 条第 2 款项下各类儿童学生（智障者、肢体障碍者、身体虚弱者、弱视者、重听者，及有其他身体障碍适于在特别支援班级接受教育者）编成的班级。

表 1.1 小学及初中设置标准

（单位：m²）

	小 学		初 中	
校舍	1~40 人	500	1~40 人	600
	41~480 人	500+5×（儿童数-40）	41~480 人	600+6×（学生数-40）
	481 人以上	2700+3×（儿童数-480）	481 人以上	3240+4×（学生数-480）
操场	1~240 人	2400	1~240 人	3600
	241~720 人	2400+10×（儿童数-240）	241~720 人	3600+10×（学生数-240）
	720 人以上	7200	720 人以上	8400

〔注〕2002 年 4 月 1 日施行

初中 10814 所（总校 10734 所、分校 80 所）。按设置者分类，其中国立 75 所、公立 9982 所、私立 757 所（较上一年度增加 12 所）。10 年间，公立初中减少了约 400 所，比小学还要严重。至于实行初高中一贯制的学校数，合并型的为 271 所，联合型的为 175 所。

班级数 121085 个，较上一年度减少 112 个，其中单式班级 107242 个。特别支援班级 13639 个，较上一年度增加 625 个，预计今后还会继续增加。每个班级平均学生数 29.4 人，每位教师负责学生数 14.2 人。

高中 5116 所（总校 5018 所，分校 98 所），与 2000 年度相比减少了 362 所。按设置者分类，其中国立 15 所、公立 3780 所（较上一年度减少 66 所）、私立 1321 所。如果将全部 336 万高中学生按学科分类，其中普通科 243.1 万人（72.4%），为最多，其次是工科（26.7 万人）7.9%，商科（22.1 万人）6.6%，综合学科（17.2 万人）5.1%。每位教师平均负责学生数 14.1 人。

中等教育学校 48 所（国立 4 所、公立 28 所、私立 16 所）。学生数，预科 14000 人，后期课程（全日制、课时制）9000 人。

特别支援学校 1039 所（国立 45 所、公立 980 所、私立 14 所）。

以上数据均来自日本文部科学省截至 2010 年 5 月 1 日调查统计结果。

[5] 中小学的班级编制

按照相关规定，公立中小学校依据公立义务教育各校教职员定编人数，每个班级的学生数最多不得超过 40 人，班级数则为每一学年学生总数除以

40 所得之商，如有尾数再增加 1 个班级。为了提高教育水平，顺利实施新学习指导纲要和确保教师与学生相处的时间，进而实现高质量的教育，作为一项重要举措，自 2011 年度起，将原来的 40 人 1 个班级改为小学一年级 35 人 1 个班级。近年来，中小学的设置市市町村都在根据当地实际情况，重新掌握了可以灵活编班的主导权，而且也能看到引入那种弹性编班的例子，班级的规模并不太小。

班级数和班级的学生数与确定教室的多少和大小有着密切关系，而且还会对学年和学科的总体设置等产生很大影响。因此必须预想到，随着每一学年学生数的变动，班级数也可能变化，并且随着班级规定人数的减少，教室数目将要增多。

作为学校的规模，中小学校以 12 至 18 个班级较为适宜。不过，1 个学年只有 1 个班级的中小学校竟压倒多数。30 个班级以上的学校被认定为规模过大学校，正在裁减之中。

[6] 学校设施标准·补助制度

学校的设施规模，各类学校均有各自的设置标准，而校舍和操场面积，则是根据学生人数确定的（表 1.1）。此外，按照实施义务教育各校由国家财政担设施经费的相关法律法规（《设施费负担法》），建立了公立学校建筑物（公立中小学校、特别支援学校和幼儿园的校舍及体育馆等）设施建设所需经费的一部分由国家财政补助的制度，根据班级的多少确定校舍及室内运动场国家可提供的财政补助（表 1.2）。对于该基准面积，在需要开展各种学习活动和对少数学生进行指导而设置多功能空间的情况下，小学、中学可以分别增加 18% 和 10.5%；有特别支援班级的学校，每个班级再增加 168m²，另有寒冷地区补贴。补助标

表 1.2　学校建筑物财政补助标准·公立学校建筑物标准表（中小学校）

（单位：m^2）

		小　学		初　中	
校舍	必要面积	1 ~ 2 班级	769+279×（班级数 −1）	1 ~ 2 班级	848+651×（班级数 −1）
		3 ~ 5 班级	1326+381×（班级数 −3）	3 ~ 5 班级	2150+344×（班级数 −3）
		6 ~ 11 班级	2468+236×（班级数 −6）	6 ~ 11 班级	3181+324×（班级数 −6）
		12 ~ 17 班级	3881+187×（班级数 −12）	12 ~ 17 班级	5129+160×（班级数 −12）
		18 班级以上	5000+173×（班级数 −18）	18 班级以上	6088+217×（班级数 −18）
		特殊班级每个班级增加 168m^2			
	寒冷地区补贴	一类积雪寒冷地区：加上 32× 班级数		二类积雪寒冷地区：加上 16× 班级数（均含特殊班级）	
	增加多功能空间	上限：必要面积（寒冷地区补贴后）的 18%[*1]		上限：必要面积（寒冷地区补贴后）的 10.5%[*1]	
室内运动场	温暖地区	1 ~ 10 班级 [*2]	894	1 ~ 17 班级	1138
		11 ~ 15 班级	919	18 班级以上	1476
		16 班级以上	1215		
	寒冷地区补贴	1 ~ 9 班级	922	1 ~ 7 班级	1162
		10 ~ 11 班级	1092	8 ~ 13 班级	1237
		12 ~ 23 班级	1258	14 ~ 33 班级	1511
		24 班级以上	1552	34 班级以上	1515

〔注〕数据截至 2006 年 3 月 1 日
*1 在设有多功能空间及少数人上课用教室（包括用于少数人上课的多功能教室）的情况下。
*2 班级数包括特殊班级。

准面积乘以当地标准单价所得的金额及改建部分的 1/3 或新建部分的 1/2 由财政补助。

此外，还有涉及抗震加固、大规模改造和武道场设置等项的补助制度。而且，作为试点示范项目，有针对环保型校舍的补助金。在使用木材时，还有农林水产省对木材的补贴制度。

[7] 中小学校设施面积

目前，日本全国公立中小学校非木结构建筑（校舍、房屋主体或宿舍）的总保有面积为 16105 万 m^2。其中，已使用 30 年以上的约为 8628m^2（占 53.5%），这一数值是 10 年前的 2.7 倍（图 1.2）。第二次生育高峰时期建设的学校设施老化现象十分严重，如果再加上已经使用 20 至 29 年、占总面积 26.8% 的学校设施，超过八成的学校设施急需进行改建或重建。

[8] 中小学校建筑的抗震加固和老朽化对策

随着 1982 年新《抗震设计法》的实施，确保现有学校设施的抗震性便成为学校设施建设中亟待解决的课题，故而对学校建筑的诊断和加固也全面展

开。截至 2010 年 4 月 1 日，在公立中小学校现有的 124238 座建筑中，按照 1982 年以后新的抗震标准设计的建筑有 51021 座（占 41.1%）（图 1.3）。在此之前的 73217 座建筑中，98% 都经过首次抗震诊断，而进行过二次诊断的则有 84.6%。加上已经完成加固改造的建筑，目前的状况是，73.3% 的中小学校建筑均具有可靠的抗震性。不过，一旦遭遇烈度 6 级以上的地震，估计可能倒塌的建筑，在中小学校中仍有 7498 座。中小学校设施不仅是孩子们每天生活的场所，而且还是发生灾害时避难的地方，因此，确保其安全极其重要。2010 年度，预计中小学校设施的抗震化可达到 81%，幼儿园要落后一些，仅为 66.2%。

[9] 学校设施建设指导方针等

关于学校设施建设，日本文部科学省针对幼儿园、小学、初中、高中和特别支援学校等不同学校类型分别制定出指导方针。主要内容是学校设施建设基本方针、课题和注意事项，其次则是作为设施规划的校园规划、配置规划、平面规划、房间规划、

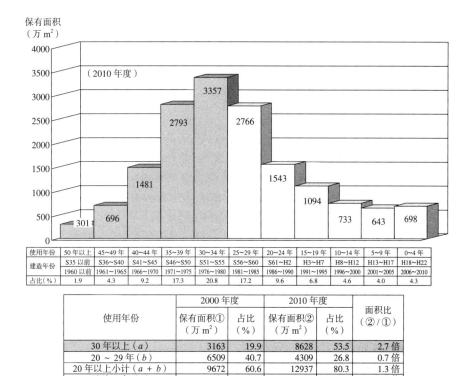

使用年份	50 年以上	45~49 年	40~44 年	35~39 年	30~34 年	25~29 年	20~24 年	15~19 年	10~14 年	5~9 年	0~4 年
建造年份	S35 以前	S36~S40	S41~S45	S46~S50	S51~S55	S56~S60	S61~H2	H3~H7	H8~H12	H13~H17	H18~H22
	1960 以前	1961~1965	1966~1970	1971~1975	1976~1980	1981~1985	1986~1990	1991~1995	1996~2000	2001~2005	2006~2010
占比（%）	1.9	4.3	9.2	17.3	20.8	17.2	9.6	6.8	4.6	4.0	4.3

使用年份	2000 年度		2010 年度		面积比
	保有面积① （万 m²）	占比 （%）	保有面积② （万 m²）	占比 （%）	（②/①）
30 年以上（a）	3163	19.9	8628	53.5	2.7 倍
20 ~ 29 年（b）	6509	40.7	4309	26.8	0.7 倍
20 年以上小计（a + b）	9672	60.6	12937	80.3	1.3 倍
不到 20 年（c）	6313	39.4	3168	19.7	0.5 倍
合计（a + b + c）	15985	100.0	16105	100.0	1.0 倍

图 1.2　公立中小学校非木结构建筑不同使用年头保有面积（日本全国）
（包括校舍、房屋主体和宿舍）

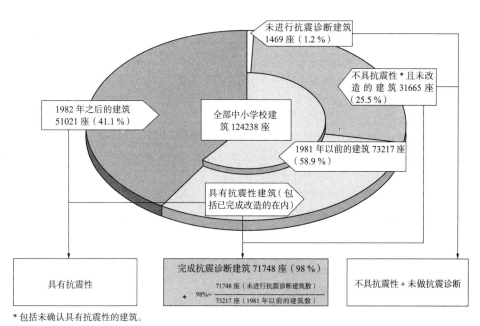

* 包括未确认具有抗震性的建筑。

图 1.3　2010 年度公立学校设施抗震改造情况调查的抗震化状况（中小学校）[16]

详细设计、室外设计、结构设计、设备设计和安全规划等。分为基本事项，以及各个房间和各个项目的注意事项等，并按照"重要"、"希望"或"有效"的等级划分加以阐述。

设施建设指导方针要随着学习指导纲要的修订和社会状况的变化而适时进行修订，这样的修订也是参考了防盗、病态住宅、事故预防和抗震性的确保与设施有关课题的调查结论之后进行的。

此外，关于考虑环境因素的学校建设和使用木材建造设施等课题，其调查研究的成果都发表在相关手册里和文部科学省的网站上。而且，对于制定设施建设指导方针来说，应该以"突出的新型学校设施理念、充实的教育活动和丰富的学校生活"作为基础，并将其作为考核每个项目的依据。公开发表的实例汇编，使设施建设指导方针修订的目的和内容变得更加明白易懂，各所学校可根据各自的规划条件来实现这些要求。

[10] 学校环境卫生标准

在学校环境卫生方面，则依据日本《学校保健安全法》，于 2009 年 4 月开始施行学校环境卫生标准，并由文部科学省编写了《学校环境卫生管理标准手册（修订版）》，对该标准做出具体解释。

其主要内容是：(1) 与教室等环境有关的换气、保暖、采光、照明和噪声；(2) 饮用水的水质、设施和装置；(3) 学校的清洁、消灭老鼠和虫害以及教室内物品的管理；(4) 游泳池的水质、设施和装置的管理等。

其中，教室等相关环境的检查项目如下：

① 换气：作为换气标准，希望室内空气中的二氧化碳含量低于 1500ppm。

② 温度：希望在 $10℃$ 以上，$30℃$ 以下。

③ 相对湿度：希望在 30% 以上，80% 以下。

④ 浮游粉尘：应低于 $0.10mg/m^3$。

⑤ 气流：希望低于 $0.5m/s$。

⑥ 一氧化碳：应低于 10ppm。

⑦ 二氧化氮：希望低于 0.06ppm。

⑧ 挥发性有机化合物

　　a. 甲醛：应低于 $100μg/m^3$。

　　b. 甲苯：应低于 $260μg/m^3$。

　　c. 二甲苯：应低于 $870μg/m^3$。

　　d. 对二氯苯：应低于 $240μg/m^3$。

　　e. 乙苯：应低于 $3800μg/m^3$。

　　f. 苯乙烯：应低于 $220μg/m^3$。

⑨ 螨或螨过敏源：应低于 100 只 $/m^2$ 或与此相当的过敏源量。

1.2 学校建筑的发展趋势

[1] 与教育方法多样化对应的学习空间开放化

学校设施对于孩子们来说不仅是学习的地方，也是每天在这里度过大半时间的生活场所，而且还是当地居民终生学习和运动的场所，以及当地社区活动的基地和发生灾害时的避难场所。因此，学校成为人们能够过上有意义的生活和构建安全放心街区的关键设施。

第二次世界大战后，日本的学校建筑在很长一段时间里将战后复兴、高校升学率的提高、校舍建材不燃化和非木结构等作为目标，高速度地开展大规模建设，并通过设计标准使建筑定型化和整齐划一。但从 20 世纪 60 年代末以后，出现了一种要改变完全雷同授课方式的迹象，在英美等国学校变革运动的影响下，一些观念比较开放的学校开始崭露教育改革的头角。而且，采取小组教学模式形成灵活的大中小集体、多样性的学习形态和学习方法，以及备有各种学习设施的学习环境结构等均成为探讨的课题。设施是按年级统筹配置的，并将开放空间、多功能空间与教室连接起来。这样，便可以使制定的规划满足多种教育活动的需求。对自由度很高的空间的灵活利用，创建了一种以个别化和个性化为目标的优秀教育实验学校，它在获得人们赞赏的同时，也使学校设施产生了新的变化。特别是 1984 年开始在中小学校实行多功能空间标准面积补贴制度以后，彻底摒弃了那种始于明治时期（1868—1912 年——译注）的北侧单走廊型标准平面布局模式。在开放空间布局普遍化的基础上，又出现了教室与教室之间设置滑动墙作为间壁的例子。但没过多久，这种间壁便不再使用，取而代之的是日益增多的一体空间设计案例。随后人们开始意识到，撤掉间壁后带来的一系列问题：诸如声环境方面确保吸音效果，以及学校空间整体上的温热环境等。为了能将开放空间作为学习场所使用，需要添置以下这些家具：大型桌子、组合式桌子、可起到形成角落作用的教材架和打印架、活动揭示板等。当然，将开放空间当作广场仅用于集会和游玩的例子也不少见。

开放空间的设计本来是建立在对学生指导的个

别化和学习的个性化基础上的，将单个人的成长作为关注的焦点。但时至今日，人们又意识到共同学习的好处，孩子们可以在发表个人见解的过程中，相互认证并共同思考，使得学习更加深入。从这个层面来看，可以说开放空间提供的教育环境也是有益的。

实行班级导师制（导师承担所有课程的教学）的小学，通常以年级为单位，教师采用合作体制进行学习指导和营造学习环境，以此来取得教育成果。但在实行任课教师制的初中和高中，则不能采用相同的规划方法来进行空间配置。一般的运作方式与此恰好相反，不再采用过去那种由普通教室（班级教室）和特别教室组成的特别教室形式，而是各个学科均设自己的专用教室，通过对开放空间的组合布置，让学生在不同的教室间移动上课。规划设计应满足各学科在设施、设备和教材等方面所要求的条件，为了能够自由构成揭示和展示教材及学生学习成果的环境，这种模式通常会在以培养单科自主学习能力为教育目标的学校规划中被采用。在高中，为了适应发展方向的多元化，要配置多种选择教室，才能满足选择学科和选择讲座的需要。

进入 20 世纪 90 年代以后，随着信息化的发展，微机的引进成为课题，并与其他学校设施规划目标合在一起，推动了学校智能化的进程。近年来，教室自身的 ICT 化又成为课题，微机的配置以及视频投影机、实物投影机和电子信息演示板的引进都在进行中。而且，并未停留在微机教室阶段止步不前，而是要构建一个普及型的信息环境，实现教师和学生在每间教室、每个开放空间、图书馆等校园内的各个角落都能够利用微机的目标。并且图书馆与微机室相连，在实现媒体中心化的同时，包括读书、学习、交流和教材管理等在内，将其作为学校的重心来规划也成为一个课题。进而，再将包括教务和校务 OA 化的信息网络与高效的能源管理和安全管理等控制网络进行有效的整合。

当下，学校教育如何在培养"生存能力"的目标与学习知识技能、培养思考力、判断力、表现力等目标之间取得平衡，已经成为新的课题。为了让每个学生都能真正掌握基本知识技能，就有必要在开放空间中增加小房间和多功能学习空间，以便于对少数人进行辅导和开展多样性的学习活动。这样的做法作为特别支援教育、平息情绪浮躁的孩子的

情绪也是有效的。

此外，为了加强理科教学，应充分利用多种试验器具和信息仪器等，进行演示性试验的进行；在理科教室的规划上，应使图书馆与视听教室等便于进行合作；还要设有适合开展外语等多种学习活动的空间以及充分的室内健身运动设施。为了提供可随时随地锻炼身体的运动游玩环境，类似建设武道馆这样的教育空间的课题也被提到日程上来。直接承担提高教育水平重任的是学校的教职员们，为他们营造一个良好的教学环境，编写出适用的教材，完善管理功能，在各项配置上方便教职员之间及其与孩子们的交流，这些都是很重要的。

[2] 营造丰富多彩的生活环境

与教育空间的充实并列成为又一个重大规划课题的是，为生活场所营造出丰富多彩的环境。为此，便要以孩子们的视角重新看待学校的生活空间和生活环境。

其一，在具有较长历史的学校中，应该有形形色色的空间场所能够适应时刻变化的情绪和心理状态，满足不同"存在方式"的需要。譬如，一人独处的场所，朋友之间相互慰藉、聊天、可以放松或转换情绪的场所等。这样的场所，可以配置在角落或凹室处，以及作为隐秘小空间的"巢穴"等。另外，在专科教室型的中学里，也可见到这样的例子：在作为学习空间的教室之外，另设临时家屋作为学校生活心理基地和为形成班级归属感而营造的生活空间。学生坐在哪里并不由教师指定，待在何处可由自己和伙伴选择，从而成为与教室不同的能够令人放松的空间。另外，作为一种可以超越班级界限进行广泛交流的通用空间和作为开展和表现活动的场所，设置多功能厅和讲堂的例子也不少见。在设计上亦可将大阶梯和食堂用做那样的场所，从空间的充分利用角度来讲也是合理的。在总体规划方面，应该将走廊、阶梯、内院、平台和屋顶等处都可以作为进行各种交流和建立关系的场所。

其二，学校的规划及设备的配置要与校园的氛围和必然发生的各种生活行为相适应，如进餐、如厕、更衣、洗漱和饮水等。尤其是厕所，更要当作学校设施规划中的大课题来做。因为每当议论学校改造的话题时，它都是人们期待最多、关注度最高的设施。学校的厕所被称为 3K 或 4K，即阴暗、恶臭、肮脏和可怕之地。由此产生的后

果是，有的学生竟担心影响健康而不去厕所。学校的厕所应设有明亮的大窗户，能够自然换气，使用者对其毫无抵触感才行。为了保持清洁和便于人们使用，厕所要采用无需水冲的干式地面，最好将入口设计成不通透的迷路形式并安装自动门。在此基础上还应做防水处理，并在小便池站立处设置台阶，以便于冲洗。现在还出现了个人蹲位的隔栅一直延伸到顶棚，并单独配备照明和换气装置，让使用者更加安心的设计实例。在某种程度上厕所也是聚会的所在，孩子们离开教室，能够在这里与不同班级的朋友聊天，同样起到改变学校生活氛围的重要作用。洗脸池、刷洗池和饮水机等设备也都要按照各自的使用环境来进行设计。近年来，很多学校开始指导学生如何正确刷牙，在注意避免交叉感染的同时，在设施设计方面亦有必要采取一些预防手段。

食堂作为餐饮空间时，从规划上须考虑到这里亦可能成为交流和发布信息的场所，配备的餐桌应满足多种就餐形式的需要，并且能够便于大家围拢在一起。如果在设计上能够让就餐者看到后厨配餐的情形，也不失为一种有效的方法。

[3] 建在地方的联合学校

与高自由度的教育空间和丰富多彩的生活环境并称为学校设施规划的三大支柱的是对地方开放和地方共同使用的学校设施。日本自 20 世纪 60 年代中期开始，随着城市化的发展，校园体育馆，甚至个别学校的教室，也作为游戏场和青少年活动场所对外开放。有的地方政府还将学校对外开放当作形成社区的关键要素。对此给予更高地位的是在 1990 年前后，即从昭和（1926—1989 年——译注）向平成（1989 至今——译注）过渡时期。面对人口老龄化和科技信息化的发展趋势，建设一个终生学习社会的目标已提到日程上来，学校作为其中的一环居于重要位置。学校不仅作为地方设施利用，而且将其与文教设施甚至福利设施复合起来的例子也出现了。另一方面，随着闲置教室的增加，人们也千方百计将其改造成其他设施，以期得到充分利用。

学校已成为地方社区的活动据点，并正在作为社区的精神核心发挥着作用。此外，从营造综合性地方学习环境角度看，自然少不了当地的协助。各种各样的教育场合都期待着当地居民及其保护者的参与，如何推动与家庭和地方的交流合作，创建受地方欢迎的学校，正成为新的课题。而且，作为地

方宝贵的开放空间和绿色空间，如果其中的一部分成为校园，也会使学校周围的道路和空间变得更加丰富多彩，因此可以对学校设施规划改善周边环境的作用抱有期待。

阪神淡路大地震、中越大地震以及东日本大地震等，在发生地震或水灾时，学校设施作为避难场所，很自然地得到人们信任，并将这里当成自己的依靠。为了能够真正起到这样的作用，就要求在规划设计上考虑到学校设施作为当地防灾避难所应具备的各种条件。如避难人员出入方便，厕所能够满足需要，提供饮食，顺利地搬运和摆放救援物资，通畅地收集和传送信息，充足的储备等。如果避难的时间很长，还需要有条件应对一些个别情况，如更换衣服、哺乳婴儿、隔离病患人员等。另外，为了能够在灾难过后很快开学，还要在规划上有必要考虑将避难设施与教学区分开。

[4] 采用中小学一贯制等方式使不同学习阶段平稳过渡

学校的体制多种多样。有幼托一体化，有针对"小一问题"的幼小连上和"初一抵触"的小中连上，有为了应对学校一贯制、生源多样化、升学方向多样化等问题而设立的初高中一贯制联合学校、中等教育学校和高中大学联合学校等方式，其中各个阶段的学校平稳过渡和顺利衔接是一个大问题。我们已经看到这样的规划实例：把因人口过疏化和城市中心部空洞化而引发的学校整合和老化设施拆除当作契机，让小中一体化型的设施规划成为地方建设的重心。

为了使规划符合教育的目标，不再简单地做 6-3 的划分，而是将其分为 4（小学 1～4 年级）-3（小学 5、6 年级和初中 1 年级）-2（初中 2、3 年级）三种，从而将全部 9 个学年做了划分并设定相应的平台。要设立小学和初中，或者创建对应的各个平台，就必须在空间规划和学校运作方面下功夫，使之与各个阶段的教育目标相适应。尤其在配置共用空间和专用设施方面，要突出该空间的个性特点，而且保证交流空间与教职员空间的有机联系也是很重要的课题。小、中学校单独设立设施比较困难，相对的小中一体化学校的设立的想法应运而生。

[5] 生态学校

日本文部科学省将建设生态学校作为考虑地球环境的理念提出，可以追溯到 1996 年。其基本构想

主要由以下 3 个方面组成：

(1) 设施方面：建造容易

作为学习空间和生活空间的设计和建造，舒适而又宜于健康，与周围环境协调，减轻对环境造成的压力。

(2) 运作方面：可长期正常使用

考虑到耐久性和灵活使用，毫不浪费地高效利用天然能源。

(3) 教学方面：有利于学生学习

充分开展环保教育。

第二年即 1997 年，以推广和启蒙为目的的生态学校项目开始试点建设。这是由日本农林水产省和环境省联合推行的，学校在实施扩改建和改造相结合的项目时，会在设施建设费方面得到补助，享受优先采购等优惠待遇。至于项目的类型，归结起来基本有如下 7 种：①节能或节省资源型；②资源再利用型；③自然共生型；④木材利用型；⑤太阳能发电型；⑥太阳能利用型；⑦其他新能源利用型。至 2010 年，全部项目已涉及 1126 所学校。

2009 年，在能源问题上，出于防止地球变暖的考虑，又增添了减少 CO_2 排放一项，因此在对试点学校项目进行事后评价时，也同样面临着新的课题 [14]。首先必须了解所谓地球环境问题是指什么问题，并且学校设施的地位也是十分重要的。大体说来，可以归纳成以下 4 点：①了解学校能源消耗的实际状况；②为了不偏离学校设施建设的目标，严格按照能源消耗和 CO_2 排放标准对学校实施有效的运作管理；③积极采取节能减排措施；④将保护地球环境当作重要的教学内容。

我们首先看看学校能源消耗的实际状况：中小学校的能源消耗约为 300MJ/（$m^2 \cdot a$），零售及餐饮店则约为 3000MJ/（$m^2 \cdot a$），两相比较，前者仅为后者的 1/10。因此说，学校设施较之其他种类建筑的能源消耗要低得多（图 1.4）。在设计上很重要的一点就是，学校也应该参照这样的类比来设定能源消耗的目标。

其次，为了满足学校设施建设目标，例如，夜间开放体育馆、电脑的使用、教室中空调的使用，会使所需要的电能分别增加约 10%、1% 和 3% ~ 4%。由此便可了解，单独增加哪一部分的耗电量对总耗电量影响的程度。通过对这些情况的把握，就可以仅使用必要的电量去实现提高教育功能、营造舒适环境和积极推行多功能利用的目标；而且从另一个角度看，杜绝浪费和节能也是意义重大的举措。为了达到该目的而采取的基本方法是，加强保温和调节日照。不过，对学校电量消耗实际状况所做的调查表明，目前有 3/4 的学校还在使用普通照明。白天，即使采光可以满足照度的需要，教室屋顶上的照明灯也始终开着。只要关掉部分照明，全年就有可能减少大约一半的照明用电。因此，在设计和使用上都应该考虑到这一点（图 1.5）。不仅如此，还有可再生能源的利用，例如太阳能利用、太阳能发电、风力发电、生物质能、雨水利用等，以及引进采用高效设备和能源技术，如发电废热供暖系统、人造生态和燃料电池等，通过采取以上种种对策，宏观推测结果显示，CO_2 排放量有可能比 1990 年大幅度地减少（图 1.6）。反之，假如止步于目前环境对策的话，预计会增加 10% 左右。

[6] 室内环境的改善和空调化

作为小学生学习生活核心空间的普通教室和学科教室，设计的理念基于这样的考虑：在孩子成长阶段，培养其适应环境的能力是很重要的。因此，公立学校一律没有安装空调。然而，由于热岛效应等因素，夏季教室内的温度会超过 35℃，作为教学空间不能确保适宜的室内温热环境的现象近年来时有发生。图 1.7 所显示的，是对教室温热环境状况夏冬两季的满意度及温度评价所做调查的结果。对于夏季教室内温度，有 66.6% 的教师回答"非常不满意"或"不太满意"，超过冬季的 40.8%。而认为夏季教室内"非常热"、"热"和"比较热"的总和约占 90%，认为冬季教室"非常冷"、"冷"和"比较冷"的总和约占 70%。显示了孩子们被置身于酷热的环境中，不满意度很高的现状。因此，在夏季授课天数和当地居民利用的可能性均有增加，家庭空调日益普及的背景下，中小学校安装空调设备的计划也正在实施中。凡已安装空调设备的学校，能源消耗均会增加 3% ~ 4%。因此，提高隔热性能，安装高效率的设备和加强设备运转管理势在必行。

[7] 环保教育场所

建造学校设施时对地球环境的考虑正是学校所具有的教育功能。因此，学校的规划设计也应该建立在孩子们和当地居民理解地球环境的重要性、并掌握行动方法的基础之上，然后再将其用做环保教育的教材。

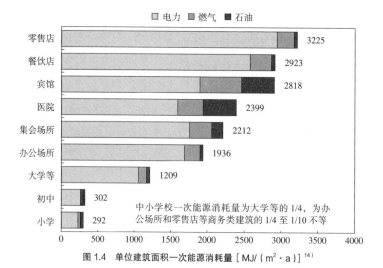

图 1.4 单位建筑面积一次能源消耗量［MJ/（m²·a）］¹⁴⁾

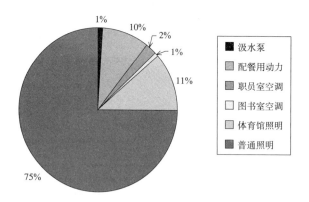

〔注〕神奈川县内市立学校（普通教室无空调）

图 1.5 学校电能消耗结构 ¹⁴⁾

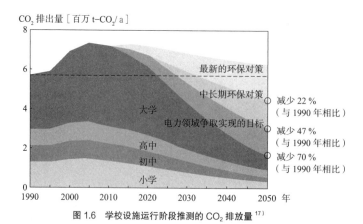

图 1.6 学校设施运行阶段推测的 CO_2 排放量 ¹⁷⁾

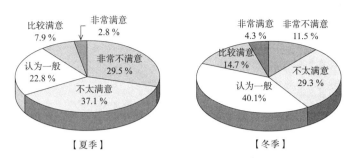

（a）关于温热环境的满意度

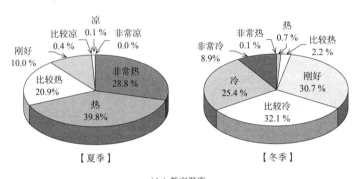

（b）教室温度

图 1.7 教室内温热环境状况[18]

为了达到这一目的，在规划设计上要解决以下几个课题：

①能源消耗状况的可视化。

②作为节能措施的设备可视化。

③节能活动效果的可视化。

④营造可切身体会能源循环重要性的设施环境。

作为生态学校教材的选择方式，首先要根据孩子们的不同成长阶段，确定突出地域特点的环保教育课程。其中，应该将学校设施作为就近的实物教材，让孩子们在这样的环境里，通过切身体验，学习和了解已经实现的环保技术，如绝热和遮阳的效果等原理及其装置。而且，通过对这些设施设备的特点及其使用方法的学习，还可以将维护良好的学习环境与节能活动的实践结合起来。假如通过可视化处理能够知道活动产生的效果，在确认活动所具有的意义的同时，也会给内心带来愉悦感。还有更重要的一点是，要设法让每个家庭和当地的广大居民都了解孩子们的活动。另外，诸如绿色环境的营造、植树栽花和草坪化等项活动亦同样可由孩子们与当地居民共同完成。在家庭和地方的支持下，类似活动的展开是完全可以期待的。

［8］利用木材的学校设施

自 20 世纪 60 年代起，直至 1980 年前后，日本的大型建筑物始终在推行非木结构化。这时恰好迎来植树林的采伐期，从 20 世纪 80 年代末开始，充分利用木材已成为一种社会性需求，因此也促进了学校设施对木材的使用。日本文部科学省于 1985 年开始实施使用木材时的增加补助单价制度，并同时配发了关于促进利用剥皮木材的通知和修订后的补助标准。实行这些政策后取得的结果是，在政策实施前的 1984 年度，公立学校设施总建筑面积约为 520 万 m^2，其中木结构设施面积所占比例几乎为零；但到了 2008 年，木结构设施已占总建筑面积 190 万 m^2 的 10.3%。在室内装修等方面，木材的应用正在普及，并有进一步扩大的趋势。

木材应用的意义，不仅体现在其具有优良的特性，如提高环境温度、调节室内湿度和良好的弹性等，可营造出有益于儿童身心健康的室内环境，而且，还应该看到其在宏观方面具有的重要意义。那就是，通过采用当地材料，与保卫国土、爱护地方山林和促进地方经济活跃联系起来；对于《京都议定书》规定的日本 CO_2 排放量削减 6% 的目标来说，可以通过加强管理，由森林吸收 3.8% 的 CO_2，这更是关乎保护地球环境的大目标。2010 年 10 月开始实施的《公共建筑木结构化促进法》，将会进一步推广木材在学校设施上的利用。

[9] 建造安全、放心和有益健康的学校

2001 年 6 月 8 日，大阪大学教育学部附属池田小学发生了师生伤亡事件，使学校设施的安全防范性成为问题。与此同时，又出现了学校内患病问题和发生掉下的天窗致儿童死亡的事故等。这样一来，从确保安全、使家长放心和有益儿童健康的角度来重新审视学校设施及室内环境便成了一个大课题。

在学校设施的规划设计上采取措施，使设施用地边界、用地范围及建筑内部等与学校设施的安全对策相适应，而且还要使建筑设备与安全监视系统和报警系统等相对应。根据地方特点和设施状况，在多大范围、采用何种手段、防范什么、保护何人等都应制定总体规划预案。至关重要的是，要将空间的宽裕及乐趣、对地域景观的烘托、同地方的合作等因素和学校应树立的形象一起，综合加以考虑。安全方面的基本策略是，明确保护的范围，并能够随时控制对该范围的接近和侵入行为。为此，必须将每个部位的安全责任都落实到人。此外，为了便于观察，要利用监控设备，不留死角地确认保护范围内的人员出入情况，一旦发现异常情况，能够立即报警。另外，对设施和设备的运行状态定期进行检修和评估也同样是很重要的。

关于学校患病问题的基本对策是：①不要将有可能成为疾病发生源的建材和家具等搬入室内；②通过换气等方法减少在室内扩散的有害化学物质。通过建材标准和 MSDS（化学物质等安全数据手册）等确认其安全性，并将施工监理贯彻始终，设施完工后要充分通风换气，迁入前应先进行安全性检测等。

在学校设施内发生的事故，多为坠落、冲撞、跌倒、被夹、落下物、游戏器具等造成的伤害。因此在设施和设备的设计上，必须从各部尺寸、所用材料、表面加工、细部处理和确定形状等方面进行周到考虑，完工后应经常检查设施的使用情况，确认使用时严格遵守相关的规章制度。

依据最近对教室环境所做的调查研究，取消了《建筑基准法》有关教室顶棚高度不得低于 3m 的规定。这是从顶棚高度对心理层面和行动层面的影响以及对大气、温热和光环境综合加以评价得出的

结论。

[10] 确保中小学校的抗震性

目前，整个学校设施建设中最大的课题是确保抗震性。除了要起到确保小学生安全，发生灾害时作为避难所的作用外，应该采取哪些对策更是当务之急。由于要在财政窘迫的状况下实施这样的对策，学校设施建设的基本方针自然也从过去的重建或改建转为以加固和改造为主。整个 2010 年度，约 80% 的项目都是按照这样的方针实施的。然而，在抗震性方面，如何防止顶棚这类非结构件坠落、以确保安全性仍存在很大的问题。

至于抗震加固的对象，如前所述，几乎都是1982 年执行新抗震标准之前的建筑，也在学校设施开始变化之前。因此，期待着将教育功能的改善及学校的生态化等与抗震加固工程同时进行。日本环境省正在以此为目标推行学校生态改造和环保教育项目。不过，在现实财政如此拮据的状况下，多数项目只能采取加固的方式，很难保证设施的整体强度。即使那些按照新抗震标准建设的学校设施，有的也已超过 30 年，再加上做了学校设施的抗震加固，今后该采取怎样的老朽化对策和质量改善措施，确保学校设施的抗震性，也是一个待解的难题。

[11] 建设有特色的学校
—作为学校设施应有的魅力—

依据日本自 1984 年开始实施的中小学校建筑基本设计费补贴制度，学校设施在规划阶段就须邀请教职员、保护者、当地居民、设计者、提出新课题的专家、组织者和学校创办者等与学校有关的人员参加对项目的论证，并要求规划设计应根据学校具体情况体现出地域的特点。而且，设计者也是通过集体推荐方式选定的。这样一来，提高了学校设施的建设质量，在既定的目标下，各地建造的学校也表现出自己的特色。

学校设施形象本身就是该校教育目标和教育活动的一种体现。正是因为某个空间的存在，相应的教育活动才开展起来，并使学习环境得以改善。为了做到这一点，就应该在规划设计上注意突出各个学校不同的特色，并使之发扬光大。此外，学校作为地方活动的场所，在发挥着重要作用的同时，也是当地的精神象征。我们要建的，应该是一所永远受到人们欢迎、能够长期使用并可持续发展的学校。因此，学校的形象设计应该具有特色，让当地的人们都为自己的学校感到自豪。

这恰恰是需要教职员及当地居民作为当事人积极参与才能实现的目标。

1.3 学校的建筑规划

1.3.1 规划概要

[1] 设定目标

学校作为一种教育设施，是顺利实现学习指导纲要目标必不可少的条件，而指导纲要又是依据教育基本法的理念制定的。学校的设施及环境在其中占有重要地位。日本现行学习指导纲要，有关中小学部分的内容修订于 2008 年，高中部分修订于 2009 年。其基本出发点有以下几点：培养孩子的"生存能力"；重视培养孩子在知识技能与思考力、判断力、表现力方面的平衡发展；加强道德素质教育和锻炼健壮的体魄等。

学校设施不仅是学校进行教学活动的场所，而且也是当地开展终生学习及其他各种活动的中心设施，并且还成为支援儿童学龄前教育和关怀老龄者晚年生活的设施，在发生灾害时又被期待作为避难场所使用。由此可以看出，学校设施在创建安全放心社区的事业中既是功能上的、也是人们精神上的一种核心存在。

为了确保实施学校教育所必备的设施功能，日本文部科学省在其颁布的学校设施建设指导方针中对各类学校在规划设计方面的注意事项分别做出了规定。这里首先列举出针对中小学校的 3 个基本方针：

① 利用高性能和多功能营造出可灵活适应各种变化的设施环境。
② 从安全和健康角度确保设施环境的完善。
③ 使之成为地方开展终生学习活动和社区建设的核心设施。

在高中，则更要推行建设特色学校的目标，适应每个学生不同的学习需求，成为培养当地人才的场所。

依据该基本方针，作为设施建设的课题，可以归纳出以下具体项目内容：

（1）提供以孩子们为主体开展各项活动的设施
① 可采用多种学习形式、人数可多可少地进行活动的设施：多功能空间和外语活动场所。
② 完善的信息环境：构建校舍内均可使用微机等信息设备的环境。

③ 完善理科教学手段：与多种实验和实习相对应，完善可进行各种演示性实验和自然体验等的设施。
④ 促进国际交流：设有指导外语的场所和展示日本传统文化的空间。
⑤ 鼓励综合性学习：成为开展多种学习活动、与地方合作及能够切身感受自然环境的学习场所。
⑥ 促进特别支援教育：成为适应残障儿童个别需要、可让他们开展交流活动和共同学习的设施。

至于实行初高中一贯制的中学，除了高中要面对的整合重组建设的课题外，还存在关于今后发展方向及不同发展阶段采取何种对策的问题。

（2）安全、宽敞和温馨的设施
① 作为生活场所的设施。
② 有益于儿童健康的设施。
③ 确保具有抗震性。
④ 安全防范对策。
⑤ 设施的通用性对策。
⑥ 与环境共生。
⑦ 完善教学条件的设施。

（3）构筑与地方合作的设施环境
① 地方·家庭·地方的相互合作
② 学校开放的设施环境
③ 复合化对策

规划设计均应参照以上内容进行，并对学校设施的意义、作用、理念和课题有充分把握，在此基础上集中体现出学校特色、地域特点及相关者的需求等。各地区和学校所确定的理念及目标，要以该内容为依据，使做出的规划设计为大多数相关者所理解，这无疑是很重要的。

[2] 规划方法

实施建设项目的一般步骤及其研讨的课题如下：

· 计   划：对诸如学校规模、项目预算、用地条件、对象设施和规划面积等学校建设相关条件的分析整理。
· 基本构想：确定基本方针和规划目标。
· 总体规划：依据计划阶段归纳总结的各项条件以及相关法规、条例和标准等，将其与实际规划条件相结合，使规划目标具体化；同时对总平面设计、改建或改造的实施程序进行研讨，并以适当手段展示室内面积的分布及平面结构等可能的形态。

· 初步设计：以总体规划确定的总平面设计、室内面积分布和空间结构作为基础，从技术层面研讨其结构和照明、空调及给水排水等设备，包括信息化和表面处理等是否符合预算分配和相关法规的要求，然后做出平面、立面和剖面设计。

· 实施设计：对内外处理、照明、视听效果、信息和家具等进行具体的房间规划，绘制出细部、结构和设备等进行施工所需要的图纸并做出预算。

· 施　　工：在进行成本和工程管理的同时，确认细部的处理和设备的位置，并根据家具的设计及其使用方法构筑空间或申请变更设计。

在发挥地域或学校特色的前提下制定个别项目规划时，特别值得重视的一个步骤是，从基本构想和总体规划阶段就邀请专家参与，充分发挥教职员、投资方、当地居民、设计者、协调者和组织者的作用。不仅要在设计上征求他们的意见，而且通过对现实存在的课题和先进事例的深入讨论，可以集思广益，使规划设计更加完善并获得广泛共识。这对于是否能够建造一所不墨守成规的学校，并在其中顺利地开展教育活动和实施运作及维护管理来说，应该是关键的环节。

1.3.2　设施构成

[1] 构成校园的设施

依据用途的区别，校园大体上由校舍、建筑占地、运动场用地和实验实习场地构成。除此之外，有时还要确保绿地、停车场、自行车存放处和复合型地方设施（终生学习设施、托管学龄前儿童的支援设施和老龄者设施等）等。

校舍占地系指建在校园内的教室宿舍、室内运动场馆、礼堂、武道馆等建筑部分。还包括校舍的前院及内院、游戏场地、四周平台、草坪、花坛、植物带、栽培饲养区、生物小区及绿地等室外教育环境、自然体验环境、通往校舍的引道、供应饮食的服务车辆通道及停车场、建筑物与道路和邻地间的空地、大门、围墙等。

运动场用地系指在室外开展体育比赛、游戏或举办运动会、全校集会、庆典仪式等，进行特别教育活动所用的场地部分。需根据学校的类型及规模来确定竞赛跑道、田赛场地、棒球场、足球场及其他竞技场地的形状和尺寸。同时还包括运动器械、游戏设施、运动器材仓库、户外厕所、饮水洗手处、户外游泳池及其附属设施、铺设在周围的道路及栽植的绿化带等设施。

实验实习场地则指比较完备的理科实验实习用地，亦包括自然园、观察园、实验农场、林地等。

在做总平面设计时，对以上3个构成要素的处理，应该在营造适当环境条件的同时，尽量做到使校园构成便于开展各种教育活动。而且建在地方的学校设施，作为开放空间须具有可靠的安全性，并使校园得到更充分有效的利用。

[2] 构成学校设施的建筑及各种教室

构成学校设施的建筑包括：由教室及多功能空间类学习用房间、各个管理室、生活设施、道路和楼梯组成的校舍；室内运动场、游泳池、武道馆等体育设施；其他附属设施等。此外，还有讲堂、对当地开放及与地方开展合作时用到的设施和复合设施等。

（a）与学习有关的各种教室

关于学习用教室，大体上可做如下分类：

① 普通教室、学科教室：为特定班级所用，各个学科均可在此进行学习活动。如班级教室、班主任学科教室、特别支援教室和家政教室等。

② 特别教室、专科教室：由不特定班级使用，开展特定的专科学习活动。如作为特别教室的理科室、音乐室、手工美术室、家政技能室和生活科室等；作为专科教室的语文、社会、数学、英语和保健体育等教室。

③ 共同学习用教室：由不特定班级使用，在其中进行非特定学科的学习活动。如图书馆、微机室、视听室、多功能教室、多功能厅和讲堂等。

这些组合形式也决定了学校的运作方式，它们都有各自的优缺点和值得注意的事项。

作为基本的运作方式，有综合教室型、特别教室型和专科教室型，至于如何确定则应根据学校的规模、上级部门的规定和灵活的侧重点进行变通考虑。运作方式决定了学校在班级配置、学生活动场所安排、随身物品保管和教室移动等方面的差异，因而其房间的分布也是不同的。表1.3列出了各种运作方式的特点，其教室构成则如图1.8所示。这里的关键是，要从学校规模、孩子成长阶段、教育目标、教学制度（班级导师制或单科导师制）、学科指导专门性、学生所属集体的安排等方面做比较研究，然后选定最适当的运作方式。例如，小学低年级采用在教室周围几乎可做各种活动的综合教室型；小学高年级以上，则多采用学科教室或普通教室与特别教室组合的特别教室型；在采用单科导师制运作，学科专门性成分增加的初中学校，选择可营造学科环境氛围的专科教室型；而在发展多元化并引入选择制的高中学校，效果较好的规划方式是将多种选择教室与普通教室和专科教室组合起来。尤其是在初中，近年来有的学校为了让学生养成自主学习的习惯和加深对学科特色的理解，将建立学生与教师之间的多样化关系作为目标，采取了学科中心方式。其实这也是专科教室型的一种，将作为学科

媒体空间的开放空间、教师及教材角和小教室组合在一起形成学科组块（中心），从而成为班级聚集点，作为可产生归属感的场所，多数都设有家政室。

（b）各管理室

系指校长室、职员室、印刷室、教材制作管理室、会议室、职员休息室、办公室、保健室、医疗室、讨论室、升学指导室、更衣室、储藏室、共用仓库、门厅和勤杂人员室等。

根据学校规模和运作方式，有的还配置分散的教员空间和教材室。

（c）生活设施

升降口、入口门厅、儿童会室或学生会室、储藏空间、家政室、更衣室、凹室（小房间）、大厅、集会空间、食堂、画廊、厕所、多用途场所和饮水洗手间等。

在初高中学校设有学科室。

表 1.3 学校的运作方式

方 式		内 容	规划注意事项
综合教室型		设班级教室或基本围绕班级教室学习和生活的方式	·学校生活稳定，可根据儿童的状态和学习内容灵活安排时间进行活动。 ·使班级教室周围面积较为宽裕，附设作业及图书角、储藏柜、厕所、洗漱间等生活设施。 ·适于小学低年级。
特别教室型		语文、社会、数学、英语等一般学科的授课在作为班级教室的普通教室进行；理科、手工、美术、技能、音乐等实验实习课的讲授在配置专用设备、仪器、工具等的特别教室进行的方式	·可保证班级专用教室，有稳定感。 ·在单科导师制的初高中学校，由于提倡小组教学和自主学习的缘故，很难将配置多种学习媒体的教室内外环境和谐一起来。 ·特别教室越充足，教室的总体利用率就越低。因此，特别教室不宜配置过多。 ·适于小学高年级。
专科教室型 学科中心方式		各学科均有自己的专用教室，学生按照课程表安排轮换在相应教室上课的方式	·可根据各学科的要求设计配有教室、设备、家具和媒体的教育空间，亦可称为学科中心方式。 ·需要按学科设置教室和开放空间。 ·适于初高中学校。
	课外辅导室 确保型	将专科教室作为课外辅导教室分配给各班级的方式	·确保配有与班级数相当的专科教室和共用教室，以作为课外辅导教室。 ·通常情况下，课外辅导教室各学年统一配置。也有的设想按年级进行配置。
	家政室 附设型	在将课外辅导教室分配给各班级的基础上，再附设家政教室的方式	·家政室成为班级专用场所，配备储藏柜和揭示板等。 ·家政室不必容纳全班学生同时入座。
	家政室 独立型	设置独立的家政教室作为班级生活基地的方式	·家政室应确保全班学生同时入座，并配有桌椅。如果班级人数较多，家政室面积亦要相应增加。
系列专科教室型		将多个学科串联起来配置（人文、数理等）专科教室的方式	·教室利用率高。 ·学科特点不突出，但便于灵活进行跨学科的学习。
年级专科教室型		将语文、社会、数学、英语的教室按各学年统一配置，在其中采用专科教室型运作方式	·学生的移动在学年楼层范围内进行。 ·适于每个学年有4个以上班级的场合。

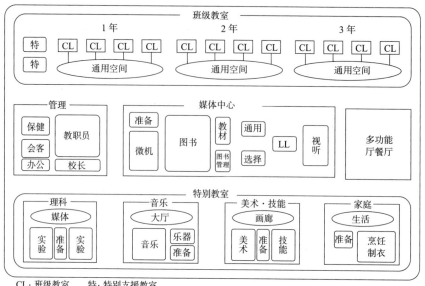

CL：班级教室　　特：特别支援教室

（a）特别教室型例

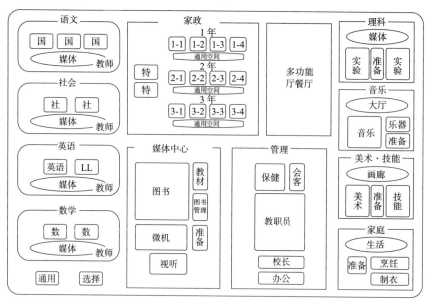

（b）专科教室型例

图1.8　各种运作方式的教室构成图（12+2班级初中学校）

（d）体育设施

作为室内运动场地，设有比赛场、器材库、厕所、更衣室以及便于当地利用的开放式门厅、会议室、大厅、开放式厕所、淋浴室、更衣室、器材库等。

游泳池及其附属设施以25m作为基准长度单位，并根据班级的多少来确定所需要的泳道数和池水面积。有的小学校还专门设有供低年级学生用的游泳池。在寒冷地区和中小学联合学校里，一般都配置室内游泳池，在运行成本允许的情况下最好将室内泳池温水化。

此外，武道馆及其附设房间、柔道、剑道和相扑等场地，亦应确保其所需要的面积、形状和布置方式。

（e）其他设施

俱乐部建筑（这是学校创办者与当地居民相互交流合作的场所，也是用于举办集中住宿培训时小学生与当地居民交流的设施）、讲堂大厅、PTA室、储备仓库等。

1.3.3 总平面设计要点

[1] 何谓总平面设计

关于学校设施的总平面设计，要抓住两个要点。

一是关于学校用地内设施总体平面布置的设计，亦被称为分区规划。面积大小、形状、现有建筑物及树木、周边环境和地基状况等学校用地方面的各种条件，将会对学校用地的总体利用规划、建筑物、室外空间等设施的配置以及设施的平面设计产生影响。

其次，则是关于构成学校设施的教室和管理室等各个房间及空间的整体配置在总平面布置上的设计。对于教室功能及特点、与其他房间或空间的位置关系、相互关系的密切程度以及教育活动和管理交流来说，房间配置结构直接关系到设施的总体平面设计。

这两个要点既相互独立，又彼此关联，应该进行一体化设计。

[2] 总平面设计

在做总平面设计时，要掌握学校用地的面积、形状、水平差、自然环境、周围环境等物理及社会条件。学校用地条件之外，还应根据小学、初中或高中的学校类别，是否实行小学初中一贯制、初高中一贯制或联合教育以及学校规模等实际情况，确定设计目标。而这一目标则与将来开展教育活动、学生在校生活和学校特色密切相关。在归纳整理了这些信息之后，再判断其是否符合各项相关标准。

学校设施不仅是学校进行教学活动的场所，也成为居民终生学习和开展地方活动的场地。而且，还是具有学龄前儿童教育支援和老龄者运动、学习、集会及护理功能的复合设施。当发生灾害时，又可起到避难所的作用。因此，无论从功能上还是精神上都成为地方的关键设施。只有真正了解学校设施所发挥的作用，才能在明确每所学校或每个地区存在的不同课题及其实现目标的基础上进行设计。

在做总平面设计时，要结合以下基本注意事项进行综合分析，根据分析结果确定最佳平面布置。

① 根据学校用地面积、形状、学校规模及活动情况等确认以下事项：应该保证的户外运动场大小、跑道长度、球场类型、举办运动会等活动时周围必须保留的空间、停车台数及自行车存放数等。

② 了解学校与其周边地区的关系及道路状况等，在设定规划建筑物面积和层数等的同时，将建筑占地和运动场用地、根据情况还应加上其他室外教育设施等的面积和布置统筹进行比较分析。

③ 了解校区内小学生的住所及上学行走路线，以校园周边各条道路的走向、分布及其交通流量状况为基础，考虑通往学校的引道布置和发生灾害时避难的便利等，最后确定校门的位置。而且还应考虑除了正门外，是否需要设置便门或多个出入口。出于安全管理的需要，从职员室应能看到外面的情况。

④ 设计从校门至电梯口的引道。需注意以下几点：电梯口通往室外运动场的动线平坦，尽可能减少不必要的曲折以免破坏动线的一体感，整个动线不存在死角。最好做到，学生在学校周边可看清学校的全貌。踏入校门时，校园刚好沐浴在早晨的阳光中，校园显露的氛围就像敞开胸怀正在迎接上学的孩子们和来访者。

⑤ 在布置植物栽培园、动物饲养设施、环境学习场所等生物小区类户外教育空间时，应考虑将其设在孩子们日常能够看得见的位置。

⑥ 在布置建筑物方面应该注意的是，校舍建筑的朝向尽可能满足日照和通风的需要，室外运动场的日照是否充足，冬季季风对其影响的程度有多大。而且，在考虑到不给周边地区带来噪声和阴影等影响的同时，还应注意到学校的视线、噪声和遮光不会对周边造成干扰。

⑦ 因小学生人数的增减而对部分建筑进行改造时，应设想到以后继续改扩建的可能性，从而不致使学校适宜的总体平面布置遭到破坏。

⑧ 在对现有校舍进行改扩建或改造时，应仔细研究现有校舍的位置关系、建筑物的平面布置及新旧建筑的更替顺序，以避免施工过程中影响正常教学活动并确保安全。

[3] 平面布置

如果将学习活动和特别活动与课时数联系起来，综合组织的总平面设计要关注的重点就是教学课程。在考虑学校设施构成和布置时，首先要了解该校的教学课程安排，并设想到将来可能发生的变化，这样才能实现学习形态、图书媒体利用、生活指导等方面的目标。对于初中和高中学校的设计，则应在比较各种运作方式的前提下，决定与各学科课时对应的教室数目及面积分布。

为了能够开展多种教学活动，在教室的平面布置中不能将视角固定在单独班级的集体上，应该做具有灵活性和一体感的空间布置，从而可以跨越班级的界限，在同一年级或高低年级间组成多种形式的学习集体和生活集体，在其中开展活动。而且还需要做室内外连通的设计，从而够进行各种各样的体验和活动。

关于构成学校的各个部分，在总平面设计中应注意的基本事项归纳如下：

（a）普通教室、班级教室

以年级为单位或小型学校，应按低中高各年级统一布置班级教室，通过与多功能空间的一体化组合，可根据学生不同成长阶段对其进行指导，以教师合作体制为基础进行学习和生活指导。也可以采用将学年教员空间、教材室、小教室和凹间（小空间）组合起来的形式。如果预想到班级数目会有变动，应该事先留出空间以作预备教室之用，以免破坏整个年级的整体布局。供暖和制冷的区划，也是按照这样的布局设定的。另外，在所有学级区域内不应设置动线。低年级教室应布置在一层或尽可能地安排在较低楼层，靠近各管理室易于被教职员看到的地方。

（b）特别支援班级

根据残障程度或特性进行设计，与可作为实习场地和演播室等使用的多功能教室组合起来统一布置。并将其与普通教室相连，以方便与普通班级的儿童进行交流学习。

（c）专科教室

在初高中采用专科教室型运作方式时，应根据各个学科及关联学科统一布置专科教室，将成为学科媒体空间的多功能空间、教师教材角和小教室等组合起来构成学科组块（学科中心）。如将专科教室作为课外辅导教室安排，或者作为班级生活空间设课外辅导室，在平面布置上要注意年级区域的统一性。为了促进不同年龄段的孩子彼此交流，也能看到在平面布置上打破年级高低界限的例子。

（d）特别教室

小学校的总平面设计，主要考虑的是年级教室

的使用及相对位置关系。最好让生活科室靠近低年级教室，那么无论做手工或搞活动，即便发出一点儿声响也不会影响到其他班级。音乐室也是低年级利用频度较高，但要注意的是，其他特别教室的利用率，还是高年级更高些，因此尽量靠近5、6年级的班级教室。对于规模较小的学校，只要是开展共用作业台、桌子和设备等的活动，就不必逐个按学科设特别教室，而是考虑设计成多功能活动室，做出功能区划，配备与实习活动内容对应的设备和家具。通过提高教室的利用率，不仅提高了面积效率，而且供暖也可不间断地进行，从而营造出更为舒适的环境，使学校受到学生和家长的欢迎。考虑到声音及振动等问题不能影响普通教室学生的学习，所规划的特别教室开放区的设置要选定恰当的位置及所需的配置。

（e）图书室

这里不仅为全校所有学科所利用，而且也是读书和交流的场所。因此，作为视觉上的开放空间，应设在学校中心位置。微机室和视听室也要做同样处理，如与图书室做一体或接近布置，使之成为媒体中心，也不失为一个好办法。

（f）管理室

办公空间、印刷及教材制作空间和会议空间统一作为校务中心布置。其中设有教师休息室，以便于教师之间的交流和互通信息，作为休憩谈话之处。更衣室、厕所等则要布置在一角。然后再布置风格统一的校长室、办公室、保健室、会客室等。此外，从安全管理角度考虑，还应将其设在便于掌握出入校园和校舍的人员以及室内外运动场活动情况的位置。采用开放式设计，以使来访和谈话的小学生不感到紧张，如能将谈话角安排在入口附近则再好不过。根据学校的规模和运作方式，将教师的工作和谈话场所分散设在教室附近是否更好，也是值得探讨的课题。

保健室的位置应选在从外面可直接出入的地方，并与辅导室做一体化布置。作为健康教育的据点，其位置应易为小学生所看到，并与各管理室距离较近。

（g）生活空间

厕所和洗手间要对应教室统一布置。

校内各处均设有展示作品以及交流和谈话的场所，使之成为令人心情舒畅的学校空间。

如何确保扩大交流的多功能厅，使其成为集会

和发布信息的场所，是一个今后要解决的课题。出于包括便于地方利用在内的种种考虑，应将其设在适当位置。

（h）设想可为地方利用的各室及空间

要在总平面设计中，进行管理范围明确的分区规划。开放式的门厅设在易为利用者识别、出入方便的位置，并备有会议室和小憩空间。

1.4 图书馆建筑的特点

1.4.1 图书馆的分类

按照所属机构，图书馆大致可分为国立国会图书馆、公立（以都道府县为单位或以市町村为单位）图书馆和私立图书馆。根据其规模、目的及服务内容和对象区域，一般又区分为地区图书馆、广域图书馆、档案图书馆、学校图书馆（小学、初中、高中）、大学图书馆、专门图书馆和研究图书馆等。虽然图书馆的配置大体呈金字塔状，国立国会图书馆位于金字塔的顶端，其他层级的图书馆起着相互补充的作用，但有时也会因归属于不同级别行政单位而产生纵向断层问题。日本的县与政令指定城市共有权限的界定不够清晰以及公立与私立在扶持上的差别等，也使图书馆的建设推进起来有一定阻力。

尽管图书馆是市民关注度较高和深受欢迎的公共服务设施，但是对图书馆的分类来说，更倾向于从使用者的角度出发，如哪些人经常利用，哪些人从不利用。如何使图书馆所具有的公益性、价值和魅力为全社会充分共享，显得越来越重要。

[1] 地区图书馆

系指与区域内交流和生活圈密切相关的中小型图书馆。依其归属单位的不同，还可进而细分为地区分馆和流动服务图书馆等。

在大城市中，会构建一个以广域图书馆为中心馆的地区图书馆群网络，从而做到相互补充完善。在服务和藏书内容方面也更强调普遍性，图书馆在总体上表现出当地社区的面貌，共享读书体验的价值，带有推广草根运动的目的性。

这样的图书馆应该便于人们的聚集，并要营造出温馨的环境，除了具备藏书的必要条件外，还应该拥有令人心情愉悦的空间。但现实的情况是，因预算和规模的制约，要做到这些很难。

[2] 广域图书馆

作为地区图书馆网络的中心，必须具有一定的规模和较高的水准，几乎能够覆盖所有专门领域。仅从广阔的对象区域这一点来说，就可以看出广域图书馆与交通基础设施关系的重要性。而从其具有较高利用率，并受市民欢迎和信赖的角度看，应将其置于代表城市的象征性设施的地位。

从一般的读书体验到调查研究，随着读者目的性的深化，作为后援的图书馆服务水平亦要相应提高，因而产生怎样进行综合平衡和发挥规模优势的问题。较为常见的例子，是在规划上与其他行政服务的复合化。不过，受行政区划的限制，往往难以实现相互利用和做到一体化。在运作上会看到两种极端的情形：阅读区人满为患，桌椅不足；而会议室等房间又空空如也。这一状况的背景就在于，行政权限区分下的规划制定造成建筑上的脱节以及缺少相互沟通。

作为中心图书馆，更应具有闭架收藏的规模，并附设和运行检索系统，才能满足书籍配送服务的要求。

[3] 档案图书馆

具有代表性的例子就是以收集全部国内出版物（由藏品义务法所规定）为目的的国会图书馆。其收藏数量以千万计，相对于藏书百万册级的广域图书馆和大型的大学图书馆，国会图书馆具有无与伦比的规模和集约性。但因不从事外借业务，故已超出一般图书馆设计的范畴。

出于图书保存的需要，国会图书馆在特殊技术的采用和藏书空间的设计方面都是最先进的。特别是在引入高效的自动出纳系统之后，为读者提供了更大的便利。不仅具有保存功能，还有调查研究功能。

大规模的档案图书馆处于电子图书化的最前沿，亦负有这样的责任。日本国会图书馆也计划从2002年开始，至2010年实现4百万册的电子化目标。

[4] 学校图书馆（小学、初中、高中）

系指附属于教育机构的小型图书馆。如今在小学中试行开放式学校的例子越来越多，即在一个开放的空间里进行集体教学。

图书室则相反，是每个儿童捧着书本邀游在个人世界中的场所，也是塑造儿童个性的空间。因此图书室应给与亲密的感觉，重视像捉迷藏一样的小空间的设置，以便通过身体近距离的接触建立与书籍的关系。

初高中的学科班级是一个封闭的集中型空间，而图书馆自然就应该具有较大的体量和开放性，使之成为相互交流的场所。由于个性使然，在图书馆的利用上，也有自习或应对考试的不同偏好。因此要将其建成这样的场所：鼓励学生在其中举办读书会和开展小组学习活动，成为培养学生阅读、调研、思考、书写、表达等基本能力（Literacy）的场所。

学校图书馆突出基础性和一般性，是教育的基地之一。孩子在这里不仅可以学到各种专科知识，还能够为今后的人生奠定基础，从丰富读书体验的角度看，学校图书馆具有极其重要的作用。

[5] 大学图书馆

大学中的图书馆，实际构成形态比较复杂，多为分散的网络型。大学是学校院系主体，十分强调院系的自主性和独立性。因各研究室的研究领域高度专门化，故各研究室就成了专业书收藏最丰富的图书保管地，亦可称为实用的场所。因此，以系为单位的图书馆，共用的书便成为中心阅览书籍。中心图书馆会从各种不同渠道大批量收集图书，但对于普通读者来说，大学图书馆却有着超乎想象的藏书量。一般的公共图书馆藏书，相对于当地人口数约人均1至2册的样子，最多不超过3册。而大学图书馆的藏书规模与其校内学生数相比，则可能达到人均数十册的水平。加之大学图书馆分布在校内各处的现状，使其显得十分庞大。至于分类检索系统，在多数场合尚未得到完全落实。不过，各中心图书馆目前正在通过大学校际网络解决实际应用上存在的问题。

学校图书馆规划设计的特点是，随着藏书数量相对于读者人数不断增加，仍然按照学生定员的10%配置阅览座位和作业桌，一定会对总体结构产生影响。

大学图书馆本来的作用，就是要将研究功能从一般的教养功能中摘出再全面推至高度专门化的领域中去。因此，自习区和参考资料复印角等的利用度较高，以班级和研讨会为单位的小组利用也是其特征之一（表1.4）。

表 1.4　图书馆的分类及其作用

	地区图书馆	广域图书馆	学校图书馆	大学图书馆	档案图书馆	研究图书馆
规　　　模	1000~3000m²	5000~1万m²	100~300m²	5000~1万m²	数万m²	数万m²
对象区域			—	—		
借出业务	○	○	○	○	×	△
藏书数量	1~15万	30~100万	1~3万	50~150万	500~1000万	100~500万
普及性	○	◎	◎	○	△	△
专门性	△	×	×	○	◎	◎
各种服务	△	◎	×	△	×	△
学习课程	×	×	△	○	×	◎
个人利用	○	◎	○	○	○	○
集体利用	○	◎	◎	○	×	△
工作空间	×	◎	△	○	△	◎
研　　　究	×	×	×	○	◎	◎
沙　　　龙	◎	○	○	△	×	×
集会功能	△	◎	×	○	×	○

1.4.2　图书馆各房间构成

构成图书馆的各房间，应进行区划以突出其功能和空间性质。无论规模大小，各个房间的相互关系都有着相同的性质。如果规模过小，所有的要素都要集中在单室空间内。而大规模和复合化，则会突出不同区划的特点，使之个性化。

全部区划大体分为节点与入口门厅衔接的区域、以开架阅览为主的区域和由闭架和大型装配架构成的区域等3部分。如果再加上复合用途，则成为第

4 个区域。而且也要考虑入口门厅的接合部。

被大致划分的 3 个区域，由三个首尾相连的蝌蚪状并成圆形区域，并依据各自不同的属性确定相互位置，按照各自适宜的环境条件相互组合起来（图 1.9）。

[1] 入口门厅区

（a）入口门厅

图书馆的入口与单体设施的入口不同，多半都会复合更多的功能。即使在每周 1 次的休馆日，入口门厅区域也要提供一些便利，以维持最低限度的服务，因此必须做复合化处理。这种处理除了具有保持其繁荣景象的意义之外，也是使图书馆入口成为独特的空间不可或缺的设计手段。

为了提高长时间滞留型图书馆的功能性，有时还需要在其中布置类似咖啡角那样的茶点区。这不仅会为读者提供便利，也是有效的图书馆商店形式。从而在具有开放型展示功能的活动空间、包括对外出租的空间里营造出温馨的氛围。

如果采用附属于图书馆的形式设置正规的视听室和专用画廊，作为共用入口和前厅空间，则须分别与各自的开放时间对应。作为集会功能，常见的例子是附设会议室和教室。

资料柜台还具有图书馆咨询处的功能，不过依据其规模的大小，有时与图书馆综合柜台合并在一起。为了便于读者还书，还应设置用于夜间和节假日的还书箱。

（b）安全线

如何防止图书被窃，是图书馆运营中无法回避的问题。当然，街里书店也存在同样的现象，只是图书馆的情况更为严重，因此在规划设计上一定要

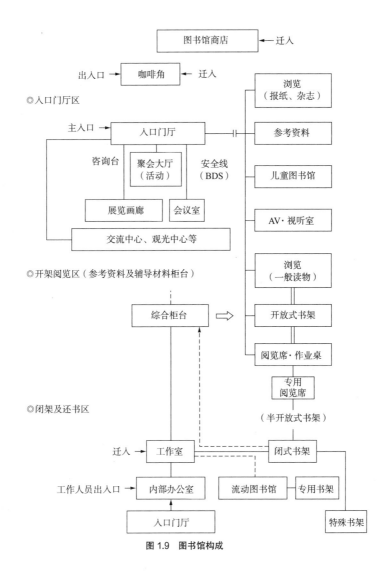

图 1.9　图书馆构成

采取充分的对策。在 BDS（Book Detection System，防盗门）问世之前，都是将图书馆建筑主体空间布置在安全线之内，而这条安全线是在保证柜台视野和空间布置的条件下摸索出来的。

（c）杂志、报纸浏览

新刊杂志角是图书馆内最受欢迎的地方。在有着与书店完全不同的怡人环境和轻松的氛围中，读者可以浏览到200～400种不同名目的期刊。

封面就是杂志的脸面，自然要展开竞争，不过关键还要看是否有自己的特色。需要判断的是，能否就地收纳已经过期的杂志。

报纸角摆出的虽然只有数日至数周的报纸，但其庞大的数量需要具备智能化的处理手段。

在这些角落里，坐上去舒服的沙发类家具当然是必不可少的。如果在设计上下些工夫，还能从这里望到窗外的景致，那就再好不过了。

（d）参考、辅导

这是对馆内图书分类及其所在位置和内容等进行检索的角落。同时采用卡片、目录、出版索引、书录和数据库访问等多种形式。多数情况下，都会与互联网服务兼容。利用 OPAC（Online Public Access Catalog）的电子目录和检索，则可与其他图书馆连接在一起，使之网络化，在便利性方面大大提高。过去那种单一的专用终端设置，已普遍为通用电脑提供的服务所取代。可以说，图书的大规模电子化方式，使其利用的可能性被无限放大。

另外，还有一个值得重视的问题是，这里可以为读者的相互交谈提供空间支持。与旅馆的门房类似，本人有什么不解之处，如果能够在这里聆听具有辅导技巧和综合性知识的专家的意见，无疑是有意义的。由于存在个人信息可能泄漏的私密性问题，最好能够设置小型辅导室或面向个人的服务台。

（e）儿童图书角

这是一个集中摆放以儿童读者为对象的画册和儿童读物的专用角落。书架采用专门规格尺寸和形状，其中的家具也是特制的。孩子成长过程中的体型差异很大，远远超出成人的个体差异，因此家具尺寸最好不要完全一样。

因此处多为亲子活动利用，故必须考虑到成人使用上的便利。由于是以孩子间或孩子与成人间的交流作为前提条件，因此在设计上就应考虑到怎样做才能使彼此的谈话不会影响到别人。如仔细考虑地面敷设材料及与其他区域的距离和位置关系等。

有时还应设置读讲专用区或小型房间，可以在其中安排具有游戏和教育双重意义的活动。

正因为是与学校不同的图书馆，更应该在内容和配置上满足如下要求：引发读者对广泛知识的兴趣，激起他们的好奇心。

（f）视听室

这是用来欣赏电影、美术和音乐等艺术作品的空间。

其核心部分是电子化的多媒体，主流方式则是在显示器和电脑上的再现。考虑到当今电子信息无处不在的实际状况，该区域今后应以何种形式存在下去也值得深思。这里要摆放供视听使用的家具和设备以及分隔的小房间，可适应个人、多人和团体的不同要求。为了放映胶片，还要准备具有遮光功能的黑盒子、专用放映设备和操作间。在这里，人们可以查阅诸如照片那样生动的资料和欣赏高品质的音频效果，这是在家里难以办到的。

从图书馆的角度来说，这是一个可以利用教育手段展示自己独特世界观的领域。当然，读者的存在是不可或缺的，因此开发地区的潜在需求十分重要。

［2］以开架阅览为主的区域

（a）开架阅览室

系构成图书馆中心的空间。读者自行挑选分类摆放在书架的图书，既可在馆内阅读，也可自由借出带回家中。除以开放式书架区为中心外，还划分出一般读物浏览区和共用大型桌面阅览区，整体分为3个部分。

在将这3个部分连接起来的位置，设有综合柜台。要利用书架的行列数目与高度的关系来进行适当的空间设计，以确保区域内的可视度。假如要将放着舒适沙发和长椅等的一般读物浏览区作为横向展开动线利用的话，书架便应纵向排列，有规律地朝里面延伸。书架之间设置小桌和翻阅图书的台子，即使要在里面摆放读者使用的阅读台桌，整个平面也要留出1/3作为通畅的动线。

一般读物浏览区全都靠近开口部，有充足的外部光线射入。整个区域每 m^2 设定图书量约为50至80册。

（b）开放式书架

标准书架尺寸，最小150cm，然后以30cm为单位递增，可依次选择。书架层数从4层至8层不等，以平均6层左右较为实用。但出于藏书增加的需要，有时也选择8层。最下面的2层因可视度较差，故图书的取出或返还作业都相当吃力。因此，也可以将下面2层设计成向上倾斜的。书架间隔应在240cm左右，但也要视图书收纳能力而定。

必须仔细考虑如何方便运书小车和轮椅的通行。读者应该很容易地在开放式书架上找到自己需要的书，最好布置的相对紧凑些，尽量缩短读者移动的距离。但由于过分强调效率优先和藏书量优先，而使得置身于书海中的乐趣以及意外发现好书的惊喜被冲淡了。因此，设法使人与书能够密切接触才是最重要的。

像大型书店那样将图书按作者分类或者成水平摆放，而采用专题分组排列方式的也很常见。因而家具和书架的设计以及照明的方式等同样要与此对应。

（c）综合柜台

为读者提供图书借阅、返还、会员注册、咨询和辅导等服务，是开架阅览区中十分重要的配置，整个区域均应保持通透性，易于读者的识别，最好还能实施出入口的管理。

柜台与还书处紧密相连也是必要的设计，是分区规划的重点之一。如果规模不大，可将以上这些功能都兼容起来，设计成一个综合柜台。但在规模较大的情况下，则须分别按照不同功能，将其分散开来布置，以覆盖广阔的区域。总之，应该通过合理的平面布置达到以下目的：以尽可能少的工作人员来进行高效率的运作。

自动借阅机和还书箱不仅有效地减轻了工作人员的劳动，而且还能够消除读者排队的烦恼。与此同时，还保护了读者借书的个人私密性。

在推行机械化的同时，也不能忽略面对面的服务，有效的方法是将柜台服务的重点转向为读者提供咨询和辅导。这样一来，柜台的功能便不再单一，从消除壁垒的角度出发，使之成为图书馆管理者与读者共有的空间。

（d）专用阅览席

这是以房间为单位形成的工作学习环境，有个人用小间型及空间共同利用型等，读者能够长期使用，时间从数日至数周不等。长期借用的空间不仅可以保持读者工作的连续性，而且也便于读者自由出入和携带必要的私人物品。

专用阅览席的设置，是以图书馆既是学习场所又是研究场所的认识为前提的，因此构建类似的环境应该是图书馆今后努力的方向。

（e）自动音响服务/盲文服务

朗读书籍和外借录音带也在图书馆的服务项目之内。尽管都是志愿者即可完成的工作，但随着图书电子化技术的普及，利用电子数字技术实现音响的自动化也成为可能。自动读取机阅读出版物和即时型音响自动化等正逐渐进入人们的视野。

在志愿者们长期不懈地努力下，盲文服务取得很大进步。而且，随着纸张印制凸点技术及凸点触摸灵敏度技术的发展，盲文也变得越来越规范。

设计者应该针对形形色色读者的不同需求，通过自己的设计消除相互之间的障碍。

[3] 闭架书库与还书处

（a）还书处

图书馆的还书处大体上分为3部分：以图书为中心的一系列作业空间、工作人员使用的办公空间和闭架书库。

这是在进行图书进出库、检查、登记、封面复膜加工、修补保存、过期杂志整理、返还书整理、闭架书库图书的取出或返还等图书物流作业时所需要的空间。

图书搬运主要还是依靠人力小车，因此动线的通畅化非常重要。在大型图书馆，可以利用机械搬运图书，大大节省了人的劳动，并明显地具有消除动线和区划障碍的优点。另外，闭架书库自动取书系统和自助借书系统之类的大规模运作方式也在探索之中。不过，这需要对其成本效用比进行细致分析。

中小规模的图书馆，其还书处最好与工作室做一体化设计，这样会提高效率，只是需要在不破坏总体的统一协调性方面下些功夫。设法使站立作业和伏案工作自然变换，从而提高总体环境的怡人程度，也很重要。工作人员用的休憩空间同样应该完善，尽可能使之成为工作人员之间或与志愿者小组交流的场所。

图书馆内不设馆长室的例子很多，接待室也可兼做会议室，这不仅能够提高空间的利用效率，也可确保工作人员空间的需要。

图书馆内部办公室从另一个侧面，突出了企划、研究、调查等部门的重要性。总之，营造一个与策划和开展知识性活动的图书馆相称的良好办公环境是必要的。

另外自入口门厅区向里面延伸的读者通道、工作人员专用出入口、运输车辆出入口和开架阅览区该如何自然衔接，以及还书空间自身的设施怎样布置,诸如此类的设计课题还有很多。

（b）闭架书库

开架和闭架在图书馆运转过程中所具有的关系,就像车辆的2个轮子。二者的比例变化取决于总体规模的设定。一般将30万~40万册作为开架图书的一个上限,闭架图书则不设上限。事实上,决定藏书量多少的,还是收纳空间的大小。因此,应该以容积率和经济性的观点,尽最大可能从其他空间中挤出有限的一部分来扩大收纳量。

通常采用的方法是,将书架上下相叠、插入隔板、活动式密集书架、延长连接、缩小通道宽度等。不过,图书取出及返还的便利性和移动距离的缩短毕竟也很重要。因此,应设法在收容保存能力与出纳的方便性之间找到平衡点。

环境条件的设定,最好能够做到有稳定的温度,特别是湿度的恒定化（60%±5%）。书库不仅要绝热,如果还能利用人的体温来有效提高热容量,则可进一步实现节能化的目标。

至于书架的结构,应该将重点放在安全性方面。开放式书架的强度除了要考虑读者的安全,还应考虑到发生地震或相互冲撞时是否稳固。而且也要注意到由此增加的重量和密度。

古书、和式装订本、绘画、照片、底片、胶卷等,需要保存在特殊的环境条件下,故应另设单独房间。出于燃气消防的需要,在设计上还须考虑适当的结构和安全装置。

保存能力的优劣对归档处理的方式起着决定作用,应考虑扩建分馆和仓库。但作为普通图书馆,则只能根据利用频度来确定藏书的处理方式。

要将利用频度较高的图书和利用频度不高的图书分开保存,有时还要改变收纳方法以及工作与柜台间的位置关系。

还有一种半开架方式,得到允许的读者可进入闭架书库内自行挑选图书。这不仅能够减轻工作人员的劳动,还可以提高读者的满意度及扩大研究的成果。尤其应该将杂志等过期出版物与开架阅览区连在一起。尽管出于确保狭窄空间安全和防止资料损坏等理由,建立入场限制制度是必要的,但采用半开架的方式仍不失为一个效果较好的选择。

（c）流动图书馆

这是中心图书馆为未设分馆的地区和人口过疏地区提供图书馆派出服务的形式。有专用的车辆和专用的书库。

书库由箱状的组合体分类装入图书构成,因为要定期进行更换库内图书的作业,所以要准备专用的作业空间。

在城市里,可以为公立医院等提供巡回图书外借服务,或者像分馆那样向医院配送所需的图书。总而言之,读者的不同需求也促进了各种新服务方式的诞生。

1.5 图书馆建筑发展趋势

[1] 作为基础设施的图书馆

将市民社会中的知识性活动集中起来,并使之传承下去,这应该是图书馆最基本的目的。一个有着这样共同目的的社会,在激发出政治经济的基本活力的同时,也促进了知识活动水平的提高。其结果是,收集的信息更加丰富,并产生知识的飞跃,从而营造出培育创造力（Ideas）的环境,这样的创造力正是所有知识性活动的源泉。①图书馆的主要功能体现在,它是支撑这种循环并使之加速的基础设施,同时也是对市民的学习和开展交流活动的场所。②我们的图书馆,应该如何给人们带来认同感和信赖感,从而支撑我们的社会并使之得以发展呢? 日语出版物的数量,按照日本的人口数来说,与其他语种相比处在一个较高的水准上,其读者人数和图书借阅量等指标也不差。然而,图书馆数与国民人口数相比却显得逊色;特别奇怪的是,多数图书馆似乎都过分侧重于外借业务。③图书馆应该发挥的作用是多种多样的,它是社会的基础设施,这种认识应该得到再次确认。④对于在快速的现代化进程中多次改变了社会系统的我们而言,重要的是,重新构筑作为市民社会的基础应该拥有的图书馆形象。

[2] 作为学校的图书馆

公立图书馆的原则就在于,无论什么人,都可以平等地免费获得自己需要的信息。平等地接受基础教育是基本人权的重要支柱。图书馆理所当然地被看作与学校一样的社会公共教育机构。图书馆的理念之一就是,利用收集到的信息为读者开设知识辅导课,并作为主要服务项目。教育的目的是为了让学生了解社会的基本规则和事物的基本原理,但更重要的是要将其付诸实践。说起来,关键的问题是合理采用一系列方法以充分利用图书馆自身价值。原本作为教育场所设置的学校图书馆存在的意义,除了要营造出可与图书亲密接触的环境外,还应该大略显示出图书馆的架构和应用方法。作为提高个人或某个集体能力的具体场所，在一座富有魅力的图书馆中度过的时光，将会成为一生宝贵的财富。

[3] 作为数据库的图书馆

资料的直接购进和数据库有偿使用的增多，无疑加重了个人客户的费用负担。因此，公共图书馆一般都设有使用时间的限制，从而代替收取使用费的方式，能够使服务与个人对接是十分必要的。随着数据库的相互链接，图书馆利用自己建立的数据库发出各种信息，应该成为图书馆今后的发展方向。如今的互联网社会，是通过庞大的条目类型百科辞典式信息库和个人自由书写形式的广泛链接构筑而成的。图书的电子化也随着设备条件的完善得到快速普及，并步入商业化的轨道。这样的客观状况，使数字图书馆的存在感变得更加真实可靠。然而，现实的图书馆毕竟是在人与人、人与场所和人与书的物质关系中构筑起来的，这也是一个不争的事实。物质的图书与电子化的图书，二者只是传达的手段和方式不同而已。能够将书本物质的宇宙与互联网虚拟的世界双方链接起来的我们，从某种意义上说，是生活在一个奢侈的时代。

[4] 作为服务窗口的图书馆

收集信息，多数情况下都有一定的目的，如为了解决什么问题或做出某项决定。例如，在研究医疗和生死的问题时，公共图书馆或其他相关行政服务机构就可能为寻求解决问题的途径提供帮助。再譬如，由税金问题、购入不动产、继承遗产、就业、教育、育儿、邻里关系等人们身边引发的、与生态和安全有关的种种问题，都可以将作为公共服务一环的图书馆当作公平的咨询对象得到启示。

图书馆已被当成解决所有生活问题的途径，是使人们生活更加丰富多彩，并成为人们安全感和幸福感的源泉之一。作为一个能够举行各种集会的场所，人们在收集信息的过程中，会与他人相遇并进行交流，进而发展兴趣小组、NPO、教育和演讲等活动项目。这里是地区社会架构的中心，提供了交流的场所，为了使交流更为活跃应该在空间设计上多下些功夫。

当然，从保护个人私密性角度出发，也要注意空间隔断不能过低，相互之间不宜靠得过近。不能将集会功能和展示发布空间简单地看成图书馆的复合用途，事实上，这些功能对于图书馆来说是不可或缺的。对图书馆本质的认识，必须做这样的定位：与一切未知事物（包括人在内）相会的场所。

[5] 作为工作空间的图书馆

在公共图书馆内开展的一系列活动，实际上与企业日常工作类似，如收集和整理信息、总结报告、培育理念、制定战略、参加聚会、会见客户、构建网络等。因此可以说，公共图书馆提供的，就是一处免费的个人工作空间（尽管有一定限制条件）。

将下班后的个人工作空间带到家庭以外的地方去，正成为城市白领的时尚，不断延长的图书馆开馆时间也为此创造了条件。对图书馆的利用，似乎都是在有限时间内的集中行为，如应对考试之类。其实，图书馆的真正魅力恰恰体现在，人们可以脱离家庭、公司或学校等集体的束缚，在此从事个人感兴趣的活动。

回归个人，全身心地投入到趣味的世界，也是人生需求的一部分。公共图书馆在培育个人兴趣方面，负有义不容辞的责任。

总而言之，应该从图书馆作为社会新工作空间的视角，做出以工作空间多样化为背景的新设计。

[6] 作为景点的图书馆

即使在网上购物方兴未艾的今天，百货店仍是都市中可供观赏的一道风景。哪怕没买任何东西，也说不定会碰到什么新的商品，并因此感到愉快。不断提供的空间设置，正是为了满足人们的根本需求。

百货店的概念是伴随着商业市民社会的诞生成长而发展起来的，由此或许可以佐证现代图书馆出现的背景及与前者的区别。应坚持这样的重要理念，图书馆是一个以素朴的魅力吸引人们前来的场所。知性行为是一种探索的行为。既然探索是一种喜悦，那么娱乐和观光也应该算是地道的知性行为。

要成为受欢迎的图书馆，向城市的大型书店学习不失为一个有效的方法。这样的书店一般都会将图书分门别类地摆放，只要朝书架看上一眼，就会给人以知性的刺激，就像在读者面前展现出一片由书籍汇集成的知识海洋。

旧大英图书馆曾是许多伟大思想家从事写作活动的现场，也是现代市民社会的基础。说起来，也是一处历史名胜。那巨大的穹顶和圆形大阅览室所具有的空间设置魅力和强大感染力，使其成为伦敦一流的观光景点。

西雅图市中央图书馆（由雷姆·库哈斯设计）也是一样。作为城市的象征，已成为外来观光者首选的去处之一。图书馆周围街道起伏的地形被保留下来，立体化积木式的美术造型以及大厅共享化的大阅览室，无疑都成为浮现在城市中的知性空间，同时也是可以环顾整个城市的观景台。与城市自身融合，使之成为凝聚城市魅力的场所，是图书馆应有的面貌。

[7] 作为博物馆的图书馆

旧大英图书馆的特点是，与大英博物馆在组织上形成一体化，构成整个空间的中心。

所谓知识收集的一般步骤是，先从集中物件和素材开始，并以物件与信息不可区分的模糊状态作为基础，然后再进一步分类，使之系统化。如今，虽已实行对博物馆、美术馆和图书馆做明确界定和区分的制度，但萌动的好奇心和难以抑制的探索欲望却并不因此稍减。大英博物馆的事例证明，将知识的收集及再编在一个场所内实体化，仍然具有深远意义。

现在，人们也开始考虑将其他设施中的物件收集起来，集中在图书馆内。这些物件主要是照片、画像、手册、海报、脚本、计划书、模型、创作笔记、广告、商品样本、设计图样、服装、设计图等原始资料，目的在于展现出人类活动的总体状态。现在，一些小的机构也在进行个别的收集活动。图书馆的作用是要将被分散开的书籍按类别重新整合，在阅览者面前展开一幅清晰的示意图。

要通过网络访问大英博物馆并不难，利用我们的图书馆，就可调阅大量的有关信息和图像。然而，这丝毫不会减少大英博物馆自己的价值。博物馆自有其魅力，图书馆则设置在其中心位置。

[8] 作为家的图书馆

对于父母都在工作的孩子来说，作为保育所和具有学龄前儿童教育功能的儿童馆以及地区中心等，都是难得的好去处。与此同时，那种将街道边、巷子里或野地上作为游戏场的时代一去不复返了。孩子们能够在游戏过程中学到鲜活的知识，并带着由此产生的好奇和疑问翻开小画册和图录寻求答案。图书成为如同街道和野地一样亲密的朋友。

如今，人们都在谈论怎样使图书馆成为提供各种现场服务的窗口。实际上，图书馆对于孩子们来说，也是重要的停留场所，甚至具备第二个家的功能。例如，横滨市正在建立的地区中心便确定了这样的配套标准：设有体育室、多功能自习室及藏书10000册左右的小图书室。在这里，大人能够与孩子一起游戏、集会、做功课和看书。总之，建立该中心的目的就是，使其成为融入家庭生活氛围和小巷游戏

场气氛的地区之家。

在贫困的非洲国家加纳，利用"男孩图书馆基金"运作的小型图书馆，已真正成为孩子们生活的基本依托。就像通过故事培养感情和抚慰心灵一样，图书馆提供的食物则会保住孩子们的生命。这样的图书馆真正是孩子们的家。

[9] 作为载体的图书馆

前面（1.5节）分别就当今图书馆的新发展以及方向性和可能性等做了阐述。形成适应社会的发展变化，促进图书馆自身变革的意识，产生这样一种认识：载体本身的变化将会动摇图书馆的原型。

我们暂且将这一新的原型称为载体。它不仅将原来意义上的图书馆包含在内，而且还设有画廊和大厅等聚会的场所，人们可以在这里做全方位的视听体验。图书馆既是社会服务的窗口，也是组织志愿者，探索解决问题途径的场所。不仅能够获取信息，是新型的工作空间，而且也是人们寻求与社会交流的意义，并从中获得救赎和内心安宁的场所。

所谓载体，实际也含有布满无形载体的框架的意思。因此，必须构想出自由的理念，布置有包容力的空间，才能将这样变化多端的载体功能纳入其中。

[10] 作为战略的图书馆（事例报告）

作为纽约公共图书馆的分馆创立的"科学、工业与商业图书馆"，通称为SIBL。

该图书馆重视实用性，以产业、科学和专利情报为中心，收集的信息十分详尽，是一座以在纽约创业的个人为服务对象的图书馆，创业者可在这里获取与投资和商务有关的各种信息。图书馆内设有500个座位的阅览大厅和读者工作空间，全部藏书125万册，还有数百件的专利资料等。图书馆的主体建筑利用旧百货商店改造而成，内部的读者通道只限于一层和地下一层，一层往上的5层均为高密度闭架书库，书库以上3层为工作人员办公室。分馆的书库，在设计上留出了充分余地，以满足藏书不断增加的需要。该图书馆的主要读者是商人、研究生、政府官员和媒体记者等。尤其是作为对初期创业者的扶持，这里配备许多专门的接待人员，他们可以就某个报告书的形式和内容为读者提供周到的咨询服务。这种面对面的咨询服务方式，在如今网络社会中的重要性显得更加突出。

SIBL的理念，可以解释为"信息的民主化，即任何人都可以平等地获得利用信息"。信息利用上这种自由与平等的概念，不仅指个人的权利而言，它

还与这样的战略观点密切相关：正是个人的成功，支撑起一个强大的美国。

基于这样的观点，图书馆不断改进信息利用方法，举办各种形式的讲座，意在吸引更多的读者。进而还安排一些培训项目，讲解图书馆应该如何帮助创业者，培养专门的咨询服务人员，以期对其他图书馆提高服务水平起到一定的指导作用。

纽约的 MOMA（THE Museum of Modern Art）除了收集和展出现代艺术与设计作品外，还是一个拥有 1000 多名工作人员的庞大组织，它具有与大型教育研究设施相同的功能；SIBL 也是，具有信息收集、分析、整理、建议等综合性智库的功能。

1.6 图书馆建筑规划

[1] 总平面设计

在图书馆的总平面设计中，应该确保建筑的立面和主入口的可视度，基于图书馆所具有的公共性，这一点很重要。通常情况下，还要将图书馆符号化的立面和引道的设计，放在与周围环境和主要街道的关系中统筹考虑。用地的大小固然是依据图书馆的规模选定的，但位于住宅区的地区图书馆及郊外或市中心的广域图书馆等，亦应按照各自的规划内容与用地条件的相互关系来决定如何布置。

（a）交通问题

需要注意到读者来馆交通是否便利的问题。应该按照徒步、自行车、汽车和公交的比例变更用地规划。郊区用地，停车场的容量和布置方式将起决定性作用。这一点与大型商业设施的性质类似。因此，重点应考虑怎样使停车以及与停车场联络更为方便。就像在购物中心会购买和运载大量商品一样，来到郊区大型图书馆的读者，也可能是全部家庭成员，因此随着读者人数和借出图书的增多，便产生了物品搬运的问题。在市中心也是如此，图书馆与其他大型设施复合化的事例不断增加，已成为最近的发展趋势。不过，这也与基础设施是否方便有着很大关联，如直接通往等车处的公交枢纽和周围邻近停车场设施群的相互利用等。由此可知，我们不能只将关注的焦点对准表现传统公共性及文化性的建筑立面效果以及图书馆的外观等，而对停车场等交通功能方面的实际问题掉以轻心。便利性与公共性的统一，才是我们今天要面对的大课题。

（b）与周边环境融合

总平面布置的另一要点，则是与周边环境的连接问题。日照、风向、绿地分布等环境要素，与人和车的交通分布一样，也成为影响设计的参数。在总平面布置与平面设计直接相关度很强的图书馆规划设计中，要想营造出更好的室内环境，必须考虑怎样借助外部环境的优势，如何避开其劣势，这是首当其冲要解决的问题。另外，怎样防止地形造成雨水之害这样的问题我们都要想到，尽管这不过是调整一下方向就可解决的问题。总之，如何在可与自然共生的前提下构建融合于环境的交通条件，仍然是个很大的题目。

[2] 平面布置

无论平面布置对象的规模大小，理想的图书馆规划设计应以平房为首选，将建立在形形色色意义上的通用性，完全布置在一个大平面上。这不仅适用于单纯的通用设计，而且也是图书馆自身的理念使然。因为平等的概念已与图书馆的理念紧密地结合在一起。在一切知识、书籍和展品面前，人们没有高低贵贱之分。超平行状态是贯穿图书馆历史始终的原理。

图书本身的机械式排列（也是有意义的十进位分类法），也凸显了这样的意味。

（a）平坦度与通用性

在图书馆中，随着自由人的移动，庞大如山的图书也要移动，而且这种移动多半要靠人力作业来完成。有鉴于此，要求空间内不设物理性的台阶。利用电梯，更便于将闭架书库与还书处重叠起来，做立体化布置。相对于读者的水平移动，让还书处适当重叠可能会使动线更为紧凑。

还需要关注图书馆物流方面的问题是必要的。图书馆内外经常会有大量物品出入，如购进图书，分馆网络配送，流动图书馆进出库等，都要在专设的检验区进行。而图书的验收、登记、修复等的空间则应设法与检验区相接。在保证图书馆还书处拥有良好环境和完善条件的同时，对那些读者看不到的区域也要重视，努力消除利用者与管理者的界限，让二者统一起来，视觉的透明度将会逐渐拉近二者的距离。

假如利用者能够理解图书馆的机制和工作内容，管理者尽量站在利用者的角度，自觉地提供各种服务，应该是一件很有意义的事。图书馆内部通用化的意义既然表现在物理层面之上，就应该达成强烈的统一感。

（b）动线与可视度

站在读者的角度来看平面布置的要点，应该是清晰易懂的动线的空间可视度，平面构成理解起来不太困难。总的来说，要具有较高的指向性。如果馆内遮挡视线的障碍太多，单靠标识设计并不能完全解决空间识别性问题。在把握通用性的前提下，有效利用地面台阶亦可起到分隔空间和引导方向的作用，因此场所高低的视点变化等确实能够增强空间的可辨认性。

在由多个平面构成的大空间中，站在大阶梯上或自动扶梯、观光电梯内来鸟瞰和环视四周的一切，理解空间也更容易。而且，那些移动空间和交通装置本身就是引导读者的标识。

在了解读者动线的时候，如果仅将其定位为单纯的动线，这从空间效率利用的观点看也是一个问题。正确的做法是，应该将设施和咨询重合起来加以充分利用。在确保空间独立性和可辨认性的同时，将用途与环境相互融合的自然构成，也可以被称为原来区划概念的通用化。

（c）舒适性

在读者停留时间较长的图书馆，要布置气氛转换的场所和与封闭空间相比开放性较好的空间。在这些温馨的场所，应该设有面向室外的大开口部和平台等。

作为馆内可供观赏的景点，如果能在平面里将庭园或类似公园的场所布置进去的话，读者就会在遨游书海的过程中，像散步一样怡然自得。说起来，这些做法都是要将区分建筑内外的界限模糊起来，以达到通用化的目的，也是在图书馆这样巨大的平面内体现对身体以及知觉开放的一种规划手段。

［3］截面设计

在构成过去著名图书馆建筑特点的所有要素中，其中一点就是其内部的宏大气势。建立在当今经济基础上的图书馆，则只有充分的层高和宽敞的空间。其实，气势也是值得参考的元素。

图书馆内收容着巨大的物质量。当然，那一堆堆数量庞大的图书既是物质量，也是信息量。解读这二者之间关系孰轻孰重，就涉及书架如何排列摆放的问题。至于量的处理，不只是平面的排列，也与截面构成本身密切相关。要根据排列层数、密集程度书架长度及其通道来决定群组的体量。

必须对这个体量相对于空间的占有度是否适当做出判断。假如设为3至4层的话，便成为视线通透的开架形式，但收纳量将显著减少。反之，如果设为6至8层的话，那读者简直就像进了迷宫一样。设在庭院里的树篱式迷宫，还能看看天空使自己镇定下来；而图书馆，则只能靠宏大的气势来减轻读者的压迫感。

（a）书架配置方法

布置充分收纳图书的空间，使其可以一览无余的手法之一，是将整个墙面都作为书架，周围再设置阶梯状平台，这便成了传统的图书馆空间。这样的书墙因平台阶梯级数的增加而放大，很自然就使空间的气势显得更加宏大。

古典式的图书馆系以自然采光为主，积块结构使其需要纵长的开口，室内光线的配置突出了空间的宏伟效果。矗立在大平面上的穹顶结构不仅可以增加气势，还便于自然光从顶部投入空间内。

这是一种由物理条件产生的气势。除此之外，还有一种气势则与规模大小无关，它应该是某种文化人类学经验在空间中的缩影。起码可以这样说，所谓气势是个须经由心理和身体认知的对象，与明亮、静谧和温馨一样也是环境指标之一。因此，空间中事物的占有密度也会让人感到亲切，否则不是太空虚了吗？

（b）空间与设备

对光和热等环境要素，理所当然地要将其置于气势中做立体分布，并在分析的基础上加以调控。基于这一点，相对于从前的那种平面主体规划概念，还应将截面加进去做立体布置。

截面设计尤其需要在结构与表面处理的关系中找到设备配置的间隙和调整其分布。如今是驾车奔驰的时代，人们思考怎样在"将人变得最大，机器变得最小"的有限空间内使居住区域最大化。虽然建筑方面的装配式作业、自由进度施工程序以及无变更设计并不带有普遍性，但为了产生有效空间量，这些都是行之有效的手段。

采用OA层的楼面下空调，也是一种利用间隙配置设备的节约空间的手法。居住区空调是设备对象区域的一部分，环境照明和对象照明的概念也是由空间分段处理手法得出的。设在地板下的空调和自地面吹出的冷暖风，更接近空间内的人，因此应该是调节环境温度最便捷的手段。模拟技术的应用则与汽车的设计类似，在满足人的需要这一点上是相同的。在开发汽车过程中，对人的感官所体验到的驾驶性能表现出强烈的关注。建筑的使用，也同样存在一个利用者感官体验的性能问题。

不能将总体规划简单地分为平面和截面，而是应该采用立体综合性布置，同时将其与创意、结构、设备等简单范畴融合起来。另外，作为一个完整的有机系统，不是为系统而建立的系统。归根结底，应该是最低限度适应人及其目的性的设计。

（c）开架阅览的位置

作为截面设计的要点，尤其应注意图书馆的中心空间，并考虑可将占用空间最大的开架阅览室设在那一层。

如今的图书馆，开架阅览已成为一种流行趋势，但由于用途的复合化，使其难以布置在入口楼层，有时不得不将开架阅览区分解，然后做叠加布置。根据地形条件，主要开架也可能相对于入口层向下展开。这样布置的开架可一览无余，不仅具有较高的可辨认性，而且还缩短了读者移动的距离。如果多层化开架被分割在不同楼层的话，则需要在如何形成纵向一体感方面下些功夫。不同楼层的接待柜台和被分隔的还书处等应大致设定在各楼层的同一位置，并与工作人员的上下动线巧妙地衔接。将柜台等设在各楼层同一位置，将会有效地提高空间的认知度。

（d）闭架书库的构成

与开架同等重要的问题，是存有大量图书的闭架书库的截面结构及其位置。有的是将总体构成均收纳在平房建筑内，有的则要将闭架书库积层化。

书库的过大展开势必增加移动的距离，因此需要在二者之间找到平衡点。

书库的紧凑化有利于改善保存环境。如置于地下，就必须做可靠的防水处理，以避免地下水造成的潮湿现象。但优点是，可以利用地下的恒温性。

［4］环境规划

说到图书馆空间的特点，首先要考虑作业空间。开架区的阅览台是高品质的工作空间，读者集中在这里阅读、书写和拷贝资料。另外，出于欣赏图书的乐趣或受好奇心的驱使，也可以像探险一样穿行在书架之间，此时开架区就成了居所或公园那样让人感到亲切的休闲空间。这并不是两个矛盾的事物，需要做的是将它们特点巧妙地融合在一起。

除此之外，还有还书处等各种各样作业空间和闭架书库等保存空间这样的个别化区域。然而，如今又开始出现这样一种设计理念，即不对整体环境加以区分而使其连续化。

在总体很大的连续空间中，根据不同用途自由设定非均质的环境，使过去的分段布置和均质化设计变得更有弹性，最终形成一种包容性的设计理念。这时，已不再单是遮断外部环境的设计，毋宁说是为了充分挖掘空间的潜力。也不仅仅是个设备设计的问题，必须加以统筹考虑。

例如日本的民居，由檐廊、庭院和室内组成的空间结构，就是建立在通过身体和内心感受及欣赏自然的同时，还可调节光和热的设计构想之上的。

（a）关于声音

图书馆内声环境的 NC 值应在 $35 \sim 45$ 之间，凡能够集中在一起的作业空间和允许自由往来空间相连的地面上，一般均以铺设地毯作为主流方式。

虽然图书和书架形式都具有一定的吸音功能，但要注意声音在大空间中产生的反射现象。对自动扶梯发出的机械噪声和 IT 类仪器运行时产生的声音也应给予关注。

意识上的区别一旦开始出现便难以消除，也许图书馆的美观大方也必须以利用上的方式方法协调统一作为前提。

（b）关于光线

关于光环境，在高顶棚的场合更需要做缜密的规划设计。至于作业空间所需要的照度，将空间做对象照明和环境照明的区分是有效的方法。假如亮度对比过大，会使眼睛疲劳。尤其是在大型开口的周围，更易出现刺眼的强光，因此应格外注意。

对象照明灯设计的关键是必须可个别开关控制。环境照明如采用间接照明方式，通常光线效果都比较理想。直射的自然光和没有指向性的空中光线，也同样可以与对象照明组合起来。间接光的水平照度与垂直照度的差较小，因此不易在书架上的书脊处留下书架的阴影，辨识书名更容易，将书拿在手里翻阅时，光线也暗不了多少，看上去并不感到吃力。结果产生这样的效果：个室内低照度部分感觉要明亮些。

必须注意到，间接照明的照度与工作面的材料、色调和反射率密切相关。建筑物的地面、墙壁、顶棚以及摆放对象照明灯的桌子表面等所具有的反射作用，也都会对其产生影响。

在截面设计上，如将开架置于最上层（包括平房建筑），则便于引入自然光线。无论晴天还是阴天，天空光线的光成分稳定性都较好，因此就像画室等处多半在北侧和东侧开有天窗一样，将自然光作为首选比较好。如采用直射光，则有必要将其充分扩散，而且直射光会随天气产生很大变化，因此要配备可靠的光量调节装置。

（c）关于温度

关于热环境，如果还是高顶棚和气势宏大的空间，采用中央空调是有效的方式。室内地面的辐射效果让人感到很舒适。此时要注意的是，OA 层所采用的不同结构和材料，可能会使地面的步行感和蓄热容量有所差异。

通常情况下，采用荷重较高的结构形式，如填充灰浆的钢面板和 GRC 等较重的材料。对整个空间是否做绝热处理，应从总体热容量和上下层的布置等方面进行细致研究判断。开架阅览区多为总体一个大空间的设计，如果做一定程度的区划处理，以便于在其中适当进行不同运作，不失为一个有效的方法。在其周围区域也可采取同样的方式布置。

换气设计特别重要，不仅因为大脑的活动需要新鲜空气，而且也是综合利用天然能源方面的必要条件。无论在平面还是截面的处理上，都必须采取应对太阳西照措施。如果能在图书馆周围的空地上多栽植一些常绿树木，会有很好的效果。

（d）身体与心理

所谓读书经历的特点就在于，物质的书通过身体接触与头脑中的思维碰撞，与身体周围的环境因素有着密切关系。那种认为躺在床上看书最安稳的想法，已经超出习惯的范畴，也是心理与身体相互作用的结果。除了头疼脑热之类的身体机理功能之外，经过所有感觉器官产生的心理作用也不可小觑。

怎样才能使读者从收纳千百万册图书的庞大书架群产生的压迫感中解脱自己，在庄严的知识大厦前昂起头正视那些假权威，从而获得自由，这完全取决于以身体和心理为对象的环境设计效果。

[5] 表面处理设计

环境的营造效果与表面处理用材料的性质和特点有着密切关系。如前所述，这不仅是一种物理作用，还连带着心理作用的影响。

（a）地面处理

地面铺地毯当然是较好的吸音处理方式，但随之也产生易脏和清理的问题。地板革虽然维护起来比较方便，但接合部容易破损和翘曲，耐用性较差。因此作为折中方案，相对于通常边长 500mm 正方形的规格，采用边长 1m 的大尺寸。尽管由绒毛长度和编织方法决定的地毯松软度是重要的指标，但也

得考虑到运书小车和轮椅行走是否方便。

地毯最大的问题是清洁度，因为这也关系到是否会引起包括儿童在内的过敏反应等健康方面的问题。

地板因具有易于清扫的优点，被普遍地应用在住宅内。可是，也存在走路会发出声响的缺点。

油地毡系采用天然材料制成，因其兼具抗菌性和坚固性而多用于医疗设施。可斟酌其厚度来选择适宜的弹性和步行感。

如果说到和式民居内土间那样的实用性和原生态，完全可以交给瓦工抹上一层灰浆，再利用具有渗透性的表面改性强化剂，基本可以解决易于污损和难以清理的问题。为了避免产生龟裂现象，可使用加强纤维和专用膨胀剂。这种场合，需要对接缝做适当处理。

关于 OA 层用的悬浮地板，我们在 [4]（c）小节中稍有涉及。这里着重阐述与书架固定有关的问题。

书架的重量极大，因此要求固定绝对安全，即使设置在铺设悬浮地板的空间内，也要与底下的 RC 面连接。在固定件的选择和安装上，必须考虑到不妨碍 OA 缆线的敷设和地板下面空调风的流通。而且需要调整书架间隔和地板定位尺寸。在无需开闭的前提下，木质悬浮地板系统下面的基板应采用双层结构复合板，厚度在 50mm 左右，不仅具有较好的弹性和较高的强度，而且也很便宜。

（b）顶棚处理

因目前多数写字间顶棚都为系统占用，故基本采用岩棉吸声板做顶棚表面处理。自动灭火器、照明和空调出风口作为一个组块，被配置在边长 600mm 的正方形内，然后再将一个个方形组块排列起来，房间的划分也依照这样的系统进行。

既然图书馆是一种工作空间，自然也适用顶棚高度 3m 左右的标准。

采用高顶棚化方式时，可以不受这一标准的限制，但实际用材的选项也不可能像地面材料那样多。岩棉吸声板仍是受到肯定的功能性材料。

还要注意，如果顶棚表面的涂装具有反射性的话，可能很快造成基底的应变。较为稳妥的办法是采用颗粒状涂装。目前，出于给涂装材料以附加功能的考虑，多数产品都具有吸湿性和除臭性。还有一种既有吸声功能，又具绝热性的陶瓷类喷涂材料。

（c）墙壁处理

墙壁表面处理，包括裸露 RC 结构在内，可以使用的材料非常广泛。不过因关系到运书小车，故应具有防撞击性和耐久性，如采用高踢脚等对策。

［6］开口、屋顶和外墙的设计

（a）开口

关于开口部的设计，除了通常的耐风压设计，以及水密性、气密性、抗震、防火等设计外，很重要的一点是做好绝热设计。

最近较为普遍的做法是采用大块中空玻璃，不仅可以保持透明度，还具有 Low-e 功能。

此外，那种采用板式工艺生产、在工厂一体化成形度很高的大型铝合金框架，目前尚存在诸多需要解决的课题。如框架尺寸的扩大受限于耐火性能和高层化强度的要求，绝热性能也并不理想等。

只要将铝合金框与中空玻璃做个比较，就会发现通过铝合金框的热桥效应相当大。在镶嵌单片玻璃时，如果玻璃四周不露出金属面，铝合金框便不产生热桥效应。在计算上，单片玻璃工艺意外成为有效绝热开口的例证。

如果图书馆的开口较多，便要采取各种措施以保证室内的清洁和安静，但自然换气仍是关注的重点。图书馆内宏大空间的重力换气和屋顶排气的效果应该充分利用。

如果通过开口部自然采光，必须严格防止紫外线成分侵入图书馆内。即使表面贴有高性能薄膜的玻璃，其四周可能仍留有缝隙，因此必须对贴膜处理的可靠性进行仔细检验。将薄膜贴在两片合起来的玻璃之间，或者采用贴多层薄膜的方法使性能大为提高，而且擦拭时也不易产生划痕。

（b）屋顶与外墙

图书馆与其他建筑物一样，将确保屋顶防水性能置于头等地位。作为绝热方式的一种，以外绝热施工法与止水施工法相结合的较为常见，可以将屋顶 RC 平台作为室内热容量的一部分使用。

另外，建筑外墙包括装饰性浇筑在内，通常都可成为内绝热层。如系双层外墙，对主体还具有外绝热作用。不过，这要受到外形设计的制约，而且造价也较高。

像图书馆这样墙壁和隔断较多的建筑物内，应该着重从热平衡角度考虑墙体温度调节和热容量控制问题。这方面的设计处理一定要经过仔细研讨后才能进行。

根据周边环境的情况，必须确保图书馆的隔音性。通过改变中空玻璃的厚度结构来提高隔音性能，而干式或轻薄的屋顶则容易成为隔音上的盲点。

［7］家具设计

图书馆内除了设有庞大的书架外，还有各种柜台、阅览桌和椅子等，因不同的使用方式而形状各异。浏览图书时使用的沙发和靠背椅，以及各种趣味性摆设和储存箱等，家具和物件多种多样。满足家具所设置的环境要求、人的使用条件和适应身体及心理需要的家具所产生的影响是强而有力的。

集中摆放的大型家具及附带物件，也会塑造出某种空间形象，往往还成为营造场所氛围的要素之一。建筑空间与家具的关系，不仅要保持充分和谐，最好有时也彼此刺激一下，以产生互动效果。相对于建筑空间拥有的指向性、概念和功能，家具所具有的小巧但却精细的功能和形式，最终都将被整合进一个空间内。理想的结果是，像一部宏大的交响乐那样和谐。

家具自然属于通用设计的范畴。但不能因此以一概全，也存在利用选择的自由度做适当调整的思维方式。另外，对诸如安全性、维护性、强度、重量、舒适性等基本问题也要逐一求解。

［8］标识设计

图书馆的标识设计，因其传达内容之多，书架造成的通透性之差，平面之巨大而显得十分困难。这不是那种单体的标识设计，而必须将建筑的平面、截面和空间本身以及家具布置、照明和表面处理的设计都考虑进去，进行统筹规划。

如果能够利用适当的通透性形成连锁的视线，柜台之类家具本身就具有一定的标识性。此外，阶梯、电梯和自动扶梯等也都可以成为引导方向的标识。动线装置和大型家具自然也可成为引导读者的标识。

能够将洗手间布置得适宜和巧妙并不容易。设计者对平面图的过度关注，反而忽略了初来乍到的人会怎样了解平面的问题，而且还有一种倾向是，与可辨认性相比，人们更重视平面的布置。标识的难以理解，有时也是平面结构不妥造成的。在标识的大小、安装的位置、与背景环境的色调及形态的对比性等方面，涉及人类行动心理学机制问题，这是一个比较艰深晦涩的领域。

■ 引用・参考文献 ■

1) 文部科学省：環境を考慮した学校施設（エコスクール）の整備について，1996.3

2) 文部科学省：環境を考慮した学校施設（エコスクール）の現状と今後の整備推進に向けて，2001.3

3) 日本建築学会文教施設委員会：学校施設における科学物質による空気汚染防止対策に関する調査研究（文部科学省委嘱），2002.3

4) 文部科学省：学校施設の防犯対策について，2002.11

5) 文部科学省：学校施設の耐震化推進について，2003.4

6) 文部科学省：学校施設の耐震化推進指針，2003.7

7) （社）文教施設協会：学校施設の換気設備に関する調査研究報告書（文部科学省委嘱），2004.3

8) 文部科学省：学校施設のバリアフリー化指針，2004.3

9) 日本建築学会文教施設委員会：学校施設の防犯対策に関する調査研究報告書（文部科学省委嘱），2004.9

10) 文部科学省：耐震化の推進など今後の学校施設整備の在り方について，2005.3

11) 文部科学省：学校施設のバリアフリー化等に関する事例集，2005.3

12) 文部科学省：教室等の室内環境の在り方について（教室の健全な環境の確保等に関する調査研究），2005.12

13) 文部科学省：学校施設における事故防止の留意点について，2009.3

14) 文部科学省：環境を考慮した学校施設（エコスクール）の今後の推進方策について―低炭素社会における学校づくりの在り方，2009.3

15) 文部科学省：すべての学校でエコスクールづくりを目指して―既存学校施設のエコスクール化のための事例集，2010.5

16) 文部科学省：公立学校施設の耐震改修状況の調整結果について，（2010.4.1 現在）

17) 文部科学省：環境を考慮した学校づくり検討部会，伊香賀俊治

18) 国立教育政策研究所文教施設研究センター：学校施設の環境配慮方策等に関する調査研究報告書，2008.2

19) 菅谷明子：未来をつくる図書館，岩波新書

20) つくる図書館をつくる，鹿島出版

21) せんだいメディアテークガイドブック

22) 村上春樹：ふしぎな図書館，講談社

23) 図書館・アーカイブスとは何か，藤原書店

24) アルベルト・マングェル：図書館―愛書家の楽園，白水社

25) オフィスの研究・情報誌「エシーフォ」，Vol. 30

26) 季刊大林，No. 50,「アーカイヴス」

27) 池澤夏樹：パレオマニア，集英社

28) 藤野幸雄：図書館 この素晴らしき世界，勉誠出版

29) 日本建築学会：建築設計資料集成　総合編，丸善，2001.6

第2章
学校设施的建筑环境规划

2.1 环境规划的重要性

2.1.1 教室内热环境现状与改善的必要性

日本文部科学省自 1972 年度开始大力推行"创建环保学校设施（生态学校）"的计划。生态学校的概念，从设施、运营、教学等 3 个方面对其定义。从设施面来说，学习空间和生活空间要舒适宜人，与周边环境融为一体，在设计施工上尽量减轻环境负荷。而改善教室内环境也被列入其中的一大目标。

说到学校设施，既指用于初等及中等教育的学校设施，也包括用于高等教育的学校设施。而且其设置者除了地方公共团体或国立大学法人等公有机构外，还有学校法人等私人机构。学校设置者的不同组合方式，决定了学校设施建设水准和建筑设备的品质存在很大差异。

假如不包括私立学校设施和高等教育设施，大多数学校设施与商用办公建筑不同，它不以依附于建筑设备的环境调节作为前提，基本上只限在户外环境条件很差的情况下才运行建筑设备调节环境。

例如表 2.1，即是东京都练马区教育委员会制定的学校类空调机运行标准[1]。2008 年 3 月，日本文部科学省向全国教育机构下发了《为了保护地球环境，我们应该在学校设施节能方面采取的对策》[2] 的通知。通知对开启空调时设定室内温度标准是"冬季不低于 10℃，夏季不高于 30℃，最好控制在冬季 18 ~ 20℃，夏季 25 ~ 28℃之间"。日本环境省也提出将设定空调运行冷暖温度标准作为地球变暖对策的一环。

根据文部科学省的调查结果，日本全国公立中小学校空调设备配置的实际状况[3] 如图 2.1 所示。虽然普通教室的配置率在逐渐提高，可是 2007 年度的配置率也不过 10% 多一点儿。

图 2.2 和图 2.3 所显示的是，在国立教育政策研究所 2006 年对日本全国都道府县教育委员会学校设施主管科长所做的一项民调[4] 中，得到的普通教室供暖设备和制冷设备配置状况的调查结果。即使在

表 2.1 学校设施空调运行标准一例
（东京都练马区）

运行周期	制 冷	6 月上旬至 9 月下旬
	供 暖	11 月上旬至 3 月下旬
运行时间	制冷或供暖	8 时 30 分至 17 时
开启条件	制 冷	在开启风扇的情况下，室温高于 28℃时
	供 暖	室温低于 19℃时
设定温度	制 冷	室温 28℃（与风扇同时使用）
	供 暖	室温 19℃

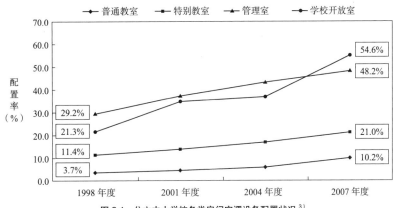

图 2.1 公立中小学校各类房间空调设备配置状况[3]

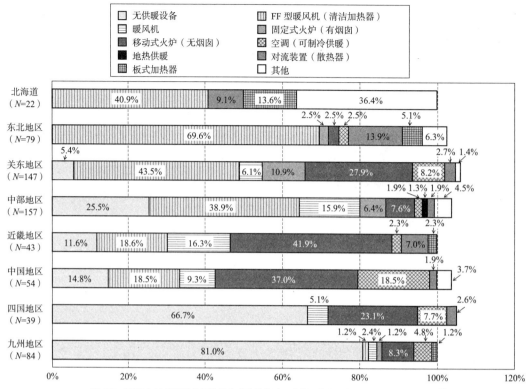

图 2.2　2001 年以后经过大规模校舍改造的各地区学校设施普通教室供暖设备配置状况 [4]

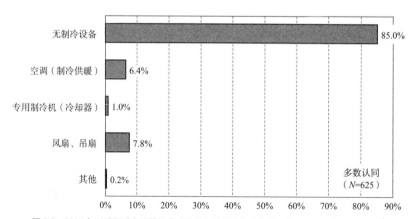

图 2.3　2001 年以后经过大规模校舍改造的各地区学校设施普通教室制冷设备配置状况 [4]

2001 年以后经过大规模校舍改造的学校设施中，仍未配置制冷设备的学校有 85% 左右。供暖设备的状况也差不多，虽然北海道和东北地区的学校设施在改造后全都安装了供暖设备，但是四国地区和九州地区没有安装供暖设备的学校设施比例仍分别高达 67% 和 81%。

透过这样的现状便可知道，学校的教师对室内

热环境是不满意的。

2006 年，日本国立教育政策研究所就教室内环境问题，对任职于全国 1300 所公立小学及初高中的约 2100 名教师所做的民调 [5] 中，有关教室内热环境的结果显示在图 2.4 ～图 2.7 中。

关于夏季室内热环境，67% 的被调查者回答"非常不满意"和"不太满意"。对教室温度回答"非常

热"的人有 29%；回答"热"和"比较热"的人合起来达到 90%。在北海道和东北地区，回答"非常热"的人所占比例要少于其他地区。其他地区回答"非常热"的人则从 30% ~ 35% 不等，如果加上回答"热"的人，东北地区约有 60%，从关东到九州，这一比例均在 60% 以上。

至于冬季的教室热环境，41% 的被调查者回答"非常不满意"或"不太满意"。虽然回答"非常冷"的只有 9%，但回答"冷"和"比较冷"的人合起来，则占到被调查者的 70%。关于教室温度，在近畿、四国和九州等地区，回答"非常冷"或"冷"的和起来占 40% 以上。由此可以看出，在普通教室中尚未安装供暖设备的比例还相当高。然而，即使在普通教室安装供暖设备比例较高的关东和中部地区，被调查者回答"非常冷"或"冷"的仍然占到 30% 左右。这被认为，通常配置在普通教室内的供暖设备多为 FF 型供暖机、移动式火炉、暖风机、带烟囱的火炉等，室内温度明显不均是其中原因之一。

另外，图 2.8 显示了外部气温和东京都立高中学校教室内温度一天不同时段的变化 [6]。与日本文部科学省在《学校环境卫生标准》中规定的夏季教室内温度理想值 25 ~ 28℃相比，2005 年夏季高于标准温度的出现率，7 月份为 63%（不包括暑假期间），9 月份则达到 78%。

从以上调查结果可知，公立中小学校的室内热环境状况仍旧十分恶劣，因此作为孩子们每天多半时间都在这里度过的学习生活场所，怎样在教室内营造出舒适的学习环境就显得尤为重要。

大多数学校设施都不同于商用办公建筑，它不将前提建立在依靠建筑设备调节环境上，设计时考虑实际环境调节问题的出发点是，建筑设备运行与否受限于恶劣的室外环境条件。此时采用被动式手法进行环境规划设计十分重要。

也就是说，夏季在中间层中央教室内，室内环境设计的最好方式是，遮蔽射到室内的阳光将日照热减少至最低的同时，促进室内的通风。而位于最上层的教室，为了减少来自屋顶平台的导热，应该加强对屋顶平台的绝热处理。假如能够采用复式屋顶或进行屋顶绿化来减少屋顶日照受热量则更为理想。

到了冬季，除了最大限度地将日照热引入教室内之外，还应该设法将开口部的导热损失和漏气造成的换气热损失降至最低，从而达到利用日照热提高和维持室内温度的目的。

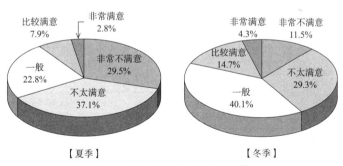

图 2.4 教师对教室热环境的满意度 [5]

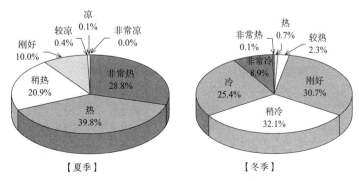

图 2.5 教师关于教室内体感温度的自述 [5]

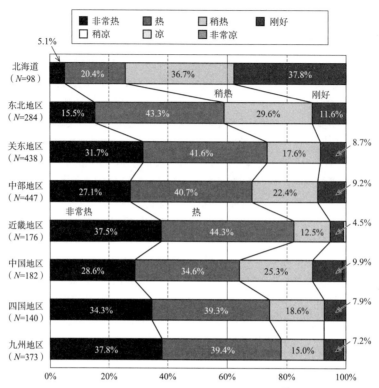

图 2.6　各地区夏季教室内体感温度自述的差异[5]

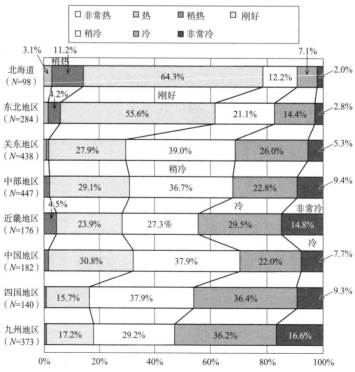

图 2.7　各地区冬季教室内体感温度自述的差异[5]

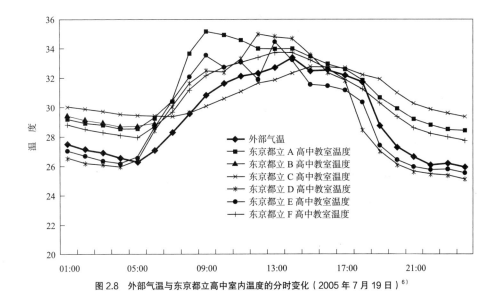

图 2.8　外部气温与东京都立高中室内温度的分时变化（2005 年 7 月 19 日）[6]

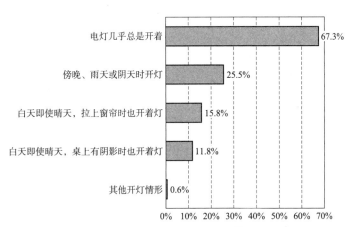

图 2.9　教师关于教室使用期间照明状况的自述[5]

2.1.2　教室内光环境现状与改善的必要性

作为学校设施重要的环境要素，除了热环境外，还有光环境和声环境。

就室内环境有关问题对约 2100 多位教师进行了调查[5]，有关光环境的调查结果显示在图 2.9 ～ 图 2.11 中。

图 2.9 显示了照明的使用情况。当教室正在使用时，约 67% 的教师回答"差不多总是开着灯"，还有约 16% 的教师回答"白天即使晴天，拉上窗帘时也开着灯"。图 2.10 则显示出人们对书桌表面亮度的印象。相对于靠窗的桌子，84% 的教师回答"明

亮"；靠走廊一侧的桌子，约 37% 的教师回答"暗"或"到处都暗"。而且，图 2.11 关于教室内对光线炫目部分的回答，以"阳光直射的地面和书桌表面"、"玻璃窗"以及"黑板"等处的比例最高。

图 2.12 列出了教室内亮度分布的测定结果[7]。综合教师们自述的印象，其亮度分布的大致情形是，走廊一侧较暗，靠窗位置受到阳光直射，黑板也因反射光而炫目。

为了解决上述实际存在的问题，使教室内形成适于教学的视环境，就必须设法做到：弱化直射阳光投在窗边的多余光线，将其反射到顶棚表面，或者导向室内深处，从而确保室内的亮度均衡。

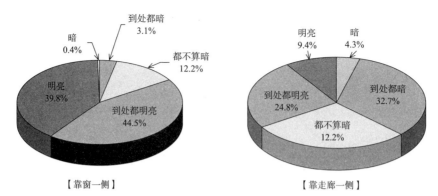

图 2.10　教师对书桌亮度的印象 [5]

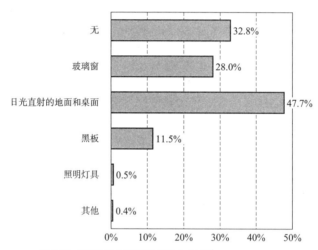

图 2.11　教师对室内光线炫目部分的自述 [5]

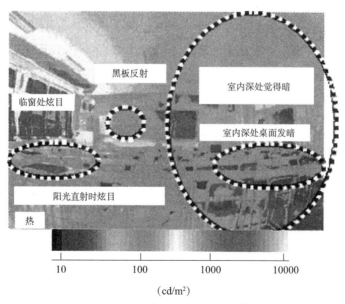

图 2.12　教室内亮度分布的测定结果 [7]

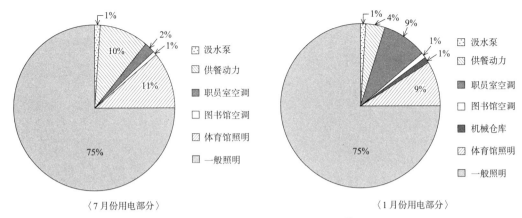

〈7月份用电部分〉 〈1月份用电部分〉

汲水泵
供餐动力
职员室空调
图书馆空调
机械仓库
体育馆照明
一般照明

图 2.13　中小学校不同用途电力消耗比例 [3]

而且如图 2.13[3] 所示，中小学校电力消耗的八成以上均为照明用电，从节能的角度着眼，理应在环境规划中尽量利用日光照明。

2.1.3　环境规划的基本方针及环境评价工具

日本自 2010 年 4 月实行的《关于能源使用合理化的法律》（节能法），经过修改后规定，凡企事业单位，均应承担能源管理义务，各地方教育委员会也同样对所属学校及其他教育机构的能源使用负有管理责任。试图通过此举来进一步加强学校设施在能源方面的管理。

如上所述，日本文部科学省在根据国家的节能、环境共生、低碳社会等环境基本方针创建生态学校时，首先对与环境规划密切相关的建筑品质提出了要求。

与此同时，通过选择高效机械设备，优化运行方案，加强节能管理，使设备的配置更为简便实用。

在减少学校活动中的能源消耗并杜绝浪费现象的基础上，还应在制定总体环境规划时考虑到，充分利用太阳能热水器和自然通风等天然能源。

图 2.14 所示，系关于生态学校建设项目资料中，按项目类型统计的建设进度状况 [8]。由于在一所学校中可能同时实施几个类型的项目，因此横轴上的 100% 并不代表实际的学校数。

从近 5 年来的情况看，每个年度认证学校中约一半都是太阳能发电型，其次则以节能型、资源节约型及木材利用型居多。在 2009 年认证的 157 所学校中，属于太阳能发电及节能型、资源节约复合型的只有 41 所，推进综合性环境规划的形势并不乐观。

究其原因，很重要的一点就是，每个环境规划所采用的手法都明显地受到选址条件、周边环境、校舍朝向、走廊布置等学校设施属性的影响，却没有对学校设施总体状况做出一般性的诠释。

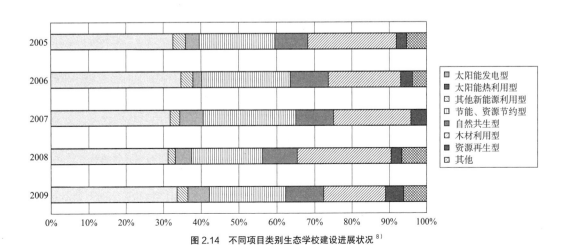

太阳能发电型
太阳能热利用型
其他新能源利用型
节能、资源节约型
自然共生型
木材利用型
资源再生型
其他

图 2.14　不同项目类别生态学校建设进展状况 [8]

多数情况下，作为一种有效的环境规划手法，应采取教室窗户设在南侧不挡阳光的典型平面的手法。然而，看一下神奈川县K市教育委员会管辖的163所中小学校舍的平面布置，其中有46所成横向一字形，平行布置的38所，L形布置的64所……可谓多种多样 9)，却很少有采用典型平面布置的。

此外，受制于建设经费的不足，必须选择性价比高的环境规划手法，可是并不存在适用于各种手法选定的普遍性技术资料。

为了选定环境规划手法，有必要以模拟方式逐一研讨设计案例所采用环境规划手法的意义和效果。至于设计事务所对由地方公共团体管辖的学校设施所做的规划设计，因规模较小，加之人才有限，故难以采用模拟方式来研讨环境规划手法的效果。

在生态学校建设项目中，由于多采用太阳能发电型，因此几乎没有必要进行繁杂的模拟研讨，只要确定发电容量、所需发电板面积和设置场所就可以了。公认的理由之一就是，其效果及意义的不言自明。

就这一问题，由日本国立教育政策研究所文教设施研究中心组织的"关于学校设施环境的基础性调查研究"研究会，自2007年便开始讨论。2009年8月公布的《推进校舍环保改造～示范性规划的环境对策效果～》报告书 11)，系以建在分区节能标准中Ⅱ类和Ⅳ类地区的学校设施为对象。该报告书被下发至日本各地方的教育委员会等相关机构。随后经过进一步讨论，又于2010年10月公布和下发了新的《推进校舍环保改造～示范性规划的环境对策效果（全国版）～》12)，这次调研的对象则涵盖了建在Ⅰ类至Ⅵ类各个地区的学校设施。

此外，2009年度始着手开发采用单项环境规划手法可减排多少 CO_2 排放量的测算工具，并于2010年11月对外发布了《FAST（Facilities Simulation Toolfor ECO School）: CO_2 减排效果测算工具》的第一版 13)。这一工具的开发理念，是以英国的 Carbon Calculator–A Pre Design Tool 相同的开发理念作为基础，各所学校的设立者在讨论和制定适合环保要求的学校设施改造规划时，可以使用这一工具简便测算出项目完成后实际运行阶段的 CO_2 减排效果。在利用以 Microsoft Excel 的 Visual Basic for Applications 作为基础制成的软件，根据各地区实际状况和环境对策水平来选择环境规划手法及其发展阶段时，则可与基准案例比较，测算出各个案例的

CO_2 年减排率。在讨论改造内容时，因校舍改造前后 CO_2 排放量的相对比值以及新建和改建时的 CO_2 排放量相对比值都要按照有无环境对策选项计算得出，故这些资料均可作为选择环境对策手法时的判断依据。

适用于初版报告书的对象，仅限于单侧走廊型平面的校舍，是一种采用以学校为单位的信息进行测算的工具，而不能以一座建筑为单位测算。再者，除去体育馆和食堂等，它也是测算包括普通教室、特别教室、特别支援班级教室、各管理室、洗手间等在内运行阶段 CO_2 排放量的工具。能够进入讨论范围的环境对策选项，被限定在绝热规范、窗户种类、遮阳装置、供暖或制冷以及换气方式等11个种类。 CO_2 减排率等的相对值，则应成为评价的重要指标。以上各点，都是运用 FAST 时应该注意的地方。

另外，与此相呼应，日本文部科学省正在开发学校设施环境性能综合评价方法。

目前，文部科学省将其作为构建面向低碳社会学校设施的策略之一，目的在于实现全部学校设施的环保化。由此生发的设想是，不再局限于建设新项目，而是在现有设施条件下获得当地居民的支持，采取可能的环境对策来改善环境面貌。为此，从2009年开始，通过采取环境对策状况和环境面貌改善程度的可视化，更深入地研究环境对策。

关于采取环境对策状况的可视化，主要出于以下考虑：由学校自己对各项设施采取相应的环境对策；依靠使用学校设施，当地居民协助采取适当环境对策；制定符合当地实际环境状况的环境对策。至于环境面貌改善的可视化，则要了解和分析学校设施现状及能源消耗状况，对环境对策的效果做出简单判断，判断的结论由学校及其主管部门共同掌握，并将其运用到设施建设规划和维护管理上去。

为此，在创建学校设施环境性能综合评价方法、减轻学校环境负荷的同时，开发出以改善教育环境品质为目的的学校设施环境性能综合评价方法（CASBEE 学校），并于2010年9月公开发行了该评价方法手册 14)。

作为一个评价建筑物综合环境性能的正式体系，CASBEE 学校以（财团法人）建筑环境·节能机构开发的"CASBEE（建筑物环境综合性能评价体系）"为基础，不仅考虑到小学、初中和高中各类学校设施的特点，而且还是一种再构的评价体系。负有相

应责任的学校设立者等，能够利用这一体系，比较简单地对学校设施环境性能做出评价。

整个体系由新建篇、改造篇、现存篇等3个部分构成，与现行的CASBEE系列一样，分别采用Q（环境品质）和L（环境负荷）2个评分参数，在此结果基础上计算出BEE（建筑物环境效率），并将其作为指标进行评价。

为了使环境诊断更加简便易行，根据学校设施的实际状况，对（财团法人）建筑环境·节能机构开发的CASBEE又做了以下修订：

① 每年可以充分利用现有数据，这些数据都是各学校实施《学校环境卫生标准》过程中对教室等处的环境测定结果。

② 在对各项目评分时，属于标准设计类的一般的校舍和体育馆，做这样的改进：省略现场调查和设计图纸确认程序，只附以简单的输入条件便可设定用于评价的数值。例如，只输入窗高即可设定采光系数等。

③ 根据学校设施的特点，在学校设施用地范围内将环境特性不同的校舍与体育馆毗邻布置，或者在整个体育馆内安装很少的空调等。

④ 考虑到校园等处可能出现的沙尘，应采取措施防止沙尘向外部环境扩散。

⑤ 为了更容易判定各评价项目评价方法的水平，尚需做到尽量多援用具体事例并加以详细的解说，使总体说明更加充实，即便不掌握高深的专业知识也能够进行评价。

CASBEE学校的使用者，主要定位在都道府县市町村地方政府教育委员会设施主管部门和私立学校法人的设施责任者。至于如何使用这一方法，举例说明如下：①以CASBEE学校作为工具，对现有所管辖的全部学校设施进行评价，然后将其中环境性能较差者按其严重程度排列出先后顺序，从最差的开始依次进行改造；②在新建、改造和改建时，可考虑将其作为判断怎样的费用构成才能最有效率地提高环境性能的工具等。

2.2 环境规划要点

2.2.1 绝热密封性能

依据前面讲过的对教室内环境民调的结果，除了北海道和东北地区外，其他地区夏季教室普遍都较热，多数被调查者对热环境不满意。冬季，近畿、四国和九州地区抱怨很冷的人较多，但在北海道和东北地区，这样的抱怨就很少。

根据日本国立教育政策研究所于2006年实施的对全国都道府县教育委员会设施主管课的调查结果[4]显示，在已经进行过大规模改造的625所学校中，尽管在做绝热处理的部位上存在差异，但也仅占已改造学校设施的5%～15%的样子，而且约有30%的学校回答没有必要做绝热处理。由此可以看出，人们对校舍绝热性能的重视程度还很不够。

为了改善夏季的教室内热环境，应该考虑采取以下措施：将单层玻璃换成多层玻璃、热反射玻璃或吸热玻璃，也可以采用安装百叶窗、做挑檐设计或绿化窗面等手段来遮挡直射的阳光。

为了改善冬季教室内热环境，则要尽可能地利用太阳照射提高室内温度，在开口处积极导入太阳辐射并大幅提升绝热性能，并且应该充分加强校舍建筑主体的绝热性能。

无论是要改善教室的热环境还是试图降低冷供暖设备的负荷，提高绝热及密封性能都是头等重要的事。

不过，对于绝热及密封性能，仍须注意以下几点：

① 对于RC结构的建筑主体，其外绝热和内绝热应采取何种手法？

② 在提高绝热性能方面，建筑主体与开口部孰先孰后？

③ 应该提高哪一部位（何处）的密封性能？

④ 减轻空调负荷与改善教室内环境，哪一个是主要目的？

图2.15是对加强绝热性能后教室的冷暖设备全年负荷增减情况进行模拟试验得出的结果[9]，这是川崎市一所学校位于单侧走廊型校舍中间层中央的一间教室。

模拟结果证明，所有的手法几乎都具有相同的效果。由于面向外气的墙壁外界和窗子只是一个面，因此对降低负荷所起的作用并不太大。全年可减少供暖设备负荷15%左右。与外绝热相比，内绝热降低负荷的效果要大得多。即使是在上课时间段，当室温升至18℃时亦可关掉供暖设备，使其处于间歇运行状态。这表明，采用内绝热方式，有利于比热较小的室内空气优先升温。但内绝热方式有可能使夜间换气不充分。不过，依据公立学校设施特有的运用标准，只有当室外气温超过28℃时制冷设备才

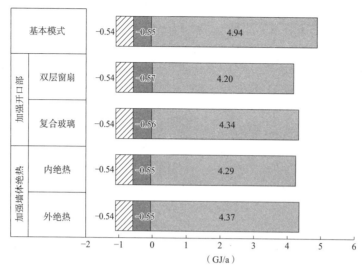

图 2.15　提高绝热性能后对全年冷暖设备负荷增减情况模拟试验结果[9]

会运行，与供暖设备负荷比较，制冷设备的负荷显得非常小。因此，即使从降低制冷负荷的角度看，也并无太大差别。

另外，与建筑主体绝热降低负荷效果相比，采用双层窗扇的开口部绝热方式效果更好一些。这应该与窗户周边气密性的提高使渗透风负荷下降有关。而且，一般学校设施的窗面积率基本在近 40% ~ 60% 多之间，因此窗户附近的热环境主要受窗周围辐射热的影响。提高窗周围的绝热及密封性能，则可改善开口部附近的辐射热环境，因为在供暖设备运行时，窗表面的温度也会随着上升。

由此可知，与建筑主体绝热相比，更应该设法提高窗周围的绝热及密封性能。在对建筑主体做绝热处理时，与其采用施工难度大的外绝热方式，不如采用施工容易的内绝热方式。

此外，由于学校设施出入口的门多半都是常开着的，因此必须注意冬季灌入渗透风的问题。否则，不仅会使供暖设备负荷过大，而且也将降低体感温度，使室内环境的舒适性大打折扣。可像图 2.16 所示那样，在升降口室内侧设置门扇，则将升降口变成了防风室[5]。或者如图 2.17 所示，采取安装门扇将楼梯间与走廊隔开的对策。

2.2.2　遮阳

图 2.18 所显示的是对采取遮阳手段后教室的冷暖设备全年负荷增减情况进行模拟试验得出的结果[9]，这是川崎市一所学校位于单侧走廊型校舍中间层中央的一间教室。

制冷设备负荷的降低程度约在 10% 左右，供暖

图 2.16　为遮挡升降口渗透风安装的门扇[5]

图 2.17　为遮挡渗透风设置的楼梯间与走廊之间的隔断门扇[10]

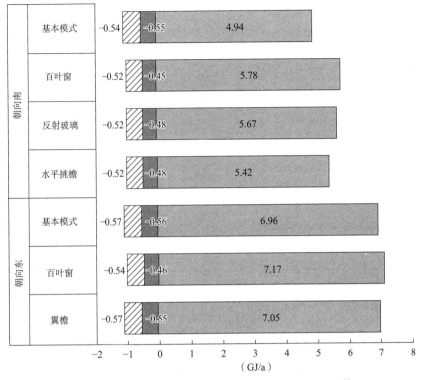

图 2.18　采取遮阳手段后教室冷暖设备全年负荷增减模拟试验结果[9]

设备负荷则增加了 10% ~ 17%。如果以绝对值进行比较，供暖设备负荷增加的程度要远远高于制冷设备负荷降低的程度，从节能的观点看来，遮阳的必要性并不明显。

而且，只要采取遮阳的手段，就得考虑到其遮蔽效果随着季节改变，要保证阳光在供暖期间不被遮蔽。除此之外，栽植树木或安装遮篷（布制遮阳篷）等也是有效的方法。不过，栽植树木存在的问题是，树木高度只能达到二楼左右，而且树木的修剪也不是件容易的事；安装遮篷同样存在开关操作麻烦和抗风压能力差的问题。由于比起降低制冷设备负荷的效果，增加供暖设备负荷的问题更为突出，因此从改善夏季热环境的观点看，在做遮阳处理时，最好能够将供暖设备负荷对策考虑进去，与加强绝热性能同时进行。

另外，朝向东面的教室与朝向南面的教室相比，供暖设备负荷前者是后者的 1.4 倍左右。可是，在设有遮阳装置的情况下，供暖设备负荷的增加程度则非常小。因此应该尽量在东西朝向的教室采取遮阳措施。

通过上述可知，设置遮阳装置的目的不在于降低制冷设备负荷，而是考虑到制冷设备运转的实际状态，改善制冷设备关闭条件下的室内环境。

图 2.19 显示的是通过遮阳改善室内热环境的模拟试验结果[9]。在制冷开放时间段，可使室内平均辐射温度降低 0.5℃；在制冷关闭时间段，利用遮阳手段降低室温，平均辐射温度的效果都在 1℃左右。在教室窗边，因体系系数的关系，降低辐射温度的效果更为显著。根据室中央 PMV 的计算结果，空调开放时间段的 PMV 降低 0.1 ~ 0.2 左右，而在空调未开放时间段则会改善至 0.5。当 PMV 值处于 1 ~ 2 之间时，只要有微小的变动都将对 PPD 产生很大影响，因此具有可使不舒适率改善 5% 左右的作用。而且如前所述，在窗边，这种体感的差异会更明显。

由于安装遮阳装置能够避免阳光直接照射到窗边，因此可消除高亮度面的不均匀现象，将自然光扩散开来反射到室内深处，从而提高了室内深处的照度。这被认为是改善教室内光环境的重要途径之一。

另外，还应对以下问题给予足够的重视：即安装遮阳类装置的墙面等处在结构上的安全性。

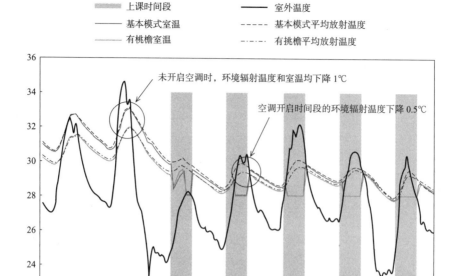

上课时间段	室外温度
基本模式室温	基本模式平均放射温度
有挑檐室温	有挑檐平均放射温度

图 2.19　通过遮阳改善教室内热环境的模拟试验结果[9]

2.2.3　采光

　　为了营造出适于教学的室内视环境，不仅要减弱投射到窗边的多余直射阳光，还应设法将直射阳光反射到顶棚表面上去，并向室内深处传导，这样才能确保室内亮度均匀。此外，亦可考虑将靠走廊的间壁墙设计成具有透光性的隔断，或者采用在墙上设窗的方式，使走廊中的自然光透过隔断或窗子进入教室内。

　　由于中小学校的电力消耗八成以上是照明用电[3]，因此从节能的观点来看，应该在环境规划中尽量利用自然光照明。

　　图 2.20 所示，系北海道中标津町 N 中学利用采光井的自然光照明的例子。这一方法多被中走廊型平面的学校设施所采用。其两侧布置教室，中央则作为多功能厅使用，上部形成竖井，自然光从天窗投射下来，将这里变成采光井。面向采光井的走廊与教室之间的隔断多数都采用透明玻璃，这样就能够从外墙上的窗户和走廊两面将自然光引入教室内。

　　图 2.21 所示，系从爱知县西尾市 Y 小学教室内看到的透明玻璃隔断墙状态。可以看出，因走廊一侧有自然光射入，故教室的走廊一侧也十分明亮。

　　图 2.22 所示系设在爱知县濑户市 S 小学普通教室外的采光架[15]。因为平房校舍可以不考虑层高，

图 2.20　N 中学利用采光井的自然光照明
（通过走廊从采光井即多功能厅看教室）

图 2.21　Y 小学采用透明玻璃的隔断墙
（自然光使教室走廊一侧也十分明亮）

反射到顶棚表面上去，提高了窗边顶棚面的照度。此外，为了提高教室深处顶棚面照度，又对顶棚形状做了特殊设计，使遮光架反射进来的日光可直抵教室深处。

图 2.25 所示系群马县太田市 Q 小学设在走廊与教室之间的透光活动隔断。在单侧走廊型校舍中，如果采用这样的隔断，自然光便会透过走廊一侧的外墙窗进入室内，使教室内靠走廊一侧也变得明亮起来。不过通常情况下，教室内除了窗、黑板和储物柜占去的部分墙面外，剩余的墙面几乎都要用来张贴各种告示，因此应保证另外留有可供悬挂告示板的墙面。

图 2.22 设在 S 小学普通教室南面的采光架 [15]
（较大进深的出檐遮蔽了直射的阳光，采光架则可将自然光反射到室内深处）

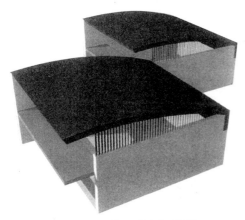

图 2.23 S 小学普通教室的形状 [16]
（尽量扩展南侧宽度，将采光架反射的自然光导向室内深处，顶棚被设计成弧形。东面则设有高侧窗和纵向百叶窗）

（a）设有采光架
遮蔽直射日光，室内深处的顶棚被采光架的反射光照亮

（b）不设采光架
与照度非常高的窗边地面相比，顶棚表面的照度则要低很多

图 2.24 春分日正午 S 小学普通教室内照度分布比较 [7]

所以如图 2.23 所示，在普通教室南面设有高度约 4.5m 的大窗，靠近大窗中央位置再设置一个采光架。采光架使上面的窗玻璃起到扩散光的作用，而教室的顶棚又将反射光导向室内深处，由此自然光走了一条圆弧形路线。至于东面的高侧窗采光，则是在外侧设置纵向百叶窗，并装有扩散光的玻璃窗。

图 2.24 显示了有无采光架教室内照度分布的对比 [7] 情况。利用遮光架遮蔽窗边的直射日光，降低了窗边的照度。并且，遮光架还将直射日光

图 2.25 Q 小学普通教室透光隔断

图 2.26　T 小学设在走廊上部的高侧采光窗 [17]

图 2.26 所示系宫城县多贺城市 T 小学设在走廊上部的高侧采光窗 [17]。因为走廊作为一种通道性空间，所需要的照度低于教室，所以多半采用自然光照明。即使是跨越多楼层的走廊，只要设有朝各层走廊敞开的竖井，也可以将透过天窗和高侧窗进入的自然光导向最下层走廊。

另外，对于采光来说，室内装饰的反射率高低、顶棚表面的形状及其处理效果等都会产生一定影响，因此在建筑规划设计阶段便应该充分研讨。

2.2.4　通风

在制定充分利用通风的规划时，首先要了解建设预定用地的自然风情况。将夏季的风向频率图作为参考，在考虑主导风向的基础上进行校舍平面布置是很重要的。

图 2.27、图 2.28 所示系群马县太田市 Q 小学打开透光活动隔断的状况，以及打开隔断上部通风用楣窗的情形。

为了确保风道通畅，设在外墙面上用于通风的开口，其高度应尽量接近于周围建筑高度，而且将靠走廊一侧的隔墙设计成格子间壁、活动隔断、附设通风楣窗的隔墙等，或者将走廊一侧窗的最上部

设计成可打开的。这样一来，便能够使聚集在顶棚附近的教室内热气迅速排出。而且，可使座椅上的学生感觉有凉风袭来，并可以降低体感温度。不过，设在外墙面的开口，必须采取适当措施，以防止小学生跌落下来。因此，不宜采用双槽推拉窗之类，而应使用带有换气功能的固定窗（附带换气口或换气门的）。

然而，为了充分发挥通风的作用，不能说只要保证风道畅通就够了。由于夏季室外风通常要比冬季弱，因此亦应设法利用温度差换气使空气流动形成风。

图 2.29 系福冈县北九州市 K 大学国际环境工学部采用的太阳能换气烟囱工作原理示意图 [18]。如图 2.30 所示，在屋顶上设有 4 个安装玻璃窗的 RC 结构排气塔。透过南面与西面玻璃窗的日光会加热 RC 结构排气塔内壁及其中的空气，使之产生烟囱的效果。这样，外气从对外开放的窗户、朝向走廊的楣窗和采光井的换气窗流入室内，并将室内空气排出。此外，因这所大学建在高岗处，强风较多，故设有遮风板以防止刮强风时外气逆流。这是一个充分利用外部风诱导效果的设计。

图 2.27　Q 小学普通教室与走廊之间的活动隔断

图 2.28　Q 小学换气用楣窗

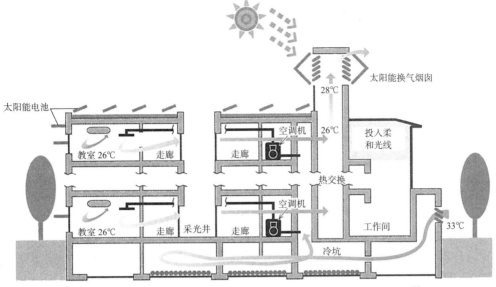

图 2.29　K 大学国际环境工学部使用太阳能换气烟囱加强通风的工作原理示意图 [18]

图 2.30　K 大学国际环境工学部的太阳能换气烟囱

2.2.5　绿化（屋顶、墙面、室外校园）

一般认为，学校设施的绿化会因施工场所的不同而目的各异。

如系屋顶绿化，则通过屋顶平台遮蔽日照得热量来消减贯流热量，以达到改善最上层教室辐射热环境的主要目的。墙面绿化可遮蔽墙面的日照得热量，从而消减由此产生的贯流热量和墙体蓄热量。假如将绿化范围一直扩展到开口部边缘，还能够遮蔽射入室内的日照得热量和防止直射阳光进入室内，这样就达到了消减得热量和改善光环境的目的。至于校园室外绿化的目的，可归结为以下几点：防止沙尘等浮游物飘飞，有利于雨水渗入地下，减轻热岛效应，美化学校周边及当地城市环境等。校园室外绿化之所以与改善教室内环境也息息相关，则是

因为通过向草坪洒水，可将降温的外气导入室内，以及减弱自校园投向室内的反射阳光等。

东京都杉并区现有学校设施进行的生态化改造，采取的防暑对策并不依赖制冷设备，而是将校园草坪化、屋顶绿化、墙面绿化和夜间换气等作为基本选项，并根据学校具体情况，设置出檐或采取外隔热等手段。图 2.31 所示为 S 小学校园绿化和墙面绿化的情形。至于绿化的效果，有报告 [10] 证明，夏季最上层教室屋顶表面温度与校园未绿化的教室相比室内温度约低 3℃。该报告 [10] 又证明，墙面绿化的教室与墙面没有绿化的教室比较，前者可使夏季昼间室温降低 2℃左右。

图 2.32 所示，为 RC 结构小学校舍通过绿化屋顶，改善最上层教室夏季温热环境的效果 [19]。经过绿化的屋顶表面温度一天之中基本保持恒定，较未经绿化屋顶表面温度低 25℃。而室内顶棚表面温度则可比未绿化屋顶的教室低 3℃左右。

说到墙面的绿化，要想从地面至最上层墙面全部为繁茂的枝叶所覆盖是很困难的，最好同时使用自地面向上贴着墙壁生长的攀缘植物和从屋顶朝下生长的下垂植物。如采用大板式绿化系统等。

对校园草坪进行定期修剪和补植之类的管理是必不可少的，因此在规划设计上便应考虑到绿化管理机制问题。前面讲过的东京都杉并区学校设施，即是由学校、设立者和当地居民等构成的管理团体作为主体，根据需要定期进行草坪的修剪和一般的补植作业 [10]。与此同时，每年还要委托专业公司进

图 2.31   杉井区 S 小学的校园绿化和墙面绿化

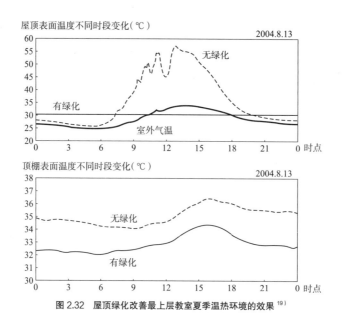

图 2.32   屋顶绿化改善最上层教室夏季温热环境的效果[19]

行断根和施肥等专门性的维护管理作业。

2.2.6   太阳能空气集热

作为学校设施利用太阳能最有效的方法之一，可以举出太阳能空气集热的例子。

最早采用这一方法的应该是 1992 年竣工的山形县金山町立金山中学大约 20 年前采用的这种方法，在冬季，利用设在坡面屋顶的玻璃集热面使来自檐头的外气升温，然后再从屋脊通过管道输送至地面之下，被加热的地面则使室温提高。到了夏季，玻璃集热面的加温会促进温差换气的进行，可加快屋

顶通气层中的气流流速，因此也使更多的来自檐头的外气从屋脊排出，从而减少了屋顶面所接受的日照热量。

3、4 层的集约型校舍，相对丁所有教室的供暖负荷来说，其集热量或显不足，因此必须对设置场所和集热面积仔细加以斟酌。虽然一般认为该方法适于用做低层校舍普通教室的供暖系统，但通常情况下，最适宜采用该方法的场所还是未安装冷暖设备的体育馆，并以供暖为主。冬季在体育馆上体育课时，可有效防止肢体因僵冷而受伤。

在设计案例 3 "荒川区立 N 小学改造工程中的

体育馆设置"中，就夏季消解酷热的手段做了阐释（后文讲述）。

在发生意外灾害的地区，体育馆常被当作避难场所使用，故而无论新建还是改造都比较容易立项，并且完成后的效果也是显而易见的，因此最好充分利用这一优势。

另外在实施改造工程时，如要设置新屋顶，应预先确认建筑物结构上的安全性。

2.2.7 太阳能热水

学校如果不是采用自己供餐的方式，一般说来其热水的能量消耗都不大。然而在学校自行提供膳食的情况下，便须注意到配餐室与热水负荷的大小有着密切的关系。而且应该在改造施工前，确认建筑物结构能否承受屋顶的荷载。

为了确保一年之中具有较高的太阳能保证率在规划设计上应以授课期间平均热水负荷和集热量作为参考值。这是因为，有效日照量最大的8月份正值暑假期间，刚好不存在配餐室热水负荷。即使按照授课期间太阳能保证率100%设计，收回投资也需10～20年，从经济上讲并不合算[16]。因此作为学校设施中最为实际的利用天然能源的系统，将其配置在日照率较高的地区会更有意义。

还有一个必须注意的问题是，寒冷地区到了夜间一定要放掉存水，以免因结冰冻坏太阳能光热板。因此，还须在设计上考虑如何使放水更简便。

2.2.8 太阳能发电、风力发电

太阳能发电和风力发电，均应在充分考虑设置目的的基础上进行设计。

如作为环境教育的一环设置，可考虑将其发电容量设定在1kW左右，采用与系统不连接的独立形式，为了使儿童易于理解，还应设法将发电原理可视化。这便要求在设计上做到，显示板不只用来显示发电量，还应该是一台展现发电工作原理的仪器装置。例如，将发出的电力提供给喷水用水泵、绿化循环用水泵和垂直绿化洒水用水泵等使用。当这些水泵工作时，便可以切实感受到依靠太阳能和风力发出的电所起到的作用。为此，就不能仅停留在发电装置及其附属仪器的设计上，必须做出全面的系统规划。

另外，以耗电量的减少、CO_2的减排、电费的节省、防灾性能的加强等为目的的规划设计，均应

建立在确保学校设施内设置场所的基础之上。

据日本文部科学省报告书[20]所载，每使用1块1kW的太阳能光电板，全年即可减少CO_2排放量0.5～0.65t。图2.33、图2.34所示系神奈川县和大分县安装太阳能光电板学校耗电量降低和CO_2减排的实际状况[21]。从中可以看出，相对于学校全部年耗电量，太阳能发电容量10kW占其总耗电量比例为6%～7%；太阳能发电容量30kW占其总耗电量约19%；而太阳能发电容量40kW的学校，这一比例则可提高至27%左右。与电力消耗密切相关的CO_2排放量，相对于未安装太阳能发电设备学校的0.555kg-CO_2/kWh，配置容量10kW太阳能发电设备的学校为0.51～0.52kg-CO_2/kWh；配置容量30kW太阳能发电设备的学校为0.45kg-CO_2/kWh；配置容量40kW太阳能发电设备的学校则降至0.41kg-CO_2/kWh。

太阳能电池组的主要设置方式有：
① 屋顶设置型。
② 坡面屋顶设置型。
③ 壁挂型。
④ 出檐型。
⑤ 百叶窗型。

如采用壁挂型，虽然可使用标准太阳电池组，但因其与立面设计直接相关，故应充分考虑色彩、质感、造型等因素。依据不同场合，亦可采取定制方式，只是售价会高一些。用于出檐型和百叶窗型的太阳能电池组，通常都是定制产品，成本费用都比较高。

此外，还应对地区特点给予充分关注。譬如，设在积雪层较厚地区的太阳能电池组，不仅要设计台架，还应想办法使积在电池组上的雪自然滑落。在寒冷地区，残留在太阳能电池组和部件缝隙间的雨水可能结冰，因此还得采取必要措施防止设备因冰冻造成的破损变形。强风地区为防止巨大的风压荷载将太阳能电池组掀起，台架的设计要确保电池组可靠固定。除此之外，在盐碱地区还应采取防腐蚀处理措施，最好在设计上想办法利用雨水清洗光电板。

凡发电量超过20kW的太阳能电池组均须进行法定检修，这样可使其预期寿命达到20年以上，而功率调节器的预期寿命则减半，即10年多一点。因此，对于维护管理以及检修等可能发生的费用，必须事先进行调整和确认。

可以设想，随着太阳能电池单元转换效率和功率调节器电力转换效率的提高，将大大改善太阳能

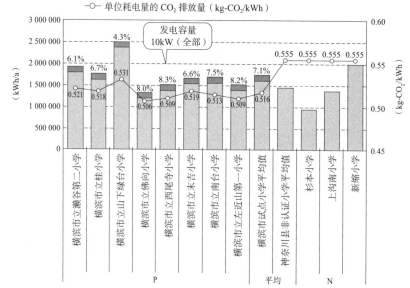

图 2.33　神奈川县安装太阳能发电设备学校耗电量降低和 CO_2 减排实际状况 [21]

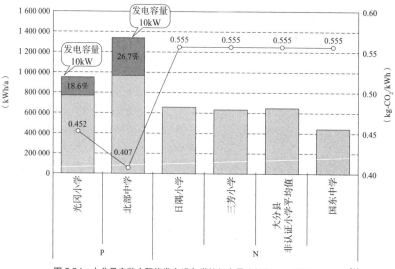

图 2.34　大分县安装太阳能发电设备学校耗电量降低和 CO_2 减排实际状况 [21]

发电的系统效率。因此在规划零能源学校时，最好安装大容量的太阳能发电设备。

至于风力发电，因为尚存在风车旋转时发出噪声和低频振动之类的问题，所以应该设置那种仅供环境教育之用的小容量设备。一般地说，在学校中安装大容量风力发电设备是一件不可行的事。根据学校周边的环境条件，例如在紧靠校园背面恰好有座小山，才有可能在这上面安装较大容量的风力发电设备。即便如此，亦应事先对设备安装场所的风况做详细调查，只有在完全可以期待全年稳定发电的情况下，才能够做出安装的决定。

2.2.9　生物小区

从环境角度考虑学校设施建设，还应该将保护和再生各种因开发而失去的地域生态系统以及对其形成支持的自然环境也包括进去。

设在校园内的"学校生物小区"，被称为"对孩子们进行环境教育的教材，是在校园内营造的、可供当地野生生物自主繁衍生存的空间"[22]。近年来，在水际模仿当地群落生境形态的例子屡见不鲜。此外，亦应该考虑采用树林和草地这样的形态来营造面积大小不等的生物小区，同样会吸引生物来此栖息。

尽管学校生物小区的面积有限，可是在校园内营造可供当地野生生物栖息繁衍的空间，至少有两大意义：

其一，如图 2.35 所示，由于某一地区内的多所学校呈点状分布，因此可以看作当地野生生物迁徙的中继站，起到类似于水池中踏脚石的作用[22]。当地的野鸟和蜻蜓等昆虫类移动时，这里便成为饵料场和停歇处。各种野生生物的移动距离都有一定极限，因此通过在移动途中近似于自然的配置，便可以使其世代交替，进而走入下一个自然群落生境。

其二，因为学校占地具有长期不会改变的性质，所以在这里营造的生物小区作为野生生物移动时的中继站将会成为半永久式的存在，并且还具有保存当地野生生物遗传基因场所的功能。近年来，在校园内增殖珍稀野生动植物并使其重返大自然的活动，各地均有尝试。

2.2.10 其他

生态学校概念，其中之一就是"学习方面用于环保教育的学校设施"。即使是那些没有配备特别装置和特殊设备仪器的学校设施，亦应该从培养能适应低环境负荷的未来社会人才的角度出发，如图 2.36 所示的那样，进行最低限度的节能告示板。

为了直观地看到学校设置的仪器的使用方式，节能行为以及电力消耗的消减程度，并且使节约能源管理更加深入的进行以及实现环境教育，实行节能展示板是非常有效的手段。最好能在每间普通教室，起码应该在各楼层设置计量仪表，作为计测、显示和记录耗电量的节能指南。

另外，还要在设计上下功夫，让所采用的技术手法原理及其效果易为儿童所理解。例如图 2.37 所示的太阳能空气式低热地面供暖系统[10]，露出的配管可将被加温的空气输送到地面之下，在透明的配管内放入几根羽毛，使得空气流动的情形清晰可见。此外亦可采用这样的方法：能够让手伸入管内来直接感受被太阳能加温的温暖的空气。

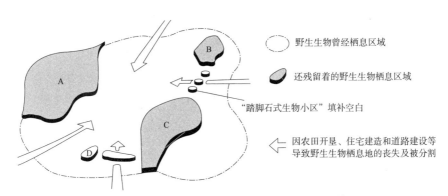

野生生物曾经栖息区域

还残留着的野生生物栖息区域

"踏脚石式生物小区"填补空白

因农田开垦、住宅建造和道路建设等导致野生生物栖息地的丧失及被分割

图 2.35 学校生物小区对保护当地生态系统所发挥的作用[22]
（野生生物移动时的踏脚石停歇处）

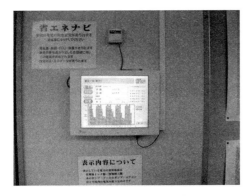

图 2.36 安装在学校设施的节能展示板

图 2.37 原理及效果的可视化方法
（利用太阳能的空气源低温地板供暖系统的透明热风风管）

■　引用・参考文献　■

1) http://kikuchi.seikatsusha.net/back/item/1164870594/1215507510.html

2) 文部科学省「学校省エネ実施要領作成検討委員会」：学校施設における省エネルギー対策について　地球環境のためにわたしたちができること，2008 年 3 月

3) 文部科学省「学校施設整備指針策定に関する調査研究協力者会議」：環境を考慮した学校施設（エコスクール）の今後の推進方策について——低炭素化社会における学校づくりの在り方——（最終報告），2009 年 3 月

4) 小峯・坂口・新保，他 3 名：学校施設における環境配慮方策に関する調査研究（その 1），大規模改修時における環境配慮対策の現状に関するアンケート調査，日本建築学会環境系論文集，第 75 巻，第 630 号，pp. 381-388，2010 年 4 月

5) 国立教育政策研究所文教施設研究センター「学校施設の環境配慮方策等に関する調査研究」研究会：環境に配慮した学校施設の整備推進のために——学校施設の環境配慮方策等に関する調査研究報告書——，2008 年 2 月

6) 都立高校教育環境改善検討委員会：都立高校教育環境改善検討委員会報告書，東京都教育庁学務部高等学校教育課，2006 年 12 月

7) (社)日本建築学会編：昼光デザインガイド　自然光を楽しむ建築のために，技報堂出版，2007 年 8 月

8) http://www.mext.go.jp/a_menu/shisetu/ecoschool/detail/1289509.htm

9) 川崎市教育委員会：既存学校施設環境対策推進委員会報告書，2010 年 3 月

10) 文部科学省：すべての学校でエコスクールづくりを目指して——既存学校施設のエコスクール化のための事例集——，2010 年 5 月

11) 国立教育政策研究所文教施設研究センター「学校施設の環境に関する基礎的調査研究」研究会：校舎のエコ改修の推進のために～モデルプランにおける環境対策のシミュレーション結果～学校施設の環境に関する基礎的調査研究報告書，2009 年 8 月

12) 国立教育政策研究所文教施設研究センター「学校施設の環境に関する基礎的調査研究」研究会：校舎のエコ改修の推進のために～モデルプランにおける環境対策のシミュレーション結果（全国版）～，学校施設の環境に関する基礎的調査研究報告書，2010 年 11 月

13) 国立教育政策研究所文教施設研究センター「学校の環境に関する基礎的調査研究」研究会：エコスクール推進のための FAST［仮称・学校施設運用 CO2 削減効果算出ツール（Ver. 1)］操作マニュアル，2010 年 11 月

14) 文部科学省：CASBEE 学校　学校施設における総合的な環境性能評価手法　評価マニュアル〔2010〕，2010 年 9 月

15) 瀬戸市：瀬戸市立品野台小学校パンフレット，1999 年 3 月

16) 日建設計名古屋事務所：瀬戸市立品野台小学校建築設計プロポーザル提案書，1995 年 7 月

17) 文部科学省：エコスクールパンフレット～環境を考慮した学校施設の整備推進～，2009 年 10 月

18) 北九州市：エコ・キャンパス北九州市学術研究都市　新エネルギー導入への取組み

19) 深井一夫，他：屋上緑化による小学校教室の夏季温熱環境改善効果の検証実測，日本建築学会大会学術講演梗概集 D-2，環境工学 II，pp. 195-196，2005 年 9 月

20) 文部科学省大臣官房文教施設企画部・国立教育政策研究所文教施設研究センター：太陽光の恵みを子どもたちが学び育むために～学校への太陽光発電導入ガイドブック～，2009 年 7 月

21) 国立教育政策研究所文教施設研究センター「学校施設の環境に関する調査研究」研究会：環境を考慮した学校づくりに関するアンケート調査結果報告書，2009 年 3 月

22) 文部科学省「環境を考慮した学校施設に関する調査研究協力者会議」：環境を考慮した学校施設（エコスクール）の現状と今後の整備推進に向けて，1997 年 3 月

第**3**章
学校设备规划·设备设计

3.1 学校规划要点

3.1.1 基本规划方法

以构想阶段确定的教育目标、设施计划和长远规划作为基础,对与设备相关的前提条件、要求事项和法律法规等加以整理确认,并就设施总体规划、建筑单项规划、设计理念及计划方案等进行全方位讨论。

图3.1显示了设备规划的步骤。

3.1.2 规划条件与注意事项

[1] 基本事项

在制定基本规划时,最先整理出的基本条件应以项目招标者所给出的条件作为基础,包括设施的选址条件及其规模、构成的显示等。假如没有提示空间功能要素、设备功能要素、维护管理要素等相关条件,则应进行充分协商,根据具体情况制定方案,并且要设定条件。与此同时,还要调查现有建筑及基础设施的状况,看其是否适用相关法规,然后再初步考虑设备形式和设备容量,确认其与建筑设计和结构设计的整合性,最后归纳出基本构想概况。

教育设施从幼儿园开始,依据日本《学校教育法》被区分为小学、初中、高中、大学和专科学校等。学校建筑物的构成则以教室(教学楼)为中心,并与研究设施和体育设施等多种附属设施组合在一起。因设施不同,所适用的法规也各异,故须进行充分的研讨和逐一确认。幼儿园一类的设施多为小规模平房建筑,而设在城市里的大学等则往往是超高层建筑。最近,有的学校设施规划亦将确保地震时的安全性和防灾据点功能等融入其中,出现了采用抗震结构的事例。而且有的大型校园规划已成为当地的开发项目,这便需要与基础设施建设和能源供应计划结合起来统筹考虑。

建筑设备的空调及给水排水设施的施工,多半都在建筑的室内进行。尽管如此,有时也需要伴随以下计划的制定:包括校园内能源供给配管在内的共用地沟计划以及重建后恢复原有基础设施的计划等。

在制定各种规划时,不仅要就其是否适用《建筑基准法》、《建筑师法》和《消防法》等法律规定标准的情况进行充分调查,由于教育设施的用途非常广泛,因此还应仔细检查是否有什么遗漏和疏忽的地方。例如,关于国立或公立学校,在设计标准、规格文件、抗震标准、设计指导方针、维护要求、环保指标和环境卫生标准等方面,日本国土交通省和文部科学省有着严格规定,对此必须予以注意。此外,在由《学校教育法》确定的教育设施中,尤其应该充分考虑《学校保健法》规定的"学校环境卫生标准"。

[2] 用地及其周边环境条件

制定规划时,要求重视地域性特点,充分调查选址的自然条件及周边环境等,并在确认这些要素的基础上力求采取平时不依赖空调设备的自然换气等被动方式。另外,虽然高温潮湿地区的供暖设备及寒冷地区的制冷设备有时是不需要的,但亦应与业主充分协商后再确定规划方向,尽量不要在将来的使用中出现问题。

此外,亦应对产生大气污染、噪声、振动和采光障碍等的社会环境加以注意。假如学校设施对周边居民等具有某种公共功能的话,则应考虑是否可对外开放以及是否有必要使之具备作为当地防灾据点的设备功能。

表3.1显示了用地周边环境条件和设备规划上的注意事项。

[3] 规划上的注意事项

教育设施特别要关注其安全性能。尤其是在制定幼儿园和中小学校规划时,更须注意外露机械设备的安全性,因为这类设施的利用者在身体条件和行动方面都与成人不同,故而要求充分考虑是否存在因烫伤、触电、病原菌污染和交叉感染等损害儿童健康的可能性。而且,日本在2003年对《建筑基准法》做了部分修改,规定业主负有安装机械换气设备的义务,以作为预防病态楼宇综合征的对策。学校设施的规划,最好充分利用自然换气的条件,不过在因季节或周边环境不得不关闭窗户的情况下,

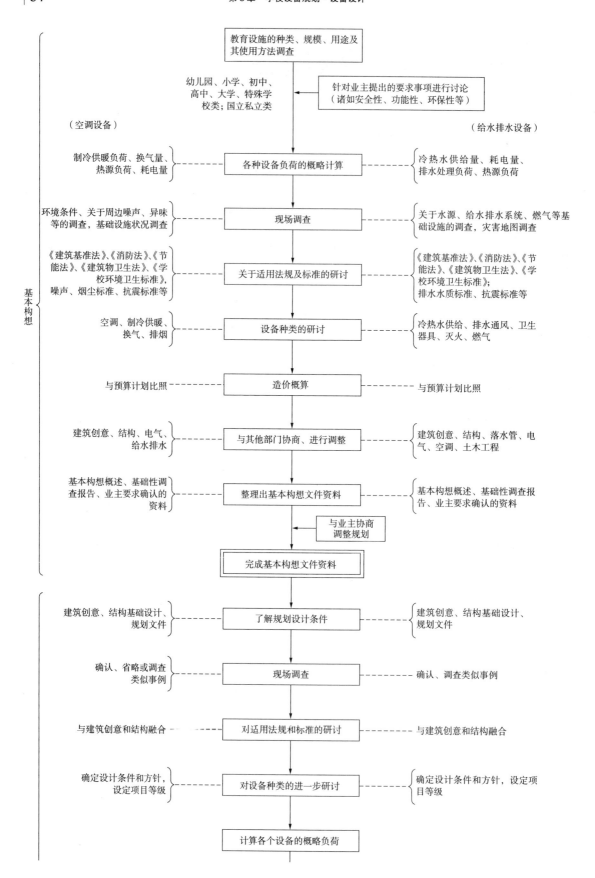

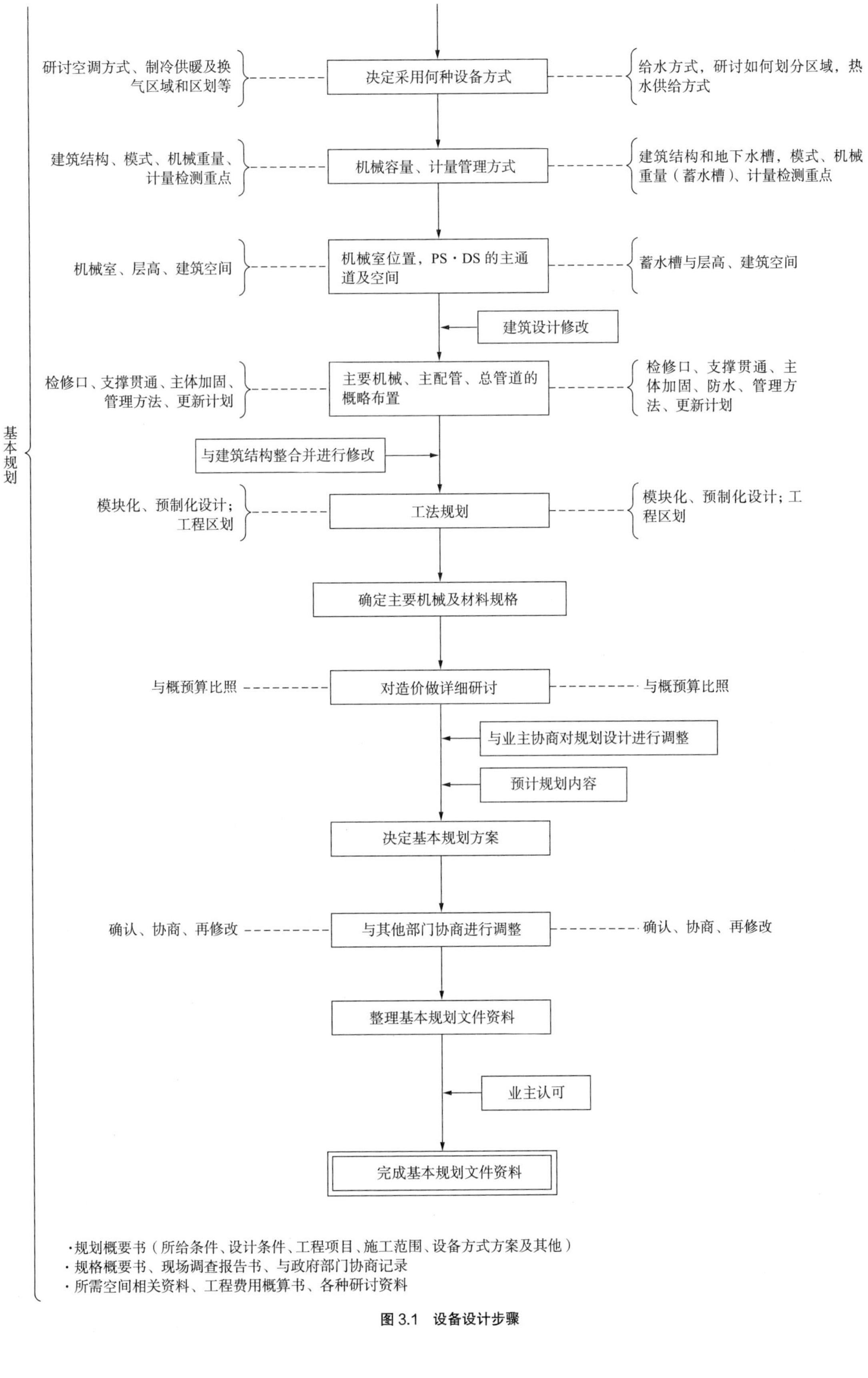

研讨空调方式、制冷供暖及换气区域和区划等 - - - → 决定采用何种设备方式 ← - - - 给水方式，研讨如何划分区域，热水供给方式

建筑结构、模式、机械重量、计量检测重点 - - - → 机械容量、计量管理方式 ← - - - 建筑结构和地下水槽，模式、机械重量（蓄水槽）、计量检测重点

机械室、层高、建筑空间 - - - → 机械室位置，PS·DS 的主通道及空间 ← - - - 蓄水槽与层高、建筑空间

建筑设计修改

检修口、支撑贯通、主体加固、管理方法、更新计划 - - - → 主要机械、主配管、总管道的概略布置 ← - - - 检修口、支撑贯通、主体加固、防水、管理方法、更新计划

与建筑结构整合并进行修改 →

模块化、预制化设计；工程区划 - - - → 工法规划 ← - - - 模块化、预制化设计；工程区划

确定主要机械及材料规格

与概预算比照 - - - - - 对造价做详细研讨 - - - - - 与概预算比照

← 与业主协商对规划设计进行调整

← 预计规划内容

决定基本规划方案

确认、协商、再修改 - - - - - 与其他部门协商进行调整 - - - - - 确认、协商、再修改

整理基本规划文件资料

← 业主认可

完成基本规划文件资料

·规划概要书（所给条件、设计条件、工程项目、施工范围、设备方式方案及其他）
·规格概要书、现场调查报告书、与政府部门协商记录
·所需空间相关资料、工程费用概算书、各种研讨资料

图 3.1 设备设计步骤

表 3.1 用地周边环境条件和设备规划上的注意事项

环境因素	发生源·对策	发生源或发生场所	设备规划对策	备注
噪声振动	接受侧	干线道路、高速公路、铁路、机场、工厂、整个地区	关闭门窗时需要空调设备	道路噪声接连不断和飞机噪声影响范围广的问题
噪声振动	排出侧	上学路上、运动场、特别教室	将校园广播扬声器朝向内侧	校园和运动场的噪声问题及确认与邻地相接处的噪声规范值
日照	接受侧	整个地区	根据需要恰当规划窗户四周的空调系统	充分利用遮蔽直射阳光的围墙及其他有效的建筑设计手段(方位、出檐、绿化等)
日照	排出侧	建筑物、围墙、树木	不必采取特别措施	接受侧不是大问题
大气污染	接受侧	道路、停车场、工厂、饮食店、花粉、沙尘	根据需要安装空气净化设备	成为病态楼宇综合征致病原因的挥发性有机化合物(VOC),主要来自新建设施的建材等,发生在建筑物内部
大气污染	排出侧	化学实验、无铺装校园厨房排气、供暖排气	根据情况设集尘、排异味装置	考虑对用地范围内的影响。确认当地的规范值
水害	接受侧	河流、整个地区	注意排水和外部空间外部水域的规划	灾害地图调查,应对突降暴雨的措施等
电波障碍·风害	排出侧	建筑物、金属网	通过共用天线(有线分配)和有线(CATV)收听收看	需要调查因果关系

为了确保教室内二氧化碳和甲醛等气体浓度符合《建筑基准法》和《学校环境卫生标准》的规定,亦应确保必要的换气量。

一般说来,学校设施都会安装冷暖设备。不过根据各地具体情况,有的只有制冷设备有的只有供暖设备,而且采暖设备多数都使用FF式热风供暖机。另外,大多在走廊和共用部分都不供给冷供暖。为了确保室内温热及空气环境清洁舒适,必须对换气方式和制冷供暖方式进行仔细探讨。

虽然教育设施的主要利用者是教员、职员、学生及儿童等,但是最近将其向公众开放的事例日益增多,因此在总体规划上亦应考虑到这一需求。有关设施的使用时间,当然应以授课时间段为准,而且时间段的长短亦因教育设施种类的不同而各异。在小学、初中、高中以及部分专科学校,授课日只考虑教员和职员办公设施的时间段,而对于参加补习或课外活动及小组活动的学生来说,则应考虑延长使用时间。在附设定时制教育设施的学校中,其使用时间甚至要扩展到晚间授课时间段。尽管一般说来这个时间段的使用人数要少些。

至于大学,除了职员外,教员和学生的使用时间段都是不固定的。而且,在设有理工学科研究设施的情况下,还必须将实验器具等的使用时间考虑进去。

其次,如果考虑到设施的全年使用时间,除去设有医学系附属医院的大学和利用长假集中授课的预备学校等,通常情况下在暑假等长期休课时,设施整体上处于停用态势,极少部分处于维持运行的管理状态,设施规划亦要适应这一状况。在空调规划中,要分析各区划的使用时间和负荷特性,看其适合中央控制方式还是单独控制方式。如果采用中央控制方式,则更须对峰值负荷计算、热源方式、容量及容量分割方法等进行适当规划。

设置在教育设施的特别教室内的仪器,为做物理实验和化学实验,热源供给与给排设施是必不可少的。大学等做医学研究的各种设施,还应将仪器与建筑设备连接起来,例如同微机教室,同样要安装空调设备。一般说来,视听教室和广播室等处均应设有单独的空调和换气装置。

在教育设施规划中,也有不少扩建和改建项目,因此往往会伴有给水排水、电气、燃气等埋设管的恢复工程。因为施工期间设施的使用不能中断,所以整个工期会被分成许多段落,恢复工程也包括临时性设施在内,甚至有多次使用设施的案例。关于恢复性工程，考虑到对设施利用者可能造成的干扰，最好安排在长假期间实施。

[4] 生态学校规划

日本文部科学省正在大力推广学校设施环保化的理念，积极促进环保化学校（生态学校）的建设。今后学校设施的目标是："在考虑环保的基础上进行设计和建设，在考虑环保的基础上运营，可进行环保教育活动的学校设施"。在建设"绿色学校"方面与建筑设备规划有关的，除了积极采取措施节约能源和减轻环境负荷外，还应做到以下几点：

① 确保健康舒适的热环境

根据对中小学校室内环境实际状况所做调查的结果，很难说目前的室内环境是好的。学校设施的室内环境水平还存在很大提升空间，而且势在必行。例如，为了有效维持良好的冬季室内热环境，不仅要加强建筑物的绝热密封性能，而且必须设法使教室、开放空间和走廊等处的温度分布均匀化。此外，在夏季，最好利用百叶窗、屋檐和绿化等手段防止阳光直接射入室内。根据季节不同，期望可达成预期效果的自然通风。

② 确保健康舒适的空气环境

通常情况下，供暖过程中的教室多半都通过开关窗户进行换气。考虑到如果不将窗户完全打开，那么室内空气环境的恶化是难以避免的，因此最好在普通教室也安装可连续换气的设备，假如做出可进行热交换的换气设计并引入相关设备则再好不过。另外，应该采用不发生或少发生有害污染物质的建筑材料。

③ 采用简单系统

这样的系统应该是小学生能够直接接触的，并且具有操作方便、不易损坏、安全可靠和容易理解的特点。更重要的是，即便误操作或野蛮操作也不至于造成严重后果。从建筑角度讲，这些对于设备仪器和系统整体都是必要的。总之，学校设施中凡儿童和学生触及范围内的建筑设备，其机理和系统越简单越好。

④ 采用自然能源系统

为了减轻地球环境负荷，机械设备最好采用不依赖消耗化石能源的自然能源系统。而且自然能源系统的原理，在视觉上易于儿童理解，从学校设施教材化的观点看来也是很重要的。

⑤ 考虑当地气候风土特点

作为一项考虑当地特点的规划，应建立在以下基础上：采用遮蔽季风的造型，在多雨地区采用陡坡屋顶和大出檐，在多雪地区采取积雪对策，夏季设法避免阳光直射等。在对各种方法的效果进行比较研究之后，再积极应用到学校设施中去。另外，亦应探讨将海风、山风和谷风的蒸发冷却作用这样的地域特点作为能源利用的可能性。

除了以上这些，从延长建筑物使用寿命的观点来看，对设备进行适当的维护管理也是不可或缺的。建筑物从营造开始，直至运行、补修、改造和解体，在其全部生命周期所产生的成本和环境负荷，都应充分考虑到。唯有如此，才能制定出使设施得到充分利用的合理规划。另外，还要在规划上尽量做到，不仅针对儿童和小学生，作为当地社会的中心设施和终生教育场所，对于当地居民来说学校设施也应该成为体验环保化的建筑空间，通过将节能环保的装置及其原理可视化，让人们更易理解，起到增强人们环保意识的作用。

3.1.3 规划要点

[1] 总体规划要点

教育设施不仅是传播知识的场所，站在教师、学生、管理者等各自的立场上，亦将其看作日常生活的一部分，用于交流的场所。此外，过去的教育设施还有所谓当地发布信息场所的一面，因此对建筑设备的规划也有着多样性的要求。

作为用于供给的设备，最重要的事项是要具有安全性。尤其是在以低年龄段小学生为对象的学校设施中，必须在规划上考虑到设备运行时对使用者来说具有足够的安全性。在充分考虑安全性的同时，供小学生使用的设备的耐久性也是规划的要点之一。近年来，在教育设施中引入通用化已成为趋势，故在规划时亦须着眼于此。

需求的多元化，也导致制冷及机械换气等设备服务在增加，可是另一方面尽可能降低全年设备运行能耗的呼声也更加强烈。有鉴于此，在规划上理应尽量利用自然换气和天然能源。

此外，作为教育设施中设备的特点，因暑期与上课期间的设备负荷与使用人数有很大差异，像体育馆那样使用期间负荷变动非常大。因此，设备规划应该具有适应这种变动的弹性。

布置在教育设施内的建筑设备项目分为空调设备和给水排水设备，对此应注意以下事项。

关于空调设备，过去系以采暖设备和自然换气为主。近年来因服务的完善以及信息通信设备在教育上的推广，冷暖设备所占比重变得越来越大。再加上与近邻之间的关系和噪声等问题，使得难以开窗的现象日益增多，因高密封和高绝热导致的"学校病"问题更加明显，因此也突出了采用机械换气的必要性。

关于给水排水和卫生设备，则以日常生活中的洗手间及厕所设施、与实验及美术书法等教学有关的设施，还有根据需要配置的供餐厨房及食堂等基础设施作为主体。教育设施往往要一室多用，因此关于对供给对象的各种意见，要从不同使用者那里多方收集，并逐一加以确认。另外，对游泳池等体育设施的设备供给则应根据需要进行规划。卫生设备的给水排水之类设备的供给多会受到用地及其周边状况的影响，故而需要对规划目标的确定格外重视。

以上各项设备，因教学内容和授课对象的不同，有着较为宽泛的选项。由于被选定的设备将对建筑设计和建筑结构产生很大影响，因此在进行规划时务必要考虑所要求的等级和设备性能及建筑物整体生命周期，并使之达到平衡。

表3.2所示，系按大型教育设施，共同事项、幼儿园、小学、初中、高中、大学及研究生院等大致分类列出的总体规划注意事项。

当然，除此之外还有专科学校和特殊学校等。分别了解他们的要求和愿望，再一一确认是很重要的。

表3.3所示系教育设施中按各室用途分别列出的注意事项。

表 3.2　设施规划注意事项

	空　调	给水排水、其他
共同事项	・冬天不太冷、夏天不太热的适宜热环境；因干燥状态容易滋生病毒，作为对策可考虑采用加湿手段。 ・充分换气，使室内二氧化碳和粉尘浓度降至标准水平之下。 ・确保对来自外部噪声的遮蔽效果，降低因设备运行产生的内部噪声。 ・尽量采用节能手段达到上述目的。 ・包括高中在内的学校设施，如管理者并非专门责任者或人手不足的话，很难做到使运行状态与季节更替和控制参数相对应	・选择给水排水器具时应将耐久性和安全性放在第一位。 ・配置用于清扫的工具。 ・因洗脸池水管经常会忘记关闭，故最好采用节水的自动水龙头。 ・因教育设施的给水排水器具同时使用率很高，故规划在确定器具数量和配管通径时应考虑到这一点
幼儿园	・为了能够直接坐在室内地面上课，地面采暖是有效的方法。 ・机械仪器的操作应以幼儿手够不到的高度为准，但水龙头和照明等与教学内容相关的部分则个别考虑。 ・如设有幼儿烹饪课，则须对烹饪台的配置和换气设备的安装进行仔细斟酌	・必须考虑到使用者的身体状况，规划上确保使用中的安全。 ・来自游戏场的主动线上应有洗脚和刷鞋子的设备，室外设洒水设备，根据情况考虑设置游泳池给水排水。 ・厕所内便器大小和造型应与幼儿体型相当，根据需要设保育员和教师专用厕所。 ・蹲位门不设锁，门扇要低一些。 ・因朝向游戏场的开口多半都较大，故需考虑开口部雨水处理问题
小学、初中高中	・所有设备均应将安全性放在最重要位置，不使用有尖角和识别性差的物件。 ・在确保安全性的同时，根据学生使用的条件，应尽量采用耐久性强的材料。 ・通常很难安排有资质的专人来负责设备的维护管理，因此规划上要考虑配置无专业人员亦可运行的设备。 ・因对降低空调运行费用的期望值很高，故应尽可能地采用自然换气，在寒冷地区则单用采暖设备	・建筑物多为低层大平面，应适当做落水管规划。 ・来自运动场的主动线上应有洗脚和刷鞋子的设备，室外设洒水设备。 ・室内须设饮水器，室内外出入口附近应设洗手处。 ・作为体育附属设施的更衣室和淋浴室内，应配有洗脸池和淋浴器；对淋浴设备则应考虑到同时使用时的热水供给能力。 ・低年级教室周围应设洗手处和冲洗处。 ・按学年分配，各层在条件允许处设立厕所。 ・男女厕所应分设，规划上应考虑男校和女高的情况，可与用途变更相对应
大学研究生院	・因设有多个科系，且所需设备不尽相同，故应充分征求各方意见。 ・理科往往需要洁净室、恒温恒湿室和动物实验室等特殊设备。 ・附设的图书馆和博物馆多收藏有重要文献和文物，须考虑收藏环境（恒温恒湿、防止漏水和燃气灭火装置等）。 ・有时需要由大学向多座建筑提供基础设施，这时便应制定一个效率更高的热源运行输送规划	・因有科研设施的一面，故制定通过科系提供基础设施服务的规划很重要。 ・由于设施高密度化，高层建筑较多，规划上应考虑设置电梯和自动扶梯。 ・附设医院的复合建筑，应重点考虑相关的医疗设施规划。 ・在使用区分非常复杂的情况下，要制定相应的安全规划

表 3.3　特殊教室等的规划重点

用途（设施）	空　调	给水排水
理科教室	实验燃烧器换气装置	实验台上有燃气阀门，设置冲洗台 留有冲洗槽出水口空间 准备室设有燃气阀门 给水排水配管设于沟内 辅助设施埋设于地下
音乐室	确保管道穿过部分的隔声性能 对室内可能发出的声响予以留意 确定换气口的位置 与建筑音响效果整合	考虑设置洗手池的可能性 避免在室内和墙壁铺设配管之类
手工教室 美术教室	设电气灶用给气排气装置	设置固定式冲洗槽（有多个阀门） 考虑热水供给方式 考虑到石料加工（设石膏反水弯）
技术科教室	设燃气灶用换气装置	设冲洗台 设金属抛光阻隔器 设燃气阀门
家政科教室	烹饪用排气设备（相应的管道） 洗涤用排气设备（相应的管道） 确定排气罩位置（与讲台的视线关系）	设烹饪用洗槽 设燃气炉 设 IH 烹调器 设洗手池 考虑是否可设置多个洗槽 设地面冲洗装置
社会科教室	确保管道穿过部分的隔声性能 对室内可能发出的声响予以留意 确定安装投影机时的换气口位置	避免在投影机上面铺设水管
学校图书馆	从音响方面和开馆时间考虑布置空调及换气设备 重要书库应采取恒温恒湿措施 考虑设地面送风空调和辐射空调的可能性	设洗手池 设适用于书库的燃气灭火装置 避免在书库内铺设水管
广播室 视听教室 （LL·CALL 等）	确保管道穿过部分的隔声性能 对室内可能发出的声响予以留意 采取应对 OA 机器发热措施 确定换气口位置 设置全年制冷的独立系统	为防止漏水避免铺设水管 避免在墙壁上铺设配管之类
研究室	设空调及换气装置 设气流室 考虑给气排气的气体平衡 确定排气口高度 研讨空调系统（制冷供暖等） 确认实验仪器是否发热 确认实验仪器是否排气	设冲洗台 设燃气阀门 设水净化装置 确认药品原液和冲洗液的处理方式 给水排水配管设于沟内 辅助设施埋设于地下
特殊实验室	设法定给气排气装置 （包括洗涤设备等） 设恒温恒湿装置 设洁净室 考虑是否设备份装置 设实验仪器冷却装置	设法定除害装置 （酸、碱、RI 的处理等） 是否需要实验用特殊燃气设备 （干燥气体、氮气等） 确认药品原液和冲洗液的处理方式 设高压灭菌器 设蒸汽供给装置 设水净化装置
采购部门	书库设空调装置 仓库设换气装置 如设便利店，则应考虑设空调及厨房排气装置	设洗手池 如设便利店，则应考虑简易厨房的给水排水设施
食堂部门	设厨房排气装置 （异味对策等） 调节厨房与餐席间的空气平衡 对厨房内居室用换气加以确认 设置与休息室等不同房间对应的空调 研讨空调系统	确认烹调器具方式 （传统方式还是全部电气化） 设洗手池、洗脸池 热水供给 遵守《食品卫生法》 设厨房专用厕所 设厨房排水除害装置 （正己烷溶液等）

续表

用途（设施）	空调	给水排水
保健室 医务室	考虑是否采用独立空调方式	设洗脸池 设污物冲洗槽 设烧水装置（使用燃气或电气） 考虑是否设淋浴装置 考虑是否分设男女厕所 适于简单治疗的卫生条件
职员室	考虑是否设独立空调 确认是否辟出吸烟区	设烧水装置（热水供应室等） 设洗脸池
管理办公室	考虑是否设独立空调 确认是否辟出吸烟区	设烧水装置（热水供应室等）
游泳池	设地面采暖装置 考虑是否适用氯气类消毒 （研讨材质及排气口位置） 考虑气流对策 （对水面及人体的影响）	确定室外游泳池的给水量 研讨过滤方式 温水游泳池的军团菌属病菌对策 研讨加温热源
体育馆 讲堂	研讨热源系统及其方式 确认是否需要空调（体育馆） 研讨采用局部空调方式的可行性（体育馆） 研讨地面采暖方式（注意室内地面结构） 研讨有人区域空调方式 研讨气流现象（其状态视比赛情况而定） 确认所需音响水平 确保隔声性能 避免排烟设备发生向外开关障碍 有效设置自然换气口	研讨采用何种灭火设备 （是否需要喷水型花洒等） 避免在墙壁上铺设配管之类 确认所需给水排水器具数量

［2］设备器具及机械的安装高度

从幼儿园到大学等使用各种设施的学生，其体格会随着成长发生变化。在学校生活中，给水排水器具的使用频度较高，因此能否与学生体格适应，从健康和保健的观点来看非常重要。有鉴于此，在制定设施规划时，无论在哪类学校均应考虑到使用给水排水器具学生的体格问题，并据此确定功能性机械设备的尺寸。

图 3.2 显示了以使用设施学生身高为基准的设备类模数尺寸。

［3］设备布置规划

因为安装管道和各种配管需要竖井，所以应该将立体区划与平面区划结合起来，分别确定其位置、大小和数量等。

由于空调机械室、管道及排水配管都可能成为噪声源，因此做设备规划时应考虑使机械室和竖井离教室尽量远些，如果不得不邻接的话，则需要考虑选用隔声效果好的墙体材料。或者考虑将机械室设在从共用部可以检修的位置。

应该特别注意的是，冷却塔和成套室外机等设在屋顶的机器产生的噪声对周围的影响。关于学校设施与邻地边界处的噪声限制值，一般条例中都有着严格的规定，即不得大于 5dB。

考虑到可能来自近邻的抱怨以及安全性，规划中往往都限制了学生跑到屋顶或游廊上去，这样一来便要充分注意设备维护时所需要的导线安全。

此外，在幼儿园和小学校的规划中尤其要注意这样的问题：让园童和小学生无法接近机械设备，以防止发生意外事故。

［4］防灾与法令对应

（a）建筑基准法

作为学校设施，依据日本《建筑基准法》及其他法令，与设备有关的注意事项见表 3.4。

（b）消防法

一般适用日本《消防法》施行令附表 1 第 6 项 c 款或第 7 项。体育馆和讲堂等根据情况适用该附表 1 第 1 项 b 款；图书馆适用该附表 1 第 8 项（表 3.5）。

（c）其他法令（表 3.6）

（d）其他应研讨事项

作为当地防灾避难场所，要确保饮用水的供给和特别教室及研究室的使用。

对于燃气、电气或相当于危险物品的药品等，要做专门研讨（表 3.7）。

［5］对今后教育设施的要求

关于建筑设备的技术开发，则从教育设施规划近年来的发展趋势开始讲述。

表 3.4　依据《建筑基准法》需要注意的事项

换气设备	·以自然换气设备作为基本对应手段。 ·为防止病态楼宇综合征的发生，机械换气设备应具有 0.3 次 /h 的换气能力。 ·从防止发生坠落事故和大气污染的角度考虑，在窗的开闭受限时，应通过机械换气设备供给所需风量
排烟设备	·自然排烟设备为基本手段。 ·在自然排烟困难的情况下，则须配置机械排烟设备（如讲堂等处）
其他设备	·对给水设备、排水设备及器具等，关注的重点应该放在防止交叉感染上。尤其是实验用洗槽需要考虑留有充分的出水口空间。 ·设在屋顶的水槽及防灾设备要求具有抗震性能。 ·在主要由学校使用的区域，其重点防火间壁墙部分成为准耐火结构的防火区，该区域在平面布置上必须保证畅通无阻

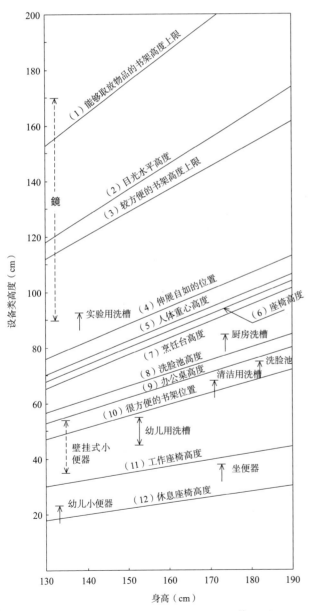

图 3.2　以身高为基准的设备类模数尺寸 [2]

表 3.5　必要的消防设备

1）指示灯、诱导标志（第 7、8 项夜间使用指示灯） 2）灭火器 3）自动火灾报警装置 4）向消防机构通报火警设备 5）室内消防栓 6）消防用水 7）喷洒设备（第 7、8 项中 11 层以上不需要） 8）与喷水设备连接 9）与输水设备连接 10）突发事故警报装置（附带广播设备）

表 3.6　其他法令相关注意事项

《学校环境卫生标准》	·二氧化碳（CO_2）允许浓度 1500ppm 以下 ·一氧化碳（CO）允许浓度 10ppm 以下 ·浮游粉尘 0.1mg/m³ 以下 所设换气装置应具有以上能力。 [注]《建筑基准法》和《建筑物卫生法》规定的二氧化碳（CO_2）允许浓度为 1000ppm 以下
《防止水质污染法》	·确保除害设备的抗震性能，防止受灾时有污染物质流出

表 3.7　关于当地防灾避难场所和教室等处危险物应研讨的事项

当地防灾避难场所	·确保蓄水槽和高架水槽等的抗震性能 ·确保必要时可将校园内的水池水、景观用水和游泳池水作为消防用水 ·设置防灾水井等，以确保供水中断时的生活所需
特别教室和研究室的危险物等	·设安全室 ·根据所用药品种类，采取从地面附近排气手段 ·设局部排气装置和洗涤装置

近年来的教育设施呈现以下发展趋势：

（1）高密度化

位于城市中心的教育设施，因很难得到用地保证，故不得不采用消化容积率的形式，使建筑日益高层化。从另外的角度看，亦有因多样化教育所需各种服务（例如，专门辟出以促进当地交流为目的的区域和旨在加强国际交流的区域等）增加而导致的建筑高密度化。面对这一现实，在设备规划方面，特别是在设备布置上应满足以下要求：①合理设置输送设备；②以设备的模块化应对建筑的高层化；③设置适应高气密建筑的设备等。

（2）设置新的教育部门

在因少子化及老龄化造成的学生数不断减少的趋势下，教育设施的运营状况非常艰难。为了能使大学及专科学校接收更多的学生，按照预想的社会需求设置的新学科越来越多。今后设备布置所能提供的功能，自然应该与各个学科的教学相对应（如用于电视教学的工作室等）。

（3）巩固作为研究设施的地位

对于大学来说，除了作为教学场所外，亦作为研发场所重视与企业及社会的联系，而且这种倾向越来越明显。因此，在设备规划方面也须布置高水平的科研仪器，并对安全性提出更高的要求。而且还需要进行与此相对应的技术开发。

（4）为地球环境做贡献

关于地球变暖对环境的影响该采取怎样的对策，无疑是今后最大的课题。作为教育设施的学校，理应成为可让学生实际体验这种影响的环保教育场所。据此，设备规划中的环保对应技术将成为最关键的要素。

[6]建筑费用与生命周期成本

规划阶段的建筑费用，通常均作为概算金额的预算，系分不同规划阶段精确计算出来的。特别是公立教育设施，在完成图纸绘制后，需要编制预算书计算出全部工程费用。教育设施建设费用的来源，除了该设施所有者法人自有资金外，亦可通过中央或地方财政补助金以及融资等方式获得。然而，建设费用与该设施建成后维持运营所需费用（维护、修理、运行）比较起来还要少些。因此，在规划阶段即应对设施竣工后的运营、老化设备的更新以及必要时拆除等所需费用进行计算，进行经济性研讨。

一般情况下，类似这样的研讨多采用计算生命周期成本（LCC）的分析方法。在从规划至解体的各个阶段，LCC被认为包括以下各项（参照图3.3）：

①规划设计成本（设计成本、取得用地成本等）。

②建设成本（建造成本、与施工相伴的环境对策等成本）。

③运营管理成本（建筑设备管理维护成本、机械设备运行成本、改造维修成本等）。

④解体再利用成本（解体成本、环境对策成本等）。

在上述的①~④各项中，③的运营管理成本所占比重最大，约为总成本的60%左右。其中运行成本近30%，包括照明、PC等在内的机器设备运行能耗均属此类。所以，在规划中尽可能采用高效设备系统，对于降低总体规划的LCC至关重要。一般的教育设施都有较长时间休假期，且课程亦少有整天排满的，因此从全年来看，设备的运行率都较低。在研讨系统时必须考虑到这一点。

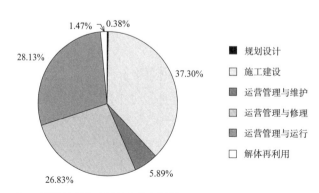

[注]　系以原来尽量不采用空调模式的数据为基础进行统计的。实际上，在空调化较为普及的城市，设备运行部分所占比例要更大一些。

图3.3　学校建筑标准模式的生命周期成本（预期寿命65年）

此外，与 LCC 一样，$LCCO_2$ 的减排也成为重要的课题。该数值虽然同样是通过计算各阶段发生的 CO_2 量得出的，但在实际运用时发生的可能性更大，因而在做设备规划时更有研讨的必要。

3.2 学校的空调设备规划

3.2.1 计算空调设备负荷

[1] 空调负荷概算的目的及其注意事项

在空气调节设备中，所需要的各室空间以及燃气电气设备容量，因空调对象区域的热负荷及采用的空调方式等而存在很大区别。如 3.1.1 "基本规划方法"一节中所讲述的，在基本构想和基本规划阶段，事先做出空调热负荷概算对于调整建筑与其他设备的规划来说十分重要。随着设计的进展，每个步骤所要求的精度也是不同的。而对其中影响较大的因素，最好尽早设定条件，将其反映到概算值中后再进行规划。

学校设施系由复合性较高的多种房间构成，由于其使用目的及使用状态各不相同，因此应该在理解各自特点的基础上做空调规划。另外，除了必要设施需要一次性建成的项目以外，也有很多项目是将总体规划逐步完成（或改造）的。因此，必须在据此做概算的同时确定空调方式。

（1）调整学校设施整体形象与对应建筑物的关系

1）学校设施能源总体规划，集中热源中心等（热源系统）是否应列入学校总体规划，对应建筑物是否即该热源系统设定的供给对象。

2）是否需要与对应建筑物同时增加热源系统，可否预估出热源系统所需空间大小。

3）对应建筑物有无必要进行个别热源规划。

（2）调整与其他设备容量的关系

1）对应建筑物内的供电设备在学校总体规划中处于何种位置，另外，其容量是否已经设定。

2）对应建筑物内的燃气设备容量在学校总体规划中居于怎样的地位，另外，其容量是否已经设定。

3）从其他能源角度看，有无特殊情况。

（3）计算学校设施建筑物概算值所需建筑方面要件

1）对应建筑物用途及其平面布置。

2）与设备相关的各房间位置以及可能确保的空间。

3）竖井空间位置和室外机空间（采用个别方式时）。

[2] 热负荷概略数值

在基本构想阶段或基本规划阶段概略计算热负荷值时，要根据对应建筑物用途把握以下各项（表 3.8）：

（1）时间上的观点

1）分为年度使用周期和日使用周期。

2）按照 1）的分类调查同时使用率，了解最大负荷和周期负荷。

（2）空间上的观点

1）总平面设计和平面布置等，把握设施总体特征，优先考虑大空间类特殊房间。

2）区分用途（普通教室、特殊教室、聚会室、食堂等高负荷房间及研究室类个别房间等）。

3）根据房间平面位置进行区划（按楼层和年级等分组）。

4）昼夜使用房间和单独使用房间等特殊房间。

（3）叠加负荷要素（制冷、采暖负荷）计算的方法

1）周边负荷（日照热负荷、贯流热负荷）。

2）室内负荷（内部发热负荷、渗透风负荷等）。

3）新风负荷（新风吸收量）。

由于教室等处的人员密度较大，因此除了吸收新风产生的热负荷之外，还会有大量的其他热负荷，故而要预先参考表 3.7 等概略算出换气量。

按照上述观点，最好在了解热负荷特性的基础上对其做概略计算。不过，在规划初期阶段也有许多不清晰的地方。尽管如此，根据初步平面布置、分区规划、设定空调面积及大致的外装设计等概略计算出热负荷仍然是有意义的。

除此之外，还可采用以 $1m^2$ 为单位进行概算的方法。可参考表 3.10。该方法虽然简单，但是作为教育设施与商务设施相比，各个物件的条件都存在

表 3.8　中小学校标准普通教室使用时间及使用率 [3]

年 级	使用时间	使用率 *（%）
小学低年级 （1～2 年级）	（周一至周六）	80
小学高年级 （3～6 年级）	（周一至周五） （周六）	65
初中	（周一至周五） （周六）	60

* 使用率系指使用普通教室时间占全部使用时间的比例。其余时间包括在室外、体育馆和特殊教室上课的时间。

表 3.9　大学普通教室使用率及座位数 [4]

		商学楼		法学楼		经济学楼		文学综合楼		大教室楼		特大教室楼		座位
		教室数	使用率（%）	教室数	使用率（%）	教室数	使用率（%）	教室数	使用率（%）	教室数	使用率（%）	教室数	使用率（%）	
小教室	20人教室	8	} 28.5	14	22.6	47	18.2	11	17.0					1100
	30人教室	12												1110
	50人教室					22	40.3							1100
	60人教室	22	33.7	25	41.0			30	55.9					4620
中教室	100人教室					5	34.2							500
	150人教室							10	51.6					1500
	160人教室	3	59.7	6	61.6									480
	200人教室					5								2200
	250人教室	2	58.3											500
大教室	300人教室									4	59.4			2100
	400人教室									9				3600
	500人教室							3	61.1	3	62.5			2000
	600人教室									5	59.7	1	59.7	3600
	800人教室							1	62.5			2	52	1600
座位数		2820		3120		3540		5030		9300		2200		26010

* 使用率 $= \dfrac{\sum x_i}{nX}$

　此处，n：教室数，X：1周课时数，x_i：第 i 号教室的使用课时数

表 3.10　制冷机制冷能力及供暖能力的平均值 [5]

学校分类	制冷单位能力 [W/(h·m²)]	每栋建筑平均制冷能力 [W/(h·栋)]	供暖单位能力 [W/(h·m²)]	每栋建筑平均供暖能力 [W/(h·栋)]
设医学部的综合大学	345	640	215	355
医 科 类 大 学	265	974	322	692
工 科 类 大 学	241	218	258	226
文 科 类 大 学	246	309	217	217
其 他 普 通 大 学	199	232	221	306
高 等 专 科 学 校	137	134	160	62
工 程 学 研 究 所	457	809	174	334
其 他 机 构	340	429	387	560

[注]　1. 本调查结果的数值不能直接用做设计参数，只能作为参考灵活掌握。
　　　2. 制冷、供暖单位能力系指制冷机（热源机器）对接受部分 1m² 面积供给冷暖的能力。
　　　3. 使用单位是将实际调查单位按 SI 标准换算（四舍五入）后所得结果。
　　　4. 学校分类调查对象（国立学校设施）包括：大学 96 所、短期大学 2 所、高等专科学校 53 所和大学共同利用机构等 16 所。

很大差异，所以采用该统计值究竟合适与否需要慎重加以判断。

3.2.2　与建筑及其他设备规划的相关性

[1] 建筑规划与热负荷

　　建筑物的规模、用途及平面布置一旦确定，决定空调热负荷的主要因素则有以下几点，在总体规划阶段需要事先对其中影响较大的因素进行研讨。

　　① 各房间平面区划等（建筑物方位、核心布置、设定空调区和非空调区）。

　　② 外装设计及开口部（方位、出檐、窗扇、立面设计、截面设计等）。

　　③ 各房间设定人员数和给气排气规划。

　　④ 各房间的发热负荷（照明、插座容量、放映装置以及教学相关机器等的特殊负荷）。

　　关于上述③的给气排气规划，应根据其周边环境条件考虑是否可采用自然换气方式。尤其是小学、初中和高中的普通教室，在建筑规划上最好利用自然换气手段。另外关于④的特殊负荷，除了特殊教室和准备室所需要的设备外，最近又开始采用多种用于教学的机器。对此，各类学校以及专科学校等，在制定设备规划时尤应加以留意。至于大学的科研设施，内设的实验室等所要求的环境条件比较苛刻，因此对应的空调设备容量也应该大些。

[2] 机械室的规划

　　由于学校设施多数都坐落在较为宽阔的平面上，因此若机械室的位置安排不当，便会增大能源输送的距离，这样一来，不仅影响到项目的初始成本，而且还会增加因热损失造成的运行成本。另外如果不能保证足够的供给面积，便可能损坏空调设备功

能，从而缩短其寿命。

机械室的规划要点如下：

① 确保维护管理所需空间。

② 确保更新改造所需空间以及用于搬运的通道。

③ 考虑与总体规划的整合以及将来增设的可能性。

④ 对于布置有较强噪声或振动设备的机械室，应确认其周围是否有对防噪声或振动要求较高的居室。

⑤ 确认换气及排烟通道是否过长。

⑥ 在主要机器被设在屋顶时，应确认与结构设计的整合及屋面防水施工的协调，以及设备基础和设备台架是否与之配套。

[3] 配管空间、管道竖井

管道竖井的面积因采用的空调方式不同而各异。但通常情况下，往往在规划初期即使用一个参考值，这个参考值系根据不同楼层面积按一定比例得出。在具体研讨过程中，必须确保所需空间，以供合理布置实际收纳的管道，并满足施工和检修的要求。另外对竖井类的位置要注意以下各点。

1）自主机械室爬升，且在途中经过楼层没有分岔的冷却水、冷水、温水及蒸汽等主管道，为了尽可能避免其噪声、振动、事故等对住户造成影响，规划时应尽量设在远离教室的位置。

2）关于竖管应考虑到以下几点：

① 其产生的噪声和振动不致影响到教室等处。

② 合理确定支管的分布位置。

③ 注意自竖井中取出物件时不会与主体结构发生干涉（空调规划与结构发生干涉的可能性最大，甚至关系到层高的确定）

3）如在教室外周设置成套空调机及空调扇时，须注意以下问题：

① 因外挂空调方式对建筑物外观影响很大，故在规划初期阶段便应就竖井的布置、机组及横管的收纳等与建筑设计相互协调。

② 排水配管的漏水事故会直接给住户带来损害，尤其是在暗缝较多和坡度较陡的情况下，配管不宜在竖井中敷设过长。

4）顶棚内的管道和配管多为横向贯通敷设，因此不仅要考虑到1）～3）中的事项，而且根据竖井布局对横向贯通做适当调整也是很重要的。

[4] 室内规划

在学校设施的室内规划中，有效的方法是将普通教室的顶棚高度设定为3m左右，为了提高空调效率，换气口应接近地面。另外要特别关注音乐室等房间会发出噪声的问题，可考虑采用吸音材料对墙面进行处理。

此外，还应就以下各点与建筑工程协调：

① 出风口、吸风口（出风口类型，贴顶棚设置还是贴墙壁设置）。

② 成套空调机和空调扇机组等室内部分（设在顶棚或窗周围等，裸露型或隐蔽型）。

③ 机器操作面板、自动控制用检测装置等。

④ 顶棚检修口（顶棚内设备维修，检修配管、阀门和过滤器等）。

⑤ 门窗类（门铃、凹槽等）。

空调用机械室内平面布置的最终目的在于，有效调节对象区域空气，营造良好的室内环境，体现出节能效果。为此，应选定具有最佳性能和突出特点的器具，进行最合理的布置，使热环境的气流分布更加适宜。与此同时，亦应注意到教室等处的空调出风口气流是否会让人产生不适感。

[5] 电气容量

空调设备的电气容量以及对应建筑物内的电气室布置，在电气设备规划中居于举足轻重的地位。

空调设备容量在建筑物设备负荷中占有的比重极大，而且根据空调方式的不同，设备负荷也存在很大差别。因此，不同的空调规划将使建筑物的受电方式、变电方式和配电方式亦存在差异。在一个较大规模的规划中，作为系统规划上的决定性因素之一，是根据电气设备的制约条件来选定空调设备，以避免使受电容量过高。

[6] 与防灾设备联动

下面述及的内容，将涉及发生灾害时空调设备应处置的事项以及与其他防灾设备相关的功能。排烟设备在学校设施中似可有可无，或者多采用自然排烟的方式。不过，在大学研究部门或各类学校中，也能见到需要排烟设备的事例。类似这样的设施不仅要做避难规划，而且必须事先确认排烟口工作状态、动作显示、遥控操作以及与排烟机联动启动等。

1）火灾

① 烟感风门关闭、动作显示、遥控操作。

② 火灾感知联动关闭与火灾发生区域相关联的空调机及送风机等。

③ 燃气类灭火设备开始工作的同时，对象房间

的空调机和送风机随之停止运行,并关闭风门等。

2)地震

①感知地震时,锅炉类设备立即停止运行。

②关闭燃气配管等的紧急截止阀。

3.2.3 空调设备系统的规划

纵观目前教育设施的状况,社会性少子化趋势对教育设施水准的高要求和老龄化社会终生教育的必要性均日益凸显。为了满足这种多元化教育的需求,教育设施中的空调设备功能也变得越来越重要。

目前,学校设施的制冷普及率还很低(据日本文部科学省2004年调查结果,中小学校的制冷化率只有6.8%)。但亦有部分政令指定的城市公立中小学校,制冷化率已达到100%。今后制冷化率将呈上升趋势,在新建学校时一般都会安装冷暖设备。

另外,从提高占地利用率和拓展建筑物功能着眼,在进行集约型建筑规划的大学设施等项目中,也产生了以空调设备维持室内环境的需求。

(a)教育设施的空调设备

从空调规划的角度来看,教育设施有以下5个特点:

(1)复合性

学校除了普通教室外,还有其他各种不同的构成要素,包括特别教室、室内体育馆、讲堂、教职员办公室等。与一般的写字楼类建筑物相比,学校的复合程度更高一些。

(2)多样性

各房间的使用时间段明显不同。其使用状态亦多种多样,如整天连续使用的房间,1天之中分数次间歇使用的房间,以及1天只短时间使用1次的房间等。

此外,还分为每周5天制或6天制,每年9个月制或10个月制,周末及节假日关闭的房间,以及办公室和讲堂等全年随时使用的空间。体育馆和讲堂多用于课外活动或者休假期间为当地社会所利用。

(3)扩张性

尽管社会性少子化是必然的发展趋势,但亦存在地域差别,因此对就学人口的增加应有所准备,在建造学校设施时必须考虑其扩充的空间。即便在预测就学人口减少的地区,制定的规划亦应该能够随着各房间用途的变更而较方便地做出质的调整。

(4)灵活性

在社会呈高度信息化发展的过程中,教育设施的智能化倾向亦日益突出,在高水准的教育中能够融入一定的灵活性,已成为不可或缺的要素。针对引入微机而出现的变化,在空调设备规划方面同样要具有应对的灵活性。

(5)高密度

教室、讲堂等处因室内停留人员较多、密度较高,更应利用空调设备来维持室内环境。

在大学,除各种教室外,还设有研究室、大讲堂、图书馆、科研设施、体育设施和福利设施等。

大学空调设备设计上的特点是,这些设备对于校园内的各种设施来说,都要从其维护管理的必要性方面考虑,尽量集中变换和分配空调用热源及电力等各种能源。并且还要注意到这一事实:尽管设施总体上使用时间段很长,可是闲置的房间却较多。

(b)教育设施空调设备的条件

在对上述教育设施空调设备的必要性及特点等进行研讨之后,作为教育设施空调设备的理想条件,可列举出以下各项:

(1)按用途详细区划

为了满足复合性和多样性的要求,各房间的设备运行、停止以及温度调节均可分别控制。如能分别控制各房间的湿度则更为理想。

(2)根据负荷变动快速做出响应

因间歇使用的情况较为常见,而且室内人员又经常快速移动,故采用的设备对因此出现的负荷变动应做出快速响应。

(3)换气性能良好

由于教室、讲堂等处人口密度较高,因此一般对换气性能的要求也更高。再者,从防止儿童及学生间交叉感染的角度来看,也有必要对换气量和过滤性能等指标给予充分关注。

(4)安全、坚固

由于是以儿童及小学生作为对象的设备,因此必须满足这样的条件:暴露在外面的装置要十分坚固且安全。

(5)设备容易改造

通常情况下,教育设施往往须根据儿童及学生人数的变化以及教学内容的演进而逐步进行改造。此时,对其中的空调设备也提出了这样的要求:能够随设施主体的改建而以较低的费用方便地做出适应性调整。

（6）建设、维护费用较低

这虽然是作为空调设备必备的一般性条件，但对于学校这样的特殊公共设施来说却是一个重要条件。

（7）减轻环境负荷及节能

减少能源消耗不仅是全社会的责任，而且作为面向社会的教育设施，更被寄予厚望。

以上各点均系教育设施中空调设备应该具备的重要条件。不言而喻，还应满足对一般空调设备的要求。

[1] 空调系统

对于一般教室和研究室来说，以下空调方式均可采用。然而，这些空调方式都各有优缺点。下面，将从教育设施空气调节的角度，就各种空调系统的特点及其节能发展趋势加以阐述。

（a）定风量单风管（CAV）方式

包括最简单的单区机组方式、多区机组方式和终端再热方式等（图3.4）。

对于教育设施的空调设备来说，这一方式的优点是，因系全空气方式，故可通过中央处理空气确保各房间换气充分，从而保证各房间的空气清新度。而且，规划能够按照工程预算执行。此外还具有以下优点：维护管理比较简单，室内除空气进出口外不设其他装置，设备坚固有利于儿童及学生安全等。

从另外的角度看，这一方式对于教育设施的不利之处是，因以多室为对象，故很难与各房间的负荷变动对应，更难以做到对应部分负荷的经济性运行。此外，安排管道设备也需要一定的空间，不得不考虑建筑层高问题。

（b）变风量单风管（VAV）方式

一般特点是，作为教育设施的空调设备可获得与定风量方式相同的评价（图3.5）。

与定风量方式相比，其缺点是建设费用高和部分负荷时换气量减少。以后者为例因为在开放的平面布置中无法期待稳定的内部负荷，所以如果在周围区域不能恰当地与其他方法并用，换气量的减少便成为一个问题。

（c）风机盘管机组方式

该方式可充分适应教育设施复合性及多样性的特点（图3.6）。可分别控制各房间的运行、关停和温度，设备的拓展和功能的追加都比较方便。由于主要通过水配管进行热输送，因此与全部依靠风管输送的全空气方式比较起来，对现有建筑物更具适应性上的优势。

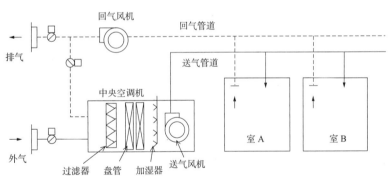

图3.4 固定风量单一通道方式

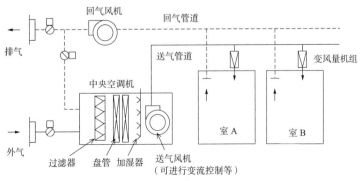

图3.5 变风量单风管方式

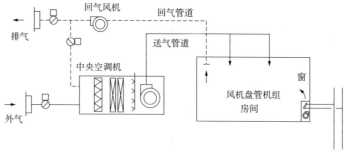

图 3.6　周边风机盘管机组方式

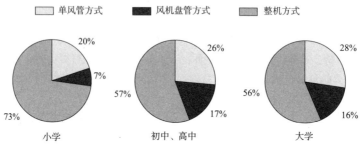

图 3.7　空调方式采用情况 [13] ~ [17]

　　因该方式无换气功能,故一般要与单风管方式、外气处理风管方式和个别换气方式等并用,与其他全空气方式相比,各房间的空气清新度要差些。另外,由于机组设在室内,因此对于儿童和学生来说不如全空气方式那样具有可靠的坚固性和安全性。在维护和管理方面,也比全空气方式麻烦。

　　(d)整机方式

　　这是一种不设中央热源,而使用电气或燃气等能源的独立进行空气调节的方式。大体上分为空冷式和水冷式两种类型,进而还可分为区域成套机组方式和单机组方式(大楼用多区机组方式、壁挂机组方式)等。成套机组方式不仅具有适应学校建筑复合性多样性的特点,而且在改扩建时调整起来也比较容易,便于在现有建筑物中布置。总之,与其他各种方式相比具有明显的优点,亦因此而被广泛采用(参照图 3.7)。

　　缺点是,如将机组设在室内,噪声便成为问题。而且,在机组被安装在儿童和学生身边的情况下,对设备安装的牢固程度和安全性提出了更高的要求。此外在维护管理上所花费的时间,也比其他方式要多些。不过,最近随着该方式的普及,这些不足之处也在迅速改善中。

　　由于该方式无换气功能,因此通常在规划上都与全热交换机和外调机组合,使之附加上换气加湿功能。

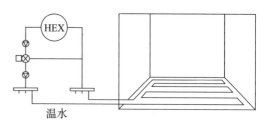

图 3.8　低温辐射地面采暖方式 [23]

　　(e)辐射方式

　　因无换气功能,故通常与单风管方式并用。其主要优点是,可增强舒适感,并因直接屏蔽辐射热而降低运行费用。

　　如将室内地面作为采暖用辐射面的话,极为适合小学低年级的教育活动。而且作为共用竖井空间的分层空调手法也是有效的。在室内地面接受日照的情况下,采用地面制冷同样是有效的方法。

　　(f)地面出风空调方式

　　在与微机有关的教室等房间里,机器工作会发热,加之室内学生人数较多,因此为了有效提高温控和换气功能,有采用地面出风空调方式的例子。

　　(g)自然能利用方式

　　作为以减轻新风负荷为目的的手法,除采用一般的全热交换器方式外,亦能见到这样的例子:尽量使导入的新风在校内循环,最终被从厕所等处排出；在占地广阔的设施中，让外气通过地沟（或埋设于地下的冷管），利用地下温度来减轻导入外气的负荷。除此之外，将空调与自然换气并用，中间阶段利用自然换气减少能耗的方法也值得尝试。

作为自然能的有效利用，这里介绍采用无源被动系统的例子。

以冬季晴天率较高的地区作为对象，基于充分利用太阳能来减轻供暖负荷的考虑，采用所谓直接得热方式。该方式的基本设计是：夏季为减轻日照负荷而遮蔽阳光，冬季则可利用设在南侧的走廊充分接受直射阳光，让走廊的混凝土地面吸收和蓄存日照热。利用蓄热自南侧走廊导入新风，然后再从设在北侧的气窗强制排出。这样，温暖的走廊空气便可向教室流动，从而取得采暖效果。

[2] 热源系统

热源方式基本可分为将空调用热源集中配置在机械室等处的中央热源方式和将热源按各个空调负荷分散配置的分散热源方式。

热源机器的选择，主要根据工程费、运行费、使用年限、处理难易程度、最大耗电量、可否回收废热、有无运行资质等因素来确定。另外，在燃料和能源的选择上必须考虑到环保问题，并对当地的能源供给状况、建筑物选址条件和能源供应的多元化等进行研讨，使待建项目不会成为环境污染的发生源。另外，由于暑假等休假期间已改为部分负荷，

因此应该注意到其运行时间要比全负荷时短。

热源方式的组合，可分为中央热源方式、中央热源与分散热源方式以及分散热源方式等类型。

（a）中央热源方式

是一种可用于普通建筑物的热源方式。依据各种不同规划条件，可考虑分别采用以下几种方式：①电气与燃料并用；②以电气为主；③以燃料为主。此外，在大型规划中亦有采用发电及废热供暖系统的例子。

（b）中央热源方式与分散独立热源方式

划分出在定时利用的教室等房间采用中央热源方式和在不定期利用的研究室等处采用分散独立热源方式这样不同的区域；还有的在外气处理上采用中央热源方式，而室内负荷和外墙负荷则采用分散独立热源方式。

（c）分散独立热源方式

这是一种利用空气源电力热泵机组（风管型、直吹型、多壁挂型、多功能型、壁挂型）或燃气动力热泵机组（风管型、直吹型、多壁挂型）的方式。

[3] 换气系统

在教育设施中，教室、讲堂等是人员密度较高、多人停留时间较长的空间。另外，在理科实验室等处还可能产生有害气体。因此，为保持正常的室内温度和空气清洁度，换气系统就显得十分重要。

换气设备的布置方式，可分为安装独立换气风

表 3.11　按照《学校环境卫生标准》制定的判断标准

检查项目	检查小项	判定标准
（1）温热及 空气洁度	1. 温度	期望冬季 10℃以上，夏季 30℃以下
	2. 相对湿度	期望相对湿度在 30% ~ 80% 之间
	3. 二氧化碳	作为换气标准，室内期望在 1500 ppm（0.15%）以下
	4. 气流	采用人工换气时，期望在 0.5 m/s 以下
	5. 一氧化碳	10 ppm（0.001%）以下
	6. 二氧化氮	期望在 0.06 ppm 以下
	7. 浮游粉尘	0.10 mg/m³ 以下
	8. 螨或螨过敏源	100 只/m² 以下或与此相当之过敏源量以下
（2）甲醛及挥发性有机化合物 （室温 25℃条件下）	1. 甲醛	100 μg/m³（0.08ppm）以下
	2. 甲苯	260 μg/m³（0.07ppm）以下
	3. 二甲苯	870 μg/m³（0.20ppm）以下
	4. 对二氯苯	240 μg/m³（0.04ppm）以下
	5. 乙苯	3800 μg/m³（0.88ppm）以下
	6. 苯乙烯	220 μg/m³（0.05ppm）以下

机（送气型、排气型、同时送排气型）方式和中央控制方式。

2002年修订的日本《建筑基准法》，将规范对象甲醛的允许浓度设定为 $100\mu g/m^3$，为达到这一标准，规定教室的换气次数不得少于0.3次/h。

日本文部科学省颁布的《学校环境卫生标准》如表3.11所示。

（a）根据《学校环境卫生标准》确定的普通教室所需换气量

根据《学校环境卫生标准》确定的二氧化碳（CO_2）浓度判定标准（1500ppm）所需要的换气量可由下式算出。

所需换气量（m^3/h）= 教室容纳人数（人）
$\times$ 1人所需换气量 $[m^3/（h\cdot 人）]$
1人所需换气量 $[m^3/（h\cdot 人）]$
$=M\times 100/（C_t-C_o）$
M：1人的 CO_2 呼出量 $[m^3/（h\cdot 人）]$
（见表3.12）

表3.12　1人的 CO_2 呼出量

对象类别	1人的 CO_2 呼出量
幼儿园、小学生（低年级）	$0.011m^3/h$
小学生（高年级）、初中生	$0.016m^3/h$
高中生、成人	$0.022m^3/h$

C_t：二氧化碳（CO_2）浓度判定标准 [0.15 %（1500ppm）]

C_o：外气二氧化碳（CO_2）浓度（%）

（b）根据《建筑基准法》确定的普通教室必要换气量

如上所述，根据《建筑基准法》规定所需换气次数不得少于0.3次/h。为了能够达到《学校环境卫生标准》中规定的 CO_2 判定标准，还应该定时开窗换气。

总建筑面积 $8000m^2$ 以上的学校，则要按照相关法律（如日本的《建筑卫生法》）规定，在建筑物中采取确保环境卫生的措施，并须注意 CO_2 控制标准值（1000ppm）与《学校环境卫生标准》的规定不同。

[4] 监控系统

（a）监控系统设计条件

监控系统基于实现节能的考虑，是建筑物运用管理上的重要组成部分。所谓BEMS（Building and Energy Management System），则是一种以室内环境和节能最佳化为目的的建筑管理系统（图3.9）。它以空调设备、给水排水设备、电气照明设备、防灾设备、安全设备等多种建筑设备作为对象，通过传感器和仪表来监测室内环境和设备运行状况，从而实施运行管理及自动控制（表3.13）。

在设计监控系统时，首先需要确认由该建筑物规模和运行状态所给予的条件。在确认以下主要条件之后，再开始制定规划。

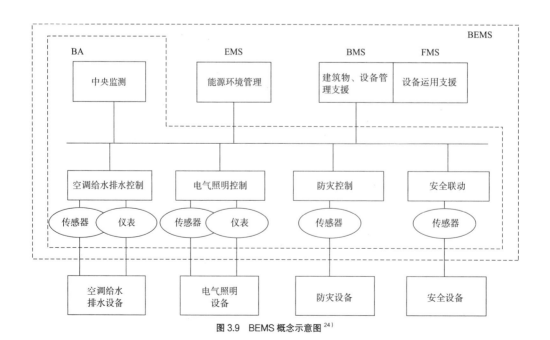

图3.9　BEMS概念示意图[24]

表 3.13　BEMS 功能[25]

一般名称	建筑物自动控制 BAS（Building Automation System）	能源环境管理系统 EMS（Energy Management System）	设备管理支援系统 BMS（Building Management System）	设施运用支援系统 FMS（Facility Management System）
利用者	建筑物管理技术人员	建筑物管理技术人员 设计施工人员 性能检验负责人	建筑物管理技术人员	建筑物承租者 建筑物管理技术人员
主要功能	监测机器设备状态 报警监测 运行管理（程序表） 设备自动控制	能源管理 室内环境管理 设备运行管理	机器设备台账管理 检修记录管理 保养时间表管理 费用消耗数据	资产管理 LCM（生命周期管理） 图纸管理（CAD）

① 适于建筑规模的系统；

② 与空调系统（空冷多区域机组方式、中央集中方式、DHC 方式）的关联；

③ 计量系统包含项目；

④ 使用阶段由谁进行空调开关控制；

⑤ 可否允许学生自行设定温度及其操作方法；

⑥ 能源管理水准。

（b）计测、计量系统

对于复合化的教育设施来说，能源消耗所需费用已经成为必须掌握的重要因素，在制定其计量规划过程中应仔细斟酌设计。至于管理方面的计测，则特别要注意到电子数据处理的简单方便，最好构建一个能以通用微机处理数据的系统。

此外，我们也能见到为节省能源独立设置 EMS（Energy Management System）的事例。

3.2.4　成本规划

[1] 空调设备费

（a）设计作业及其概算

在调查计划、总体设计、实施设计等各阶段的工程费计算，采用下面所示的概算方法：

（1）调查计划阶段

系经过对建筑物的规模、形状、建设费与施工预算的关系进行研讨之后，再计算出空调设备工程费。该阶段只有建筑图纸，空调设备的规划尚处于初期阶段，可参考过去的事例单位面积价格再加上可能因特殊情况发生的费用，最后计算出结果。

（2）总体规划阶段

与招标者协商，以研讨主要设备方式、概略等级和特殊设备的规格等内容的基本计划书作为基础进行概算。参考过去事例的单位面积价格，就工程项目逐个计算工程费，同时调整特殊原因变更的费

用。确认与项目预算差距是否过大，必要时调整规划内容，然后开始总体设计作业。

（3）总体设计阶段

确定设备方式和机器规格，依据绘制的总体设计图进行概算。确认主要设备的制造商价格，其他设备则参考过去数据进行计算。在总体设计阶段，还不能从图纸上了解所有事项，因而需要设想出未加记载的工程内容进行计算。还要确认与项目预算的差距是否过大，根据情况调整设计内容，然后开始实施设计作业。

（4）实施设计阶段

一旦完成实施设计图，全部设备数量则可确定，进入可以计算出预定工程费的状态。设计文件亦应在该阶段交给施工单位，并成为工程费的计算依据。在完成实施设计后，设计者往往还要对总体设计概算进行调整和编制出附有内容明细的预算书。在一般的公共项目中，设计业务多半都包括编制附有内容明细的预算书。假如在该阶段发现概算与项目预算的差距过大，则须对设计内容重新进行调整。

（b）工程费概算方法

（1）利用过去工程费数据的方法

在有类似建筑物过去工程费数据的情况下，可考虑利用这一方法。

其中使用最多的数据是单位建筑面积的价格。往往要对过去的数据做出分析，利用其单位面积机器数量、风量、流量的价格等。假如像公立小学、初中和高中等学校那样，采用的设备规格统一的话，利用过去的数据就比较容易。然而，类似私立学校、专科学校和大学等，所采用的设备规格都各不相同，这时就要找出规划建筑与过去物件之间在特性及施工条件上的不同点加以修正。另外，考虑到物价变动，品质等因素，也需要进行修正，并且，对于特

殊用途房间的设备还要与叠加方法并用进行计算。

（2）利用数量叠加的方法

该方法系根据设计文件设想出大致的数量，经叠加后再乘以单价计算出结果，或者利用制造商提供的价格计算出工程费。食堂、厨房、体育馆、室内游泳池、实验室、图书馆等处的设备规格会因物件的不同而有很大区别，因此需要采用叠加的方法。概算作业中应注意的项目实例如表3.14所示。

表 3.14 列举做概算时应注意的设备

教室名称	应注意的设备
音乐教室 视听室	根据学校选址条件采用的遮声隔声设备
图书室	特殊书库的恒温恒湿及除湿等空调设备 珍贵书库与燃气灭火设备有关的换气设备 熏蒸气设备
微机室	电子仪器类发热处理用空调设备
手工教室	与颜料、粘结剂等空气污染相对应的换气设备
家政科教室	与烹调用机器等相对应的换气设备
理科实验室	与燃气燃烧器和气流室相对应的换气设备
特殊实验室	与噪声、振动、温湿度、空气清新度、电磁噪声、磁场等实验条件相对应的空调设备
药品库	与储藏药品相对应的换气设备和空调设备
食堂厨房 配餐室	与烹调用机器等相对应的换气设备和空调设备
室内游泳池	室内游泳池和机械室的采暖设备、换气设备和空调设备
体育馆设施	与竞技空间和观众空间相对应的空调设备

尤其是在现有设施内进行扩建施工时，也存在需要配置与现有设施相关的临时设备和对现有设备加以改造的事例，因此应对工程内容进行确认，并做出适当调整。

（3）设备工程比率

通过确认空调设备工程在全部工程费用中所占比例，考虑其是否与总体等级相配。但假如出现空调负荷过大以及空调设备费用比率增加的特殊情形，则出现不同于一般空间系统的情况也时有发生。另外，还应确认空调设备费内的各种工程费构成。

表3.15所示，系从日本空调卫生工程学会期刊的竣工设备调查表中提取出来的空调设备工程费构成比例数据。

（c）区分工程种类

在计算工程费时，要区分工程种类。在需要根据补贴对象范围、工期、发标者资金计划等对工程费进行分类时，应预先搞清其区分的类别，然后再开始作业。并且，不能将补贴金从工程费中扣除。

［2］空调换气设备维护管理费

一般说来，空调换气设备维护管理费包括以下项目：

（a）固定费用

（1）折旧费

从空调设备购置价格中减去耐用年限后的残值，再将所得的差额按使用年限分配到每年的费用。可采用定额法等进行计算。其耐用年限及计算方法由财务省令确定。

表 3.15 空调设备工程费构成比 [13）～18）]

		小学	初中、高中	大学	大学	专科学校类	专科学校类
热源 *		独立	独立	中央	独立	中央	独立
物件数		9	8	49	32	11	15
建筑面积（平均值）（m²）		7620	6956	8633	5507	6057	4118
主要空调设备平均值工程费构成比（%）	热源	0.0	0.0	17.9	0.0	23.4	0.0
	空调机	44.8	51.4	18.5	46.3	19.6	48.5
	水泵/配管	11.3	16.5	15.2	15.9	13.8	14.9
	风管	11.9	10.9	12.1	7.4	9.9	5.9
	换气	14.1	10.8	11.9	16.9	15.2	21.9
	排烟	0.0	0.0	0.1	0.4	0.7	0.0
	自动控制	7.8	2.3	11.8	4.0	7.0	2.4
	其他	2.7	1.1	4.5	3.9	3.5	2.7
	各项临时费用	7.6	7.1	8.2	5.3	7.0	3.8

［注］据空调卫生工程学会竣工设备调查表（2003年9月至2008年9月）提取内容编制

* 热源 ⎰ 独立：不计热源设备
　　　 ⎱ 中央：计入热源设备

（2）利息

系指通过融资购置空调设备时所发生的利息。

（3）损害保险费

火灾保险和机械保险等。

（4）上缴税金

使用第一年须缴的注册许可税和不动产所得税，以后每年须缴的固定资产税和城市规划税。

（b）变动费用

（1）电力费

与机器运行有关的耗电费用。

（2）燃料费

与机器运行有关的燃气或油料费用。

（3）给水排水费

与机器运行有关的给水和排水费用。

（4）维护保养费

与管理有关的人事费，与检查修理有关的维修费。

固定费用能够以工程费概算（见前述）为基础算出。变动费用中的电力费、燃料费和给水排水费则因设备运行时间长短不同而各异，需要通过运行模拟结果得出各使用量的预算费用。在学校长假期间，对空调设备的运行时间是否做出限制，应向发标者确认，然后再对设定运行时间进行调整。尤其是电力和燃气，因为电力公司和燃气公司都会事先为空调设备运行提供各种费用折扣选项制度，所以应在供给合同约定条款中加以确认，并按照最佳费用体系进行计算。

同样，给水排水费亦因使用量的不同而各异，因此须确认当地政府的费用体系。

维护保养费则是依据实例和统计数据，将建设费乘以指数的方法计算出来的。这是一种依据规划内容进行个别累计的方法。尤其是学校，因无常设设备管理责任人，且对外委托的情形居多，故应注意到相应管理体制下产生的维护保养费。特别是在新装空调设备时，对于进行适当运行管理所需维护保养费问题，应事先与相关人员协商。

［3］设备更新费

导致设备恶化的因素，通常有以下几点：

（a）物理性恶化

因设备使用过程中的磨损、疲劳及腐蚀等造成的品质和性能下降现象。

（b）社会性恶化

因机器高性能化等技术更新、环境保护等法律规范、节能和改善抗震性能等社会环境以及价值观的变化所致的恶化现象。

设备更新即是作为应对上述种种现象所采取的措施，应该在规划中体现这一目的。尤其要确认现有设备运行实际效果，从而选用符合实际情况的设备。

设备更新工程和改造工程，多会有些施工上的制约条件。例如，在校舍内更新空调机，不能影响白天正常上课，只能利用放学后和休息日的时间进行施工。由于类似的特殊因素较多，因此更新工程的概算亦应采用累计方式计算。现将做更新和改造工程的概算时，应该考虑的项目列举如下：

（1）现场调查费

在进行更新改造施工时，如现有设备的竣工图标示不够清晰，则要为制定施工计划方案做调查，由此产生的费用应计入其中。

（2）养护费

为保护室内表面和器具等所做的封存养护发生的费用应计入其中。

（3）清扫费

完工后清扫所产生的费用应计入其中。

（4）保安费

施工过程中关闭保安系统，为限制人员出入等设置专人管理所发生的费用应计入其中。尤其是当现有设施的利用者与相关施工人员的动线相互交错的情况下，更应确保必要人员的出入。

（5）夜间、假日和超时加班费

在夜间或假日期间进行施工以及超时劳动所产生的加班费应计入其中。确认作业时间被限定在放学后等施工条件下。

（6）场内搬运费

如临时储料场至施工现场的距离过远，由该特殊搬运条件产生的费用应计入其中。

（7）冷媒气体处理费

处理冷媒用氟利昂气体时发生的费用应计入其中。

（8）非破坏性检查费

需要在混凝土结构上打孔时，为避开钢筋所在位置进行 X 光检测等发生的费用应计入其中。

（9）抽水放水费

在对冷热水、冷却水、给水等的配管加以改造时作业人员所必须参与的抽水和放水场合产生的费用应计入其中。

（10）工业废弃物处理费

拆除现有设备时产生的费用应计入其中。

（11）临时设备费（指定临时设备）

施工用脚手架和障碍围栏等所需大额费用应计入其中。尤其是空调设备单一工程，在不能像新建工程那样进行各种准备的情况下，更要计入该费用。要注意的是，这些与根据直接工程费比率计算的临时费用不同，往往需要另做准备。

另外，实施更新工程时，多半都会伴有建筑、电气设备和给水排水设备等工程。例如，下面的关联工程就是必不可少的，亦应该与这些工程的设计者相互协调。

（12）建筑工程

顶棚开口复原工程、基础工程、主体开口加固等。

（13）电气设备工程

动力设备、照明设备、火灾报警设备的改造等。

（14）给水排水设备工程

给水排水及燃气设备、灭火设备的改造等。

随着上述工程的进行，有时还需要对现有建筑内中央监测设备进行改造，甚至必须重新设计安装中央监测设备，这时便应该进行充分的调查。

［4］各种方式经济性比较

在对空调设备各种方式的经济性进行比较时，需要将初始成本和运行成本综合起来进行评价。为此，要根据投资金额和每年所得收益计算出可收回成本的年数。这往往采用所谓年单纯回收的手法来计算。

例如，采用初始成本较高的节能型机器时，则

年单纯回收

= 节能型机器的设备工程费

－ 普通型机器的设备工程费 / 普通型机器年能耗费用 － 节能型机器年能耗费用

这个单纯回收年数就被当作耐用年数，成为判断利弊的尺度。

在通过比较各种设备方式计算其初始成本时，不仅要考虑空调设备，还应将与空调有关的设备台架、检修口、烟囱等建筑工程，给水排水燃气和给水排水设备工程以及动力警报类电气设备工程等都包括进去，综合起来进行评价。

例如，对电动热泵整机与燃气动力热泵整机进行比较时，一定要将电气设备的设备容量、干线设备和给水排水设备中的燃气设备等都包括进去。

如果还要进一步做详细评价的话，则须计算出生命周期成本 LCC）再加以比较。所谓生命周期成本，

系指建筑物从建设到运行管理直至解体整个期间所需的费用。对于空调设备来说，从建筑物竣工至解体期间还存在更新的可能。类似这样使用生命周期成本进行评价的方法，就被称为 LCC 法或 LCC 评价。

采用 LCC 法要计算的项目有以下这些：

· 规划设计费：规划费、调查费、设计费等。

· 建设费：工程费、税金。

· 修理费：构件、机械、零件的修理费。

· 更新费：构件、机械、零件的更新费。

· 保养费：检修维护、运转、清扫等的费用。

· 运行费：电力费、燃料费、给水排水费等。

· 解体费：设备拆除的费用。

关于修理费、更新费、保养费和运行费的计算，要考虑物价变动和利息等因素，采用换算成净现值的现价法。在方式比较中，须就多个项目计算出结果后再做比较。不过，在一部分项目中，也有将其作为等价物省略计算。有关这些项目计算的详细情形，可参考专门书籍。

3.3　学校的空调设备设计

3.3.1　设计重点

学校设施大体上分为小学、初中、高中、大学等几类。另外作为建筑形态，因由多用途房间构成，故须根据各房间的使用目的和使用状况制定可灵活对应的空调规划。为此，在做空调设备设计时，在充分把握其特征的前提下进行作业就显得非常重要。

各类设施的特征与设计重点则如下所述：

［1］运行特点

对学校设施的运行特点，可大致做如下划分：设施利用形态相对受限的小学、初中、高中，通过分为文理科等专业领域而使利用形态存在明显差异的大学等。这里对于大学只以一般文科类设施为对象，因为此类设施的利用形态与小学、初中和高中比较相似。至于大学的理科类设施，如化学系等专业的设施都有很强的特殊性，利用形态也千差万别，故而暂不将其作为讨论的对象。

学校设施具有这样的特点：根据不同授课内容，教师和学生会在相应的教室间移动，教室的使用是按用途划分的。因此，对空调设备也提出了如下要求：通过分别独立控制来保证其运行状态与教室的使用状况一致。另外，教室的用途有时还会随着课程安

排的变更等而改变，一旦遇到这种情况，要求改造起来也不困难。

除此之外，作为各类学校共同的条件，还应该考虑到在寒暑假等学校特有的长假期间对设施如何安排。从最近的发展趋势来看，长假期间的学校设施多为当地居民提供服务，甚至连不上课的时间段或星期天也开放部分设施。因此制定的空调规划也要考虑能够灵活地对应这一形势。另外，设计规划还应考虑到当设备运行时，即便设备管理者不在现场也能自动实现夏季和冬季最冷最热时的预冷预热运行。

再者，学校设施与写字楼及医院之类的设施不同，在设施的运行管理过程中，很少配备具有空调设备专门知识的设施管理者，因此在进行空调设计时必须考虑到即使专门知识较少的设施管理者也能胜任空调的运行管理工作。

[2] 设施内各房间空调特点

学校设施由多种房间构成，各个房间的使用目的和使用状况也不尽相同，因此空调设备的设计必须在充分理解这些特点的基础上进行。

（a）小学、初中和高中

小学、初中和高中等学校各房间的空调设备设计特点则如下所述：

（1）普通教室

主要进行普通课程的教学，教室里通常有 40 名左右的儿童或学生以及 1 位教师。除去春、夏、冬 3 季的假期和休息日，普通教室几乎每天都准时开始使用。不过，结束的时间却因年级的不同而各异。另外，在上体育课或其他特殊课时，普通教室便成了空房间。小学和初中标准普通教室使用时间和使用率如表 3.16 所示。

在普通教室中，除了一般空调负荷外，再无其他特殊负荷。尽管如此，因室内人员密度大，停留时间长，故应考虑到温湿度、异味和浮游粉尘之类的问题。

（2）特别教室

特别教室包括理科室、音乐室、图画手工室、家政室等。这些教室的使用时间可以认为与普通教室相当，使用率约为 80% 左右，只是儿童或学生在室内停留的时间较短。可是，由于在理科室、图画手工室、烹饪实习室等处会产生污浊气体，因此需要对空调设备的设计加以特殊考虑。如有局部发热或燃气泄漏现象，则必须考虑设置局部排气用风管，但在做规划时要注意到户外排气口的位置不应给其他设施带来影响。

表 3.16　小学和初中标准普通教室使用时间及使用率[26]

年　级	使用时间	使用率*（%）
小学低年级 （1 ~ 2 年级）	8:15 ~ 13:00（周一至周六）	80
小学高年级 （3 ~ 6 年级）	8:15 ~ 14:40（周一至周五） 8:15 ~ 13:00（周六）	65
初　中	8:15 ~ 16:30（周一至周五） 8:15 ~ 13:00（周六）	60

* 所谓使用率系指普通教室使用时间在全部使用时间中所占比例。其余时间则在室外、体育馆或校舍内特别教室等处上课。

因试图提高舒适度和节省耗能经费而有大量换气需要的教室，根据情况可做换气规划。并且还要格外注意音乐室、视听室、木工金工室等是否会通过风管将声音传到其他房间。

（3）讲堂

使用频率较其他教室要少，但休息日时往往使用，并且使用时室内人员密度很大。一般对温湿度条件无特别要求，但因人员密度大，特别需要做换气规划。此外，由于用途的多样，因此亦应考虑音响效果问题，为了保持较低的室内声压水平，需要注意到空调发出的噪声。有鉴于此，最好把讲堂作为独立空调系统进行规划设计。

此外，值班室、勤杂室、供餐室、体育馆等在做空调设备设计时，也要充分考虑到使用时间及其他特点。

（b）大学

大学各房间空调设备设计的一般特点如下所述。

（1）普通教室

按一般分类，有小教室（20 ~ 60 人）、中教室（100 ~ 250 人）和大教室（300 ~ 800 人）。各类教室的使用率均低于小学、初中和高中。

（2）研究室

系以教师、研究生和旁听生使用的独立房间为主，使用时间段不固定。在多数情况下，即使寒暑假期间也仍旧使用。作为空调负荷的特点，是产生一般空调负荷以外的特殊负荷，因计算机类信息设备会发热，在计算空调负荷时应考虑这一因素。

[3] 室内温湿度设计标准

在设计学校冷暖设备时，基本的设计用室内温湿度条件如表 3.17 所示。表中的室内温湿度条件出自 1996 年版的《日本文部科学省机械设备工程设计资料》。另外，在表 3.18 中显示了由日本《学校环境卫生标准》（2009 年日本文部科学省告示 60 号）规定的室内空气及噪声判定标准。

除了温湿度条件之外，对下面的各项条件亦应充分注意：

① 温度的水平分布条件 ±1 ~ 1.5℃以内

② 温度的垂直分布最低 4℃以内

③ 人体周围气流 0.5 m/s 以内

[4] 换气量设计标准

这里提到的换气意味着所需要的新鲜外气，这样的换气量能够满足室内禁烟、无体外污染源条件下对新鲜空气的需要。

（a）采用机械换气时的设计标准

（1）教室的换气

原则上要确保根据室内二氧化碳（CO_2）允许浓度（0.15 %=1500ppm）计算出的换气量。假设室外二氧化碳浓度为 300ppm，如果根据二氧化碳允许浓度来计算 1 人换气量的话，小学生为 $11m^3$/（h·人），初中生 $13m^3$/（h·人），高中生以上为 $17m^3$/（h·人）。

表 3.17 设计用室内温湿度条件

区 分	夏 季		冬 季	
	教室	一般房间	教室	一般房间
干球温度（℃）	26.0	26.0	20.0	22.0
湿球温度（℃）	18.7	18.7	12.4	13.9
相对湿度（%）	50	50	40	40

[注]　1. 所谓教室系指一般的教室和授课的房间等；一般房间则指办公室和教研室等。

　　　2. 湿度系指进行湿度控制时的标准值。

（2）一般房间（办公室、教研室等）的换气

日本《建筑基准法》规定的必要新风量为 20 m^3/（h·人）以上。

（3）法律规定的换气

如果按照开口与建筑外部的条件等，根据日本《建筑基准法》必须配置机械换气设备的话，换气量则按不少于 $20m^3$/（h·人）的标准，根据室内人员的多少计算。另外，当对象建筑物的总建筑面积超过 $8000m^2$ 时，根据日本《建筑物卫生法》的有关规定，房间内人员所需换气量标准为 $25m^3$/（h·人）以上。

（4）病态楼宇综合征对策

按照日本《建筑基准法》规定的义务，针对病态楼宇综合征配置的机械换气设备，必须确保所有房间达到 0.3 次/h 以上的换气量。表 3.19 所示，是各种不同内装材料建筑物的换气量。

（b）设计上应该注意之处

① 在计算制冷供暖负荷时，应将所需新风量作为新风负荷包含其中。不过，当新风负荷较大时，则应考虑热回收问题，以尽量减少空调负荷。

② 换气量大的教室，外气对室内热环境的影响也较大，因此制定的换气规划要注意到不破坏室内人员停留区域的热环境。

③ 比较各种标准的不同换气量，选取其中数值最大者设定为室内换气量。而且，一般情况下病态楼宇综合征对应的换气量均系最小值，假如按照法定常态换气，与室内人员所需要的换气量差别很大

表 3.18 室内空气、噪声的判定标准

（1）换气	期望将二氧化碳浓度降至 1500ppm 以下
（2）温度	期望控制在 10℃以上，30℃以下
（3）相对湿度	期望控制在 30% ~ 80% 之间
（4）浮游粉尘	应在 $0.10mg/m^3$ 以下
（5）气流	期望控制在 0.5m/s 以下
（6）一氧化碳	应在 10ppm 以下
（7）二氧化碳	期望降至 0.06ppm 以下
（8）挥发性有机化合物 挥发甲醛 甲苯 二甲苯 对二氯苯 乙苯 苯乙烯	应在 100 $\mu g/m^3$ 以下 应在 260 $\mu g/m^3$ 以下 应在 870 $\mu g/m^3$ 以下 应在 240 $\mu g/m^3$ 以下 应在 3800 $\mu g/m^3$ 以下 应在 220 $\mu g/m^3$ 以下
（9）螨或螨过敏源	应在 100 只以下或与此相当之过敏源量以下
（10）噪声水平	教室内，关窗时期望在 Laeq50dB（分贝）以下；开窗时期望在 Laeq55dB 以下

表 3.19 安装机械换气设备时内装材料使用限制

$N_2 \times S_2 + N_3 \times S_3 \leq A$ 此处，S_2：发散第 2 种甲醛建筑材料的使用面积 S_3：发散第 3 种甲醛建筑材料的使用面积 A：房间建筑面积			
房间种类	换气次数（次 /h）	N_2	N_3
非住宅居室房间	0.7 次 /h 以上	0.88	0.15
	0.5 ~ 0.7 次 /h 之间	1.4	0.25
	0.3 ~ 0.5 次 /h 之间	3	0.5

[注] 1. 禁止将发散第 1 种甲醛建筑材料用于内装。
2. 如全部使用非限制材料做内装，只要保证 0.3 次 /h 以上的换气量即可。

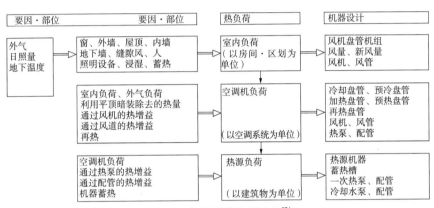

图 3.10 负荷与机器设计的关系[27]

时，最好能够制定与病态楼宇综合征对应的小风量运行规划。

3.3.2 设计步骤

空调设备的设计，大体上可分为总体设计和实施设计 2 个步骤。在做总体设计时，要选定热源设备和空调换气系统，并设定各房间的空调换气条件。而在进行设计时，则须根据总体设计的内容对空调换气规划做详细计算和系统研讨。

下面，将讲述实施设计作业过程中的一些重要细节。

[1] 确定热源容量

（a）热源负荷的计算

所谓空调负荷系指为了保持室内目标温湿度而进行冷却、加热、除湿和加湿所消耗热量的总称。空调负荷源自室内的热增益和热损失，可按照不同目的分成室内负荷、空调机负荷、热源负荷等类别。这几类负荷的相互关系如图 3.10 所示。其中热源负荷被用于以下场合：确定作为空调设备热源机器的制冷机、锅炉、蓄热槽等的容量。

热源方式又可大致分为热源机器集中布置在机械室等空间内的中央热源方式，以及将热源分散布置的独立分散热源方式。学校设施因系由使用时间段不同的多种房间构成，故在采用中央热源方式时，其热源负荷要小于空调区域全部房间的负荷。这个减少的比例被称为同时负荷率。同时负荷率亦因对象空调区域利用上的特点及空调方式运行控制上的特点不同而各异。尤其是在利用特点方面,通常很难预测，因此对同时负荷率多采用经验性的预测方法。

（b）热源的选定

学校设施因由多用途房间构成，故要求空调方式亦能够与各房间使用状况灵活对应。由此，选择对部分负荷具有较好随动性的热源是很重要的。在选定热源时值得注意的事项有以下几点：

① 设定空调最大负荷及同时使用率。

② 制定考虑各房间用途及其运行时间段的分区规划。

③ 与部分负荷特性以及低负荷时状态相对应。

④ 考虑到运行操作性。

⑤ 对初始成本和运行成本等经济性做出评价。

⑥ 确认其安全性和可靠性。

⑦ 管理和运行简单方便。

⑧ 确认在建筑物内或对外临界处不会产生噪声、振动、异味等负面影响。

⑨ 确保足够的机械布置空间和维护用动线。

⑩ 符合环保和节能要求。

如果采用中央热源方式，热源的分区固然是主要的。但设施管理者特别重视的操作性、可靠性、节能性等，也是考虑热源分割的容量及台数的重要出发点。因此，必须对设施的部分负荷特性以及低负荷时的负荷设定做认真细致的分析，然后再进行最适于负荷特性的热源分割方案。

此外，在小学、初中、高中等学校里，出于优先考虑运行操作性、维护方便性和确保布置空间等的需要，往往都采用成套型空调机那样的独立分散热源方式。

[2] 空调的选定

根据使用形态的不同，空调系统大体上分为通过风管送风至空调区域的中央式和在室内或靠近室内处安装的独立式等两大类。表3.20所示系中央式和独立式空调的特点。

以下是学校设施常用主要空调设备的特点以及选定时的注意事项。

(a) 空气处理机组

空气处理机组系指通过风管将调节空气送至空调区域的中央式空调机。空调机的类型基本可分为两种，即一般的空调机和新风处理空调机。一般空调机系将室内回气与新风混合后的空气根据室内负荷状况进行冷却或加热处理；而新风处理空调机则是专门用来处理新风的。一般空调采用冷水盘管冷却空气，加热空气用的是热水盘管或蒸汽盘管。此外，也有一种可交替使用冷热水的冷热水共用盘管。

加湿器大体分为3种方式：气化式、水喷雾式和蒸汽式。在学校设施中，因主要考虑到经济性和维护的方便性，故多采用气化式和水喷雾式。

为了能够选定真正与空气处理机组加湿器所需加湿量对应的机器，可以扩大选配的范围，使之更具适应性，成为最佳配置。

(b) 成套型空调机

成套型空调机系指按各个空调负荷单元分散热源的独立分散热源方式，可成系统或独立的进行空调运行。因此，这种空调方式应该说最适于由多用途房间构成、要求对部分负荷具有随动性的学校设施。其所用能源以电气和燃气为主，分为空冷式和水冷式两大类。

成套型空调机，可选择与使用目的相适应的形式。不过，作为一种高效率批量化制造的产品，在性能上必然有一定的局限。

下面，将就学校设施常用的空冷式成套型空调机的优缺点以及注意事项加以阐述。

〈优点〉

① 每台机器均可独立运转和进行温度调节。

② 运行操作和维护管理容易，对机器有关人员无资质要求。

③ 因热源被分散至各空调系统，故增设和改造都比较方便。

④ 因使用冷媒作为空调机的热媒，故在应对漏水事故方面具有较高的可靠性。

⑤ 一般说来，与其他空调方式相比初始成本较低。

⑥ 因热源分散布置，故设施内不需要很大的机械室空间。

〈缺点〉

① 因系批量制造的产品，故很难进行能力变更或追加功能。

② 室外机与室内机间的冷媒配管最大长度、室外机与室内机间的高低差等使冷媒配管在使用上受到限制。

③ 送风机在风量和静压等方面受到使用范围的限制。

④ 机组内无多余空间，如要增设加湿器提高加湿能力会受到制约。

表3.20 中央式和独立式空调的特点

	空调机的设置	特 点
中央式	空调机房	・设有回气用送风机可利用室外空气制冷 ・室内无露出的设备物件 ・维护检修容易 ・送风动力大 ・需要风管空间 ・需要机械室空间
独立式	室 内	・难与高性能过滤器等压力损失大的装置组合 ・设备物件暴露在室内 ・布置台数多时，维护检修繁杂 ・无需风管空间 ・无需机械室空间 ・可独立运行 ・可独立控制 ・运行操作容易

⑤难以做到像空气处理机组那样对温湿度进行高精度控制。

⑥通过直接膨胀式盘管制冷时蒸发温度下降，出风温度也容易降低，如系风管型则应对出风口处是否结露以及气流状态充分留意。

〈应注意之处〉

①由于学校设施系由多用途房间构成，因此通常都采用分系统的空调，这样的空调不仅具有对部分负荷的随动性，而且从节能的角度看，还可与各房间的用途和运行时间段相适应。

②空调能力设定的主要依据是，室内负荷与室外负荷相加的合计负荷、室外机周围外气温度和通过调整室外机与室内机间冷媒配管长度等补偿的负荷能力。需要注意的是，能力补偿值会因制造商以及机种的不同而存在差别。

③如果空调负荷的显热比很高，有时将无法百分之百地发挥空调制冷能力，因此需要对预定采用机种的显热能力是否合适加以确认（与缺点⑥相关）。

④如将空调设备布置在室内，通常情况下设备噪声水平要比同样空调能力的风机盘管机组高，因此应该注意对噪声水平是否超过室内允许噪声标准加以确认。

⑤如将空调设备布置在室内顶棚处，则须考虑更换过滤器等维护上方便与否的问题，尽量不要将设备布置在维护困难的高顶棚位置及固定座椅的上方等处。

（c）风机盘管机组

风机盘管机组被用于各房间室内负荷及窗际等周边负荷的处理，但一般多使用空气处理机组来进行室内换气和湿度调节。虽然风机盘管机组基本上没有吸收外气和加湿功能，但根据需要亦可以与这些功能对应。只是在采用这些功能时，应该充分研讨是否会结露以及维护的方便性问题。

依据布置方法的不同，风机盘管机组基本可分为顶棚埋设盒型、顶棚隐蔽型、顶棚吊挂型、落地型等几种。此外，还有一种风管连接的大容量型。以上各种类型均可用于学校设施，但从最近的发展趋势来看，采用较多的事例为顶棚埋设盒型。

有关风机盘管机组选择上的注意事项则如下所述。

①如采用顶棚埋设盒型或顶棚吊挂型，要在平面设计中考虑气流分布和温度分布等问题。

②设定的设备能力应与所需的空调负荷相适应，并将循环水量、送水温度、温度差等适当结合起来考虑。而且，最好是能够确保大温度差的小水量型机种（$\Delta t=7\sim8℃$左右），因为可以减少循环水量，所以使节能性大为提高。

③一般说来，与成套型空调机相比，风机盘管机组的机外静压变得很低，因此如要采用风管连接型的话，则应注意机外静压问题。

④在将空调设备布置在室内时，必须先确认室内允许的噪声水平，以噪声和振动作为考虑的条件来选择空调设备。

（d）辐射采暖

辐射采暖系指这样一种采暖方式：通过直接给室内的地面、墙壁、顶棚等处的建材加温，或者设置可给墙壁和顶棚加热的镶板等，利用加热面的辐射热保持人体舒适及人体周围空间的舒适性。

用于学校设施的辐射采暖方式主要有：在体育馆等高顶棚空间及游泳池等局部采暖中使用的红外线式面板加热器，以及礼堂大厅等讲究创意性的高顶棚空间地面采暖。

以下对辐射采暖的优缺点加以介绍。

〈优点〉

①即使在高顶棚空间和缝隙风较多的场所，亦因利用辐射热采暖，会使人体切实获得舒适感。

②直接对地面采暖用建材加温的辐射采暖方式，因未在采暖面上布置供暖设备，故更易于营造富有创意性的室内氛围。

〈缺点〉

①直接对地面采暖用建材加温的辐射采暖方式，采暖效果的显现需要一定时间，因此不适于做间歇运行。

②红外线式面板加热器一般都将辐射面的加热器露在外面，这样会有碍室内视觉效果。

③直接对地面采暖用建材加温的辐射采暖方式，除了需要做背面绝热处理等设备工程外，还将附带一些其他工程。而且，假如埋设部件的条件不适宜，也会给将来的修理带来困难。

[3] 输送系统的设计

（a）送风系统

关于学校设施送风系统的设计，应注意以下几点：

①为了使输送的能源负荷少些，要最大限度地缩短风管。而且，在平面布置上避免选择不

合理的风管尺寸，以减少风管的压力损失。

② 厨房和实验室等换气风量较多的场所，根据使用情况采用可切换风量的手段来达到节能的目的。

③ 尽量将主风管设在走廊的顶棚顶上，通过避开室内位置以减轻噪声和振动造成的影响，并便于将来的修理或改造。

④ 新风的吸入口与排出口之间，应保持足够的距离。并在规划设计上考虑到如何防止改变布置面产生短接问题。

⑤ 对设在外墙上的给排气百叶窗及设在室内的出风口、进风口等处，均应考虑到风口噪声的面风速。

（1）出风口及进风口

如果要想通过空气调节使学校设施更加舒适宜人，室内区域的热环境必须均衡。为了获得良好的室内温度分布和气流分布，便应该对进出风口的布置及形状、出风量、速度以及温度等加以仔细斟酌。另外，由于制冷和供暖时气流的喷出特性是变化的，因此在出风口位置较高的情况下，根据出风温度高低不同，应该考虑采用带有自动切换气流到达距离及风向功能的进出风口等。总之，各种设备的选择均应考虑其具有的特性。

学校设施采用的进出风口种类较多，其分类及进出口温度差的数值如表3.21所示。对于进风口来说，因与气流的方向及其诱导性等的关系不大，故而种类较少。通常采用格栅型、狭槽型等。

（2）阀门

在学校设施的送风系统中，一般使用的阀门有风量调节阀门、防火阀门、防烟防火阀门、防止逆流阀门、电动阀门等。以下分别介绍各自的特点。

① 风量调节阀门

安装在送风机出入口或风道歧管等处以调节风量，并可在手动切换风管走向时使用。

② 防火阀门

通常安装在风管贯通防火区域部分以及用火的厨房进排气口风罩处。当配备的熔断器感知到一定热度时，便会立刻关闭风扇，防止火灾蔓延。熔断器的熔融温度，在空调换气风管中设定为72℃，排烟管道为280℃。

③ 防烟阀门

为防止火灾时因烟扩散造成伤害，设置在地面、竖井、特殊用途房间墙壁等区域贯通场所。与烟感器联动关闭风扇。多兼做防火阀门。

④ 防止逆流阀门

可使气流保持一定方向性，系为防止逆流而设置的。一旦出现逆流，会将风扇关闭。

⑤ 电动阀门

与自动控制和防灾设备联动，用于远距离操作系统控制和连锁控制等。通过电动风扇调节风量或进入全开全闭工作状态。

（3）变风量装置、定风量装置

变风量装置（VAV）通过接收外部信号自动进行风量调节，以利用节流机理进行风量调节的风门

表 3.21　出风口种类[29]

方　式	分　类	种　类	举　例	制冷时最大出风温度差（顶棚高 2.7 m）
顶棚出风口（向下）	（1）扩散型（ceiling diffuser）	圆形	空气散流器型、盘型 TCSX、TMDC	11 ~ 14℃
		方形	空气散流器型、盘型 通用型	11 ~ 14℃
	（2）轴流型	喷嘴	顶棚喷嘴、悬挂式百叶窗	4 ~ 8℃
	（3）狭槽型	线形	倒 V 线形 T 线形 弧线形	10 ~ 12℃
	（4）多孔板		全顶棚出风 多面出风口	4 ~ 8℃
侧壁出风口（横向）	（5）扩散型（wall diffuser）	方形	通用型	8 ~ 10℃
	（6）轴流型	喷嘴	壁装喷嘴、悬挂式百叶窗	7 ~ 10℃
地面或窗台出风口（向上）	（7）扩散型		狭槽型、通用型 格栅型	7 ~ 10℃

型最为常见。变风量装置多用于室内温度控制；但在学校设施中，人员密度差较大的图书室、食堂和大学的讲堂等处，根据室内人员滞留状况也往往会被用来抑制外气量。

定风量装置（CAV）不受风管系统压力变动影响，可确保恒定风量，其机理与变风量装置相同。在以同样送风系统向多个房间供风的情况下，定风量装置完成后的风量调节以及改造后的风量调节都很容易。

（4）送风机的选择

送风机的形式多种多样。因此在选择过程中，应选择最适合使用目的的机种和规格。有关选择送风机的注意事项如下所述。

① 送风机的范围是由所需风量与压力组合使用决定的，因此最好通过在性能曲线上选取效率最高那一点的方式来确定。

② 如设在顶棚内，作为影响室内噪声和振动的对策，需要考虑是否选择消音型机种或采用悬浮式防振机器。不过也应注意，不能因为噪声和振动对策的需要而使布置的机器规格过大或过小。

③ 送风机的风量调节多通过风量调节阀门进行。可是，当以阀门调节风量的操控性和运行效率较低，风量节流较多时，自阀门处发出的风切噪声就成了问题。因此，这种方式不适合用来调节大风量和变动幅度宽的风量。

其他具代表性的风量控制方式还有：台数控制、涡旋风门控制、进风叶片控制、转数控制等。一般来说，以使用逆变器的转数控制效率最高，控制性也较好。不过，费用要高些。

以下将就各种方式的概况分别加以介绍。另外，通过图3.11显示出各种风量控制方式的送风机输入变化。

a. 台数控制：该方法是在多台送风机并列运转的情况下，当所需风量减少时，送风机的运转台数也随着减少，不能分阶段对风量变化做出精度较高的调节。而且还要注意到，在并列设置的送风机之间会产生动压干扰，容易出现不稳定状态。

b. 涡旋风门控制：这是一种涡旋型的阀门，通常都安装在送风机的出风套管内。

c. 进风叶片控制：通过改变设在送风机进风口的辐射状叶片开度，让空气按一定方向回转，以达到控制风量的目的。与涡旋风门控制相比，进风叶片控制的节能效果更为明显。

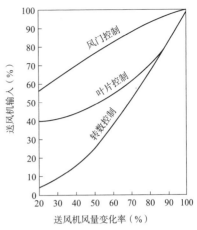

图3.11 不同风量控制方法的送风机输入变化[30]

d. 转数控制：通过改变送风机转数减少风量。与其他方式相比，有很好的节能效果。电动机的转数控制有多种方式，如极数变换、过电流接头、逆变控制等。一般多采用易与变动幅度较宽转数对应的逆变控制方式。

（b）供水系统

有关学校设施供水系统的设计，应注意以下几点：

① 其配管布置方式可分为密闭回路方式与开放回路方式，通常多采用密闭回路方式。如果使用水蓄热槽，采用开放回路方式。采用开放回路方式的场合须注意配管的腐蚀和开放部分实际扬程的计算问题。

② 根据系统的规模和复杂程度，分别采用一次泵加压方式和二次泵加压方式。前者系通过热源侧一次泵将水输送到全部配管系统中；后者则将热源侧一次泵与向空调机送水的二次泵分开设置。通常在小规模的简易系统中采用一次泵加压方式；二次泵加压方式多用于大规模的复杂系统，以能够灵活地对应二次侧的负荷变动。

③ 为了能够像风管那样减少输送能量，规划设计的配管越短越好，并要尽量减少弯曲的走向。而且，只有选择合理的规格尺寸，才能降低由配管造成的压力损失。

④ 主配管应考虑铺设在走廊顶棚内，以避免噪声和振动对室内的影响，亦便于将来的检修和改造。

（1）阀的种类与选型

具代表性的阀有闸阀、蝶阀、球阀和逆止阀等。

一般用于关闭管路的是闸阀，但在大口径场合，则多使用蝶阀。虽然蝶阀的流量调节能力较差，但因其小型轻便，故不像布置闸阀那样需要很大的空间，而且具有良好的操作性。此外，球阀主要用于流体的流量调节；逆止阀则用于防止逆流。

（2）泵的选型

同送风机一样，泵也有多种类型，且其规格已基本标准化。因此，泵的选型主要取决于使用目的，应该选择那种最适合使用目的的种类和规格。被选定的某种规格的泵应具有这样的能力：能够满足设计要求的送水量、扬程和使用温度等条件。此外，作为供水系统的节能对策，可采用 VWV 控制方式。不过，要进行 VWV 控制，则需要通过逆变器控制驱动泵的原动机转数。

［4］换气设备的设计

（a）换气方式

换气是通过净化室内空气以及排出热量、燃烧气体、有毒气体和湿气，再供给氧气等手段，达到维护室内环境的目的。

学校设施的教室等处，经常是多人长时间滞留在里面。因此，在确定换气量时要充分了解类似房间的使用目的和使用状态，再根据各个房间换气的不同理由，逐一计算出所需换气量，然后以其最大值作为该房间的设定换气量。

另外，关于换气设备的选型，亦应考虑到室内进出风量的多少，并与空调设备匹配。例如在规划设计上，要考虑到风量进出的均衡，通过发挥化学实验室通风柜的作用和间歇使用换气扇等，即使在运行过程中亦可保持室内给排气的平衡。有关学校设施附属房间的换气原因、换气方式和换气量等，被归纳在表 3.22 中。

（b）外气进气口、排气口

机械换气设备的新风进气口因系用来吸入清洁的室外空气，故应尽量设在较高位置。另外，新风进气口和排气口要保持足够距离。在做规划设计时，应考虑防止因改变布置平面而发生短接的问题。

新风进气口和排气口的结构，必须满足这样的要求：不致因新风流而降低换气能力。而且，还应

表 3.22　附属房间的换气原因、换气方式和换气量[31]

附属房间名称	换气原因					换气方式				换气量
	异味	热	燃烧气体·供给氧气	湿气	有毒气体	自然换气	第1种换气	第2种换气	第3种换气	换气次数（次/h）
厕所、洗手间	○								○	5～15（常用为15）
储物间、更衣室	○			△					○	5
书库、仓库、物品库	○	○		○		○			△	5
暗室	○	○							○	10
复印室、印刷室	○								○	10
放映室		○							○	10
配餐室	○	○		○		△			○	8
淋浴室				○		△			○	5
浴室	○			○		○			△	5
更衣室				○		△	△	○		5，并保持室内正压
食品库	○						○		△	5
垃圾存放处	○						○			15
厨房（用燃气）	○	○	○	○			○			40～60，或按公式计算
厨房（用电）	○	○		○			○			20～公式计算结果

○：通常采用方式

△：可以采用方式

［注］ 厨房的换气量为各排气罩的有效换气量（据日本《建筑基准法》之相关规定）合计值，并能够满足排气罩部位面风速（0.3m/s以上）
和换气次数要求的值。

设有防水装置、防虫网和百叶窗等，以防止雨水流入或老鼠、蝇虫及其他有害物进入。如设在易燃危险的位置，还须做防火被覆层或设防火阀门等。

新风进气口和排气口须做考虑到风切噪声的面风速设计，并尽量做到规划设计中确定的位置不会给毗邻建筑物带来风切噪声影响。

[5] 自动控制设备的设计

自动控制设备对于功能的维持和节能性的提高会起到很大作用。有关学校设施自动控制设备的设计，则应在充分考虑以下各项目的基础上进行。

① 通过控制使设备能力实现运行效率最高的目标，同时还可以节省能源经费。

② 为提高维护检修作业水平，在管理室内即可确认各设备运行状况以及有无异常等。

③ 在小学和初中等小规模学校设施中，应以专门知识较少的设施管理者亦可进行操作作为规划设计的先决条件。

与节能性有关的主要研讨项目则如下所述：

（a）热源

① 通过运算空调负荷热量进行热源的台数控制。

② 与二次泵加压方式的空调负荷热量对应的二次泵运行台数控制以及变流量控制（转数控制）。

③ 与热源放热量对应的冷却水泵变流量控制（转数控制）。

（b）空调系

① 调节与室内温度相对应的出风量的变风量控制（VAV控制），以及与二次侧变风量对应的一次侧空调机送风机的变风量控制（转数控制）。

② 当新风温度较室内低时，直接利用新风供给室内制冷的新风制冷控制。

③ 以室内 CO_2 浓度为基准调节进风量的 CO_2 浓度。

④ 全热交换器进行的热回收用于新风预冷或预热时的全热交换器控制。

（c）其他

① 根据电梯机械室等处室内温度对送风机进行开关控制。

② 在可以有效自然换气的条件下自动开关换气口的换气口开关控制。

③ 与建筑物规模匹配的能源消耗计量区分。

3.4 学校的给水排水卫生设备规划

3.4.1 设备负荷的概略值

[1] 使用水量的实际值

生活用水的使用量年年都会增加一点儿。即使采取配置节水机之类的措施也无法改变这一趋势，不断提高的生活水平导致水使用方式发生变化才是根本原因。从另一方面看，如图 3.12 所示，自 1977 年以来，建筑物中水的消耗量却在逐渐减少，目前基本处于稳定状态。这是由于推广节水器具、配置排水及雨水再利用设备和通过宣传增强人们的节水意识等而取得的成果。尽管学校也呈现同样的趋势，

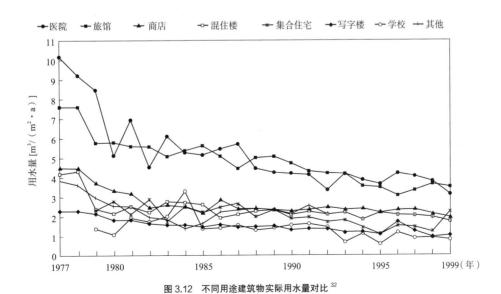

图 3.12 不同用途建筑物实际用水量对比[32]

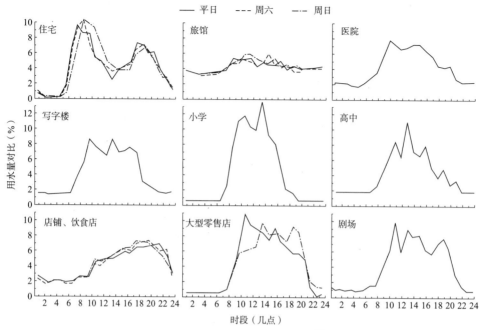

图 3.13　建筑物总用水量的分时变化[33]

可是每座建筑物中的空调用冷却水、厨房及场地的散水等方面的用水量都可能出现较大的波动。

此外，建筑物内用水量的时间性变化亦会因建筑物用途、季节、休息日等而有较大差异。图 3.13 所示，系各种用途建筑物 1 天用水量分时变化的对比情况。从中可以知道，小学校 8 ～ 16 时左右的用水占全天一大半，其间 10 ～ 14 时迎来用水的高峰。但在高中，用水高峰被分散开来，即使 18 时以后也会有用水。

小学和初中的年用水量实际数据，如表 3.23 所示。

[2] 用水量的设计值

如果对给水排水设备做使用上的区分，基本可

以分为管理部门的办公室、教学部门的教室、服务部门的食堂和作为体育部门的各种运动设施等。即使是教室部分，其使用形态亦存在很大差别，如普通教室、家政科使用的烹饪室以及化学、生物科系的实验室等。除此之外，还有研究所设施、游泳池设施、供餐设施、学生及培训人员住宿设施、讲堂之类集会设施等。总之，学校实际上也是由各种各样的要素构成的。

（a）给水量

给水量的计算，系采用以在校人员和设置器具同时使用作为基准的方法。对用水量，可考虑像图 3.14 那样加以区分。

如以天或小时为单位考察用水量的实际数值，并不一定就是建筑物用水量的最大值，因此设计供水量应给实施用水量留出一定余地。表 3.24 列举出了各种设施人均用水量及用水时间等数值。因为各地方政府对此都做了规范，所以在设计时一定要与

表 3.23　横滨市立小学、初中太阳能热水量
（据 2002 年度统计数据）（供参考）[34]

设　施	使用量	水（m³/a）
小学（353 所）	所有学校合计	4609572.0
	每名学生	25.8
	单位面积	2.0
	每所学校	13058.3
初中（145 所）	所有学校合计	1832435.0
	每名学生	24.5
	单位面积	1.7
	每所学校	12637.5

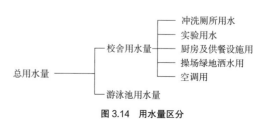

图 3.14　用水量区分

表 3.24　人均用水量和用水时间[35]

建筑用途	使用者分类	使用者人数 计算方法	每人每天 平均用水量 [L/（人·d）]	每天平均 使用时间 （h）	备　注
写字楼	办公人员	0.1 ~ 0.2m² （单位办公室面积）	80 ~ 100	8	职员厨房用水量另计。 20 ~ 30L/（人·餐） 办公室包括社长室、秘书室、高管室、 会议室和接待室等。 冷却塔补给水量另计
	工作人员、管理者	实际人数	80 ~ 100	8	
托儿所 幼儿园 小学校	学生	定员	45	6	供餐用水量另计。 校内配餐 10 ~ 15L/（人·餐）， 外供时 5 ~ 10L/（人·餐）。 冷却塔补给水量另计
	教师、职员	实际人数	100 ~ 120	8	
初中 高中 大学 其他学校	学生	定员	55	6	同上。但系指初中和高中提供膳食的 场合。 实验用水和冷却塔补给水量另计
	教师、职员	实际人数	100 ~ 120	8	
观赏场所 比赛场所 体育馆	观众	定员	30	5	定员 观赏场所 0.25 人/m² 比赛场所 　座席 1 ~ 2 人/m² 　站席 2 ~ 3 人/m² 体育馆（中小学）0.33 人/m²
	运动员、职员	实际人数	100	5	

当地供水部门商量。如表 3.25 所示，对由排水侧决定的水量标准等亦应给予重视。

（b）热水供给量

对于管理部门来说，只需考虑面向普通办公室的热水供给量。值得注意的是，在供餐设施和厨房设施中，则因有无餐具清洗机等设备使得热水供给量和所需要的热水温度都存在较大差异。另外，体育设施的浴室、淋浴间和洗手间等，都会暂时性地消耗大量热水。

计算热水用量有两种方法，即根据使用者人数计算的方法和根据器具热水供给量计算的方法。按理说，二者的计算结果应该一致。可是，由于使用者人数较难掌握，并且器具设置数目也同样无法准确求得，因此实践中多采用二者的平均值或其中较大的值作为热水供给量。

3.4.2　与建筑及其他设备规划之间的调整

[1] 机械室布置与建筑结构设计的调整

机械室所需要的空间，一般约占总建筑面积的 4% ~ 6%。一般建筑层高都在 4m 以上，但对于蓄水池来说，则应特殊考虑将所需容量与所需空间合并计算。

（a）蓄水箱、给水泵

蓄水箱和给水泵的设计应满足以下条件：

表 3.25　不同用途建筑物的污水量[36]

建筑物用途		污水量	
		统一处理对象	单独处理对象
学 校	托儿所、幼儿园 小学、初中	50 （L/人·d）	35 （L/人·d）
	高中、大学 其他学校	60 （L/人·d）	40 （L/人·d）
	图书馆	16 （L/m²·d）	4 （L/m²·d）
写字楼	安装内部用厨房 设备时	15 （L/m²·d）	3.7 （L/m²·d）
	未安装内部用厨 房设备时	15 （L/m²·d）	2.8 （L/m²·d）

① 设计上综合考虑道路的供水主管（配水管）、仪表以及管道竖井的位置，使之不偏离最短连接线路。

② 如校园内有多座建筑，既可采取利用加压泵从一个蓄水箱分别向各个建筑物供水的方式，亦可采用在每座建筑物分散设置蓄水箱的方式。最终方式的确定，取决于对维护的简便性及停电断水的风险性等的综合考量。如分散设置蓄水箱，在决定水槽容量时，应事先与供水主管部门达成一致意见。

③ 选定的场所位置即使万一发生漏水事故亦极少会殃及其他设施。

④ 应选择水泵工作时发出的噪声和振动不致影响到房间内部的场所。

⑤ 确保日本建设省 1975 年告示 1597 号第 1 条 2 款规定的维护检修空间。

⑥ 如水泵、锅炉、空调机等设备被布置在给水槽上方时，应该采取卫生措施以保证饮用水不被污染，并尽量避免将机械设备布置在给水槽等的上方。在不得已的情况下，可在上部空间搭建钢骨台架等用于安装水泵，并且必须在地面设置承水盘等。此外，原则上不允许让排水管、油管、消防水管、冷热水管等从给水槽上方穿过，必须穿过时则要采取措施不致使给水槽受到污染。

⑦ 在规划阶段，由于建筑结构设计上的尺寸（壁厚、吸声材料等表面处理层尺寸、立柱截面、梁的位置及梁高等）大多尚未确定，因此在空间上要留有一定余地。

（b）锅炉、热水储槽、热水泵

学校的热水供给部位规模较小，并分散于各处，如开水房、家政科教室烹饪台、实验室的试验台、厨房、体育馆的淋浴室等。通常情况下，多以局部形式的热水设备对应。作为局部形式的热水设备，在规划设计上应满足以下条件：

① 尽量在靠近负荷位置安装热水器，即使不得已安排在较远的位置，也应采取设回水管的二次管方式使热水循环供给。

② 热水器设置场所与热水供给部位之间的配管长度和高低差、热水器的维修空间和电源特性、以及换气条件等，均会受到所用机器设备的制约，故而在规划设计过程中应充分了解机器设备的特性。

（c）排水槽、排水泵

原则上，排水应以重力排放为主。不得已时，也可利用泵排放，但在规划设计上要满足以下条件：

① 利用建筑物底层地沟设排水槽，实践中以使用潜水泵的例子居多。因在排水槽上部需要设置人孔、闸阀和逆止阀等，故应从便于维修方面考虑确定其位置。

② 在当地政府规定了排水槽及排水泵能力标准的情况下，规划设计时还要征求有关主管部门的意见。

（d）消防水槽、消防水泵

作为学校的消防设备，通常指室内消火栓之类。

室内消火栓的规划设计要满足以下条件：

① 消防水槽多利用建筑物底层地沟建造。应确保将消防水泵室设在消防水槽的上面，并设有用于检修消防水泵和消防水槽的人孔。

② 如校园内有多座建筑物，则可采取每座建筑分别单独设置消防水泵的方式或用 1 台消防水泵向所有建筑送水的中央管理方式。中央式在维护管理上较为简便，不过采取何种方式，应与主管消防部门协商后才能确定。

③ 消火栓的收纳箱要采用嵌入型设计，从安全和美观上考虑，最好设在走廊等处的墙壁内，并且不要突出墙面。因为竖管总是需要的，所以应留出设置的空间，并且要与建筑设计者进行协商，将其反映在建筑图纸上。

［2］配管的总体布置及其与建筑结构设计的调整
（a）基本设想

与给水排水卫生设备有关的配管，为了防止破损和噪声干扰，一般要避免在室内暴露；最好收容在管道竖井、地沟和顶棚内。建筑层高及顶棚高度、总平面布置和结构设计等在很大程度上分别决定了顶棚内空间、管道竖井位置和地沟的有无。因此，应该包括电气设备和空调设备在内进行综合规划，以满足下面的条件。

① 施工、维修和改造时安全方便。不仅能够收纳配管，还应确保阀门以及工具类所需的空间。

② 水平走向的配管原则上应避开教室内部，可设置在走廊顶棚内，或尽量设置在共用空间以便于检修。

③ 阀门、水栓和清扫口应在需要维护管理的场所和操作方便的位置，尽量集中设置以便维修。

④ 尽量避免配管从电气室、电话交换机室、机房、电气竖井等处穿过，防止因漏水造成损害。

⑤ 不应将配管布置在电梯升降通道内，可参照日本《建筑基准法实施令》第 1 节 2 款之"给水排水及其他配管设备"内容。

⑥ 原则上不应将配管埋设在混凝土内，尤其要从根本上避免将燃气配管埋设在浴室、厨房的墙壁内或者地面下。

（b）管道竖井

管道竖井的规划设计要满足以下条件（参照图 3.15 和图 3.16）：

① 尽量靠近卫生间和开水房等供给终端设置，并将其沿竖井长边布置，以便于取出配管。

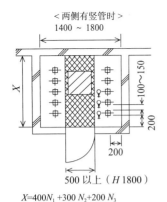

< 两侧有竖管时 >
1400 ～ 1800

$X=400N_1+300N_2+200N_3$

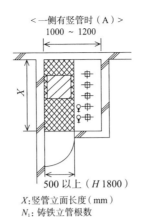

< 一侧有竖管时（A）>
1000 ～ 1200

500 以上（H 1800）

X:竖管立面长度（mm）
N_1: 铸铁立管根数

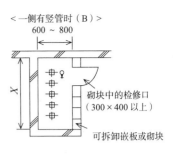

< 一侧有竖管时（B）>
600 ～ 800

砌块中的检修口
（300×400 以上）

可拆卸嵌板或砌块

N_2: 66 ～ 100A 竖钢管根数
N_3: 59A 以下竖钢管根数

[注] 1. 如需安装换气排烟风道、空调用配管和电气配管，应预先留出空间。
 2. 考虑到将来增设配管或更换配管所需的空间，其长边方向应在 600 ～ 800mm 之间。

图 3.15 管道竖井概略尺寸及其结构示例 [37]

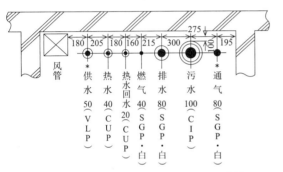

[注] 图中系将各立管的歧管沿立管流通方向展示的剖面。
 * 与立管法兰连接

图 3.16 管道竖井内的立管排列及其相互间隔示例 [38]

应注意，在靠近电梯井、楼梯间及其他设备井的位置取出配管是否方便。

② 管道竖井应该规划在各层同一位置，尽量让形状及尺寸一致。如必须改变位置，则要充分考虑配管的迂回空间以及竖井内的布局。

③ 对竖井主要考虑的问题是，日常维修和更新改造时材料如何搬入，为此应布置检修口。检修口要面向走廊等公用部分设置，维护检修时尽可能从公用部分进出。作为一个原则，尤其要避免在女厕所内设置检修口。

④ 竖井各楼层处均应设有平台，并多半兼作防火区。

（c）顶棚内及地面以下配管空间

顶棚内和地沟中的水平走向配管，在规划设计时应满足以下条件：

① 如在顶棚内收纳水平走向的管道，必须仔细斟酌顶棚内空间尺寸。一般在建筑物最下层的顶棚内除了布置给水排水设备配管外，还可能布置空调用配管、风管、电缆架及其配管等，因此要综合考虑。

② 如在顶棚内横向布置排水管的话，其坡度大小主要取决于顶棚内空间尺寸，对此应仔细考量。

③ 假如顶棚内空间不够宽裕，则应与建筑设计者协商，调整层高或顶棚高度。因这一问题会给建筑规划设计带来很大影响，故须尽早确定。

④ 为便于维护和检修，应确保地沟高度不小于 1000mm，并在地面留有检修口。如地下空间为基础梁所分割，则必须在每个被分割的区域设检修口或人孔，以便于维修时进出。该问题与结构设计的关系甚为密切，务必尽早决定地沟延伸的范围及其高度。

［3］与电气设备规划的调整

（a）电气容量

与给水排水设备有关的动力消耗，几乎都体现在用以驱动水泵的电机上。关于驱动水泵电机容量的计算公式如下所示：

$$P=Q \times H \times (1+\alpha)/1000/\eta$$

式中 P——电机容量（kW）；

　　　Q——抽水量（m^2/s）；

　　　H——总扬程（kPa）；

　　　α——浮动范围（0.05 ～ 0.2）；

　　　η——水泵效率（0.3 ～ 0.8）。

消防水泵等消防用设备，必须配备紧急备用电源。应设紧急备用电源的部位，则如表 3.26 所示。一般来说，学校属于防火对象物（7）项中的特定防火对象物，因此多半都与紧急备用电源专用设备配套布置。不过，如因建筑物内容使其成为特定防火对象物时，还需要配置自用发电设备。另外，即使作为紧急电源专用设备，也会给受变电设备的设计带来一些制约条件，此点亦请注意。

参照日本《消防法实施规则》12-1-4-a "关于紧急电源专用受电设备布置方法等" 之规定。

对于给水泵和排水泵等，作为停电时的对策，往往利用发电机承担负荷。但不管怎样，水泵用电机容量大小都将关系到受变电设备及发电设备的容量，而且还影响到布置这些设备的空间尺寸，因此必须与电气设备设计者协商达成一致意见。

（b）运行、控制方式

用于控制动力设备的运行控制方式因用途不同而各异，但基本方式则如表 3.27 所示。关于给水泵及锅炉之类给水排水设备相关机器的运行控制方式，同样应与电气设备设计者协商后决定。

[4]与空调设备规划的调整

与给水排水设备相关的机械室，根据用途可与空调设备机械室邻接，或者设在同一空间内。至于空调用加湿给水管和外流排水管等，应明确区分是属于给水排水设备工程还是空调设备工程，并应将其连接点标注在设计图上。另外由于选配机器的特性不同，有时还需要设置用于调节水压的增压泵和减压阀。

3.4.3　给水排水系统规划

学校中给水排水设备的特点是：在从上节课结束至下节课开始的间休时间中，许多学生会一下子集中到洗手间内；体育设施（游泳池、淋浴、场地洒水设备等）会消耗大量冷热水；长假期间，使用的冷热水量要比平时少很多。因此，在对新建项目进行规划时应该考虑到，设施开始使用只有一年级学生，达到定员人数还需要数年的时间。

表 3.26　与消防设备相关的紧急备用电源设备 [39]

设备种类	容　量	紧急备用电源专用受电设备	自用发电设备	蓄电池设备		相关条文	备　注
				无直接转换装置	有直接转换装置		
室内消火栓设备	30min	○*	○	○	○	规则 12-1-4	
喷洒设备	30min	○*	○	○	○	规则 14-1-6 的 2	
水喷雾灭火设备	30min	○*	○	○	○	规则 16-3-2	
泡沫灭火设备	30min	○*	○	○	○	规则 18-4-13	
惰性气体灭火设备	1h	/	○	○	○	规则 19-5-20	
卤化物灭火设备	1h	/	○	○	○	规则 20-4-15	
粉末灭火设备	1h	/	○	○	○	规则 21-4-17	
室外消火栓设备	30min	○*	○	○	○	规则 22-6	
送水连接管	2h	○*	○	○	○	规则 31-7	

[注]　/：未经批准　　○：适宜
* 特定防火对象物建筑面积 1000m² 以上者，原则上不予批准。

表 3.27　动力设备运行控制方式

手动运行	由人操作运行	手动运行	在靠近电机处设有控制盘，通过操作开关控制运行的方式。
		遥控运行	通过位于距电机较远场所的操作开关控制运行的方式。
		手动 - 遥控运行	既可靠近操作，亦可在较远位置操作的方式。设在靠近场所的操作开关具有 "手动 - 遥控" 切换功能。
自动运行	无需由人操作，根据其他设备和各种控制仪器指令自动运行	联动运行	如同制冷机的制冷泵和冷却塔风机那样，由来自其他制冷设备的指令自动控制运行的方式。
		交替运行	像排水泵那样，出于一个目的设置的两台电机交替运行的方式。
		自动运行	如排水泵那样，利用液面控制继电器和流量调节开关检测液面的变化，自动控制运行的方式。

[1] 给水设备

（a）用语的定义

采用日本水道法及给水排水设备标准中关于该用语定义的解释（空调·卫生工学会 SHASE-S 206-2009）。

（b）各种给水方式

给水方式有以下几种：

（1）直连供水系统

1）直连供水系统直接加压方式（参照图 3.17）

道路供水系统主管（配水管）分出的支管作为给水管接入，利用供水系统主管的水压给建筑物内各个需水部位供水的方式。在满足以下公式要求的前提下，可采用这一给水方式，亦适用于 2 层左右的小型建筑物。在供水系统主管水压较高的地区，甚至可用于 5 层左右的建筑，但事先应征求当地供水系统主管部门的同意（参照表 3.28）。

公式 $P \geqslant P_1 + P_2 + P_3$

式中　P ——配水管动水压力（kPa）；

　　　P_1——相当于最高处水栓或器具的水压。该高度系指难以确保配水管最低水压要求的高度（kPa）；

　　　P_2——由自配水管至难以确保最高处最低水压要求的水栓或器具的量水器、直管、接头和阀门等产生的摩擦损失压力（kPa）；

　　　P_3——位于最高处、难以确保最低水压要求的水栓或器具所需压力（kPa）。

2）直连供水系统增压方式（参照图 3.18）

将增压泵与引自道路供水系统主管（配水管）的支管连接，给建筑物内需要部位供水的方式，也是一种欧美国家早就采用的方式。在日本，因不属于简易供水系统，故没有法定清理义务。为了避免设置不太卫生的 10m³ 以下的小型蓄水箱，故而在需要设置

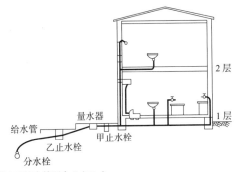

给水系统主管压力 P（kPa）

图 3.17　直连供水系统直接加压方式[41]

表 3.28　器具所需最低压力[40]

器　具		水流动所需压力（kPa）
普通水栓		30
大便器冲洗阀		70
小便器水栓		30
小便器冲洗阀		70
淋浴器		70
快速燃气热水器	4～5 号	40
	7～16 号	50
	22～30 号	80

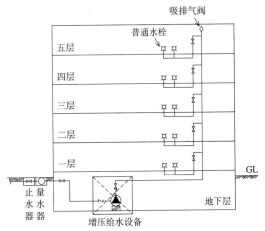

图 3.18　直连供水系统增压方式[42]

蓄水箱时不可利用供水系统主管的水压，使之成为一种与节能观点唱反调的给水方式。各地方政府对该方式的适用范围均有明确规定，因此如果要在规划中采用这一方式则须事先征得供水主管部门的同意。

（2）蓄水箱方式

1）高架水箱方式（参照图 3.19）

由道路供水系统主管（配水管）分出的给水管将水引入蓄水箱，通过加压水泵将水提升至高架水箱，再利用重力将水供给建筑物内各需水部位的方式。需要注意的是，在最高位置难以确保起码水压条件下的水栓或器具所需压力，及其与高架水箱之间的高度关系。

2）泵压送方式（参照图 3.20）

通过压送泵将水自蓄水箱向建筑物内各需水部位供给的方式。该方式的缺点是，当压送泵发生故障或停电时将无法及时供水。不过，由于水泵性能的提高以及高架水箱设置成本和维护管理成本的降低，最近采用该方式的事例有增多的趋势。

一般情况下，如幼儿园之类的低层小型建筑

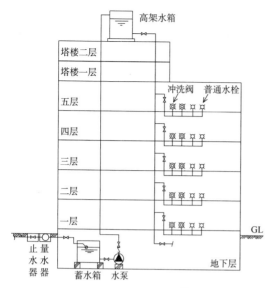

图 3.19 高架水槽方式 [43]

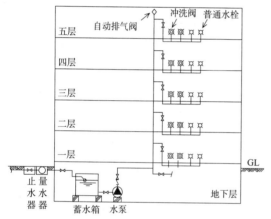

图 3.20 泵压送方式 [44]

物，可考虑直连供水系统直接加压方式。专科学校的校舍，如系低中层中小规模建筑物，可考虑采用直连供水系统直接加压方式或直连供水系统增压方式。假如是更高更大的建筑物，或在一个很大的校园里分布着多座建筑物的情况下，因为已经超出供水系统主管（配水管）的供给能力，所以应采用蓄水箱方式。高架水箱方式多用于中等规模以上的中高层建筑，并为成群建筑物集中采用。另外，如果校园内的给水规划与建筑群的建设计划并行且周期跨度较长，或者将来的规划尚未确定时，则须逐一对每座建筑布置高架水箱。不过如此一来，分散布置在各建筑物的高架水箱，会给维护管理带来诸多不便。

最近，随着水泵性能的提高以及高架水箱维护管理的简单化，采用泵压送方式供给校园内多座建筑物用水的事例也多了起来。值得注意的是，要与停电断水时的应急手段综合进行考虑。

（c）关于给水的负担费用或分担费用

各地方政府都以条例等形式，对给水的负担费用或分担费用等按孔径规定应收取的费用（参照表 3.29）。至于对象孔径，各地方政府多采用总计量孔径。但也有的地方政府，在采用高架水箱方式时，将出水管的最大孔径作为对象孔径；而采用泵压送方式时，则将压送管的最大孔径作为对象孔径。多数地方政府都规定，孔径提高 1 个规格尺寸，其费用增加 1 倍以上。特别是学校，多数建筑物都在总计量孔径以下，应该注意不要因处理对象孔径而导致费用增加。

总而言之，由于会对建筑业主的项目预算产生

表 3.29 日本各地方政府规定的费用标准（供参考）

地方名称	费用名称	费用计算标准	备注
札幌市	出资	·总计量孔径（未设计量装置的新建项目则以其给水管最大孔径作为总计量孔径）	·供水项目给水条例 ·供水项目给水条例实施规程
仙台市	出资	·总计量孔径	·供水项目给水条例 ·供水项目给水条例实施规程
	开发负担费用	·规划 1 日最大给水量乘以 1m³10 万日元所得金额	
京都市	出资	·给水管公称孔径	·供水项目给水条例 ·供水项目给水条例实施规程
	负担费用	·计算标准另行规定	
大阪市	分担费用	·总计量孔径	·供水项目给水条例 ·供水项目给水条例实施规程
广岛市	项目建设资金	·总计量孔径	·供水系统给水条例 ·供水系统给水条例实施规程
福冈市	出资	·总计量孔径	·供水系统给水条例 ·供水系统给水条例实施规程

影响，因此应尽早与主管供水部门协商，以了解究竟需要多少费用。

（d）日本各地方政府对给水装置相关工程规定的标准

关于给水装置的设计，在日本各地方政府规定的标准中列举了许多事例（参照表3.30）。因此应事先与供水主管部门协商，以了解相关内容。

［2］热水供给设备

（a）热水供给温度

热水的使用温度，如表3.31所示，因其用途不同而温度高低各异。热水供给温度一般要比使用温度高，基本在55~60℃之间，到达使用地点后再加入冷水混合至适宜温度。需要注意的是，较低温度热水的潴留处往往成为滋生军团菌的场所。

（b）各种热水供给方式

热水供给方式分为中央热水供给方式和局部热水供给方式，应该根据所需热水量的多少和使用场所来选择供给方式。

表3.30　日本各地方政府关于给水装置工程规定的标准（供参考）

地方名称	规定内容	备　注
札幌市	给水装置工程设计施工指导方针	札幌市水道局
京都市	给水装置工程指南	京都市上下水道局
大阪市	给水装置工程设计施工指导手册	大阪市水道局
广岛市	给水装置等设计施工事务处理要领	广岛市水道局
福冈市	给水装置工程设计施工标准	福冈市水道局

表3.31　热水使用温度[45]

热水用途	使用温度（℃）
饮用	80~95（实际饮用温度50~55）
入浴、淋浴	42~45（掺入热水可加热至60）
洗脸、洗手	35~40
剃须	45~50
厨房	40~45（洗碗机60，冲刷洗碗机80）
洗涤	丝毛织物33~37（机洗时38~49） 亚麻及棉织物49~52（机洗时60）
水疗	胃病、肥胖症40~43，呼吸疾患、高血压36~40 呼吸器官疾患、神经麻痹40~42
室内游泳池	一般为25~28（冬季30左右），比赛时25左右

（1）中央热水供给方式

系由锅炉或热水发生器等与热水蓄水箱组合的加热装置，再辅以热水配管、循环泵和安全装置（膨胀水箱、溢流阀、溢流管及伸缩接头等）等构成。

（2）局部热水供给方式

使用瞬间式加热器和热水储存式加热器作为加热装置。

1）瞬间式

在靠近热水供给位置，使用燃气瞬间式热水器等供给热水，要求加热装置具有可将相当于瞬间最大热水供给量的水加热至所需热水温度的能力。瞬间式热水器又分为总控型和分控型。总控型系通过安装在瞬间热水器上的开关控制；分控型则利用分装的热水供给阀门进行开闭（即先于瞬间热水器开闭）。

2）热水储存式

在瞬间最大热水供给量较多或热水使用量较多的情况下，因对瞬间加热能力的要求非常高，故须采用热水储存式。即将热水储存式锅炉与热水蓄水箱组合而成的小型锅炉用作加热装置。

学校使用热水的场所，如开水房、家政科室烹调台、实验室实验台、厨房、体育馆的淋浴室等，规模较小而又分散于各处，通常多为局部式热水供给设备。这些场所虽然使用频率不太高，但总是多人同时使用，因此必须在充分考虑同时使用率的基础上决定热源容量。如系采用热水储存式，还应注意到长假期间的水质管理问题。设置中央式热源的，多为大学里的福利设施，如大型厨房和温水游泳池等。即使采用中央式，那种所谓不设锅炉，仅通过连接瞬间燃气热水器来确保大容量水循环的例子也与日俱增。

［3］排水设备

（a）用语的定义

根据日本《下水道法及给水排水设备标准解说（空调·卫生工程学会SHASE-S 206-2009）》对该用语所下的定义。

（b）排放方式

排水系统可分为污水与雨水混合排放的合流式和污水与雨水分开排放的分流式两类。近年来，基本上都采用分流式建设排水系统。在排水系统不完善的地方，应该先将建筑物内排水置于净化槽中，经过一段时间后再排放到公共用水区域。假如1天有50m³以上的排水流入公共排水系统，根据日本《下水道法》的规定，应事先向排水系统管理部门提出申请。

（c）排水的种类

排水的种类可以做表 3.32 那样的区分。

关于污水和杂排水，从水质上讲与写字楼等处的一般排水一样。而来自实验室和研究室等处与化学有关的排水以及来自厨房的排水，往往需要配备除害装置，以使其达到排放水质的规范标准。对此，必须与有关部门充分协商后再做决定。

（d）排水方式

占地内的排水方式，分为污水与杂排水从同一系统排放的合流式和污水与杂排水分别从不同系统排放的分流式两种。如表 3.33 所示，要注意排水系统所称的合流式、分流式及污水之类用语的不同意义。

在日本《建筑基准法》、《下水道法》等法律法规中所称的污水系指包括杂排水在内、除去雨水外的所有生活、生产排放水。

表 3.32　排水种类

污水	大小便器及其类似用途器具的排水
杂排水	大小便器及其类似用途器具以外的排水
雨水	所属范围内降雨。亦包括地下涌水
特殊排水	不能直接排放至一般排水系统的有害、有毒或其他具危险性质的排水

表 3.33　占地内外合流式与分流式的区别

方　式	占地内	占地外（排水系统）
合流式	污水＋杂排水	污水＋杂排水＋雨水
分流式	污水	污水＋杂排水
	杂排水	雨水

（e）通气方式

通气方式有以下几种（参照图 3.21）：

（1）环绕通气方式

为了保护两个以上回水弯而采用环绕通气管。环绕通气管自最上游器具排水管与排水横支管连接点紧靠下游处开始，直至与竖立的通气立管或伸顶通气管连接为止。

在日本，这种方式通常被用于中高层或超高层建筑。环绕通气方式的允许流量虽然与独立通气方式所具有的能力相当，但却不能有效防止自身虹吸作用。因此，为了避免受到自身虹吸作用的影响，如果采用冲洗式洗脸池之类的卫生器具，最好设独立通气管。

此外，假如设有 8 个以上的大便器或蹲便器与洗脸池等共用一个排水横支管，而且并非在最上面楼层的话，则应设溢流通气管。

（2）独立通气方式

该方式系在每个器具的回水弯处均设通气管，并将其与通气横支管连接，支管末端再与通气立管或伸顶通气管连接。因各个回水弯均可通气，故是一种性能最佳的通气方式，而且还能有效防止自身虹吸作用。

（3）伸顶通气方式

该方式不缩小排水立管顶部的管径，而是作为伸顶通气管延长后向着大气开放。这是一种不设通气立管，只用伸顶通气管的通气方式。不过，由于排水立管下部正压抑制功能和排水横支管内负压舒缓功能较差，与环绕通气方式和独立通气方式相比，其允许流量也较低，因此这是一种被有条件认可的方式。

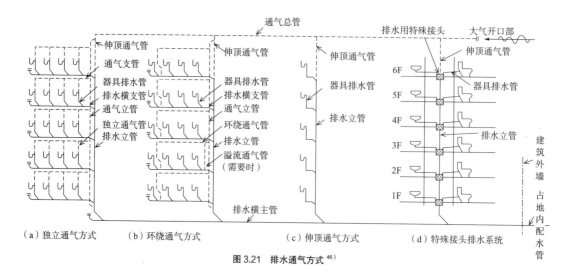

图 3.21　排水通气方式 [46]

除此之外，还有特殊接头排水系统和通气阀方式等通气方式。

（f）特定设施

所谓特定设施，指因项目现场施工而设置的排水设施，在这样的排水中可能含有损害人的健康和生活环境的成分，因此成为日本《水质污浊防止法》和《二恶英类特别对策法》所规定的设施。设置特定设施的项目现场则被称为特定项目现场。需要注意的是，在日本《下水道法》中所指的特定项目现场和其他项目现场，在规范条件以及申报文件等方面都存在一定差别。

在《水质污浊防止法》的特定设施一览表（施行令第1条附表1）中，列出了认定的对象设施。像厨房设施、大学及其他附属科研机构（仅与人文科学有关的除外）、设有农工水产学科的专门高等学校等，只要设有冲洗设施和焚烧设施，均有可能被认定为特定设施。

在设计通风柜和实验用洗槽时，均应事先征求排水主管部门的意见。

日本《水质污浊防止法》特定设施一览表
（施行令第1条　附表1）

66之3

在多人烹调操作场所（日本《学校供餐法》[1954年法律第160号]第5条2款之规定设施，下同）配备的厨房设施（不包括总建筑面积500m² 以下商用部分[以下简称"总建筑面积"]项目现场）。

66之5

在饮食店（不包括66之6、之7的内容）配备的厨房设施（不包括总建筑面积420m² 以下项目现场）。

71之2

在进行与科学技术（仅与人文科学有关的除外）有关研究、试验、检测以及专门教学的项目现场配置日本环境省令规定之用于开展业务的设施（※），如下所列：

a 冲洗设施

b 焚烧设施

※日本环境省令规定之项目现场如下所述：

---

1 国家或地方公共团体的实验研究机构（仅与人文科学有关的除外）

2 大学及其附属实验研究机构（仅与人文科学有关的除外）

3 进行与学术研究（仅与人文科学有关的除外）、产品制造、技术更新、方案构想或发明创造有关实验研究的研究所（相当于66之3和66之5的情况除外）

4 进行农工水产等专科教学的高等学校、专门培训学校、高等专科学校、员工培训设施或职业培训设施等

下略。

---

［4］消防设备

说到学校，其用途也是多种多样的，而且还都是学生及教职员工等人员进出较为频繁的设施。因此，消防设备就成为保护人员生命和设施财产的重要设备。最近，尤其是大学，正在积极开展面向地区开放和为地区做贡献的活动，这样一来，学校又成了不特定多数人出入的场所。

消防设备的规划设计应满足以下条件：

① 消防设备的布置对象及其种类应符合消防法及相关法律的规定。

② 在关注如何将电气室、电话交换机室、服务器室、防灾中心或主要物品保管库等处因火灾造成的损害降至最低程度的同时，还须考虑怎样防止漏水灾害问题。为此，对消防设备的选择要十分慎重。如学校，与考试有关的文件也是重要物品之一。

③ 消防设备的设计需要主管消防部门的指导，故应事先充分协商。

（a）防火对象物及应配置的消防用设备

在日本消防法实施令附表1"防火对象物用途分类表"中第（7）项对学校做了如下区分："小学、初中、高中、中等专科学校、高等专科学校、大学、专门培训学校及其他类似学校"。一般说来，学校设施均相当于这些类别中的一种。不过，在有下述用途时，依其规模大小和内容的不同，或可判定为不在第（7）项范围之内，应事前与主管消防部门协商。

① 设有观众席的体育馆以及可容数百人的大教室等大厅类空间，都有可能被看成（1）项a的"剧场、电影院、演艺场和观赏场所"，以及（1）项b的"公共礼堂、集会场所"等。

表3.34　防火对象物与应配置消防用设备 [47]

消防对象物种类（法令附表一）		消防用设备类别	自动洒水设备 法令第12条				室内消火栓设备 法令第11条			室外消火栓设备 法令第19条	连结送水管 法令第29条	连结洒水设备 法令第28条第2款	消防用水 法令第27条	消防器材 法令第10条		
			普通建筑	地下层、无窗层 建筑面积1000m²	四层以上十层以下的楼层 建筑面积1500m²	除地下层、层数在十一层以上的防火对象层	普通建筑 总建筑面积500m²以上	地下层、无窗层或四层以上楼层 总建筑面积100m²以上	指定可燃物					普通建筑	地下层、无窗层或三层以上楼层	"少量危险物"等
(1)	a	剧场、电影院、演艺场、观览场所	舞台部 地下层、无窗层、四层以上楼层300m²以上 其他楼层500m²以上　3000	1000	1500	全部	(1000)[1500]	(200)(300)[300]	关于危险物限制政令附表第四条所规定数量的七百倍以上（不包括可燃性液体类）	一、占地面积两千平方米以上，二层部分建筑面积三千平方米以上者（设于三层以上）……	一、除地下层外，层数七层以上者（设于三层以上）……	地下层建筑合计700m²以上之（15）～（16-2）、（17）项		全部	建筑总面积五十平方米以上者	指定数量五分之一以上、未达到指定的少量危险物，或者根据政令附表规定以上的指定可燃物
	b	公共礼堂、集会场所	非平房建筑物总建筑面积超过6000m²	1000	1500									总占地面积150m²以上		
(3)	b	饮食店	3000	1000	1500		700(1400)[2100]	700(300)[450]						150	150	
(4)		百货、商场、商品及其他经营商业性的店铺或展示场所等	6000	1000	1000									150	150	
(6)	d	幼儿园或特别支援学校		1000	1500									150	150	
(7)		小学、初中、高中、大学、高等专科学校、专门培训学校及其他各类学校												300	150	
(8)		图书馆、博物馆、美术馆之类												300	300	
(15)		不属于上述各项之项业性场所（办公楼、银行、法院等）	1500 ※1000	1000	1500	十一层以上楼层	1000(2000)[3000]	200(400)[600]						300	300	
(16)	a	复合用途防火对象物中，其中用于(1)~(4)(5)项a款、(6)项或(9)项a款所列防火对象用途者	特定部分建筑面积合计超过3000m²以上部分楼层	1000		全部										
	b	a中所列复合用途防火对象以外的复合用途防火对象物				十一层以上楼层										

※（1）～（4）项

这时，便成为特定防火对象物，在与其他用途共存的情况下，则相当于（16）项a的复合用途防火对象物。

② 食堂可能相当于（3）项b的"饮食店"。这时，便成为特定防火对象物，如与其他用途共存的话，则相当于（16）项a的复合用途防火对象物。

③ 店铺则有可能相当于（4）项b的"百货店、商场及其他经营零售业的店铺或展厅"。这时，便成为特定防火对象物，如与其他用途共存的话，则相当于（16）项a的复合用途防火对象物。

④ 幼儿园相当于（6）项d的"幼儿园或特别支援学校"，成为特定防火对象物。

⑤ 图书馆等有可能相当于（8）项的"图书馆、博物馆、美术馆及其他类似项目"。

⑥ 与学校法人相关的办公楼等有可能相当于（15）项的"上述各号以外的项目现场"。

表3.34所示，系防火对象物及其应配置消防用设备一览。

（b）关于无窗层的处理

所谓无窗层，系指按照日本建筑物地上层中未设有效开口部、用于避难或消防活动的楼层，由日本总务省令（该规定5条2款）规定之。在日本《建筑基准法》中，亦有"无窗"的用语，但系与居室单位的采光和换气相关，其定义完全不同。

如表3.35所示，是否利用无窗层配置必要的消防用设备，在判断标准上存在很大差异，故而应仔细斟酌。

如学校，因一般都设有较大的窗户，故很容易认为不存在无窗层。其实，为了防止跌落窗外而安装栏杆或使用夹丝玻璃和钢化玻璃时，都不应再将其看成有效的开口部。因此，亦须与建筑设计者和主管消防部门充分协商，达成一致意见。如果当地政府决定在非无窗层（即有窗层）不设消防用设备的话，则往往需要提交不设消防用设备申请书，并附有证明其确系非无窗层的相关建筑图纸1份，以供审查。

表3.35　关于日本火灾预防条例规定之自动洒水设备标准示例（供参考）

地方政府名称	条　例	内　容	备　注
札幌市	火灾预防条例第44条（3）	法令附表1（5）项b以及（7）、（8）、（12）和（14）项所列防火建筑物的地下层或无窗层，总建筑面积2000 m²	注意关于（7）项学校的特别记述
东京都	火灾预防条例第39条	三、法令附表1（5）项b以及（7）、（8）和（12）项a所列防火建筑物的地下层或无窗层，总建筑面积2000 m²以上 四、法令附表1（16）项所列防火建筑物的地下层或无窗层，该表（5）项b以及（7）、（8）和（12）项所列用途部分总建筑面积2000 m²以上者	注意关于（7）项学校的特别记述
京都市	火灾预防条例第39条	在以下各项所列防火建筑物部分楼层必须配置自动洒水设备。 （2）法令附表1（5）项b以及（7）、（8）和（12）项a所列防火建筑物的地下层或无窗层，其主要用途部分建筑面积2000 m²以上者 （3）法令附表1（16）项所列防火建筑物的地下层或无窗层，该表（5）项b、（7）、（8）和（12）项所列主要用途部分（非主要用途部分除外）建筑面积计2000 m²以上者 （4）前各条所列之外，法令附表第1条所列防火建筑物高度超过31m之部分（不包括规则第13条第1项规定部分）	注意关于（7）项学校的特别记述
大阪市	火灾预防条例第40条	在以下各项所列防火建筑物部分楼层必须配置自动洒水设备。 （3）法令附表1（5）项b以及（7）、（8）和（12）项a所列防火建筑物的地下层或无窗层，其建筑面积2000 m²以上者 （4）法令附表1（16）项所列防火对象物的地下层或无窗层，该表（5）项b、（7）、（8）和（12）项a所列主要用途部分建筑面积计2000 m²以上者 （5）法令附表第1条所列建筑物11层以下楼层、自地面起高度超过31m者	注意关于（7）项学校的特别记述
广岛市	火灾预防条例第39条	（3）法令附表1（5）项b以及（7）、（8）和（12）项a所列防火建筑物的地下层或无窗层，其主要用途部分建筑面积2000 m²以上者 （4）法令附表第1条所列建筑物11层以下楼层、自地面起高度超过31m	注意关于（7）项学校的特别记述
福冈市	火灾预防条例第34条5款	法令附表1（5）项b以及（7）、（8）和（12）项a所列防火建筑物的地下层或无窗层，其主要用途部分建筑面积2000 m²以上者 （4）法令附表1（16）项所列防火建筑物的地下层或无窗层，该表（5）项b、（7）、（8）和（12）项所列主要用途部分（非主要用途部分除外）建筑面积计2000 m²以上者 （5）前各条所列之外，法令附表第1条所列防火建筑物高度超过31m之部分（不包括由日本总务省令颁布之规则第13条第1项规定部分）	注意关于（7）项学校的特别记述

表 3.36　关于日本火灾预防条例规定之风罩类简易自动灭火装置标准示例

地方政府名称	条 例	内 容	备 注
札幌市	火灾预防条例 第 30 条 2 款（2）f	下列厨房设备上的防止火焰蔓延装置被称为自动灭火装置 （A）法令附表第 1 条（1）～（4）项、（5）项 a、（6）项、（9）项 a、（16）项 a、（16 之 2）项及（16 之 3）项所列防火建筑物的地下层厨房设备及其安装在同一空间内其余类似厨房设备的总功率 350kW 以上 （B）除（A）中所列项目之外，设于高度超过 31m 建筑物内的厨房设备及其安装在同一空间内的其余类似厨房设备的功率合计超过 350kW 者	
东京都	火灾预防条例 第 3 条 2 款（3）d	c 无论文件如何规定，以下厨房设备均应配有自动灭火装置 （1）法令附表第 1 条（1）～（4）项、（5）项 a、（6）项、（9）项 a、（16）项 a、（16 之 2）项及（16 之 3）项所列防火建筑物的地下层厨房设备及其安装在同一空间内的其余类似厨房设备的总功率 350kW 以上 （2）除（1）中所列项目之外，设于高度超过 31m 建筑物内的厨房设备及其安装在同一空间内的其余类似厨房设备的功率合计超过 350kW 者	
京都市	火灾预防条例 第 3 条 4 款（2）f	下列厨房设备上的防止火焰蔓延装置被称为自动灭火装置；但是，根据对排气风道等的结构或设置状况判断，认为没有预防火灾障碍的不在此条例限制。 （A）法令附表第 1 条（1）～（4）项、（5）项 a、（6）项、（9）项 a、（16）项 a、（16 之 2）项及（16 之 3）项所列防火建筑物、建筑面积超过 1000 m² 建筑物内的厨房设备 （B）除（A）中所列项目之外，设于高度超过 31m 建筑物内的厨房设备及其安装在同一空间内的其余类似厨房设备的功率合计超过 350kW 者	需要注意与高度无关，仅以 350kW 以上作为对象
大阪市	火灾预防条例 第 3 条 4 款（2）	在下列排气风道等处应配有防止火焰蔓延的自动灭火装置。在其余排气风道等处应设可防止火焰蔓延的防火风罩或自动灭火装置（以下称防止火焰蔓延装置）。但是，如果不用排气风道，而采用直接从风帽排气至户外的结构，或者从排气风道的长度以及厨房设备容量和使用状况判断，认为没有预防火灾障碍的不在此条例限制。 （A）设在高度超过 31m 建筑物上的排气管道等 （B）设在法令附表第 1（16 之 2）项及（16 之 3）项所列防火建筑物上的排气管道等 （C）设于法令附表第 1 条（1）～（4）项、（5）项 a、（6）项、（9）项 a、（16）项 a 所列防火建筑物、总建筑面积 3000m² 以上建筑物上的排气管道等	
广岛市	火灾预防条例 第 3 条 4 款（2）	f 下列厨房设备上的防止火焰蔓延装置被称为自动灭火装置 （A）法令附表第 1 条（1）～（4）项、（5）项 a、（6）项、（9）项 a、（16）项 a、（16 之 2）项及（16 之 3）项所列防火建筑物的地下层厨房设备及其安装在同一空间内其余类似厨房设备的总功率 350kW 以上 （B）除（A）中所列项目之外，设于高度超过 31m 建筑物内的厨房设备及其安装在同一空间内的其余类似厨房设备的功率合计超过 350kW 者	
福冈市	火灾预防条例 第 3 条 4 款（2）f	下列厨房设备上的防止火焰蔓延装置被称为自动灭火装置 （A）法令附表第 1 条（1）～（4）项、（5）项 a、（6）项、（9）项 a、（16）项 a、（16 之 2）项及（16 之 3）项所列防火建筑物的地下层厨房设备及其安装在同一空间内其余类似厨房设备的总功率 350kW 以上 （B）除（A）中所列项目之外，设于高度超过 31m 建筑物内的厨房设备及其安装在同一空间内的其余类似厨房设备的功率合计超过 350kW 者	

（c）有关以回廊连接多个建筑物时的注意事项

学校校园内坐落多个建筑物，各建筑物间以回廊相连的情形并不少见。在日本《消防法》中，凡 2 栋以上建筑以回廊等连接的，原则上均被看成 1 栋建筑，应该配置的消防用设备数目也根据其总层数和总建筑面积判断。然而在这种情况下，只要满足 1975 年 3 月 5 日日本消防安第 26 号文件规定的条件，就可对各栋建筑分别处理。究竟应该算成同一座建筑，还是分别对待，这要尽早与建筑设计者

和主管消防部门协商，以便制定明确的方针。

需要注意的是，依据《消防法》判断建筑物是否应属于另一栋建筑与依据《建筑基准法》所做出的判断不同。尤其是在与现有建筑物邻接处的设施改扩建项目，在以回廊连接的情况下，如要将其看成一栋建筑物，往往需要对现有建筑物进行防灾设备改造。而且，按照相关规程，即使没有用回廊连接，在室外消火栓设备及消防用水等的配置上，也同样要将两座以上的相邻建筑物当作一座建筑物来处理。

（d）与各地方政府制定的火灾预防条例和指导纲要有关的注意事项

消防设备的规划设计自然要将《消防法》作为依据。不过，各地方政府也制定了相关火灾预防条例以及指导纲要等，其规定的设置标准往往更为严格，这一点务请注意。

关于自动洒水设备以及风罩类简易自动灭火装置所规定的标准，如表 3.35 和表 3.36 所示。除此之外，与《消防法》规定的消防用水规程不同，有的地方政府在开发指导纲要等文件中还规定了防火水槽的设置标准等，因此应事先与当地消防主管部门进行充分协商。

[5] 雨水利用设备

（a）雨水利用总体系统

在学校中，为了有效利用宝贵的水资源，并从治水效果、学习效果乃至发生灾害时作为紧急用水等方面考虑，大多都会研讨雨水利用问题。雨水可以用于冲洗厕所、空调冷却水（须经当地政府批准）、绿地及运动场地等处的洒水等。作为学校，应该优先考虑将雨水用于处理比较简单的洒水方面。

学校校园内，建筑物相对于占地面积的比例，与其他用途的设施相比通常要小些，建筑物的层数相对于总建筑面积也较少，然而屋顶面积所占比例却较大。因此，在规划设计上要能够做到，让雨水的回收率和有效使用率都很高。

雨水利用设备的设计，可参照日本（社团法人）空调·卫生工学会编《雨水利用系统设计与实务》等专门书籍。

（b）雨水排放控制设施

为了减轻雨水排放显著集中化和增量化给水排水系统和河流造成的负担，在项目开发过程中，大多采取控制雨水排放的措施，这也须与当地政府主管部门充分协商而定。

控制雨水排放设施可分为以下几类：

1）地下渗透设施

使雨水分散渗入地下的渗透井、渗透地沟、透水性铺装等设施。

2）贮存渗透设施

制成双层结构的贮存槽，用内槽贮存水，当内槽贮存的水溢出时经外槽渗入地下，从而成为兼具贮存和渗透功能的设施。

3）雨水贮存设施

该设施可暂时贮存雨水，以减少向下游的排放量，延长排放的时间。

[6] 其他

（a）有关确保建筑物卫生环境的法律（《建筑物卫生法》）

在有关确保建筑物卫生环境法律实施令第一条中，对对象建筑物做出以下规定：

> **有关确保建筑物卫生环境法律实施令第一条（摘录）**
>
> 确保建筑物卫生环境的相关法律（以下简称"法"）第二条第一项政令规定的建筑物，其用途为下面各条所列部分的总建筑面积（建筑基准法施行令 [1950 年政令第三百三十八号] 第二条第一项第三号规定之建筑面积合计）3000m² 以上的建筑物及专供由日本《学校教育法》1947 年法律第二十六号第一条规定的学校用途建筑物、总建筑面积超过 8000m² 者。
>
> 一　演艺场、百货店、集会场所、图书馆、博物馆、美术馆以及游艺场
>
> 二　店铺或写字楼
>
> 三　不属于日本《学校教育法》第一条规定内的学校（包括培训场所）
>
> 四　旅馆

日本《学校教育法》第一条规定的学校（包括幼儿园、小学、初中、高中、中等教育学校、特别支援学校、大学及高等专科学校），如总建筑面积超过 8000m²，均被列为该法规范的对象。但需要注意的是，不在这一范围内的其他种类学校，如总建筑面积在 3000m² 以上，也被列为规范对象。因其中有些条文与给水排水卫生设备相关的记载，也必须要考虑。维护、管理为主要内容故作为从事学校规划设计的人员，应事先熟知其内容。

（b）学校环境卫生标准

日本文部科学省告示第 60 号《学校环境卫生标准》于 2009 年 4 月 1 日颁布实施。其中在给水排水设备方面，规定了饮用水水质及相关设施设备的标准。虽然主要内容与维护管理有关，但作为学校的规划设计者，亦有必要事先熟知其中的内容。

3.4.4　成本规划

[1] 概算工程费

概算工程费是从基本构想至总体设计各阶段制

定预算的基础。如表 3.37 和表 3.38 所示，对构成比和概略工程费的计算，可以与类似物件比较。然后再加上因设置条件发生的特殊设备费用和基础设施建设上应承担的金额等，最后形成概算工程费。

如系学校设施，在计算校舍本身的给水排水设备工程费时，目前流行的做法是，不将游泳池、厨房及与实验有关的特殊用途费用包括进去。不过值得注意的是，假如校园十分广阔的话，其给水、排水和燃气等的接入以及洒水的费用将会存在很大差异。

[2] 维护管理费

维护管理费以年度为周期计算。在表 3.39 中，列举出与维护管理有关的作业内容和检修频率。

[3] 更新费

更新费多以新建时估算的金额作为参考，只是需要设定设备的使用年限。

表 3.40 举例显示了给水排水设备的使用年限。

表 3.37　给水排水设备工程费构成比 [48]

建筑物种类	相对于总工程费的给水排水设备工程费构成比（%）	相对于总设备工程费的给水排水设备工程费构成比（%）
写字楼	2.78 ～ 6.15	11.64 ～ 24.34
小学、初中、高中	2.46 ～ 15.48	11.99 ～ 48.97

表 3.38　给水排水设备工程概略设备工程费参考值

建筑用途	概略工程费（日元 /m²）	各类设备工程费所占比例（%）									
		给　水	热水供给	排　水	器　具	消　防	燃　气	排水处理	厨　房	其　他	临时费用
学校	12000	21	6	18	10	12	8	7	6	7	5

[注]　采样：2007 年 23 件，2008 年 16 件，2009 年 16 件。内中数据为其平均值。

表 3.39　给水排水设备维护管理示例

项目区分	项目名称	相关法规	作业内容	频率	备注
给水排水设备	真空式热水泵		维护检修	1 次 /a	
	加压给水泵		维护检修	1 次 /a	
	过滤设备		维护检修	1 次 /a	更新后过滤沙改作他用
消防设备		消防法	设备检修（2 次 / 年）综合检修（1 次 / 年）防火对象物定期检查		
建筑设备	建筑设备定期检查	建筑基准法		1 次 /a	
	特定建筑物定期检查	建筑基准法		1 次 /3a	
环境卫生设备	贮水槽（蓄水箱、高架水箱）	建筑物卫生法水道法	清扫检修	1 次 /a	
	排水槽（污水槽、杂排水槽）	建筑物卫生法	清扫检修	2 次 /a	
	热水贮罐	建筑物卫生法	清扫检修	1 次 /a	
	水质检查	建筑物卫生法	水质检查	3 次 /a	
	简易专用给水系统检查	建筑物卫生法	专门机构检查	1 次 /a	
	除油池		清扫	4 次 /a	

表 3.40 给水排水设备使用年限一览

种 类	施工部位	耐用年数	规格等	数据来源
热 源	钢板制锅炉	15		BELCA
	铸铁制锅炉	25	蒸汽	BELCA
泵 类	提水泵	15	多级	BELCA
	冷热水泵	15		BELCA
	热水循环泵	15	管道泵	BELCA
	冷却水泵	15	涡旋泵	BELCA
	杂排水泵	10	潜水泵	BELCA
	消防水泵	27	组合型	BELCA
水 槽	蓄水水箱、高架水管（FRP 制）	20	板型	BELCA
	蓄水水箱、高架水箱（不锈钢制）	20	板型	BELCA
制罐类	油罐（地下）	25		BELCA
	热水储存罐（钢板制）	15		BELCA
	热水储存罐（不锈钢制）	15		BELCA
配 管	碳素钢管（镀锌）（供给热水）	12		BELCA
	碳素钢管（镀锌）（排水、通气）	20		BELCA
	碳素钢管（镀锌）（消防）	25		BELCA
	碳素钢管（镀锌）（冷热水）	20		BELCA
	碳素钢管（黑皮）（蒸汽）	20		BELCA
	氯乙烯镶衬钢管（给水）	30		BELCA
	铜管（热水供给）	15	M	BELCA
	不锈钢管（给水、热水供给）	30		BELCA
	乙烯管（给水）	30	HIVP	BELCA
	乙烯管（排水）	25	VP	BELCA
	铸铁管（排水）	30		BELCA
	休谟管（排水）	30		BELCA
热水器	燃气热水器	10		BELCA
	电热水器	10		BELCA
消防机械	室内消火栓	20		BELCA
	输水口	20		BELCA
卫生器材	大便器	25	日式	BELCA
	小便器	30		BELCA
洗脸池	洗脸池	25		BELCA
	水门类	20		BELCA

3.5 学校的给水排水卫生设备设计

3.5.1 设计重点

[1] 设计各阶段作业内容

全部设计过程是依照总体构想、总体规划、总体平面设计和实施设计的顺序进行的。表3.41则显示出设计各阶段的主要作业内容。

[2] 须与政府有关部门协商的事项

须与政府有关部门协商的事项被列在表3.42中。在学校，因校园内大多原来就有建筑物，故应循着过去与政府有关部门协商的路径，并在充分掌握现有建筑物情况的基础上，就新建项目进行商讨。

[3] 学校项目设计的关注点

在学校项目的设计中，一般都会将多栋建筑物及设施布置在校园内，因此必须从校园整体着眼进行设备的规划设计。而且，如果校园内原来就有建筑物的话，为了保持设计标准的统一，必须对现有建筑物状况做充分的调查。还有一个重要的方面就是，在确定蓄水水箱、给水泵、灭火水泵等供给整个校园或校园内多座建筑物的设备规格时，应着眼于未来的计划，并且明确究竟要容纳多少人员，建筑规模有多大等，再以此为基础，与有关部门人员协商达成一致意见。

校园内主要埋设配管走向的设定及作为干线配管的尺寸设定也是同样的做法。

表3.41 给水排水设备设计各阶段作业内容

项 目	调 查	规划·设计	与其他部门协调	实际成果
总体构想	·业主要求事项 ·用地气象条件（外气温湿度、降雨量等） ·地形、周边情况、道路状态等 ·有无供水系统及其供给能力 ·有无排水系统及其接受能力 ·有无城市燃气及其供给能力 ·校园内基础设施状况 ·校园内其他建筑物设计类型 ·相关法令规范内容及其补充标准	·用水量概略计算及给水方式探讨 ·热水使用量概略计算及热水供给方式探讨 ·排水量概略计算及排水方式探讨 ·对相关法令规定之各种消防设备及排水处理设备等的探讨 ·考虑如何与校园未来发展规划相适应	·大致所需空间 ·PS的位置及大小 ·机械类设备的概略荷载及电气容量	·总体构想说明书 ·各种调查内容 ·规划实施过程中出现的问题及其解决方法
总体规划	·对供水系统、排水系统、城市燃气等的利用概况进行调查和咨询 ·关于校园内基础设施概况进行调查 ·就涉及相关法令规范的内容及其补充标准与政府主管部门进行初步协商	·设定设计条件 ·设定设计方针 ·设定给水方式 ·设定热水供给方式 ·设定排水方式 ·确定所需消防设备 ·设备、材料的大致规格 ·主要设备的概略布置	·对设计和工程内容进行划分 ·大致所需空间 ·设定层高、顶棚高度 ·设定排水槽、地沟及配管竖井 ·设备类荷载、电气容量	·总体规划概要书 ·设计条件、设计方针 ·各设备系统研讨资料 ·现场调查报告书 ·与政府相关部门协商记录 ·主要设备、材料的大致规格 ·所需空间研讨资料
总体设计	·对给水系统、排水系统和城市燃气等的利用情况进行详细调查和咨询 ·关于校园内基础设施情况进行详细调查 ·就涉及相关法令规范的内容及其补充标准与政府主管部门进行详细讨论	·计算各个设备的负荷 ·对设备系统的详细研讨 ·确定设备、材料的规格 ·确定设备布置和配管的走向 ·编写防灾计划书及开发行为申请书等文件	·确定设计和工程内容的划分 ·确定所需空间 ·确定层高、顶棚高度 ·确定设备类荷载（包括基础）和电气容量 ·设定梁贯通及墙壁开口位置 ·确定排水槽、地沟及配管竖井位置 ·设备迁入计划	·总体设计文件 ·设计条件、设计方针 ·设计、工程划分表 ·各设备设计说明书 ·主要设备表 ·概略系统图 ·主要设备布置图 ·特殊部分详图 ·设计计算书 ·防灾计划书、开发行为申请书等
实施设计	·再次确认规划设计没有遗漏上述各项条件，并向上级反映。如有必要可再行协商。	·各设备详细规划 ·绘制各设备的系统图、平面图、详图等 ·斟酌细节的布置及确认所需空间 ·编写各设备设计计算书 ·绘制设备布置示意图、室外布置图和编写设备信息表和特殊说明书等 ·编写确认申请文件等	·对空间、荷载及梁贯通位置的再次调整 ·确定通风口、PS、检修口等的位置 ·对荷载、电气容量、热水供给量、空调补给水量等的再次调整	·施工图设计文件 ·设备布置示意图、室外布置图 ·特殊规格说明书 ·机械设备表 ·系统图、平面图、详图等 ·设计计算书 ·确认申请文件

表 3.42　与政府有关部门协商事项

项　目	现场调查·协商事项
给　水	·确认供水条例及其实施规则、供水单位相关规定的内容 ·附近供水管、截水阀、消火栓等的位置、管径、埋设深度、水压、材质等 ·可接入的水量、管径及接入管材质 ·采用各种不同给水方式（直连供水系统直接加压方式、直连供水系统增压方式、蓄水水箱方式）的条件 ·接入时有无应承担或分担的费用。如果有的话，其计算方法和金额 ·如接入管须从远处铺设、或者变更铺设时，业主应承担的内容 ·有无指定给水工程施工单位，如果有的话，单位名称是什么 ·在规划、设计和施工的各阶段所需申请手续的内容
排　水	·确认排水条例及其实施规则，以及其他规定的内容 ·采用合流式还是分流式排水系统 ·附近排水系统管道、人孔等的位置、管径、埋设深度、材质等 ·可排放水量、可安装管径、排放管的材质 ·接入时有无应承担或分担的费用。如果有的话，其计算方法和金额 ·如接入管须从远处铺设或者变更铺设时，业主应承担的内容 ·有无指定排水工程施工单位，如果有的话，单位名称是什么 ·在规划、设计和施工的各阶段所需申请手续的内容
燃　气	·燃气发热量、类别符号（13A 等） ·可接入管径 ·如接入管须从远处铺设或者变更铺设时，业主应承担的内容
消　防	·以建筑物单体的层数、总建筑面积等确认所需消防设备 ·确认消防用水及室外消火栓等与校园整体有关的消防设备状况 ·确认灭火水泵等所需紧急备用电源的种类 ·确认当地政府开发指导纲要等规定的防火水槽等设备 ·确认当地政府火灾预防条例等规定的简易灭火设备等 ·确认灭火水泵等主要设备的布置场所

[4] 临时避难所功能

学校项目的设计需要注意发生灾害时应具有作为临时避难所的功能，尤其确保其基础设施的正常运行。另外，因为多余的设备会增加初始成本和维护管理成本，所以与相关部门人员要进行充分的协商。

在这方面，可参看（社团法人）空调·卫生工学会编的《灾害时可饮用的水和可使用的水》一书。

（a）确保供水

作为确保停电断水情况下的水供给对策，可考虑以下几种方式：

① 蓄水水箱要设置两座，以提高地震时的可靠性。

② 防火水槽、消防水槽等设施中的水可用作杂用水。

③ 在户外设置紧急备用给水口，以便在断水时能够像蓄水水箱那样方便地出给水车直接供水。

④ 配备可将游泳池内的水净化成饮用水或杂用水的过滤系统。

⑤ 将游泳池布置在屋顶及建筑最上层，这样就可在没有动力的情况下供水。

⑥ 给水泵由发电机供给电力，即使停电时也可以供水。

⑦ 将便器做直连给水的设计。

（b）确保排水

在排水主管阻断时，作为停电情况下确保排水的措施，可考虑采取以下方法：

① 将污物丢入排水槽内。

② 事先准备可设在人孔盖上部的临时厕所。

③ 将排水泵作为发电机负荷使用，即使停电时亦可排水。

3.5.2　设计步骤

[1] 给水设备

从小学到高中都是一样，一到下课时间，水的使用就会相对集中，瞬间产生最大负荷。因此，最好能够求出该时间段使用器具的次数和用水量的峰值，然后再与其他方式求得的给水量进行比较和加以判断。尤其要注意的是，女子高中和男女合校的女厕所，通常单位时间内便器的使用频率极高，同时用水量也非常多。

在短期大学和普通大学，以定时授课为主的学科，课间会出现厕所用水量的峰值。然而，由于授课时间较长，其间隔也稍大些。从学生身体生理成长方面考虑，最好不要长时间连续授课，或者根据不同课程改变授课教室，这样就可降低同一厕所长时间集中使用的频率。

如根据人数来计算给水量，从小学到高中，多数学校的教职员人数都不足全校学生人数的5%，因此在实际应用时将其算进学生人数中去也几乎不成问题。另外，在高中之前的各级学校一般都实行定员制，实际人数是可以掌握的；只是大学的情况不同，因为授课组织方式的关系，在校人数不太固定。一般认为，学生实际在校人数约占学生总数的70% ~ 80 %。不过，这一数字会因各大学及学科特点、不同季节、星期天及休息日，或者举行入学考试及学园纪念活动等而有很大变动。尽管定员制使各类学校的实际在校人数可以掌握，但因教室容纳人数较多以及实行二部授课制等，每天的实际在校人数比例可能高出前面提到的数值。

给水的使用范围包括饮用、洗手、洗脸、锅炉用水等，其他还有管理人员用的厨房、洗浴和清洗等用水。杂用水则包括厕所冲洗、清扫用、洒水用以及喷泉和水池等景观用水，其他还包括消防用水及冷却塔补给水等。

给水与杂用水的比例，通常为40% ~ 50%：60% ~ 50%。

（a）一日用水量计算

一日用水量的计算，原则上采用根据人数计算的方法，另外再加上以下各项所消耗的水量。但是，紧急备用发电机用冷却水和消防用水等并不计入其中。

① 空调用冷却塔补给水量。

② 实验及其他类似用途水量。

③ 场地洒水用水量。

④ 体育馆淋浴用水量。

⑤ 游泳池补给用水量。

（1）以人数计算的一日用水量（生活用水）计算示例

· 计算不同类型使用者一日用水量 q_m（L/d）

$$q_m = N \cdot q$$

式中　N——各类使用者人数（人）；

　　　q——对应各类使用者的一人一日的平均用水量 [L/（人·d）]（参照表3.24）。

· 以人数计算的一日用水量 Q_m（L/d）累计

$$Q_m = q_{m1} + q_{m2} + \cdots$$

式中　q_{m1}、q_{m2}……——各类使用者一日的用水量（L/d）。

（2）空调用冷却塔一日补给水量计算示例

在空调设备中设有冷却塔的情况下，可将冷却塔补给水量看作空调用水量。需要注意的是，即使将其与通过（1）式计算出的生活用水量比较，这一数值所占比例也相当大。

· 计算空调用冷却塔一日补给水量 Q_c（L/d）

$$Q_c = 60 \cdot K_3 \cdot H_{RC} \cdot t_c$$

式中　K_3——补给水系数（压缩式或双效用吸收式 =0.01），（单效用吸收式 =0.015）；

　　　q_c——1kW 的冷却水量 [L/（min·kW）]（= 压缩式：3.7，单效用吸收式或双效用吸收式：4.8）；

　　　H_{RC}——冷热源的制冷能力（kW）；

　　　t_c——时间（h）。

· 关于时间，在实践上并非指每天的空调运转时间，而是指相当于全负荷的运转时间。

（3）实验及其他类似用途一日用水量计算示例

· 计算化学教室和物理教室的一日用水量 q_{j1}（L/d）

q_{j1} = 水栓数·一次用水量·一日使用次数

· 在对具体情况不太清楚的情况下，设计者可大致参照以下假设计算：设一次用水量为15L，一日使用次数为6次左右。

· 计算烹饪教室一日用水量 q_{j2}（L/d）

q_{j2} = 学生数·一人一小时用水量·一日使用时间

· 在对具体情况不太清楚的情况下，设计者可大致参照以下假设计算：设一次用水量为20L，一日使用时间为3h左右。

· 计算美术教室的一日用水量 q_{j3}（L/d）

q_{j3} = 水栓数·一次用水量·一日使用次数

· 在对具体情况不太清楚的情况下，设计者可大致参照以下假设计算：设一次用水量为10L，一日使用次数为6次左右。

· 累计实验及其他类似用途一日用水量 Q_j（L/d）

$$Q_j = q_{j1} + q_{j2} + \cdots$$

式中　q_{j1}、q_{j2}……——各室一日用水量（L/d）

（4）运动场洒水一日用水量计算示例

· 计算运动场洒水一日用水量 Q_g（L/d）

Q_g = 一处洒水量（L/min）· 一次洒水时间（min）·洒水栓分布地点数·一日洒水次数

有关运动场地的洒水量，也可参照表3.43。

（5）体育馆淋浴一日用水量计算示例

· 计算体育馆淋浴一日用水量 Q_s（L/d）

Q_s = 一日淋浴利用者（人）·一人用水量（L/ 人）

· 在对具体情况不太清楚的情况下，设计者可大致参照以下假设计算：设一人用水量为50L，再

表 3.43 从洒水栓计算出的用水量[49]

器具·设施	标准规模	流出水量 给水量		使用时间	同时用水（L/min）	配管孔径（mm）	备注
		条件	（L/d）				
洒水栓 运动设施 一日平均 用水量 ·黏土场地 3L/m² ·陶土场地 5L/m² ·草坪 6～10L/m²	软管喷水 1处	流速1.5m/s 每500m²	·黏土场地 1500 ·陶土场地 2500 ·草坪 3000	30min 50min 60min	每台洒水栓 50	25	按洒水半径约13m、洒水面积 500m²计算。 一日平均洒水量 ·黏土铺装 500m²×3L/m²=1500L ·陶土铺装 500m²×5L/m²=2500L ·草坪 500m²×6L/m²=3000L
	低水压型 （1.5kg/cm²） 喷洒器 （定量式或移动式） 2台	供水系统等 1.5kg/cm²洒 水半径约 11m，500m²	·黏土场地 1500 ·陶土场地 2500 ·草坪 3000	50min 1h 23min 1h 140min	每台洒水栓 15	15	低水压型喷洒器洒水半径约 11m 有效洒水距离11m×70%=8m 1台喷洒器洒水有效面积 16m×16m≒250m²
	中高水压型喷洒器 （弹出式地下配管） 1台	加压4.2kg/ cm²以上洒 水半径约 17m，500m²	·黏土场地 1500 ·陶土场地 2500 ·草坪 3000	25min 42min 50min	每台洒水栓 60	25	中高水压型喷洒器洒水半径约 17m 有效洒水距离17m×70%=12m 1台喷洒器洒水有效面积 24m×24m≒2570m²

根据淋浴花洒数设定流转次数，从而计算出利用者人数。

（6）游泳池一日补给水量计算示例

·计算游泳池一日补给水量 Q_p（L/d）

Q_p＝游泳池容积（m³）·0.05·1000

·一般25m泳道的游泳池容积为25m×10m×1.1m ＝275m³左右。

（7）一日用水量累计

·累计一日用水量

$Q_d = Q_m + Q_c + Q_j + Q_g + Q_s + Q_p,\cdots$

这里的一日用水量中包括了游泳池用水，不过，在经主管供水部门同意的前提下，游泳池用水如系采用供水系统直接加压方式，合理的做法应该是，从以下所示的水箱容量和水泵容量计算中将其去掉（注意因其容量大而需夜间供水等条件）。

另外，通过以上计算求得的一日用水量，与过去的实际用水量相比，其数值通常会大得多，因此还需要设计者根据实际情况加以判断是否适宜，并及时做出修正。

（b）小时平均预想给水量计算

该数据根据（a）式求得的用水量和建筑物一日平均使用时间计算出来的。

·计算小时平均预想给水量 Q_h（L/h）

$Q_h = Q_d/t$

式中 Q_d——一日用水量（L/d）；

t——建筑物一日平均使用时间（h）。

（c）小时最大预想给水量计算

·计算小时最大预想给水量 $Q_{hm} = K_1 \cdot Q_h$

式中 K_1——小时最大使用系数（通常设为2）；

Q_h——小时平均预想给水量（L/h）。

（d）瞬间最大给水流量计算

在确定给水管径、水泵压送方式以及直连供水系统增压方式的水泵能力时，要用到瞬间最大给水流量这一数值。瞬间最大给水流量的计算，分为方法1～5，有关详细情况请参照空调·卫生工学会编制之《给水排水设备标准及其说明》（SHASE-S206-2009）。

如果在学校设计中较多地采用方法4，即"器具给水负荷单位法"时，则要设定各器具的给水负荷单位（参照表3.44），再按系统逐一累计给水负荷单位，在此基础上，像图3.22那样计算出各系统的瞬间最大给水流量。有时为了更简便些，也可以采用按小时平均预想给水量3倍的方法。

（e）蓄水水箱容量计算

蓄水水箱的有效容量，取决于配水管等的水源供水能力。不过，考虑到水的使用时间段，则须满足（1）式的条件；而当考虑到用水时间段以外蓄水水箱是否应恢复满载状态时，则应满足（2）式的要求。一般说来，蓄水水箱的有效容量应该在一日用水量的1/2左右。但因各地方政府在这方面均有相关规定，故须事先与当地供水主管部门协商。

表 3.44 器具给水负荷单位[50]

| 器具名 | 水 栓 | 器具给水负荷单位 | | 器具名 | 水 栓 | 器具给水负荷单位 | |
		公共用	私人用			公共用	私人用
大便器	冲洗阀	10	6	连续洗槽	给水栓		3
大便器	冲洗用水箱	5	3	洗脸池	给水栓	2	
小便器	冲洗阀	5		[安装1个水栓]			
小便器	冲洗用水箱	3		清洁用洗槽	给水栓	4	3
洗脸池	给水栓	2	1	浴槽	给水栓	4	2
洗手池	给水栓	1	0.5	淋浴	混合栓	4	2
医疗用洗脸池	给水栓	3		成套浴室	大便器用冲洗阀		8
办公室用洗槽	给水栓	3		成套浴室	大便器用冲洗水箱		6
厨房洗槽	给水栓		3	煮饭器	饮用水水栓	2	1
烹饪台洗槽	给水栓	4	2	热水器	球形水栓	2	
烹饪台洗槽	混合栓	3		洒水·车库	给水栓	5	
餐具洗槽	给水栓	5					

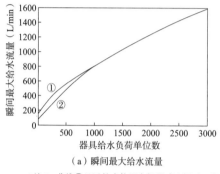
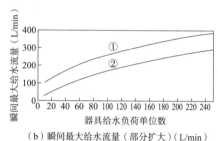

（a）瞬间最大给水流量   （b）瞬间最大给水流量（部分扩大）（L/min）

[注] 曲线①显示较多使用大便器冲洗阀时，曲线②则为较多使用大便器冲洗水箱时的情形。

图 3.22 瞬间最大给水流量的计算（器具给水负荷单位法）[34]

需要注意的是，蓄水水箱过大，水箱内含盐量减少，益于一般细菌的繁殖。考虑到蓄水水箱的安检以及清扫问题，适宜将其分割成2个水槽，设置中间隔板。另外，学校长期休假时，使用水量大幅减少，蓄水水箱要注意变更水位设定，有效容量减少，需要在设计时考虑，药物投放装置的设置也是需要进行讨论的，在计算蓄水水箱有效容量的时候，有效水深的选取是必须要注意的。图 3.23 所示，自给水管下端至溢流管为有效水深，也有依据自治体所详细规定的计算方法的场合，这要和所管辖区水道局进行协商。

·计算蓄水水箱容量 Q_{TW}（m³）

$$Q_{TW} \geq Q_d - Q_s \cdot t \qquad (1)$$
$$Q_s (24 - t) \geq Q_{TW} \qquad (2)$$

式中 Q_d——一日用水量（m³/d）；
　　　Q_s——来自配水管等水源的供水能力（m³/h）；
　　　t——一日平均用水时间。

（f）高架水箱容量计算

一般情况下，高架水槽的有效容量都设定为一日用水量的1/10左右。但与蓄水水箱一样，各地方政府对此亦有相应规定。

（g）采用高架水箱放水时对抽水泵能力的计算

（1）扬水量 Q_{PW}（L/min）计算

·计算扬水量 Q_{PW}（L/min）

$$Q_{PW} = K_1 \cdot Q_{hm} / 60$$

式中 K_1——相对于小时最大预想给水量的比例（=1.0）；
　　　Q_{hm}——小时最大预想给水量（L/h）。

（2）高架水箱有效容量与抽水泵扬水量之间的关系

高架水箱有效容量与提升水泵扬水量之间具有下式所示的关系：

$$Q_{TWH} \geq (Q_P - Q_{PW}) T_1 + Q_{PW} \cdot T_2$$

式中 Q_{TWH}——高架水箱容量（m³）；
　　　Q_P——瞬间最大预想给水量（L/min）；
　　　Q_{PW}——抽水泵的扬水量（L/min）；
　　　T_1——峰值持续时间（min）；
　　　T_2——抽水泵最短运转时间（min）。

这种关系可以通过图 3.24 显示出来。一般将 T_1 设定为30min左右，T_2 设定为 10～15min。从图中可知，无论高架水箱的容量怎样大，如果不预

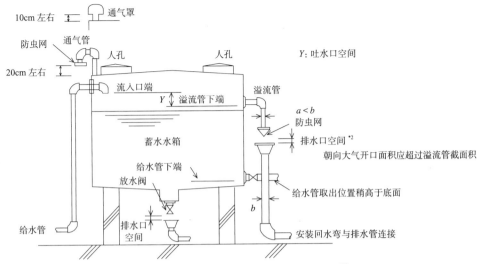

图 3.23 饮用水箱内部结构及其溢流管·通气管示例[52]

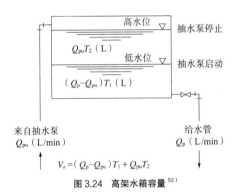

图 3.24 高架水箱容量[53]

$$V_e = (Q_p - Q_{pu})T_1 + Q_{pu}T_2$$

表 3.45 流速参考值[54]

配管种类	条 件	最佳水流速（m/s）
水泵吸水管	因扬程大小、吸水管长短和水温高低而不同。给水用离心泵为 2 m/s 以下	0.5 ~ 1
水泵出水管	含有空气的水可能腐蚀管路，则取：最高 4 m/s	1.5 ~ 2
给水主管	给水主管	1 ~ 2
给水支管	建筑物内给水管	0.5 ~ 0.7
给水远距离输水管	供水系统配水主管	1.5 ~ 3
锅炉给水管	水温 70℃ 以上	0.6 ~ 1
排水泵扬水管		1 ~ 1.5

先设定水泵运转用水位满足低水位以下容量（$Q_p - Q_{PW}$）·T_1 的条件，一旦用水峰值恰好出现在低水位时，将无法保证供水。

（h）采用泵压送方式对泵压送能力的计算

压送泵的给水量采用瞬间最大给水流量值。如在前面 [1]（d）小节中讲过的那样，关于瞬间最大给

水量的计算，有方法 1 ~ 5。其中采用较多的是方法 4，即"器具给水负荷单位法"。考虑到负荷变动和容量限度等因素，一般都将负荷分配给 2 台以上的水泵。按照所需能力，通常采用 50%×2 台的方式；为更加保险起见，也可以采用 75%×2 台的方式（即使有一台发生故障，另一台亦能够保证所需能力的 75%；当 2 台同时运转时，则可承受设定负荷的 150%）。

（i）管道内流速限制

管道内流速，原则上设定为 2.0m/s 以下。而且，在连续流动状态下，还要将流速进一步降低。所谓连续流动，相当于水泵系统、空调及游泳池的补给水系统、部分厨房设备以及热水设备的回水管系统等的水流。聚丁烯管及架空的聚乙烯管，不管用于给水还是热水供给，其流速均应在 3m/s 以下；水泵吸水管无论采用何种材质，其流速最好不超过 1m/s。各种配管条件对流速的制约实例，显示在表 3.45 中。

[2] 热水供给设备

以下，则围绕学校采用较为普遍的局部式热水供给设备进行阐述。

（a）关于瞬间热水器的计算

（1）根据不同器具热水供给能力所做的热水供给量计算

·根据不同器具热水供给能力计算出的热水供给量 Q（L/min）

$$Q = (q_{p1} \cdot N_1 + q_{p2} \cdot N_2, \cdots) \cdot \eta$$

式中 $q_{p1}, q_{p2}, \cdots$——不同器具热水供给能力（L/min）（13mm 水栓：5 ~ 8，淋浴：7 ~ 11）；

N_1，N_2，…——各类器具数量（个）；

　　　　　　η——器具同时使用率(通常为1)。

（2）根据浴槽容量所做的热水供给量计算

·根据浴槽容量计算出的热水供给量 Q（L/min）

$$Q = (q/T) \cdot (45 - t_c)/(t_h - t_c)$$

式中　q——浴槽有效热水储量（L）；

　　　T——放满热水所需时间（min）（=15～30）；

　　　t_h——热水温度（℃）；

　　　t_c——给水温度（℃）（≒5）。

（3）加热能力的计算

·计算加热能力 H（kW）

$$H = 60 \cdot 0.00116 \cdot K \cdot Q \cdot (t_h - t_c)$$

式中　K——富裕系数（=1.1～1.2）；

　　　Q——热水供给量（L/min）；

　　　t_h——热水温度（℃）；

　　　t_c——给水温度（℃）（≒5）。

（4）瞬间式热水器的号数

瞬间式热水器代号 G 的数字，表示将 G（L/min）的水加热至25℃后供给热水的能力。如1号瞬间式热水器的加热能力见下式。

$$1号 = 1L/min \times 25℃ \times 4.186kJ$$
$$= 104.65kJ/min = 1.74kW$$

（b）储罐式热水器的计算

（1）热水储量的计算

·计算热水储量 Q（L）

$$Q = N \cdot q/K_1$$

式中　N——热水供给对象人数（人）；

　　　q——1人热水供给量（L/人）

　　　　　（开水房=0.2～0.3，

　　　　　食堂用=0.1～0.2）；

　　　K_1——热水连续供给系数（=0.7）。

（2）加热能力的计算

·计算加热能力 H（kW）

$$H = 0.00116 \cdot K_2 \cdot Q \cdot (t_h - t_c)/T$$

式中　K_2——富裕系数（=1.1～1.2）；

　　　Q——热水储量（L）；

　　　t_h——储罐热水温度（℃）（=90℃）；

　　　t_c——给水温度（℃）（≒5）；

　　　T——水加热至沸腾所需时间（h）（燃气=0.25～0.5，电气基本上=1.0）。

（c）热水供给管径的计算

根据表3.46列出的数据，将各系统热水供给单位进行累计，再依照图3.25求出同时使用流量，最后通过所用配管流量线图计算出管径。

热水回水管的管径按照表3.47的规定。不过，在确认热水供给用循环泵流量的回水管流速超过推荐流速（一般为1.5m/s）时，要将尺寸提高1个规格。如果使用铜管作为热水供给管的话，在弯曲部外侧等流速较快的场所则不易形成氧化膜，因而会与其他形成氧化膜的周围部分之间产生电位差，使之逐渐腐蚀。尤其是在经常流动热水的回水管内，应该将管内流速控制在1.5m/s以下。

表 3.46　各类建筑物不同器具热水供给单位

（标准热水供给温度60℃）

器具种类	写字楼	学　校	体育馆
个人用洗脸池	0.75	0.75	0.75
普通洗脸池	1.0	1.0	1.0
西式洗脸池	—	—	—
淋浴 *	—	1.5	1.5
厨房洗槽	—	0.75	—
配餐用洗槽	—	2.5	—
洗碗机		相对250个座席5个热水供给单位	
清洁用洗槽	2.5	2.5	

* 热水供给设备主要用于体育馆与工厂交接班的淋浴时，其设计流量不再参照该热水供给单位，而是将热水同时使用率设定为100%。

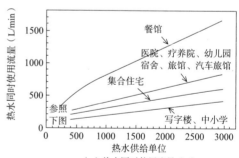

（a）热水同时使用流量（1）

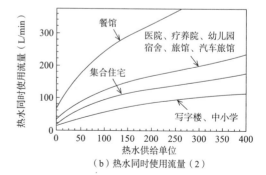

（b）热水同时使用流量（2）

图 3.25　各类热水供给单位热水同时使用流量线图

表3.47 热水回水管管径（mm）[57]

热水供给管径（A）	20 ~ 32	40 ~ 50	65 ~ 80	100以上
热水回水管径（A）	20	25	32	40

（d）热水供给用循环泵的计算

热水供给用循环泵的循环热水量，取决于热水供给配管单位长度的热损失。

· 计算循环热水量 W（L/h）

$$W = 0.86 \cdot Q \cdot L \cdot (t_h - t_r) / \Delta t$$

式中 Q——相对于主配管典型管径的单位长度热损失（W/m·℃）（参照表3.48）；

L——自热水储罐至最远端热水栓的配管长（往复）（m）；

Δt——供给热水与返回热水的温度差（℃）（≒ 5）；

t_h——供给热水温度（℃）；

t_r——配管周围温度（℃）（≒ 15）。

· 计算循环水头 h（m）

$$h = r (L + L') / 9.81$$

式中 r——压力损失（kPa/m）（主配管典型管径的压力损失）；

L——自热水储罐至最远端热水栓的配管长度（往复）（m）；

L'——相当于局部阻力长度合计（m）。

另外，为简便起见，亦可设 $L' = 1.0 L$。

（e）其他注意事项

附设于体育馆的淋浴室等，在上完体育课或俱乐部活动结束后会集中使用，应考虑将其同时使用率设定为近100%。对此，在做加热能力计算时要特别注意。

[3] 排水·通气设备

（a）排水槽的种类及其结构

根据贮存的排水种类，排水槽可分别用于污水、杂排水、厨房排水、涌水和雨水等。图3.26为其设置案例。

（b）排水泵的种类

排水泵的种类及其用途和最小口径等如表3.49所示。

（c）机械容量的确定

因各地方政府均制定有相关标准，故应事先与当地排水主管部门协商。

（1）排水槽与排水泵的关系式

排水槽与排水泵的关系如（1）式所示。图3.27则是表现这种关联的示意图。考虑到可能发生的异常，还设有备用泵，一旦出现紧急情况会立刻运转。

$$V = (Q_p - Q_{pu}) \cdot T_1 + Q_{pu} \cdot T_2 \qquad (1)$$

式中 V——排水槽有效容量（L）；

Q_p——流入排水槽的高峰流量（L/min）；

Q_{pu}——排水泵的扬水量（L/min）（当 $Q_p \leq Q_{pu}$ 时为0）；

T_1——排水高峰的持续时间（min）（≒ 30 左右）；

T_2——排水泵最短运转时间（min）（5[小型] ~ 15[大型]左右）。

（2）排水槽容量计算公式

排水槽的容量除了可用（1）式的方法求出外，有时亦可以（2）式每小时最大排水量为基准求得。在这种情况下，则以 5min（小型）至 20min（大型）的排水量为排水泵容量。

$$V = (Q_d / T) \cdot K_1 \cdot K_2 \qquad (2)$$

式中 V——排水槽有效容量（L）；

T——排水流入排水槽部分的一日给水时间（h）；

Q_d——流入排水槽一日平均排水量（L/d）；

K_1——每小时最大排水量系数，一般设为 1.5 ~ 2.0，但有时也设为 2.0 ~ 2.5；

K_2——考虑到每小时最大排水量潴留时间的系数，设为 0.25 ~ 1，有时也固定为1。

此外，还有如表3.50那样确定有效容量的例子。

表3.48 配管的热损失（mm）[58]

类别 \ 公称孔径（A）	15	20	25	30	32	40	50	60	65	75	80	100	125	150
被覆保温层钢管	0.20	0.24	0.28	—	0.32	0.36	0.43	—	0.44	—	0.51	0.63	0.75	0.77
被覆保温层不锈钢管	0.20	0.24	0.28	0.31	—	0.37	0.40	0.41	—	0.49	0.55	0.68	0.80	0.81
未被覆保温层钢管	0.50	0.70	0.90	—	1.10	1.30	1.70	—	2.09	—	2.49	3.29	4.09	4.89
未被覆保温层不锈钢管	0.50	0.70	0.90	1.07	—	1.34	1.53	1.90	—	2.40	2.80	3.59	4.39	5.19

[注] 外表面热传导率为10W/（m²·℃），保温材料的热传导率为0.045 W/（m²·℃）。配管保温层厚度：15 ~ 50A20mm、60 ~ 125A25mm、150A30mm。

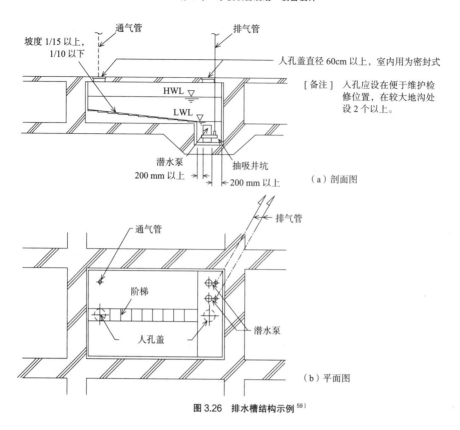

图 3.26 排水槽结构示例[59]

表 3.49 排水泵种类、用途及最小口径等[60]

项目＼种类	污水泵	杂用水泵	污物泵	
			非联锁型	涡旋型
用途·适用场合	净化槽处理水、雨水和涌水等几乎不含固化物的排水	厨房以外的杂排水等混入小颗粒固化物的配水。如口径为50mm，应可通过直径20mm的木球。	污水、厨房排水等含有固化物的排水。如口径80mm，应可通过直径53mm的木球。	
最小口径	40mm	50mm	80mm*	
可通过异物粒径	口径的10%以下	口径的30%～40%以下	口径的5%～60%以下	口径的10%

* 如附带破碎机械可通过53mm木球时或使用涡旋型并能以特定手段管理时，最小口径可设定为50mm。

（d）间接排水

当排水管堵塞时，或者水处理设备的排水管直接与普通排水管连通时，便有可能导致污水逆流，使储存的食品、饮用水、消毒物品等处于被污染的危险境地。为此，类似器具的排水管应采用间接排水方式。

须采用间接排水的器械和装置如下：

① 与厨房有关的设备。

② 饮水机。

③ 医疗研究用器械。

④ 游泳池、喷泉水池。

来自其他配管和装置的排水、各类储罐排水、溢流排水、泵的排水、各类配管系统的排放水、冷却塔及空调机械等的排水，以及蒸汽系统等的排水，均应采用间接排水方式。

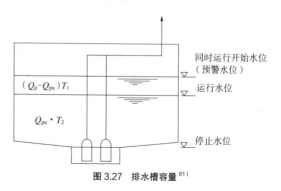

图 3.27 排水槽容量[61]

表 3.50　排水槽容量计算表[62]

区分	名称	有效容量	
地上	杂排水槽	流动稳定时	4 ~ 6h 平均流量
		流动稳定时	4h 最大流量
建筑物地下	污物槽	2 ~ 2.5h 平均流量（最小 3.0m³）	
	杂排水槽	2 ~ 2.5h 平均流量（最小 2.0m³）	
	涌水槽	双层地面以下缓冲（最小地沟容量 1.5 m³）	

[注]　1. h 平均流量即给水设备小时平均预想给水量乘以排出系数（厕所及杂排水一般为 1.0，厨房为 0.8）所得之积值。
　　　2. 在建筑物地下的污物槽或杂排水槽的小时最大流量低于本表所给计算数值的情况下，则将 1h 的最大流量作为有效容量。而且，将小时最大流量设为给水设备的小时最大预想给水流量。

（e）其他注意事项

① 在学校里，因为厕所和洗手间的使用多集中在下课休息时段，所以在排水管的设计上，管径要粗一点，弯曲要少一些，立管尽可能垂直布置。

② 实验室或研究室的特殊排水，应通过专用配管导入处理装置。

③ 如在美术教室使用石膏，则应在洗槽设置石膏阻隔器（石膏沉淀井）。

④ 为游泳池配置的排水管管径要足够大，以确保游泳池排水时不会妨碍到其他排水。

[4] 卫生器具设备

（a）卫生器具所需数量

通常情况下，学校卫生器具的利用形态多为限定利用型。这是一种局限在休憩时段集中使用的形态。

图 3.28 所示为从使用和经济角度看来都较为适宜的卫生器具数量计算方法。除此之外，在相关法规中也往往会对最少需要器具数做出规定。其中，幼儿园设置标准所规定的大便器和小便器最少数量如表 3.51 所示。

（b）卫生器具选择注意事项

（1）大便器

从制造商的销售量来看，学校厕所用器具的西式化倾向十分明显（参照图 3.29）。值得注意的是，西式便器与日式便器所需要的厕位空间是不同的。因此，应事先与业主及建筑设计者协商后再确定西式便器与日式便器各自所占的比例。

在日式便器中，有前端突起形状便于使用者贴近的，便器整体较长，可减少便器后方污物附着的加长型便器；还有一种可疏通堵塞的附设清扫口型便器。

大便器的冲洗方式有低水箱式、高水箱式、冲洗阀式等。不过，由于学校的特点是集中于休息时间段使用，因此应该采用冲洗阀式。最近，那种维护性较差、安装复杂的高水箱方式几乎不再使用。

（2）小便器

小便器分为壁挂型和落地型，有内藏回水弯的和不设回水弯的。一般较为流行的趋势是，从便于清洗小便器周围地面考虑，多数都采用壁挂型小便器。不过，这也要考虑到小学低年级儿童的需要（后面讲述）。

小便器的冲洗方式有以下几种：

① 个别冲洗阀方式

a. 由使用者操纵的冲洗阀。

b. 无需操纵的感应式冲洗阀（嵌入型、外露型、小便器一体型等）。

② 串联冲洗方式

a. 自动冲洗阀式。

b. 高水箱式。

（3）节水型器具的选择

各家制造厂商在开发节水型的大便器、小便器、洗面器等方面，也倾注了不少的心血。

目前市场上已经出现了附设拟音装置的器具和各种自动冲洗装置，因此应与业主和建筑设计者协商，根据设施的特性来选择适当的器具。冲洗厕所用水在全部用水量中所占比重非常大，作为设计者必须认真对待。

（c）考虑幼儿园儿童及小学低年级学生的需要

幼儿园和保育院可以从各家制造商发售的幼儿用器具中进行选择，但即使均为幼儿使用，亦进一步分为以 1 ~ 2 岁幼儿为对象、3 ~ 5 岁幼儿为对象等多种。因此，回水弯的大小及高度、安装器具的高低位置等，都与建筑规划设计有着密切的关联，必须与建筑业主和建筑设计者充分协商，再根据建筑设施特性对器具做出选择。

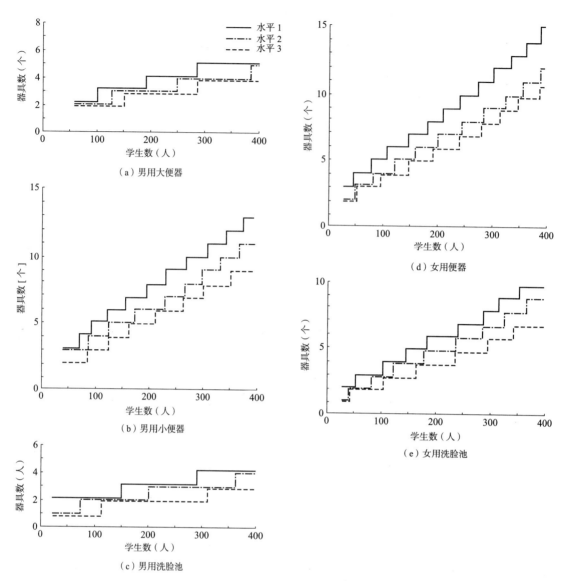

（a）男用大便器

（b）男用小便器

（c）男用洗脸池

（d）女用便器

（e）女用洗脸池

图 3.28　学校器具的适宜数量 [63]

表 3.51　法规规定的必要器具数标准

建筑物种类	适用法规名称	区 分	最少器具数	
			大便器	小便器
幼儿园	幼儿园设置标准	79 人以下	幼儿数 /20	同左
		80 ~ 239 人	4 + （幼儿数 − 80）/30	同左
		240 人以上	10 + （幼儿数 − 240）/40	同左

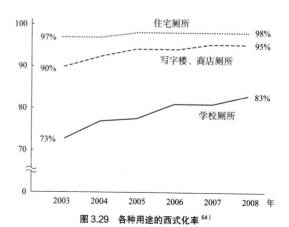

图 3.29　各种用途的西式化率 [64]

小学以上的各类学校，大多会选择与设施配套的器具。特别是小学低年级，更需要考虑到小便器唇斗和洗脸池的高度（参照图 3.30、图 3.31）。大便器同样如此，市场上常见的也多是便于小学低年级儿童使用的低唇斗类型。

（d）日本《无障碍设计法》的适用对象

日本建筑物及交通设施等的无障碍化，在 1994 年开始实施（2003 年修订）《关爱大厦法》（适用对象为公共建筑物）和 2000 年实施《交通无障碍法》（适用对象为公共交通设施）后，得到了长足发展。

● 方便使用 ○ 可以使用 × 使用不便			落地型 ↕ 300 cm	壁挂型 ↕ 420 cm	壁挂型 ↕ 500 cm
小学生	一年级学生	男生（身高 113cm）	●	○	×
	三年级学生	男生（身高 129cm）	○	●	○
	六年级学生	男生（身高 150cm）	○	●	●
初中生	一年级学生	男生（身高 151cm）	○	●	●
	三年级学生	男生（身高 165cm）	○	○	●

· 小学生（低年级）: 最宜使用壁挂型小便器
· 初中生（高年级）以上: 最宜使用与成人相同的壁挂型小便器
[注] 如果将使用范围扩展到将儿童和成人都包括进去，则采用壁挂型低唇斗小便器（唇斗高度 350mm）比较适宜。

＜调查概要＞
时间: 1998 年 8 月
对象: 小学一年级学生、三年级学生、六年级学生
　　　初中一年级学生、三年级学生，男女各 1 名
条件: 符合日本学生儿童平均身高者
调查内容: 设定 3 个等级高度，调查各个年级的使用状况，分别给予"方便使用"、"可以使用"和"使用不便" 3 个等级评价

图 3.30　小便器唇斗高度与使用方便程度 [65]

● 方便使用 ○ 可以使用 × 使用不便			↕ 600 mm	↕ 650 mm	↕ 700 mm	↕ 750 mm	↕ 800 mm
小学生	一年级学生	男生（身高 113 cm）	○	●	○	×	×
		女生（身高 114 cm）	○	●	○	×	×
	三年级学生	男生（身高 129cm）	×	○	●	×	×
		女生（身高 123cm）	×	○	●	×	×
	六年级学生	男生（身高 150cm）	×	○	●	●	×
		女生（身高 148cm）	×	○	●	●	×
初中生	一年级学生	男生（身高 151 cm）	×	×	○	●	○
		女生（身高 152 cm）	×	×	○	●	○
	三年级学生	男生（身高 165 cm）	×	×	○	●	●
		女生（身高 158 cm）	×	×	○	●	●

· 小学生（低年级）: 高度 650 ～ 700 mm 使用方便
· 初中生（高年级）以上: 高度 750 ～ 800 mm 使用方便

＜调查概要＞
时间: 1998 年 8 月
对象: 小学一年级学生、三年级学生、六年级学生、初中一年级学生、三年级学生，男女各 1 名
条件: 符合日本学生儿童平均身高者
调查内容: 设定 3 个等级高度，调查各个年级的使用状况，分别给予"方便使用"、"可以使用"和"使用不便" 3 个等级评价

图 3.31　洗脸池高度与使用方便程度 [65]

表 3.52　日本《无障碍设计法》对在建筑物内顺畅移动所规定的标准（最低限度）

厕所 （该法第 14 条）	① 是否设有乘坐轮椅者使用的厕位（1 个以上）
	（1）是否配有适当的坐便器、扶手等
	（2）是否确保可供乘轮椅者利用的足够空间
	② 是否设有附带洗手器具（与坐便器高度及位置相对应）的厕位（1 个以上）
	③ 是否设有落地式小便器、壁挂式小便器（唇斗高度不超过 35cm）或其他类似的小便器（1 个以上）

表 3.53　日本《无障碍设计法》对在建筑物内顺畅移动所规定的指导性标准（理想标准）

厕所 （该法第 9 条）	① 是否设有乘坐轮椅者使用的厕位（原则上每楼层不少于 2 个）
	（1）是否配有适当的坐便器、扶手等
	（2）是否确保可供乘轮椅者利用的足够空间
	（3）乘轮椅者厕位及出入口宽度是否在 80cm 以上
	（4）厕所门是否便于乘轮椅者通过，前后是否设有水平部分
	② 是否设有附带洗手器具（与坐便器高度及位置相对应）的厕位（各楼层 1 个以上）
	③ 无乘轮椅者专用厕位的厕所内是否设有配坐便器和扶手的厕位（在该厕所附近另有设乘轮椅者专用厕位的厕所除外）
	④ 是否设有落地式小便器、壁挂式小便器（唇斗高度限于 35 cm 以下）或其他类似的小便器（各楼层 1 个以上）

2006 年，由以上两部法律整合扩充而成的《关于促进老龄者及残障者顺畅移动的法律（无障碍设计法）》实施，学校被确认为特定建筑物，特别支援学校则被确认为特别特定建筑物。特定建筑物负有争取达到可在建筑物内顺畅移动标准（最大限度）的义务；而特别特定建筑物，2000m² 以上的新建筑必须达到这一标准，不足 2000m² 的新建筑以及原有建筑物则有义务争取达到该标准。根据可在建筑物内顺畅移动的指导性标准（理想标准）和各地方政府制定的相关条例，必须事先与建筑业主和建筑设计者就有关问题进行协商，以达成一致意见（表 3.52、表 3.53）。

（e）其他注意事项

在设计厕所时，如同该采用西式便器还是日式便器一样，也存在干式地面与湿式地面哪个更好的争论。从有无防水工程的角度看，施工成本较低的干式地面显然更具优势。可是，即使进行干式清扫，也多会定期以水冲洗地面。因此，未必就是"干式＝干式清扫＝不需要防水工程"。究竟要采用何种方式，还是要与建筑业主和建筑设计者商量后再决定。

湿式清扫与干式清扫的区别就在于，湿式清扫系利用水来冲洗马赛克或瓷砖铺装的地面。总的来说，类似过去那样的方法被称为湿式，而使用拖布擦拭地面的方式则可被称为干式。

[5] 消防设备

消防设备的布置是学校设计中的重要内容。下面先就室内消火栓设备进行阐述。

（a）消防用水槽容量计算

·消防用水槽有效容量 $Q（m^3）$

1 号消火栓：$Q = 2.6 \cdot N$

2 号消火栓：$Q = 1.2 \cdot N$

式中　N——同时开放数（室内消火栓设置个数最多楼层的个数 [如超过 2 即设定为 2]）。

（b）灭火水泵出水流量计算

·灭火水泵标准出水量 $Q（L/min）$

1 号消火栓：$Q = 150 \cdot N$

2 号消火栓：$Q = 70 \cdot N$

式中　N——同时开放数（室内消火栓设置个数最多楼层的个数 [如超过 2 即设定为 2]）。

（c）配管管径计算

配管管径规格尺寸见表 3.54 和表 3.55。

[6] 燃气设备

（a）燃气基本事项

燃气基本可分为城市燃气和液化石油气（LP 燃气）两大类。一般统称为"燃气"的城市燃气，因各城市燃气供给事业者的不同，其供气机制也各

表 3.54　室内消火栓配管管径 [67]

种　类	立 管（A）	横支管（A）
1 号消火栓	50 以上	40 以上
2 号消火栓	32 以上	25 以上

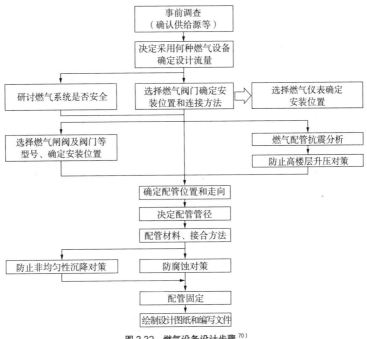

异。燃气事业受《燃气事业法》规范，并被分为“一般燃气事业”、“简易燃气事业”和“大宗燃气事业”。

与燃气设备工程相关的主要法规如表3.56所示。

燃气设备的设计步骤如图3.32所示，在表3.57中列出了城市燃气用阀门的种类。

（b）燃气设备的规划

学校内的燃气主要用于炊事（厨房和开水房）、实验（实验室以及理化生物学科教室）、热水供给（热

表3.55　对应配管管径的流量[68]

配管管径（A）	配管允许流量（L/min）
25	60
40	130
50	260
65	390
80	520
100	650

表3.56　与城市燃气等相关的主要法规[69]

项目	事业分类	定义	相关法规				
			生产、供给、销售	燃气配管	燃气用品*1	燃气设备设置标准	防火措施
城市燃气	一般燃气事业	根据一般需要，通过管道供给燃气的事业（不包括简易燃气事业）	燃气事业法	燃气事业法	燃气事业法、燃气用品技术标准有关条例	燃气事业法	
LP燃气	简易燃气事业	根据一般需要，利用简易设备生产燃气，并通过管道供给用户的事业（供给对象70户以上）					
	液化石油气销售事业	向一般消费者等销售液化石油气的事业（不包括一般燃气事业和简易燃气事业）	液化石油气法*2 高压燃气安全法	液化石油气法*2	液化石油气法*2 液化石油气器具等技术标准有关政府法令	液化石油气法*2	
通用			计量法	电气设备技术标准 建筑基准法 道路法		建筑基准法 特定燃气设备安装工程监督法律	消防法 火灾预防条例

*1　主要指一般消费者在消耗燃气时所使用的机械、器具或材料，并由政令规范。在使用LP燃气时，则称为液化石油器具等。

*2　关于确保液化石油气安全和交易规范的法律。

图3.32　燃气设备设计步骤[70]

表 3.57 城市燃气用阀门种类[71]

燃气阀门种类		燃气阀门名称	连接形式	用途等
带熔断器燃气阀门 （内设过载保护装置 *的燃气阀门）	外露型 内嵌型	软管燃气阀门	软管端	出口侧采用燃气用胶管或加强燃气软管直连形式的燃气阀门
		插座燃气阀门 （燃气插座）	插座	出口侧用快速接头插座连接的燃气阀门（插座燃气阀门中无开关把手的被称为燃气插座）
螺纹燃气阀门 （入口侧及出口侧为 螺孔的燃气阀门）	外露型	可挠管燃气 阀门	螺纹连接	靠近燃气设备使用，可用螺纹连接出口侧可挠管的燃气阀门
		设备连接燃气阀门		不用接头，燃气阀门出口侧可与燃气设备直连的燃气阀门
		螺纹连接燃气阀门		可挠管燃气阀门、设备连接阀门以外的螺纹连接燃气阀门

*　一旦出现胶管脱落或燃气阀门误操作等异常情况，可自动停止输送燃气的装置。由于截断了通过燃气阀门的流动燃气，因此可预防爆炸和中毒之类的事故发生。

水器和锅炉）、空调（冷暖设备）等。在有部分燃烧器等裸露的房间里，应充分注意室内的给排气和换气，如有必要，还可在设计上考虑配置燃气泄漏警报器和燃气截止阀。

燃气的配管系统被分为空调用、教室及研究室用以及办公室或管理各室用几种，最好能够分别安装仪表，以便于对燃气用量进行管理。如以燃气作为空调热源，因燃气事业者在这方面多采用与一般燃气收费标准不同的收费体系，故而需要配备空调专用仪表。而且，燃气事业者直接向厨房运营者提出安装专用仪表的例子也不少见。

在以燃气作为空调热源时，需要注意的是，燃气的接入管尺寸存在很大区别。另外，设置燃气仪表也需要一定的空间，所以应事先与建筑设计者协商，并将协商结果反映到建筑规划设计和建筑外观设计上来。

3.6 | 学校的特殊设备

3.6.1 实验附属设备设计

[1] 实验设备引进背景

小学至高中的中小学校，实验课基本上都是按照《新学习指导纲要》规定的内容进行的。

小学阶段实验课的目的是，通过实验课近距离接触大自然，并对各种自然现象进行实际观察，提高解决问题的能力和培养热爱自然的感情，借此加深对自然事物和现象的理解，从小就开始培养孩子们科学的观念和正确的思维方式。理科的对象，主要是"生物"和"物质与能量"。

初中阶段实验课的目的是，在观察和实验过程中检索信息、实验操作、处理数据、实际检测等，

并尽可能利用计算机及互联网等手段。实验的对象为物理和化学。

高中阶段实验课的学习内容则会在此基础上进一步深化。

到了大学阶段，学习内容已经高度专业化，尤其在理工科系，实验设备成为必不可少的教学手段。

[2] 实验设备相关法律

在引进各种实验设备时，可能会与之产生抵触的有关法律如下：

① 劳动安全卫生法

·防止有机溶剂中毒规则。

·预防特定化学物质伤害规则。

② 消防法

·关于规范危险物质的政令和规则。

③ 排水系统法

·配备除害设施。

④ 防止水质污浊法

·关于维护生活环境的环境标准。

·需要监测的水质污浊相关项目（与保护人们健康有关的）。

⑤ 高压燃气安全法

·特殊气体的贮存与处理。

⑥ 防止大气污染法

·煤烟排放规范。

·控制挥发性有机化合物的排放。

·粉尘排放规范。

·推行大气有害污染物质对策。

[3] 实验附属设备设计

现在，我们主要以初中以上各类学校的理科实验为对象，讲述与建筑物设备设计有关的内容。

（a）给水排水设备

给水排水设备规划设计的目的，是要符合《下

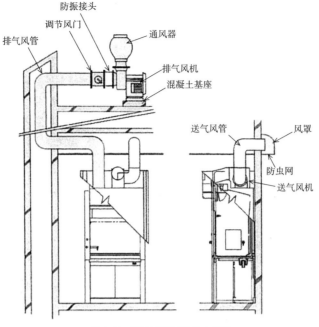

图 3.33 设置空气幕式气流室示例

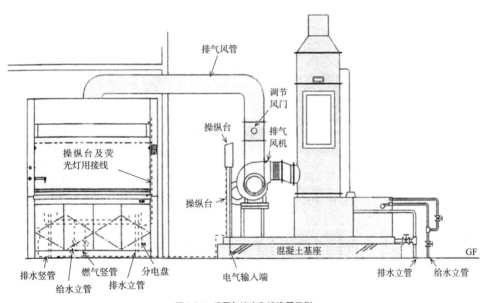

图 3.34 设置气流室和洗涤器示例

水道法》和《防止水质污浊法》规定的标准。

学校实验课上使用的水主要为冲洗水。即使类似化学实验使用强酸或强碱的场合，如果用量极少，也可经充分稀释后流入排水系统。至于排水管的材质，要设想到实验用洗槽中可能有未冲洗干净的试剂残留，故而应选用氯乙烯管和耐火双层管之类具有耐酸性及耐碱性的材料。

在大学等机构，要进行真正的科研实验，排水中的有害物质含量往往会超出正常排水标准。这时，应配有专用废水处理设备，以使处理后的排水符合当地标准。

（b）换气设备

换气设备规划设计的目的，是要符合《劳动安全卫生法》和《防止大气污染法》规定的标准。

主要在化学科系所做的可能产生异味或有毒气体的各种实验，应配备专用实验装置。这种实验装

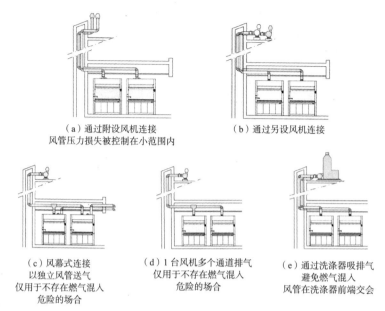

（a）通过附设风机连接
风管压力损失被控制在小范围内

（b）通过另设风机连接

（c）风幕式连接
以独立风管送气
仅用于不存在燃气混入
危险的场合

（d）1台风机多个通道排气
仅用于不存在燃气混入
危险的场合

（e）通过洗涤器吸排气
避免燃气混入
风管在洗涤器前端交会

图 3.35　与多个气流室连接案例

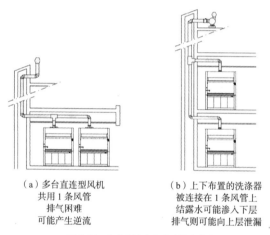

（a）多台直连型风机
共用1条风管
排气困难
可能产生逆流

（b）上下布置的洗涤器
被连接在1条风管上
结露水可能渗入下层
排气则可能向上层泄漏

图 3.36　多个气流室危险连接方式举例

置被称为气流室或通风柜，可防止异味或有毒气体溢出在室内弥漫。

　　假如气流室的排气中含有害气体的话，则不能直接排放到大气中去。因此，气流室设有称为洗涤器的有害气体清除装置。其基本工作原理，就是通过向收集到的气体喷洒水雾进行清洗净化处理。通常出于节水的目的，洗涤器内使用的冲洗水都采用循环水方式，因其排水中的有害物质浓度较高，故须经废水处理设备处理后方可排放。

（c）生化危害对策

　　在做各种与病原体有关的实验时，要遵守日本国立传染病研究所制定的《病原体等安全管理规定》；如属于遗传基因科学领域，则应遵守日本 2003 年颁布的《关于通过转基因生物等使用规范确保生物多样性的法律》。

3.6.2　学校配餐室设计

［1］配餐设施法定结构及其功能

　　作为法律规范，日本在 1954 年实施的《学校保健法》基础上制定了《学校环境卫生标准》，其中对学校配餐标准专门作出规定，因此在建筑设备设计中也要参考这些内容。

　　总体上可以采用 HACCP（Hazard Analysis and Critical Control Point）中提出的防止食物中毒的各种方法。

　　以下系由《学校保健法》规定的事项。

1）将设施划分为验收、保管、后处理、烹饪、配餐和冲洗等不同作业区域。

2）烹饪区内，将污染作业区域和非污染作业区域分别置于不同房间，并画出明确的作业动线。

3）设置验收室。

4）食品保管室应专室专用。在结构以及平面的设计上确保运进搬出食品时不经过烹饪操作室，并可进行适当的温度和湿度控制，而且便于卫生清理。

5）从平面布置角度上说，应设法在后处理室与烹饪室交界处设置柜台等，只限于食品能够在彼此之间移动。

6）为了使作业动线布置更适于烹饪课的需要，也可考虑对烹饪所需的设备等做移动式设计。

7）在朝向烹饪区域外部开放的地方应设有空气幕，而在烹饪区域入口处最好设风淋室。

8）给水栓（水嘴）应采用那种不必用手指直接触摸，用肘臂即可开关的杠杆式（或脚踏式、自动式）给水和热水供给方式。

9）在出入口、作业过道及各作业区均要布置供学校食堂从业者专用的洗手设备；在适当位置还应配有清洁和消毒手指用的设施或设备等。

10）在排水沟的结构设计和平面布置方面，应做到能够避免出现堵塞和逆流，并防止排水飞溅。

11）废弃物的保管场所应远离烹饪区域，并配备带盖的废弃物专用容器。

12）学校食堂从业者专用厕所的结构设计要确保人员不能由食品处理场所及清洗室直接出入。另外备有专用拖鞋，在各个房间也配有专用洗手设备。

13）学校食堂和快餐部均应配有小学生洗手设备。

14）在新建、扩建或改建学校设施时，应引入干式系统。即使在无法采用干式系统的烹饪区，也可尝试做成干式地面。

15）烹饪室等处的结构设计，必须考虑到空调设备的布置，以便于对内部的温度及湿度进行适当调节。

16）学校食堂从业者专用厕所、休息室和更衣室，必须用间壁墙将其与食品处理场所及清洗室隔开。厕所应设在距食品处理场所及清洗室 3m 以外的地方。

[2] 配餐设施形式

近来的发展趋势是，由学校自设的食堂或厨房提供膳食的小学及初中的比例越来越低。作为主流形式，则由当地政府单位运营的学校供餐中心配送。

高中和大学的供餐设施则多采用快餐店方式。

[3] 配餐设施的设计

（a）配餐设施所需空间

· 决定厨房或食堂空间大小的用餐人数，则以学生人数作为基准。

· 食堂必要餐位数，依据标准用餐人数 ÷ 周转率 ÷ 同时就餐占用餐位率（0.8 左右）计算得出。至于学校的就餐周转率则根据计划设定。

· 所需食堂空间可根据餐位数 × 每 1 餐位所占面积计算得出。一般情况下，供餐设施每 1 餐位所占面积约为 $1.2 \sim 1.5 \ m^2$ 左右，如再宽裕些可设定为 $2m^2$ 左右。

· 厨房面积可按食堂面积的 20% ~ 35% 估算。采用快餐店方式的服务区面积，则按单设食堂面积的 15% ~ 20% 估算。

（b）各区域功能及其所需设备

厨房内的食材和菜品，通常要经历验收室→保管室→准备室→烹饪室→配餐室→清洗室等流程，在各个区域内根据需要布置厨房设备，并按照提供膳食的份数来确定设备容量。

[4] 配餐设施相关设备设计

（a）给水设备

从掌握用水量的角度看，最好提前在厨房给水系统上安装流量测量仪表。

至于配管的口径大小则取决于水栓数以及同时用水量的多少。

（b）排水设备

在建有公共排水系统的地区，作为由日本《下水道法》规范的特定设施，在《防止水质污浊法》规定的特定设施（参看《防止水质污浊法》实施令第 1 条相关内容及附表 1）66 之 3 提到，"设在公共食堂烹饪区（《学校配餐法》[1954 年法律第 160 号]第 5 条 2 款规定之设施。下同] 的厨房设施（供业务用部分的总建筑面积 [以下略称为'总建筑面积'] ）面积在 500 m^2 以下者除外"；如厨房面积超过 500 m^2，则应配有除害设备。在未建有公共排水系统的地区，需要考虑设计净化水槽。

（c）热源设备

在没有城市燃气的地区，烹饪所用的加热源，则要选择液化石油气或电气。如选用电气，则与项目的电气设计密切相关，故应在总体设计的初期阶段便作出决定。

在设定燃气配管口径和电气容量时，应考虑到热源的同时使用率问题。

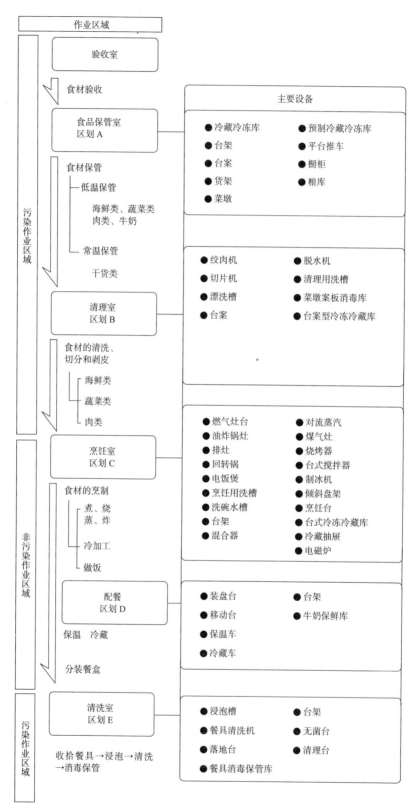

图 3.37　各作业区域标准

（d）换气设备

即使采用电气热源方式，厨房的换气设备也是必不可少的。通常在设计上，在未使用热源状态下亦应维持最低换气次数（5～10次/h），当使用热源时应能通过风罩可靠地收集排气、水蒸气、油烟、异味等。相对于风罩的开口部，排气风量的设定起码要保持在面风速0.3m/s以上的水平。

法定要求按照发热量大小确定风罩形状，风量则为上述标准的20～40倍之间，故而排气风量的设计以此作为参照。灶具易生油火，为了防止风罩吸入火苗引发火灾，最好将风罩排气风机设计成一旦火苗靠近便自动停止的结构。

（e）消防设备

按照地方政府相关条例的规定，凡建筑面积超过200 m²、发热量350 kW以上的厨房，均应配有粉末灭火器等特殊消防设备。如以风管风罩之类的简易消防装置替代特殊消防设备，灭火启动装置应设在靠近火源处，并且排气风机应与灭火设备联动，灭火设备启动的同时，排气风机立刻停止运转。

3.6.3 游泳池设备设计

游泳池使用的水净化装置标准由"日本净水机械工业会"做出规定。

出于节水的考虑，游泳池的水净化一般都采用循环过滤方式。

水的净化能力因受游泳池形状、游泳者人数、过滤机处理效率等的影响，故在决定设计条件时，应对计划中的游泳池情况充分了解。

从运用角度上说，日本接受了2007年3月发生的游泳池吸入事故的教训，由国土交通省和文部科学省联合下发了《游泳池安全标准指导方针》的通知。

[1] 游泳池水质标准

对学校游泳池进行规范的法律均由日本文部科学省颁布，在设计上须遵守以下8项规定：

① 游泳池的原水："原水最好能够符合饮用水的标准"，通常可使用自来水，在地下水丰富的地区，也可以考虑使用井水。不过，在利用井水时，加水过程中应进行过滤和氯气灭菌消毒处理。

② 氢离子浓度：应将pH值控制在5.8～8.6以下。

③ 浊度：应在2度以下。

所谓浊度，是将1L精制水中含有聚苯乙烯混合颗粒1mg定义为浊度1度。

④ 游离残留氯浓度：选择游泳池对角线上3个以上的点，分别测定这些点所在位置的表面及中层的水质，所有测点上游离残留氯的总和最好在0.4mg/L以上，1.0 mg/L以下。

游离残留氯虽然是一种具有很强杀菌性的物质，但如果在水中的浓度过高，则会产生一股异味并对眼睛形成刺激，而且与有机物化合后还将生成三卤甲烷。

⑤ 有机物类（过锰酸钾含量）：过锰酸钾含量不超过12mg/L。

假如与以上提到的④结合，将可能产生恶劣影响。

⑥ 总"三卤甲烷"：总三卤甲烷浓度最好控制在0.2kg/L以下。

三卤甲烷被认为是一种致癌物质。

⑦ 大肠菌：不得检出。

大肠菌会经尿道感染人体，如系病原性大肠菌，则会引起腹泻腹痛等症状。

⑧ 一般细菌：1mL水中的一般细菌不得超过200菌落。

[2] 保持游泳池水质的方法

为了保持游泳池水质，除非能够利用丰富清澈的地下水，一般就只能采用尽量减少自来水用水量的循环过滤方法。

循环过滤法的原理是，使用水泵抽出游泳池水的一部分，利用过滤沙强制滤除水中含有的污物杂质，最后再返回池内并使池水稀释，从而达到水净化的目的。

至于游泳池的保有水每天应该循环几次、每次循环的水量究竟多少，都有一定的量化标准值。具体可参照表3.58中所列出的标准数据。

[3] 游泳池循环过滤设备设计

（a）过滤方式

池水的过滤方式，根据所采用的过滤材料，一

表3.58 标准数据值

游泳池类型	无加温装置	温水游泳池
学校	5～6	8～10
游泳培训学校	6～7	8～10
幼儿	8～12	10～14
比赛	6～7	8～10
休闲	8～10	10～12

[注] 标准数据值，系指24h连续运行的情况下；
如夜间停止运行，将超过最大值。

一般分为"沙式"、"硅藻土式"和"盒式"3种方式。3种方式各有特点,在选择过滤方式时应考虑游泳池的水质、游泳人数、选址条件、使用目的和管理机制等,并在此基础上斟酌其经济性。

图3.38为沙式过滤装置的示意图,图3.39为盒式过滤装置的示意图。二者最大的区别在于有无逆洗程序。通常,逆洗方式运行都是调节水泵运转时间继电器自动控制的。

为了杀灭水中的病菌,需要注入氯素,因此应该设有灭菌剂注入装置。灭菌剂注入装置的基本工作原理是,将次亚氯酸钠溶液贮存在药液罐内,利用定量泵将其注入过滤装置循环线路中。

(b)循环方式

在泳池与过滤装置之间,有循环配管连接,其中有回收溢流水以达到节水目的的方式(图3.40)和采用简易系统不回收溢流水的方式(图3.41)。

如图3.42所示,除游泳池本身的回水系统外,在不另设溢流水专用过滤装置的情况下,泳池结构都设计成地面排水不进入溢流系统的形式,并另设防止痰和唾沫混入泳池内的装置,以减轻过滤装置的负荷。溢流水的回收槽容量应该大于游泳者同时进入泳池内后溢出的水量,以满足临时贮水的需要。

表 3.59　过滤方式

	沙式	硅藻土式	盒式
原理	原水 / 1 / 2 / 过滤水 / 1.滤材(过滤沙等) 2.底层沙	原水 / 过滤水 / 1 / 2 / 1.过滤助剂 2.滤材(网膜等)	原水 / 1 / 过滤水 / 1.盒状滤材
结构	送入水箱内的泳池水被洒在滤材(过滤沙等)上,经滤层和底层后成为过滤水,再由水箱流出。	以硅藻土粉末或类似粉末作为过滤助剂。泳池的水经粉末形成的膜过滤。水箱内依其能力收容有附着硅藻土的滤材(网膜等),而且具有很大的展开面积。	水箱内依其能力收容有盒式过滤器。过滤水从滤材外侧送入其中,经表层除粒径较大的杂物,再由内侧清除细小的垃圾。过滤水从滤芯通过后由水箱流出。
材质	SS、SUS、FRP 等	SS、SUS	SS、SUS、FRP 等
滤材	天然沙、人造沙 过滤沙、黏土等	金属网、滤布 圆筒状、圆盘状等	缠线过滤器等
过滤助剂	无 或用聚合剂(PAC)	硅藻土	无
有无逆洗	有	有	无
布置面积	大	中	小

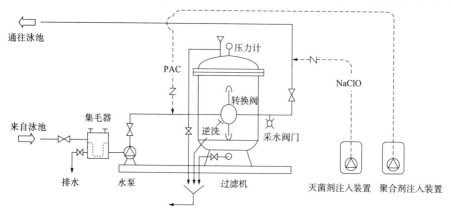

图3.38　沙式过滤装置循环系统图

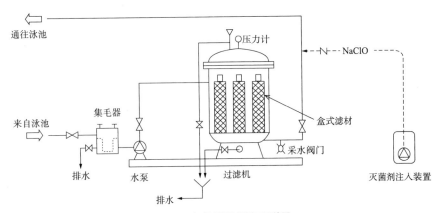

图 3.39　盒式过滤装置循环系统图

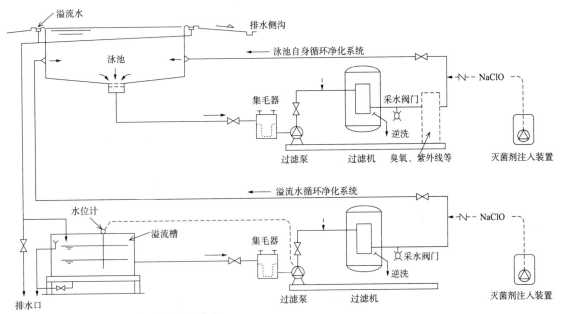

＊根据条件设聚合剂注入装置及注入口

图 3.40　包括溢流水系统的循环净化系统图（设有溢流水专用净化装置）

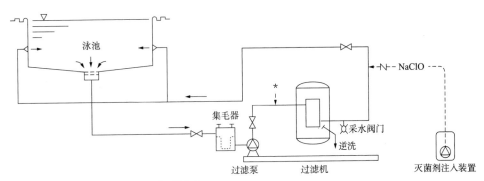

＊根据条件设聚合剂注入装置及注入口

图 3.41　循环净化装置系统图（配有过滤水采水阀门）

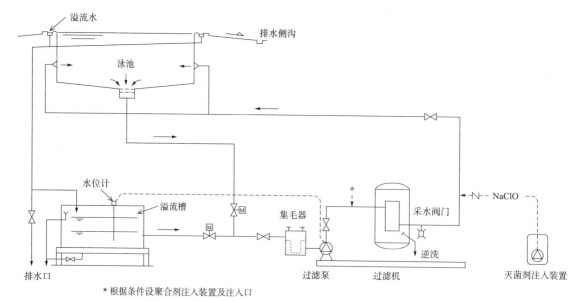

* 根据条件设聚合剂注入装置及注入口

图 3.42　包括溢流水系统的循环系统图（采用同一净化装置循环泳池水和溢流水）

＜仅用于暑期＞

·游泳池保有水量 V：$25 \times 10 \times 1.2H$＝300m³。
·过滤装置运行：夜间停止运行的室外游泳池设计示例。
·过滤流量 ＝$V \div n$＝300÷4＝75m³/h（n：夜间停止运行时为 4，24 小时运行则为 6）。
·沙滤方式，全自动逆洗运行，灭菌剂注入装置，不回收溢流水。

［4］游泳池设计注意事项

（a）转作消防用水

长宽 25m 的游泳池，约可容纳 300m³（$25 \times 10 \times 1.2H$）的水量。因此，多被要求用作当地消防灭火水源。如果要让室外游泳池具有消防用水的功能，那么即使在使用游泳池的夏季以外，也应该始终维持泳池的满水状态。

室外泳池因处于露天环境，故应防止尘土及雨水进入池水中。

为此，可以在池水表面覆盖一层薄膜加以保护，只是要注意不能妨碍消防水泵吸入口的插入，理想的方法是设置采水口。另外，采水配管的口径应满足所需流量（一般 1m³/min 以上）的要求（$\phi 100$ 以上），在设计上还要考虑防止锁死阀门等的人为误操作，以防紧急情况下无法打开阀门。

（b）注水时给水能力和放水时排水量的选定

在夏天使用旺季来临之前，会对游泳池进行放水清扫。要将 300m³ 的水短时间排出再重新注入，

会对给水排水系统等基础设施造成很大负担，而且除了日常性的应用外，通常还要按 24 小时排水给水来设定容量。通常将给水排水能力控制在 200L/min 左右。

（c）防止发生吸入事故

过滤装置的回水口和放水的排水口，如果保持其配管口径不变，水的流速过快，周围会产生异常高的负压，从而成为发生吸入事故的原因。有鉴于此，在朝向泳池一面的水口处应加盖带锁的格栅，其长宽不小于 500×500，确保水口面积在配管截面积的 20 ～ 30 倍之间且断面流速 0.5m/s 以下。

3.7　隔声、防振和抗震设计

3.7.1　隔声与防振

近年来，建筑物日益呈现高层化、复合化、大规模化的发展趋势。与此同时，却又见到另一种倾向：为了降低建筑设备的噪声和振动，尽量使其分散布置，并且建筑物本身也逐渐变得轻量化。因为人们对居住环境的要求越来越高，所以在建筑设备机器等的噪声及振动对策方面必须采用更高的技术。

毫不过分地讲，面对现状，我们已经不能只想怎样营造设备不存在隔声问题的建筑；唯一可行的，就是与建筑技术人员充分合作，才能找到解决这一难题的办法。因此，设备技术人员应该预先对噪声

振动问题与建筑的关系有充分的了解。并且以此为重点，在考虑建筑设备的隔声与防振问题时，必须将与建筑相关的内容也包括进去。

<关于建筑设备的噪声和振动>

所谓噪声，如果从能量传递的角度看，基本可分为 2 种类型。即，由机械设备发出的声响在空气中传递的空气传播音和机械设备等的振动在建筑物主体内传递再由居室内装材料发散出来的固体传播音。

图 3.43 即为空调机械室发出的噪声振动传播模式示意图。

由空调机械室发出的噪声，系由以下 5 种声音的合成形式共同施加影响：①空调机声响透过间壁墙、缝隙等传出的空气传播音；②因空调机自身振动产生的固体传播音；③因风道管路系统产生的固体传播音；④在风管内传递，从给排气口发散出去的空气传播音（所谓空调换气噪声）；⑤在风管内传递，透过墙壁传出的空气传播音。各种传播音影响的严重程度，还取决于建筑结构和设备布置的设计方式。至于噪声振动对策的重点究竟应该放在何处，也不能一概而论。应该说，这所有的对策都是需要经过认真考量才能最终确定的。

另外，从建筑设备整体角度看，还存在以水泵为代表的热源发出的噪声振动、给水排水噪声、电梯运行时产生的声响和立体停车场发出的噪声振动等多种多样的类似现象。从根本上讲，对这些问题所采取的对策与处理空调机噪声振动问题没有什么不同。

这里，我们对将要阐述的降低噪声振动设计方法首先做以下的界定：将降低空气传播音定义为隔声（在建筑音响领域称其为遮音），将降低振动固体传播音定义为防振。

3.7.2 隔声设计

[1] 隔声设计的基本理念

遮音（或称隔声）设计的基本理念是，在设计和选择墙壁、地面和门扇时，要满足必要遮音量的要求，而必要遮音量数值系根据音源水平与居室内噪声目标值求得。有关遮音计算的具体方法，可参考日本建筑学会编的《实用噪声对策指导方针（第 2 版）》[77]。

为了能让遮音设计取得实际效果，不能到了建筑项目实施设计阶段才开始进行遮音设计，而是在

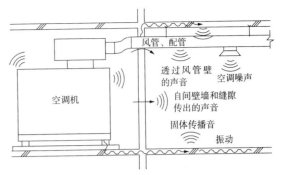

图 3.43 空调机械室产生的噪声振动传播示意图

建筑总体规划阶段就考虑隔声问题。即使在做平面布置时，也必须对噪声振动特别敏感的房间和空间，设法找到降低其影响的办法，并在总体规划阶段就体现出来。

[2] 隔声设计及施工中的注意事项

实际建筑物的墙壁和地面铺装都会留有产生声响的缝隙，加之风管、配管贯通部等处的隔声处理不善，往往会影响到建筑物竣工时实测的隔声性能值低于预测值。为了尽量避免产生类似现象，下面将就隔声的设计及施工方面应注意之处加以介绍。

（a）缝隙的影响

以混凝土现场浇筑工法建造的建筑物，只要混凝土浇筑均匀，隔声性能薄弱的部分就很少。为了做到这一点，在采用钢框架结构和混凝土板组装工法的建筑物中，大多都会以轻钢基底的墙板、PC 板、轻质混凝土等作为间壁墙，因此在立柱、桁梁、外墙、内墙、地板等的结合部产生缝隙，成为容易导致隔声性能变差的薄弱环节。这是在设计和施工上都应该充分注意的问题。

此外，如果间壁墙是以外墙窗框的抱木连接的话，则可能构件的隔声性能较间壁墙差，或者出于美观考虑不设嵌缝。这样一来，由于该部位的遮音缺陷导致隔声性能低下的事例不胜枚举。即使是连层墙的建筑，如果将空调设备室布置在角落处，空调设备室与其邻接居室的间壁墙也会出现同样的情况，因此有充分研讨的必要。

还有一种居室之间的缝隙，系由穿过室间的电气配管造成的。故而，也有不少受配管布置影响使隔声性能降低的例子。对此，应采用密封手段处理。

如上所述，为了发挥实际建筑物间壁墙本来就具有的隔声性能，应该说关键的问题就是要知道声音来自何处，又从哪里传出，再据此填密考虑找到处置的办法。

（b）侧路传播的影响

在实际的空间中,除了间壁墙、地板和缝隙之外,空气传播音和固体传播音施加影响的途径还有许多,而且同样会降低隔声性能。类似这样的影响,一般被定义为侧路传播。

侧路传播有以下几种:a)经窗-窗传播;b)经门-走廊-门传播;c)经由墙壁、地板等振动的固体传播;d)经顶棚背面传播;e)经换气口及风管传播（共振）等。为了确保间壁墙自身在结构等方面具有适当的隔声性能,对以上诸点均应采取可靠对策。

3.7.3　防振设计

[1]防振设计的基本理念

机械设备振动的发生、传播和固体传播音辐射的模式如图 3.44 所示。以图中所示的振动及音响能量传播方式为基础,便可以进行降低机械设备振动及固体传播音的设计。

通过对机械设备等的激振力、防振装置的防振效果、安装地面驱动点阻抗等的振动输入特性、建筑主体内振动传播特性和各种施工法降低振动固体传播音的效果等所做的推定,便能够预测出振动固体传播音给予对象居室的影响到底有多大。在预测的振动固体传播音不能满足目标值的情况下,则要先做这样的假定:通过防振设计确定防振装置的规格,变更安装地面的刚度,或采用浮式地面、在传播途径上设伸缩缝、考虑将居室设计成浮式结构的可能性等等,然后再重新预测如果做到以上各点是否能满足目标值条件。

[2]防振设计注意事项

机械设备振动固体传播音,一般说来距其振动源越近的居室所受的影响越大。因此,在建筑规划设计中最基本的考虑和值得注意之处就是,尽量不在安静程度要求高的居室附近布置设备。

各种规划项目,需要采取降低振动固体传播音对策的部位数差别很大。另外,因对象建筑物对居室用途和声环境性能要求的等级不同,作为机械设备的防振对策,不仅要在建筑设计上留出布置设备的机械室等空间,有时还需要从受到影响的居室方面采取必要的对策。如果振动源比较分散,由于建造上要采取对策的部位会很多,因此将不得不大幅提高建造成本。有鉴于此,在平面布置上应该设法使振动源集中,然后再针对振动源集中处采取有效降低振动固体传播音的措施。

如上所述,要降低机械设备的振动固体传播音,在很大程度上受制于建筑总体规划,所以规划制定者、结构设计者和设备设计者应该通力合作,充分协商。

[3]降低振动固体传播音的方法及其注意事项

降低机械设备的振动固体传播音涉及许多问题,诸如位于振动源至对象居室振动传播途径上的机械设备、隔声材料、安装地面、传播途径结构主体以及研讨对象居室的规格等等。因此,无论降低对策的效果大小,都可以在各个部位实施。另外,一个有效的降低对策应该是,从建筑结构、建筑形状、建筑用途等总体上来判断和确定应该在哪个部位采取降低对策。

如果进行正常的设计和施工,机械设备、风管及管路系统等的防振,应该说是最易收到降低效果的方法。因此,这里仅就机械设备等的防振加以阐释。

适宜采用防振材料的机械设备、风道管路系统和建筑内装等的类别、形状、尺寸和重量等各种各样,可供选择的防振材料也是多种多样的。选择防振材料的基本出发点是,确认具有可靠的防振性能,并且能够以正确的方法设置。假如选择了不合适的防振材料,不仅不能使振动减弱,说不定还会使振动增强。另外,就算选择适宜的防振材料,如果不能以正确的方法设置也同样收不到防振效果。

下面讲述几点选择防振材料方面应注意的事项。

在通用防振材料中,有橡胶垫、防振橡胶、螺旋弹簧、气垫等多种。不同种类的防振材料,其防振效果也不尽相同,应根据所需衰减量进行选择。

理论上说,防振材料的防振效果应该是,防振系统固有基本频率数越低,相对于某一特定降低对象频率数时的防振效果就越好。如果从防振性能角度选择防振材料,就要大致确定该固有基本频率数设在哪里。对防振材料的固有频率数,基本上可以按照从高到低的顺序做这样的设定:防振橡胶、螺旋弹簧、气垫。用于建筑物的通用防振材料,在设

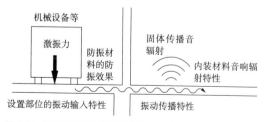

图 3.44　机械设备振动的传播及发自居室内装的固体传播音辐射模式图

定为 6Hz 以上时选择防振橡胶；6Hz 以下则选择螺旋弹簧。

作为防振材料的制造商，一般都采信理论上的最佳防振效果，在产品说明中标示出的频率数达到几十 dB。然而，加入防振材料后的实际防振效果，在中高频率范围因受激振源侧以及安装地面振动特性的影响，都较其宣传的效果要低很多。具体说来，一般机械设备充其量也不会超过 20dB。这是在实施防振设计时需要注意的一点。

3.7.4 空调管路系统噪声的消音设计

从空调换气口传出的声响，系由空调机及送风机发出、再经风管传递过来的声音，也被称为风管噪声或空调换气噪声等。这是空气传播音的一种，借助空气传播的所谓空气传播音，其预测方法和降低方法是不同的，故而在此单独加以阐述。

风管系统噪声的声源发自空调机或送风机，因此首先是空调机或送风机的种类、型号、电动机输出功率等决定了其声源水平的高低。在风管内辐射的声音，如风管大小达到建筑设备所用的的程度，则只以沿着风管内方向前进的一维声场传递，来自空调换气口的声音对室内外均会产生影响。如图 3.45 所示，在风管途径或空调换气口配备消音装置来减弱传递音的方法，也是降低对策的一种。

假如关注一下消音器的特性就会发现，一般情况下对中高频范围的消音效果较为显著。如果在 63Hz 的低频范围则只有数 dB，充其量也不过 10dB 左右。因此，假如以 63Hz 带域的消音效果来确定消音器的设置个数，几乎没有任何意义。一个基本的结论是，要想获得低音领域的消音效果，使用的消音器也必须足够大。再者，一个消音器的作用毕竟是有限的，至于究竟设置多少合适，应该根据空调换气居室的室内噪声标准等级来决定。例如，类似音乐厅那样对安静度要求很高的场所，则要安装

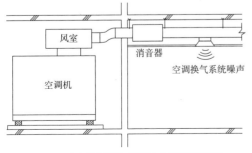

图 3.45　空调换气风管系统噪声传播辐射示意图

4 ~ 5 个左右；而像写字楼那样的空间，通常设置 2 个左右。

在选择消音器时最值得注意的问题是，对样本上所标示的数据一定要了解清楚。各家消音器制造厂商的消减音量测定方法是不一样的，采用不同测定方法使得测出的消减音量值也存在很大差异，这一点务请多多留意。具体说来，最好能采用消音器插入风管系统所获得的声响功率衰减量（插入损失）作为测定数据。

3.7.5 学校·图书馆隔声、防振和消音设计理念

按照日本于 2001 年修订的中小学《学校设施建设指导方针》的要求，作为儿童活动主要场所的学校设施，应该在平面布置上引入多功能空间和开放型教室。受这一背景影响，近年来开放型教室逐渐增多。对应这种形势，对教室间的隔声和噪声控制问题也成为研究的课题。针对类似问题，日本建筑学会确定将《学校设施声环境保护规范与设计指导方针》[83] 作为日本建筑学会环境标准（AIJES）。该标准就如下内容为设计者做出提示：教室等的室内噪声，室间隔声性能，地面冲击声遮断性能和余音时间的推荐值以及隔声设计的理念等。因此，在进行学校的隔声、防振和消音设计时，可以此作为参照。

学校设施平面布置的开放化问题并未得到解决，常见的情况多是在一块狭小的土地上建起一座座多层建筑物。其中的机械设备室与教室之类的房间邻接，配管从顶棚内或房间里的竖井穿过。因此，与集合住宅、旅馆和写字楼一样，学校也需要采取隔声措施和噪声对策。此外，过去建成的学校，教室里大多没有空调设备，有的甚至连像样的顶棚都没有。由此竟出现这样的事情：在改建或改造工程中，有很多学校将直吹型空调机裸露吊挂在顶棚上。如此一来，无法达到室内噪声目标值也是显而易见的事。其实，类似这种场合，可以将空调机布置在其他房间，或采用在风管中插入消音器的空调系统。

从用途上说，图书馆是对安静程度要求较高的建筑物，因而其机械设备室的隔声、设备的固体传播音及空调风管噪声的对策自然也成为重要的项目。出于这一考虑，应该根据设备与相连各室的位置关系，而不仅从机械设备角度采取对策，或许还需要在建筑设计上采用浮式地面之类的手段。

3.7.6　抗震设计

目前，日本在建筑设备的抗震设计及施工方面，基本上以《建筑设备抗震设计、施工指导方针 2005 年版》为准。因此，本小节将概略阐述以该方针指导的机械设备及配管类的抗震设计理念以及安装方法。

［1］机械类设备抗震设计理念

机械设备抗震设计的基本理念是，由于采取适当的安装形式，当发生地震时，不因移动、倾倒或坠落等而致使机械主体和连接配管等遭到损坏。

由于机械设备的形态、结构、功能、设置场所等的不同，因此其安装固定方法也多少存在一些差异。不过，从设计角度可以对其进行大致的分类。抗震设计的理念，应该确认机械主体相对于设定的设计用地震力所具有的抗震性，并以此为基础来设计抗震的机械安装部位、固定台架、加固部件、主体安装部分、闭锁装置、锚栓、基础等的规格尺寸。

［2］机械类设备抗震安装方法

机械设备和配管类的抗震安装，应考虑以下几点：

（a）直接固定机械

无需防振装置的机械，可以直接牢固地安装在混凝土基础、楼板、墙壁或桁梁等处。

（b）间接固定机器

水槽之类未用螺栓固定在机器一侧的设备，应使用固定金属件牢固地安装在混凝土基础上。这时，机器主体的固定部位及固定金属件的尺寸和强度应该能充分承受锚栓的作用力。

（c）防振支撑机器

需要防振装置的机器，为了防止其移动和倾倒，并使其水平及垂直方向的摇摆降至最低程度，要设有抗震闭锁装置，同样须牢固地安装在混凝土基础上。

（d）长宽比大的自立型机器

长宽比大的自立型机器，除了要固定底座和配备抗震闭锁装置外，还应该对其顶部进行加固。

（e）配管・风管

为了确保配管和风管的主体，在发生地震时不会因破损和严重变形而与其他配管和机器等相互撞击，应保持适当间隔，并利用自重加固或采取抗震加固措施。

至于自重加固间隔的大小，可参照 HASS 等标准的规定。抗震加固间隔，则可参考《空调・给水排水设备抗震设计与施工》[86)] 中提示的方法。

■　引用・参考文献　■

1) 文部科学省 HP：環境を考慮した学校施設に関する調査研究協力者会議，環境を考慮した学校施設に関する調査研究協力者会議報告書「環境を考慮した学校施設（エコスクール）の整備について（平成 8 年 3 月）」

2) 空気調和・衛生工学会編：建築設備集成 6 教育施設 計画・設計（第 1 版），p. 35

3) 空気調和・衛生工学会編：空気調和・衛生工学便覧（第 13 版），6 応用編，表 1.39

4) 空気調和・衛生工学会編：空気調和・衛生工学便覧（第 12 版），6 応用編，表 6.3

5) 空気調和・衛生工学会編：空気調和・衛生工学便覧（第 13 版），6 応用編，表 1.40

6) 井上宇市編：空気調和ハンドブック（改訂 5 版），p. 158，丸善

7) 空気調和・衛生工学会 ビル管理システム委員会ビル設備ネットワーク化ガイドライン作成小委員会：空調制御アプリケーションから見たオープン化 BEMS ガイド，p. 1，平成 18 年 3 月

8) 空気調和・衛生工学会 ビル管理システム委員会ビル設備ネットワーク化ガイドライン作成小委員会：空調制御アプリケーションから見たオープン化 BEMS ガイド，p. 2，平成 18 年 3 月

9) 空気調和・衛生工学会編：空気調和・衛生工学便覧（第 13 版），第 3 巻，pp. 185-197（2001）

10) 空気調和・衛生工学会編：空気調和・衛生工学便覧（第 13 版），第 6 巻，pp. 209-216（2001）

11) 空気調和・衛生工学会編：空気調和・衛生工学便覧（第 13 版），第 6 巻，pp. 285-288（2001）

12) 文教施設協会：学校施設の換気設備に関する調査研究報告書，平成 16 年 3 月

13) 空気調和・衛生工学会編：空気調和・衛生工学，Vol. 80, No. 2，竣工設備調査用紙一覧（2004）

14) 空気調和・衛生工学会編：空気調和・衛生工学，Vol. 81, No. 2，竣工設備調査用紙一覧（2005）

15) 空気調和・衛生工学会編：空気調和・衛生工学，Vol. 82, No. 2，竣工設備調査用紙一覧（2006）

16) 空気調和・衛生工学会編：空気調和・衛生工学，Vol. 83, No. 2, 竣工設備調査用紙一覧（2007）

17) 空気調和・衛生工学会編：空気調和・衛生工学，Vol. 84, No. 2, 竣工設備調査用紙一覧（2008）

18) 空気調和・衛生工学会編：空気調和・衛生工学，Vol. 85, No. 2, 竣工設備調査用紙一覧（2009）

19) 経済調査会積算研究会編：建築設備工事の積算（改定8版）

20) 公共建築協会編：建築設備計画基準，平成17年版

21) 建築・設備維持保全推進協会：建物のライフサイクルと維持保全

22) 建築保全センター：建築物のライフサイクルコスト，平成17年版

23) 井上宇市編：空気調和ハンドブック（改訂5版），p.158, 丸善

24) 「空調制御アプリケーションから見たオープン化BEMSガイド」平成18年3月，空気調和・衛生工学会，ビル管理システム委員会ビル設備ネットワーク化ガイドライン作成小委員会，委員会成果報告書，p.1

25) 「空調制御アプリケーションから見たオープン化BEMSガイド」平成18年3月，空気調和・衛生工学会，ビル管理システム委員会ビル設備ネットワーク化ガイドライン作成小委員会，委員会成果報告書，p.2

26) 空気調和・衛生工学会編：建築設備集成，6 教育施設，p.74, 表3.1, オーム社（1989）

27) 井上宇市編：空気調和ハンドブック（改訂5版），p.95, 表3.1, 丸善（2008）

28) 空気調和・衛生工学会編：空気調和設備計画設計の実務の知識（改訂2版），p.173, 表4.1（2001）

29) 井上宇市編：空気調和ハンドブック（改訂5版），p.359, 表9.1, 丸善（2008）

30) 空気調和・衛生工学会編：空気調和・衛生工学便覧（第13版），3 空気調和設備設計編，p.129, 図3.19, 2001

31) 空気調和・衛生工学会編：建築設備集成，6 教育施設，p.81, 表3.7, オーム社（1989）

32) 日本ビルエネルギー総合管理技術協会：建築物エネルギー消費量実態調査報告書（昭和52年～平成11年度版）
   空気調和・衛生工学会編：給排水衛生設備実務の知識，p.20, オーム社

33) 空気調和・衛生工学会編：給排水衛生設備計画設計の実務の知識（改訂2版），p.20（2001）

34) 文部科学省：学校施設における省エネルギー対策について―地球環境のためにわたしたちができること―

35) 国土交通省大臣官房官庁営繕部設備・環境課監修：建築設備設計基準（平成18年版），p.449

36) 日本建築センター：屎尿浄化槽の構造基準・同解説（1996年版），pp.450-452「建築用途別の汚水量およびBOD濃度」

37) 空気調和・衛生工学会編：給排水衛生設備計画設計の実務の知識（改訂2版），p.255, オーム社（2001）

38) 空気調和・衛生工学会編：給排水衛生設備計画設計の実務の知識（改訂2版），p.255, オーム社（2001）

39) 新日本法規出版：建築消防アドバイス

40) 空気調和・衛生工学会編：空気調和・衛生工学便覧，第13版，第4巻，p.88（2001）

41) 空気調和・衛生工学会編：空気調和・衛生工学便覧，第13版，第4巻，p.88（2001）

42) 空気調和・衛生工学会編：空気調和・衛生工学便覧，第13版，第4巻，p.88（2001）

43) 空気調和・衛生工学会編：空気調和・衛生工学便覧，第13版，第4巻，p.88（2001）

44) 空気調和・衛生工学会編：空気調和・衛生工学便覧，第13版，第4巻，p.89（2001）

45) 空気調和・衛生工学会編：空気調和・衛生工学便覧，第13版，第4巻，p.136（2001）

46) 空気調和・衛生工学会編：給排水衛生設備規準・同解説，p.95（2009）

47) 能美防災ホームページ http://www.nohmi.co.jp/product/materiel/fef.html

48) 建設工業経営研究会編：09 建築工事原価分析情報，pp.4-17, 大成出版社

49) 鹿島出版会編：造園施設の設計と施工，p.127

50) 空気調和・衛生工学会：給排水衛生設備規準・同解説，p.231（2009）

51) 空気調和・衛生工学会：給排水衛生設備規準・同解説，p.230（2009）

52) 日本建築センター：給排水衛生設備技術基準・同解説，p.47

53) 空気調和・衛生工学会編：給排水衛生設備計画設計の実務の知識（改訂2版），p.28, オーム社（2001）

54）井上宇市・中島康孝共著：建築設備ポケットブック（改訂第4版），p.284，相模書房

55）空気調和・衛生工学会：空気調和・衛生工学便覧（第13版），第4巻，p.167（2001）

56）空気調和・衛生工学会：空気調和・衛生工学便覧（第13版），第4巻，p.167（2001）

57）空気調和・衛生工学会編：給排水衛生設備計画設計の実務の知識（改訂2版），p.77，オーム社（2001）

58）空気調和・衛生工学会：空気調和・衛生工学便覧（第13版），第4巻，p.169（2001）

59）国土交通省大臣官房官庁営繕部設備・環境課監修：建築設備設計基準，p.488

60）空気調和・衛生工学会：給排水衛生設備規準・同解説，p.114（2009）

61）空気調和・衛生工学会編：給排水衛生設備計画設計の実務の知識（改訂2版），p.105，オーム社（2009）

62）国土交通省大臣官房官庁営繕部設備・環境課監修：建築設備設計基準，p.489

63）空気調和・衛生工学会：給排水衛生設備規準・同解説，p.220（2009）

64）学校のトイレ研究会ホームページ　トイレづくりのポイント

65）学校のトイレ研究会ホームページ　トイレづくりのポイント

66）学校のトイレ研究会ホームページ　トイレづくりのポイント

67）国土交通省大臣官房官庁営繕部設備・環境課監修：建築設備設計基準，p.597

68）国土交通省大臣官房官庁営繕部設備・環境課監修：建築設備設計基準，p.597

69）空気調和・衛生工学会編：給排水衛生設備計画設計の実務の知識（改訂2版），p.196，オーム社（2001）

70）国土交通省大臣官房官庁営繕部設備・環境課監修：建築設備設計基準，p.509

71）空気調和・衛生工学会編：給排水衛生設備計画設計の実務の知識（改訂2版），p.197，オーム社（2001）

72）日本浄水機械工業会：水泳プールの浄化装置の基準書，2009年版

73）島津理化：実験設備，図-1〜4

74）ホシザキ関東：学校給食設備，図-1

75）日本浄水機械工業会：水泳プールの浄化装置の基準書，2009年版，表-2，図-1〜5

76）日本建築学会編：建築物の遮音性能基準と設計指針（第2版），技報堂出版

77）日本建築学会編：実務的騒音対策指針（第2版），技報堂出版

78）日本騒音制御工学会編：建築設備の騒音対策，技報堂出版

79）田野正典・中川清・縄岡好人・平松友孝：建築と音のトラブル，学芸出版社

80）村石喜一・平松友孝：設備機械室における固体音の低減，音響技術，Vol.18 No.3, p.19，平成元

81）平松友孝・大川平一郎・子安勝：Method for measurement of vibromotive force generated by machinery and equipment installed in buildings, J. Acoustic. Soc. Jpn., (E)17, 4, pp.203-210（1996）

82）平松友孝・浜田幸雄・大川平一郎・子安勝：防振材の防振効果に関する検討，騒音制御，No.67, pp.263-272（1989）

83）日本建築学会アカデミックスタンダード（AIJES）「学校施設の音環境保全規準・設計指針」

84）建設省住宅局建築指導課編：建築設備耐震設計・施工指針2005年版，日本建築センター

85）空気調和・衛生工学会編：建築設備耐震設計指針・同解説（1985）

86）萩原弘道・佐久間政志・平松友孝：空調・衛生設備の耐震設計と施工，オーム社（1982）

第4章
图书馆的设备规划·设备设计

4.1 空调设备

4.1.1 总体规划方法

构成建筑物的材料有沙、木、石、混凝土、金属、玻璃等，其使用方法主要取决于建筑物的结构和造型。图书馆同样也多由砖瓦、混凝土和玻璃建造而成。

图书馆的功能，主要设有用来保存古籍和现代图书的书库以及供普通人阅览的开架图书空间，读者能够坐在这里翻看自己喜欢的图书。图书馆不仅是保存纸制图书的地方，还是一个可提供音像资讯信息的场所。从前的图书馆，主要用来阅览和读书，现在则还可举办各种会议，练习舞蹈及音乐，甚至在规划上考虑能够提供简单的餐饮服务。图书馆多

属于公共设施或作为教育机构内部设施的一部分单独建设。不过，在最近实施的市区再开发建设项目中，将其作为项目内公共设施建设的事例正日益增多。

这样一来，由于图书馆的功能和选址条件都发生了变化，因此在制定空调设备的规划时，需要对各项条件加以充分把握。对于设备规划来说最重要的，不只是一个研究建筑平面布置的问题，还应该了解图书馆实际运营管理人员的作业内容，并听取他们的意见，对现有图书馆的优点或需要改善之处一清二楚。为了满足各项条件，要仔细斟酌设备所需空间及其布置方式，并在建筑平面规划上反映出来。适宜的设备空间及其布置方式将便于以后对机械设备及配管配线等进行更新改造，为此还应进行LCC（生命周期成本）和LCA（生命周期评估）之类的生命周期评价，并以此为基础进行规划设计。

表 4.1　空调设备规划方针

设备项目	引入事项	① 完全体现建设目的	② 实现长寿命化	③ 彻底的成本管理	④ 确保综合安全性	⑤ 重视读者的看法	⑥ 为当地社区建设做贡献	⑦ 重视环保
热源设备	对应由蓄热造成的负荷变动	○		○	○			○
	利用夜间电力	○		○	○			○
	利用地热	○	○	○				○
	确保设备更新改造时所需运输通道	○			○			
空调设备	独立分散型空调方式	○		○		○		○
	分区空调	○		○				○
换气设备	对吸纳新风进行控制	○		○				○
	夜间排气	○		○				
自动控制中央监测设备	采用可与多供应商对应的系统	○		○				
	引入与负荷变动特性对应、运用方法可变的管理系统	○		○				○
	引入可对能源使用进行远程管理的系统	○		○	○			
共用设备	采用环保材料	○	○					○
	选配合适的软件		○	○				

[注]　表中的例子，系为一座地下3层、地上4层、总建筑面积9800m²、采用水蓄热方式的图书馆。

表 4.2

	项 目	研讨项目	各种方式
0	营造环境的建筑		① 夜间排气　② 雨水利用　③ 蓄热方式　④ 新风制冷 ⑤ 全热交换器　⑥ 采用节水型器具　⑦ 辐射制冷供暖等
1	空调设备	1. 热源方式	① 水蓄热方式　② 冰蓄热方式　③ 气体吸收式等
		2. 制冷供暖方式	① 单风管方式　② 外挂机 + 独立分散落地式空调机 ③ 外挂机 + 独立分散悬吊式空调机　④ 外挂机 + FCU 等
2	换气设备	1. 普通房间换气方式	① 外挂机（第 1 种）　② 全热交换器（第 1 种）　③ 第 3 种换气等
		2. 停车场换气方式	① 风管方式（第 1 种）　② 弯管方式（第 1 种）　③ 第 3 种换气等
		3. 电气室换气方式	① 第 1 种换气　② 制冷 + 第 1 种换气　③ 第 3 种换气等
		4. 其他房间换气方式	① 第 1 种换气　② 第 2 种换气　③ 第 3 种换气等
3	排烟设备	1. 地上层排烟方式	① 机械排烟　② 自然排烟　避难安全验证等
		2. 地下层排烟方式	① 机械排烟　② 自然排烟等
		3. 停车场排烟方式	① 机械排烟　② 自然排烟等
4	自动控制设备	1. 自动控制项目	① 只有警报　② 警报 + 运行状态监测 ③ 警报 + 运行状态监测 + 停止 ④ 警报 + 运行状态监测 + 停止 + 检测 ⑤ 警报 + 运行状态监测 + 停止 + 检测 + 管理等

[注] 该表囊括了所有规划方针，在实施设计阶段还应进一步加以研讨，并在与主管单位和有关政府部门仔细协商的基础上执行。

在制定总体规划时，能够独自构建新的系统固然十分重要，但是，亦应建立在对过去事例充分研究的基础之上，详尽了解其规划、设计、施工、管理运营、乃至解体等整个周期中的优缺点，并作为经验教训最终体现在自己所做的规划中。

制定总体规划的方法，概括起来有如下几点：

① 收集信息。

② 设定条件。

③ 比较研究。

④ 综合结论。

⑤ 设计文件。

如表 4.1 所示，在制定总体规划时应根据基本方针提出设备系统方案，应并对该方案是否真正反映了基本方针中规定的原则加以确认。另外，在从项目规划向施工阶段转移的过程中，仍旧要继续对研讨、调查和协商事项等的结果进行确认。

表 4.2 中列举了空调给水排水设备规划方针的参考案例。

4.1.2 规划条件

[1] 基本事项

首先必须了解图书馆的概况。制定的规划要考虑到环境方面的要求，对选址条件、当地气候和周边环境等进行调查，从而构建出环境性能较高的系统。

为了构建系统，必须搞清楚当地的最高气温、最低气温、日照时间、风向、降雨量、降雪量等气候条件是怎样的。这些气候条件一般都会在理科年表和相关网站上公布，可通过气象厅的观测记录和自动气象数据探测系统的数据统计等进行了解。

[2] 建筑条件

设备负荷的大小主要取决于建筑的空间、形态和使用的材料等。规划的图书馆，可能是独立的建筑物，或者是复合用途大厦的一部分，因此有必要对这些建筑的限定条件加以归纳整理。

[3] 基础设施条件

调查给水排水系统、燃气和电气基础设施建设的状况，并尽早与主管部门协商取得一致意见。如果是从地区供热设施和复合用途大厦获得热源供给的话，还应就热源供给量、供给温度及回水温度进行调查。

[4] 使用条件

如果是公共图书馆，利用图书馆的人从幼童到老者，年龄结构分布很广，而且读者人数在星期天或其他各时间段也会有很大差别，因此在规划时必须设法满足这些不特定条件的要求。另外，在大学等教育机构的图书馆中，尽管读者只限定于学生和教师，但是其利用的时间段同样是不固定的。

关于使用时间，大多数公共图书馆都有着明确

空调设备规划方针

总体规划的研讨方式及方针	规划方式
·对可能采用方式的有效性是否适宜进行研讨，并确定方针。 →① 夜间排气　② 雨水利用　③ 蓄热方式　④ 外气制冷 ⑤ 全热交换机　⑥ 采用节水型器具	→外挂机＋蓄热方式 ① 夜间排气　② 雨水利用　③ 蓄热方式　④ 新风制冷 ⑤ 全热交换机　⑥ 采用节水型器具
→通过"热源设备比较"确定方针	→① 水蓄热方式
→② 外挂机＋独立分散落地式空调机	→外挂机＋独立分散落地式空调机
→① 外挂机（第 1 种）	→① 外挂机（第 1 种）
→② 弯管方式（第 1 种换气）	→② 弯管方式（第 1 种换气）
→② 制冷＋第 1 种换气	→② 制冷＋第 1 种换气
·取决于各房间使用方便程度	—
与建筑工程对应	→避难安全验证
→① 机械排烟	→地下室、特别避难阶梯
→① 机械排烟	→单独排烟
→④ 警报＋运行状态监测＋停止＋检测 ⑤ 警报＋运行状态监测＋停止＋检测＋管理	→⑤ 警报＋运行状态监测＋停止＋检测＋管理

的规定。不过，作为学校图书馆就得适应研究生及研究者的需要，往往要将使用时间延长至夜晚。

[5] 管理运营条件

从图书馆的空调设备、给水排水设备和电气设备的运行角度看，大多会考虑以下几种状况：是否配备专职管理者，管理者是否常驻图书馆内，以及是否由具有经验的专职人员来操作等是决定性的因素。否则，如果不掌握操作方法，即使提高空调系统的等级也无法发挥设施的作用。

究竟由谁来清洗过滤器和检查设备的运行状况，将对设备的等级及平面布置产生很大影响，因此应仔细斟酌。常见的情况是，在规划阶段尚未考虑到将来的运营管理问题。正确的做法是，先做某种程度的设想，再将这一设想的内容传达给业主。

4.1.3　能源·资源·排放物

[1] 能源

制冷供暖用的热源能量，一般都采用电力、燃气和石油，通过对节能减排地球变暖对策的探讨，热源能量的选择也出现差别。而且，这一点也多半取决于计划项目当地的能源供给状况、建筑物规模及采用的空调方式等。应该考虑到，热源的效率亦因计划项目所在地的气候条件而不同。对于产生的部分负荷或运行时间不同的部分来说，需要选择与主要热源不同的独立空调用热源。在公共图书馆中，还应考虑到发生地震类自然灾害时配置双重化热源

的必要性，并以此为出发点来选择能源种类。

在做能源规划时则要考虑以下几种状况：图书馆的开馆时间、研讨夜间电力的利用、是否为学校图书馆等，还应考虑到定期考试时的利用和研究者的需要，是否只有图书馆的空调运行等。

[2] 资源

在设备及配管的选择上，最好能够考虑到资源再利用问题。配管等的选择，大多会优先考虑施工性。金属制配管类在拆除后，经回收熔融可以再利用，这一点也应列入研讨的内容。

利用雨水作为空调冷却水，同样是一个重要的课题。不过，为了能够达到日本制冷工业会关于冷却水的水质标准，必须安装雨水处理设备。另外，也可以考虑排水等的再利用及地下水等资源的有效利用。这时，需要考虑到与冷却塔热交换器材的相容性问题。

4.1.4　规划要点

[1] 减轻环境负荷

在收集信息和设定条件后，接着将要对系统做比较研究。在此规划阶段，不单单是设备问题，还要与建筑合为一体，探讨如何减轻环境负荷的问题。

作为减轻环境负荷的手段，诸如建筑物热负荷的控制，设备系统的高效化，能源的有效利用，水资源的保护，使用低环境负荷材料，防止大气污染，防止噪声·振动·异味，控制风灾和日照障碍，抑制光害，改善恶化的热环境，以及降低当地基础设施负荷等。

表 4.3

项 目		A. 水蓄热方式	
系统图		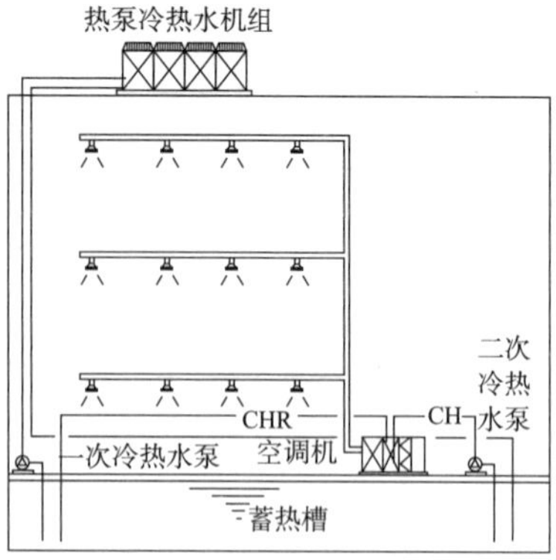	
设备构成		空气热源热泵冷热水机组（120HP×2 台） 一次冷热水泵 ×2 台，蓄热槽 900m³	
布置空间	面积	61m²，利用主体建筑蓄热槽 900 m³	◎
	荷载（屋顶）	8t	◎
与负荷变动对应		因蓄热部分可对应变动，运行高效	◎
长寿命化		计划使用 15 年更新	△
安全性		因使用电力，故在安全处理上比较简单	◎
对周围景观的影响		虽系常见的机械组合形式，但仍须做隔声和隐蔽处理	△
对环境的影响		耗电量正常化，CO_2 排放量少	◎
噪声		69dB（2 台同时运行）	◎
维护管理		需要对蓄热槽水质进行管理	△
CO_2 排放量	一次能耗	－ 35%	◎
	LC- CO_2	－ 35%	◎
	树木 / 油桶	1226 棵 /774 桶	◎
初始成本 [1]		＋ 10%	○
维护成本		－ 35%	◎
LCC（100 年）[2]		＋ 6%	○
回收时间（C 方案标准）		10 个月	◎
综合评价		在环保和能耗方面具有明显优势	◎

[1] 初始成本系指一次热源机械、水泵及其他附属设备，包括系统配备的各种机械设备购置和安装等所需费用的概算值。

[2] 生命周期成本则以日本 2005 年版《建筑物生命周期成本》为基础，按使用年限 100 年测算。

对于以上这些项目，在进行规划时均应参考建筑物综合环境性能评价和环保部门的评价结论。实际上被规划的图书馆采用的、与空调相关的要素主要有以下各项：

（1）为延长使用寿命而确保其空间弹性，将标准层高设定为 4m。

（2）采用热反射玻璃。

（3）采用环保电缆。

（4）玻璃窗位置自外墙外表面后退至 500mm

之内。

（5）对 CO_2 外气量进行控制。

（6）控制空调热源机台数。

（7）采用全热交换器。

（8）采用高效热源机械。

（9）采用蓄热方式。

（10）采用空调机的 VAV 方式。

（11）采用高效风机。

（12）采用风机变频器。

热源设备比较（表中以 RC 结构，地下 3 层、地上 4 层，总建筑面积 9800m² 建筑为例）

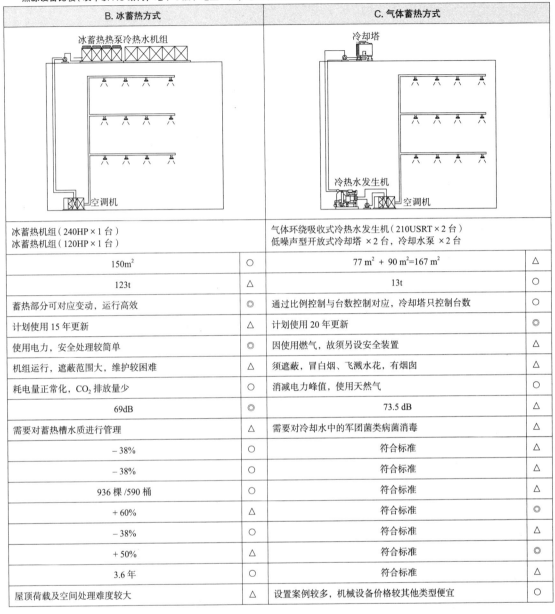

B. 冰蓄热方式		C. 气体蓄热方式	
冰蓄热机组（240HP×1 台） 冰蓄热机组（120HP×1 台）		气体环绕吸收式冷热水发生机（210USRT×2 台） 低噪声型开放式冷却塔 ×2 台，冷却水泵 ×2 台	
150m²	○	77 m² ＋ 90 m²=167 m²	△
123t	△	13t	○
蓄热部分可对应变动，运行高效	◎	通过比例控制与台数控制对应，冷却塔只控制台数	○
计划使用 15 年更新	△	计划使用 20 年更新	◎
使用电力，安全处理较简单	◎	因使用燃气，故须另设安全装置	△
机组运行，遮蔽范围大，维护较困难	△	须遮蔽，冒白烟、飞溅水花，有烟囱	△
耗电量正常化，CO₂ 排放量少	○	消减电力峰值，使用天然气	○
69dB	◎	73.5 dB	△
需要对蓄热槽水质进行管理	△	需要对冷却水中的军团菌类病菌消毒	△
－38%	○	符合标准	△
－38%	○	符合标准	△
936 棵 /590 桶	○	符合标准	△
＋60%	△	符合标准	◎
－38%	○	符合标准	△
＋50%	△	符合标准	◎
3.6 年	○	符合标准	△
屋顶荷载及空间处理难度较大	△	设置案例较多，机械设备价格较其他类型便宜	○

（13）采用可变流量方式。

（14）采用水泵变频器。

（15）控制水泵台数。

（16）大温度差空气调节。

[2] 环境质量与性能

为了使建筑物的环境性能更完善，有必要对环境质量及其性能加以研讨。作为研讨的项目，可包括以下内容：声环境、热环境、光视觉环境、空气质量环境、功能性、耐用性及可靠性、适应性及更新的方便性、生物环境的维护与营造、对街区景观的影响和表现地域特色以及促进当地社区交流等。

在规划设计图书馆时应考虑的要素，与空调相关的有以下诸项：

（1）采用隔声性能强的高窗。

（2）提高阅览室与办公空间壁墙以及朗读室、录音室等墙壁的隔声性能。

（3）在地面和顶棚的处理上采用具有吸声效果的材料。

（4）采用低噪声机械设备。

（5）采用高绝热及热负荷小的玻璃。

表 4.4

项　目		A. 单风管方式	
系统图		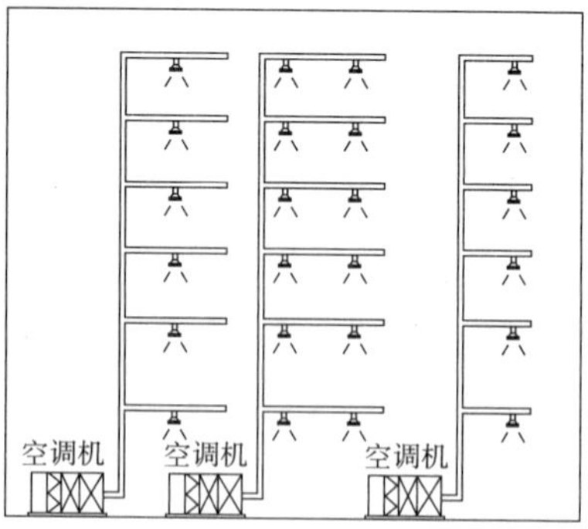 空调机　空调机　空调机	
设备构成		卧式空调机 70000m³/h×3 台 可变风量装置（VAV）	
布置空间	机械室	150m²	○
	DS	140m²	△
与负荷变动对应		呈基本对应状态	△
长寿命化		计划耐用年数 15 年	○
因故障造成的影响		发生故障时，有三分之一不能使用	△
对建筑物的影响		设备布置面积大，对建筑物的影响也大	△
室内环境		温度分布不太均匀	△
维护管理		设备数量少，维护管理较容易	◎
环　保	CO₂ 排放量	符合标准	△
	树木换算	符合标准	△
	油桶换算	符合标准	△
初始成本 *1		符合标准	△
维护成本 *2		符合标准	△
LCC（100 年）*3		符合标准	○
综合评价		与建筑物特性不协调	△

*1　初始成本系指空调机、风道类及其他附属设备、包括系统配备的各种机械设备购置和安装等所需费用的概算值。
*2　维护成本中包括对应负荷变动的能源消耗量。
*3　生命周期成本则以日本 2005 年版《建筑物生命周期成本》为基础，按使用年限 100 年测算。

（6）尽可能缩小窗面积比例。
（7）对建筑外部与内部进行空调区划。
（8）采用遮窗。
（9）防止外气与排气短路。
（10）感觉不到气流的空调。
（11）对 CO_2 排放量的远距离监测。
（12）上下温差小的空调方式。
（13）考虑到运行时间的空调区划。
（14）考虑到机械设备更新的平面布置。
（15）具有良好操作性的监测控制系统。

[3] 热源设备探讨

　　空调用热源系统，因图书馆的规模及其周边环境等条件而采用不同方式。另外，还在很大程度上受到各种建筑物管理手段的左右。由于存在着如中央方式与独立方式以及电力、燃气、石油等能源方面的区别，进而还有水蓄热、冰蓄热和非蓄热等多种方式。因此，应该对各种热源系统做比较研究。比较研究的内容包括：系统概况、设备构成、机械室面积、与负荷变动的对应、长寿命化、安全性、对周边景观的影响、环保、噪声、维护管理、CO_2 排放量、初始成本和维护成本等各项。

空调方式比较（表中以 RC 结构，地下 3 层、地上 4 层，总建筑面积 9800m² 建筑为例）

B. 外挂机＋落地式空调机方式		C. 外挂机＋独立分散悬挂式空调方式	
外挂机 60000m³/h×1 台 落地式空调机 11700 m³/h×18 台		外挂机 60000m³/h×1 台 悬挂式空调机 5250 m³/h×40 台	
270m²	△	50m²	◎
80m²	◎	103m²	○
可比较细致地对应	○	可相当细致地对应	◎
计划耐用年数 15 年	○	计划耐用年数 15 年	○
台数多，影响小，检修方便	◎	台数多，影响小	○
设备机械室分布在各楼层，空间辨认性差	△	因布置在顶棚内，需要较大的顶棚内空间	△
分布适当	○	虽系开放空间，但可保持良好环境	◎
虽然分散，但因系落地式，故布置容易	○	因系悬挂式，故布置困难	△
−25%	○	−45%	◎
158 棵	○	269 棵	◎
99 棵	○	169 棵	○
−25%	○	−30%	◎
−25%	○	−45%	◎
−25%	◎	＋15%	△
在生命周期成本及维护方面具有优越性	◎	更多地考虑到环保，适于开放式空间结构	○

除此之外，规划中的图书馆特点亦应列为研讨项目，并进行比较。

到了夜间，图书馆的制冷供暖负荷会减少；而在白天，无论室内人数多少，空调设备都要运行。因此，热源系统的采用也要考虑到这样的负荷特性。另外，学校等场合，虽然其教室和科研楼有不运行空调的时间段或季节，但图书馆楼却要求空调运行。因而必须考虑是否布置与建筑主体不同的热源设备，或将水泵和配管系统分开布置。

表 4.3 所示，为热源设备比较之一例。

[4] 空调方式探讨

对于空调方式也要像热源设备那样进行比较研究。尽管基本上对主要阅览空间系统的空调加以比较就可以了，不过根据情况，有时还要对办公空间和收藏库等处单独进行比较研究。

对热源系统的研讨，是结合其周围环境比较进行的。而对于空调来说，则应从对建筑物的影响和室内环境来进行比较。因为公共图书馆的休馆日一般为每周 1 次，所以其修缮和更新的时间受到很多制约。关于维护管理性以及应对故障的措施，均须与图书馆管理者协商，并将结果体现在规划设计上，这一点很重要。另外，最好能够在设计上考虑到机械设备的操作性及留出较宽敞的布置空间。

表 4.4 所示，为空调方式比较案例。

4.1.5 设计重点

[1] 图书馆热负荷特性

图书馆系由阅览空间、办公空间、借还书处、微机室、多媒体角、朗诵室、录音室、书库等构成。在阅览空间里又按读者年龄段分为幼儿儿童区、学生区、一般社会人士区等不同的图书阅览区。另外，在办公区域也分为图书馆业务部门、图书整理部门、图书借出回收作业部门等。尤其是图书借出回收部门，其作业量很大，与其他部门相比，呈现潜热负荷较高的倾向。通常情况下，图书馆大多按不同书籍类别来划分区域，将同类图书摆放在同一楼层。不过，在那种平面十分宽敞的图书馆里，有时也不做专门的区域划分。

在图书馆的各个区域，因用途及读者群的不同，其热负荷也存在差异。并且在使用时间上也是如此，有的部门即使在闭馆后或休馆日也要办公，因此空调系统的布置应与阅览空间分开。再有，即使同样都是馆藏图书，其中有些特别重要的图书种类亦应与一般图书分开保管在书库内。书库的空调条件与美术馆和博物馆的收藏库是一样的。

图书馆各室的条件被列在表4.5中。

[2] 图书馆各室温湿度条件

至于温湿度，可参照一般房间所要求的条件，但收藏库则应根据不同的收纳物来改变其相关条件，并须经过充分调查才能对适宜的温湿度做最终确定。

至于自动型书库，与空调系统相比，更需要换气装置。因此，应该配备进行外气处理的外气空调机和循环系统。公共图书馆已经形成网络，设有网络中枢服务器室的图书馆，包括温湿度条件和设备备份等内容在内，均应与网络运行部门负责人进行充分协商。

表4.6系对相关温湿度条件的归纳。

[3] 图书馆的换气

阅览空间和办公空间可采用普通居室那样的换气方式，在确保《建筑基准法》和新房对策所要求换气量的同时，为了稀释和清除体臭及粉尘，并使一氧化碳及二氧化碳含量降至允许浓度以下，即使没有产生特定有害物质，最好也能够保证房间内每人得到$30m^3/h$的换气量。而且作为中间期室温调节，还应对外气制冷加以研讨。

表 4.5　图书馆各室空调条件一览

室　名	参考空调运行时间	发热原因	负荷（W/m²）
阅览空间	开馆时间	简单作业 照明	116 30
办公空间	开馆前1h 闭馆后3h左右	简单作业 照明 OA设备	116 30 40
图书整理业务空间	同上	繁杂作业 照明	139 30
借书还书处	开馆时间	简单作业 照明 OA设备	116 30 10
微机室 数字多媒体角	开馆时间	简单作业 照明 OA设备	116 30 40
朗诵室 录音室	随时	简单作业 照明	116 30
收藏库	24h	—	
印刷室	随时	简单作业 照明 印刷设备	116 30 使用设备发热量
会议室	随时	简单作业 照明 AV设备	116 30 使用设备发热量
服务器室	24h		使用设备发热量

［注］　1. 运行时间仅供参考，具体时间应事先与图书馆管理者充分协商。
　　　　2. 工作人员作业状态下的负荷表示全热。

表 4.6　温湿度条件

室　名	夏季温湿度条件	冬季温湿度条件
阅览空间	26℃ 50%	22℃ 40%
办公空间	26℃ 50%	22℃ 40%
图书整理业务空间	26℃ 50%	22℃ 40%
借书还书处	26℃ 50%	22℃ 40%
微机室	26℃ 50%	22℃ 40%
数字多媒体角	26℃ 50%	22℃ 40%
朗诵室	26℃ 50%	22℃ 40%
录音室	26℃ 50%	22℃ 40%
收藏库	20℃ ±2℃ 60%±2～5%	20℃ ±2℃ 60%±2～5%
印刷室	26℃ 50%	22℃ 40%
会议室	26℃ 50%	22℃ 40%
服务器室	26℃ 50%	22℃ 40%

[注]　收藏库和服务器室系参考值，实际数据应征求图书馆管理者意见。

自动化书库是一种顶棚很高、依靠机械搬运图书的仓库。其换气次数最好能够达到 3～5 次/h 的标准。被保管的书籍需要与开架图书同样的空气条件，特别是湿度需要进行居室水平的外气处理。尽管室内顶棚很高，通风又被书架彻底遮挡，但是仍须注意使藏书避免受到强气流的直接冲击。

作为一种对策，可以考虑将处理过的外气输入自动化书库内，书架可直抵顶棚表面布置，并配以循环用风机等，尽量使处理过的外气沿水平和垂直方向均匀流动。

4.1.6　设计步骤

[1] 确定热源容量

图书馆使用的热源依其规模大小而不同。如总建筑面积约为 5000m² 的中等规模图书馆，多采用独立热源的空气热源小型热泵空调机组（通称独立分散式空调）；如总建筑面积在 10000m² 以上，采用较多的是中央热源方式。热源装置的容量，通常根据热负荷计算出的峰值来确定。

图书馆负荷的特点是，在将产生的峰值负荷作为计算条件时，人员变动大，达到设定人员数目的时间比较短。因此，应该在热负荷较少时确认台数控制及热源单体运行的容量控制范围。而且，还要确认配管系统的保有水量在热源需要量之上。此外，必须考虑在做小负荷运行时，不使热源的 ON-OFF 频繁转换。

学校的图书馆，在暑假期间会闭馆很长时间，这时制冷设备是否有运行的必要，应做适当考虑，而且注意尽量不要选择那种容量大的设备。

[2] 热源装置的选择

（a）空气热源热泵机组

多用于小型图书馆。通过采用建筑物内多机组方式，使之与独立空调和小负荷运行等方式对应，因此具有较好的节能性。因其制冷供暖的切换和维护方面的作业都较简单，故很适于未配专门设备管理者的图书馆。

此外，中央热源方式亦可用于需要独立热源的系统。这种情况下，可根据各室的运行时间将系统分开布置，以控制室外机的无功运行。

（b）直排吸收式冷热水机

中等规模以上的图书馆采用较多，特别是在可获得城市燃气供应的环境中，采用这一方式的事例更为常见。

在设备容量较小的情况下，仅控制燃烧器的 ON-OFF 开关即可，不过，一般制造商往往都利用设备内部的蓄热，使输出能够做到比例控制。中型以上的图书馆，则多半会采用可通过 PID 方式比例控制输出的机种。对冷却塔和热源烟囱的布置，必须予以高度重视。不过，因冷却塔一体化的设备，故特别有利于那种布置空间不充分的场合。只是考虑到燃烧器的废气排放以及将来更新时整体搬运的需要，最好能够确保足够的布置空间。而且，为了避免连续低负荷运行，也要设想到非峰值时段的运行状态，并考虑在该时段外运行的房间布置独立的系统。

（c）热泵冷水机组

多见于可采用蓄热方式或没有城市燃气供给的场合。

制冷系数（COP）高达 4.0，应该说是一种高效率的热源。当采用蓄热方式时，则须注意夜间噪声和机械的运行管理问题。

[3] 空调设备的选择

（a）小型热泵空调机组

多在办公室或服务器室那样运行条件不同的房间内采用。

如采用设置在顶棚内的风管型，在空调能力变大时则应考虑发生噪声的对策。

（b）空调机

在图书馆内，为了避免发生漏水事故，最好也采用风管方式。

这就需要布置专用机械室，尤其要对噪声问题予以足够的重视。并且，还要考虑到在机械室内使用吸音材料以及选择适当的门扇类型。为了达到应对噪声和故障的目的，最好布置多台设备。从区划方面考虑，将空调机分别布置在各个系统中。作为中间期的除湿或加湿手段，可采取再加热及蒸汽加湿的方法。此外，采用VAV（可变风量装置）方式进行区划时，如以温度优先，并且空调机出风温度高于制冷温度时，其除湿能力会下降，图书馆内的湿度将提高，由此造成的损失可能使其成为被索赔的对象。因此一定要注意到，在采用VAV时必须进行除湿再加热控制。

当进入顶棚内风管的风量很大时，假如顶棚内空间较高，则风管构件的振动会通过空气传导给顶棚构件，成为噪声产生的原因，因此包括风管的扁平率在内均应给予适当的关注。

（c）风机盘管机组

多用于独立空调部分、小房间及建筑外周等处。如在建筑外周采用风机盘管机组，为了防止发生水损事故，对于配管走向，尤其是排水配管的走向应格外注意。承水盘的堵塞及配管坡度过小往往导致漏水。

风机盘管机组的负荷始终处于显热状态，其潜热则由空调机处理。

（d）顶棚辐射制冷

辐射式制冷供暖让人感觉不到气流，这有助于营造更好的图书馆环境。

这种方式利用顶棚辐射板、散热片型嵌板等的表面温度与周围空间的温度差，在产生自然对流的同时，使室内温度处于最佳状态。如采用顶棚辐射板，为了在制冷时表面不致结露，输水温度应控制在20℃左右，供暖时则调高至30℃左右。假如采用散热片型嵌板会使表面结露的话，制冷时输水温度应在15～18℃，供暖时调高至30～40℃。与一般的制冷供暖输水温度相比，制冷时稍高，供暖时略低，这有利于降低能耗。不过，因为热源机械都是普通的冷热水发生机和低热机组，所以可以考虑在系统中采用过渡槽和蓄热槽等，以一次侧的高效机械水温和二次侧适于辐射的水温进行供给。需要注意的是如何避免发生水损事故。

（e）地热采暖

地热采暖作为一种辅助供暖方式，多用于幼儿及老龄者房间。

地热采暖可分为温水方式、电力方式和空气方式等，这与楼板截面形状有着密切关系，因此应在考虑对象房间下层用途等的基础上决定采用何种方式。

[4] 给排气系统的设计

（a）风机的选择

考虑到图书馆对安静程度的要求，在规划上应将聚氨酯风机布置在机械室内，而不是布置在阅览室上面的顶棚内。并且，即使风量很小，也要选择那种带消音盒的中间风机或多叶片送风机等。

图书馆与住宅不同，应考虑是否有必要采用24小时换气的可变风量变频器和分置系统。

（b）出风口、吸风口

出风口有风动型、格栅型、线型、喷嘴型、地面出风型等多种。无论采用何种类型，都以感觉不到气流、室内空气分布均匀为最佳，并且还应根据顶棚高度决定出风口的形状。如在窗边等处，则多选择线型来处理周边负荷。通过绘制顶棚平面图等方式，可使照明器具的布置与形状获得协调统一，并最终确定出风口的布置及其形状。

作为设备性能对其加以关注固然是重要的，但也不可忽略其对于室内空间所具有的装饰性效果。如将很大的出风口设在墙壁或顶棚上，就会产生噪声问题并有碍观瞻，这是需要注意的地方。在做地面出风的规划设计时，则需要事先了解书架之类的家具摆放的位置。

（c）输水系统

在设计上还要注意漏水、噪声、节能等问题。

书库和阅览室中央顶棚内的配管是主要漏水点，须格外予以重视。除此之外，还要考虑以下事项：由配管内输水温度差引起的配管膨胀收缩的对策，以及为了抑制配管振动等所采取的抗震措施。另外，对于冷热水横白主管等送水流量较大的配管，还需要考虑管线布局和吸音布的安装等等。

通常情况下，由于阅览室内产生的热负荷较少，并且负荷比较稳定，因此空调设备启动后所需流量会逐渐减少。因此，应该控制二次端水泵台数，采用变频器型可变水量控制方式，以尽量减少电力消耗。

[5] 换气设备的设计

厕所、仓库、机械室、电气室等处的换气设备是不可或缺的。但考虑到图书馆对安静度的要求，为了不使出风口发出的噪声成为问题，可考虑在平面布置上设多个出风口，并采用带消音盒的中间风机和多叶片送风机等。

至于小房间和不同运转时间房间的换气，则可通过另设的全热交换型换气扇等进行单独换气。这时如采用风量超过 500m³/h 的顶棚内风道型换气方式，因设备产生的噪声很大，故应对布置场所和隔声对策做仔细研究。此外，如果是采用空冷热力泵空调与全热交换机型换气扇组合的形式，为了减少控制开关，往往采用与空调联动来使全热交换机型换气扇运转。不过，这也可能导致中间期的换气单独运行，故最好让控制开关避免与空调联动。

4.2 给水排水卫生设备

4.2.1 设备负荷概略数据

图书馆的给水排水卫生设备负荷是指为读者及工作人员提供洗手、饮水、如厕和空调冷却水、补给水所使用的设备负荷。读者人数则因休息日、不同时间段或季节而有一定变化。作为公共图书馆，休息日的读者人数要多于平时；与上午相比，从下午至傍晚这一时间段的读者更多一些。另外，在暑假期间全天都会有众多的学生读者。学校内的图书馆则不同，读者人数较多、设备负荷增加的时间段主要集中在课间休息、放学后、大学定期考试前和撰写论文期间。

由于图书馆的利用人数不是固定不变的，因此给水排水设备的规划要与负荷变动相适应。

[1] 给水量

根据各栋建筑物的统计结果，图书馆单位有效面积的利用者（读者）人数为 0.4 人 /m²，单位给水量为 25L/ 人。蓄水箱和高架水箱等的容量，取决于人数多少、单位给水量、空调补给水的每小时用水量以及日给水量等。配管口径及水泵能力，则根据安装的大便器等卫生器具数量来计算。

由于图书馆的负荷变动较大，因此应将给水与杂用水分开，尽可能减少水槽的容量。给水与杂用水的使用比例，约为 40% ~ 50%: 60% ~ 50%。

[2] 热水供给量

图书馆热水供给的场所包括厕所内的洗手池、设有哺乳室的洗手间以及工作人员的热水供应间等。热水容量的多少，则要根据各种器具估计耗用热水量来决定。

[3] 排水量

排水与普通的生活排水并无不同，故可通过器具负荷单位等计算出所需的排水管口径。

至于雨水，因近年来日本局部暴雨时有发生，故在规划设计上考虑的每小时最大降雨强度应取 10 分钟最大降雨量值，并据此来计算所需雨水配管口径。特别是在将图书馆布置于地下时，则更应以干燥区域面积及其相接墙壁面积的 1/2 作为依据对象来确定雨水槽容量，这一容量相当于排水泵在 10 ~ 15min 左右排出的水量。

4.2.2 与建筑及其他设备规划之间的调整

图书馆给水排水设备设计的重点，在于怎样才能适应建筑物使用者人数的变化，特别是在卫生方面应满足各项要求，并注意设备和配管发出的噪声问题，以免其破坏图书馆的静谧氛围。

打开厕所内冲洗阀时的流水声和干手器发出的声音，不是单靠设备规划就可避免的，还需要在厕所的平面布置上想办法，站在设备设计者的角度应随时征询建筑理念创建者及设计者的意见。尤为关键的是，在做平面布置时，尽量不使厕所回水弯排水管从阅览室和书库之类的重要房间上部穿过。

给水排水规划与建筑规划之间有着密切关系，从规划阶段开始就需要对给水排水设备进行细致的研究。

4.2.3 给水排水系统的规划

[1] 给水设备

虽然与其他场合相比，图书馆的用水量并不算多，可是，其用水量却因时间段、休馆日或季节而有很大变化。因此必须对蓄水水箱等的贮水容量做充分研讨。而作为防灾的对策加以考虑自然也是必要的。如果考虑到用水量较少时的情形，可将其饮用水和洗手水系统布置成直连方式或直连增压方式；厕所冲水系统则不妨考虑利用雨水；建筑主体水箱最好采用加压给水泵方式。由于某些地区可能不同意采用直连增压泵方式，因此在成本比较的基础上，将饮用水系统与厕所冲水系统分开布置，这时的饮用水蓄水水箱容量要尽量小一些。

给水方式的最终确定，建立在考虑上述各点的基础上，并取决于对几种方式进行比较后的结果。如采用加压给水泵方式，为了使小水量时的泵动力也随之减少，可以选择多台泵分开布置的方式，最好使用 3 台以上的变频泵。

表 4.7 列举出的参考示例，系对地下 3 层、地上 4 层、总建筑面积 9800m² 的公共图书馆给水方

表 4.7

项　目		A. 直连增压泵 + 加压给水泵方式	
系统图		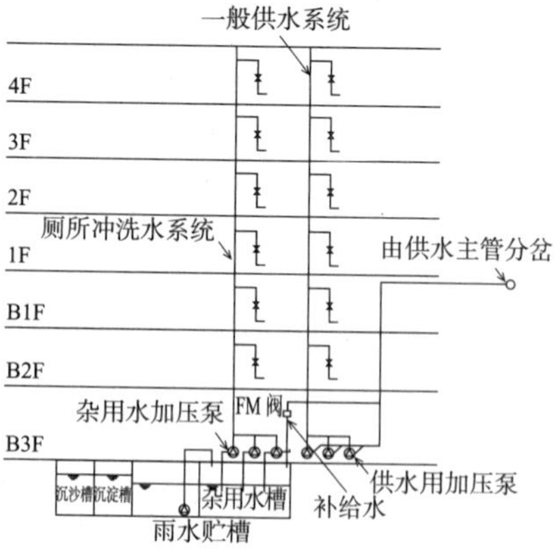	
设备构成		供水系统: 直连增压给水泵机组 杂用水系统: 建筑主体蓄水水箱 + 加压给水泵机组	
布置空间	面积	10m², 建筑主体蓄水水箱容量 30m³	◎
	荷载（屋顶）	0 t	◎
与负荷变动的对应		使用变频水泵, 可跟踪水量的变化	○
长寿命化		预计使用 20 年更新	
安全性		饮用水无杂质, 符合卫生要求	◎
对周围景观的影响		不露出室外, 对景观无影响	◎
灾害对策（与临时停电对应）		确保杂用水供给, 可使用自家发电机供水	○
维护管理		杂用水槽只需加氯消毒	◎
考虑环保	CO₂ 排放量	约 − 15%	○
	树木换算	2.6 棵	○
	油桶换算	1.6 桶	○
初始成本 *1		90%	◎
维护成本		75%	◎
LCC（100 年）*2		85%	◎
综合评价		在成本及卫生方面具有优势	◎

*1　初始成本系指空调机、风道类及其他附属设备、包括系统配备的各种机械设备购置和安装等所需费用的概算值。
*2　生命周期成本则以日本 2005 年版《建筑物生命周期成本》为基础, 按使用年限 100 年测算。

式的比较研究结果。

[2] 热水供给设备

图书馆内的热水供给主要用于洗手, 所以多采用在洗脸池下设热水贮存式小型电热水器那样的局部热水供给方式。由于读者人数变动很大, 因此如采用热水贮存方式, 则需要每周自动进行 1 次冲洗, 使之附带热水更换功能。还有设哺乳室的图书馆, 则应该特别注意热水使用方面的安全问题。此外, 在设有热水储罐的情况下, 必须从卫生角度对储罐内水质进行检测, 这方面也有必要与运营者进行仔细商讨。因多数读者都自带饮用水, 故图书馆内的热水只要满足清洁卫生的需要即可。

如图书馆内设有简餐部或咖啡角, 设备规划多采用燃气快速热水器方式; 当然, 烹饪用设备也可使用电力, 因此亦应将电气快速热水器列为研讨对象。

[3] 排水设备

排水包括厕所的排水和饮水器的间接排水等, 饮水器因使用时间不长, 故可用疏水阀的水封切断, 而来自异味点的污水和杂排水最好采用分流方式。

至于雨水, 自流出抑制点开始, 可考虑采用渗

给水方式比较

B. 蓄水水箱 + 加压给水泵方式		C. 高架水箱方式	
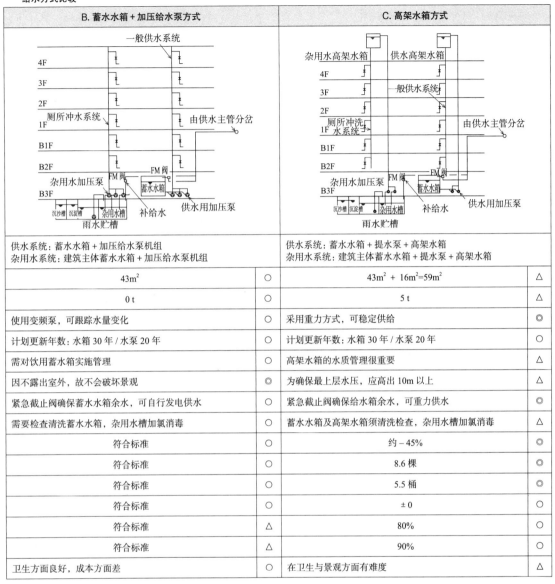			
供水系统: 蓄水水箱 + 加压给水泵机组 杂用水系统: 建筑主体蓄水水箱 + 加压给水泵机组		供水系统: 蓄水水箱 + 提水泵 + 高架水箱 杂用水系统: 建筑主体蓄水水箱 + 提水泵 + 高架水箱	
43m²	○	43m² + 16m²=59m²	△
0 t	○	5 t	△
使用变频泵, 可跟踪水量变化	○	采用重力方式, 可稳定供给	◎
计划更新年数: 水箱 30 年 / 水泵 20 年	○	计划更新年数: 水箱 30 年 / 水泵 20 年	○
需对饮用蓄水箱实施管理	○	高架水箱的水质管理很重要	△
因不露出室外, 故不会破坏景观	◎	为确保最上层水压, 应高出 10m 以上	△
紧急截止阀确保蓄水水箱余水, 可自行发电供水	○	紧急截止阀确保给水箱余水, 可重力供水	◎
需要检查清洗蓄水水箱, 杂用水槽加氯消毒	○	蓄水水箱及高架水箱须清洗检查, 杂用水槽加氯消毒	△
符合标准	○	约 – 45%	◎
符合标准	○	8.6 棵	◎
符合标准	○	5.5 桶	◎
符合标准	○	± 0	○
符合标准	△	80%	◎
符合标准	△	90%	○
卫生方面良好, 成本方面差	○	在卫生与景观方面有难度	△

透及贮存方式。尤其应该根据给水使用量的变动情况，考虑是否能够将雨水作为厕所的冲洗用水。如系小型图书馆，则可将雨水贮存在屋面，仅做沉沙处理就能充分利用。

[4] 卫生器具

因为图书馆是具有公共性质的设施，所以应该选择那种功能不易遭到破坏的器具；再加上读者群中既有老人，也有儿童，因此必须对器具的种类和布置高度进行仔细斟酌。

如要布置多用途洗手间自不必说，即使在普通的厕所里，也应该布置供洗脸用的角落和男用小便器，并且至少应设一个儿童用器具。同样，也有必要考虑在女厕所里设儿童用小便器，在男厕所里设婴儿架或折叠式婴儿床。总之，在男女厕所内分别布置一个可供成人携带孩子从容如厕的隔间，有必要列入规划之中。

[5] 灭火设备

图书馆系日本《消防法》(八)条适用的对象(参照表 4.8)。

尤其是在地下层面积合计超过 700m² 的情况下，需要连接洒水设备。对于既需要连接洒水设备又需要室内灭火设备的图书馆来说，则应探讨采用室内消火栓配管兼用连接洒水设备的可能性。此时，因输水口数量较少，可将主配管及水泵兼做室内消火

表 4.8　图书馆（《消防法》（八）条）灭火设备一览

灭火设备	设置条件
灭火器	建筑面积 ≥ 300m²
室内消火栓设备	建筑面积 ≥ 700m²（耐火建筑 2100 m²）
自动洒水设备	不包括地下的层数 ≥ 11 层 地下层面积 ≥ 2000m² （依据《火灾预防条例》第 39 条）
泡沫灭火设备	停车场地下部分面积 ≥ 200m²
特殊气体 灭火设备	电气室内面积 ≥ 200m² 锅炉房等室内面积 ≥ 200m² 通信设备室面积 ≥ 200m²
室外消火栓设备	1 ～ 2 层建筑面积（耐火建筑）≥ 9000m²
消防用水	用地面积 ≥ 20000m²，而且 1 ～ 2 层建筑面积（耐火建筑）≥ 9000m²
排烟设备	地下停车场面积 ≥ 1000m²
连接洒水设备	地下层总建筑面积 ≥ 700m²
连接输水管	不包括地下的层数 ≥ 7 层 不包括地下的层数 ≥ 5 层，而且 总建筑面积 ≥ 6000m²

栓使用，使布置空间发挥更大作用。

[6] 燃气设备

燃气配管引入建筑物部分，应设置燃气泄漏警报器和燃气截止阀，并考虑将引入部位置与内部各室统一布局。

燃气配管的布置需要统筹规划，以便于将来的检修及更新。

4.2.4　成本规划

图书馆的给水排水设备工程费用，仅占建筑工程总造价的 5% 左右。然而给水设备费用，则因饮用水、杂用水的双系统供水，以及雨水的利用及有无渗透设施，消防设备的类型及各设备使用的配管材质等而存在很大差异。另外，如果系学校内图书馆和复合用途建筑内的图书馆，其主要用于给水和灭火的设备均以总体共用部的形式进行布置，因此图书馆的造价会更低。

因此，最好在规划阶段便掌握卫生陶瓷及电热水器等器具的价格，对主要配管的走向做初步设定，并根据使用的数量计算出成本。

4.2.5　设计要点

包括图书馆在内，在给水排水设备的设计上最为重要的，是对规划用地周边的给水排水系统及城市燃气之类的所谓基础设施状况进行调查。最好先

初步了解建筑物给水使用量、包括雨水在内的排水量和燃气消耗量，然后再进行现场勘察。另外规划图书馆的设计内容，亦因其设在学校内或复合用途大厦内、是新建还是原有建筑而不同，因此事先的研讨也是很有必要的。

如前面曾经讲过的，因为要考虑漏水及噪声问题，所以对是否有必要设回水弯之类的问题同样应该考虑。

4.2.6　设计步骤

制定给水排水设备设计步骤的依据是，图书馆选址条件、用地周边给水排水系统、燃气状况、已知利用者人数等，再以此为基础计算出给水量、热水供给量和排水量，并使之构建成完整的系统，最后选定主要机械设备，并进行配管的布置设计。

[1] 给水设备

根据利用者人数和单位给水量计算出每天的预计给水量，以此确定蓄水水箱的容量大小。关于蓄水箱的容量，则应根据其贮水量比例达到何种程度，与供水及保健部门协商后确定。使用加压给水泵的场合，泵的流量由所用器具的负荷决定。此时给水配管的口径可在单位摩擦阻力 300 ～ 400Pa/m 的范围内选择，考虑到流水可能发出的声响，将流速设定在 1.5m/s 以下。

在分别供给饮用水与杂用水的情况下，为避免配管的错误连接，最好选用颜色不同的配管。如分别采用硬质聚氯乙烯被覆钢管的 VA 或 VB、不锈钢钢管和硬质聚氯乙烯被覆钢管等。

[2] 热水供给设备

图书馆的热水供给部位主要是厕所的洗手处，多采用在洗脸池下设热水贮存式小型电热水器的局部热水供给方式，相当于每台洗手器蓄存热水容量为 5L 左右。从加热能力上看，应该在 20 ～ 30min 将水温提高至沸点。因可采用单相 100V 或 200V 的电源，故决定电压的高低时须与电器设备相配。为了通过减轻给水压力来保护设备，应在电热水器给水一次端设置供水系统用减压阀。如采用混合水栓的话，为了使给水与热水的供给压力相同，给水配管应自减压阀二次端引出，并连接在混合水栓上。

使用较多的配管种类有不锈钢钢管、铜管或耐热性硬质聚氯乙烯管，以及电热水器附带的配管等。

[3] 排水通气设备

图书馆不发生漏水事故显得特别重要。为此，

排水管口径要在器具疏水口径的基础上提高一个规格，并设有充分的坡度。如以地面排水方式规划设计厕所部分，要在截面处理上考虑到与主竖管连接的高度和配管坡度。假如排水竖管和雨水竖管必须从邻近阅览室的竖井中通过时，则需要在配管表面缠上防露层，并以铅封等作为隔声手段。

尽量避免在最上层顶棚内和其他顶棚内水平横向布置排水主管和雨水管，在建筑设计上迫不得已的情况下，则必须设置用于承接漏水的接水盘和漏水传感器等。

[4] 卫生器具

在使用中水及雨水作为厕所冲水的情况下，应选择那种专门用于中水的阀门作为大便器和小便器的冲洗阀。另外，洗手池要选用非接触型节水自动水龙头。进而，在多用途厕所内，还应设置供人造肛门或人造膀胱如厕者使用的器具及污物洗槽等。

如果采用附设淋浴的污物洗槽，可以选择那种内藏电热水器的组合型器具。

[5] 灭火设备

室内消火栓设备箱的设置场所必须符合法律规范。作为图书馆，还要与书架的平面布置结合起来确定消火栓箱的安装位置。在规划室内消火栓配管兼用连接洒水设备时，须在地下各层布置预警阀（控制阀）。有关水头的设置，则应与图书馆所在地消防主管部门进行充分协商。

消防器材也是一样，如果选择简易立式的，可能妨碍通行，或者倒地时有发生误喷射的危险，因此应考虑是否可与室内消火栓箱设在一起。

[6] 燃气设备

因作为空调热源及热水供给热源使用，故应采用供给燃气的标准，根据所消耗的燃气量来选择合适的燃气公司，并分别采用中压和低压系统。尤其要配备足够的安全装置。

4.3 图书馆特殊设备规划

4.3.1 微缩胶卷保存库设备规划

[1] 微缩胶卷保存库的用途

在尚未实现数字化的过去，为了防止历史文献类重要书籍、图纸或报纸（包括缩印版）的版面被污损，并且考虑到难以将规模庞大的资料全部存放在图书馆的阅览空间里，所以便使用特殊的摄影器

材将其缩小至原版的 1/5～1/40，被称为微缩胶卷。这是复制保管方式的一种。

现在，关于微缩胶卷的保存，在胶卷材料及处理方法上统一执行 JIS 标准，对胶卷状况影响最大的则是保存环境。要长期保存微缩胶卷，必须营造一个低温、低湿和少尘的环境，并放入有干燥剂的保存箱或保存库中。

按照国际标准"ISO 18911: 2000"的规定，微缩胶卷的长期保存应满足表 4.9 中所列出的各项条件。被保存在适宜环境中的微缩胶卷，其 TAC 基底的预期寿命为 100 年，PET 基底的寿命则可达 500 年以上。

1994 年修订的 JIS Z 6009"银·明胶微缩胶卷的处理及保存方法"则如表 4.10 所示。

为了真正达到将记录在微缩胶卷中有价值的信息永存后世的目的，最好设置专用的微缩胶卷保存库（图 4.1）。

保存库应安装带空气过滤器的独立空调设备，24 小时全年不停歇地运行，始终保持 JIS 标准所规定的保存环境条件。

表 4.9 微缩胶卷材料特性

画 质	基 底	最高温度（℃）	相对湿度（%）
黑白	TAC（纤维素基底）1950～1980 年使用	2	20～50
		5	20～40
		7	20～30
	PET（聚酯纤维基底）	21	20～50
彩色	TAC（纤维素基底）1950～1980 年使用	−10	20～50
		−3	20～40
		2	20～30

表 4.10 适宜保存胶卷的相对湿度及温度条件

保存条件	相对湿度（%）			温度（℃）
	最高	相对湿度（%）		最高
		纤维素	聚酯纤维	
中期保存条件	60	15	30	25
长期保存条件	40	15	30	21

[注] 理想条件是，长期温度不超过 25℃，如低于 20℃ 则更好。短时间内的峰值温度不应高于 32℃。

[备注] 1. 这样的温度及湿度条件必须 24h 连续保持。
2. 如将纤维素和聚酯纤维胶卷保存在同一场所时，适宜长久保存的相对湿度推荐值为 30%。

图 4.1　微缩胶卷保存库示例

作为一种简易的方法，也有用"保存箱"和"保存用低湿橱柜"的。

微缩胶卷必须使用图书馆内设置的投影机阅览，必要时亦可采用与原版相同的尺寸印刷复制。

[2] 微缩胶卷保存库的设计事例

现以室内面积 320m² 的微缩胶卷保存库设计为例（表 4.11）。

<设计条件>

① 空调停止 2 ~ 3h 后即产生影响。

② 室内温度全年保持在 18℃，相对湿度 25 %。

③ 室内面积：320m²。

④ 设计风量：4500m³/h。

⑤ 新风量：360m³/h。

系统构成如图 4.2 和图 4.3 所示。

关于保持恒温恒湿环境的方法如图 4.4 和图 4.5 所示。

系统的规格及其布置如图 4.6 所示，图 4.7 则为系统工作原理图。

在该设计事例中被采用的系统，是中央热源并用型的吸附除湿 + 冷却方式。

其他需要注意的地方还有，为了以较低成本稳定地维持保存库的恒温恒湿环境，其墙壁和顶棚应由绝热气密板构成，开口部则考虑使用气密规格的双层门扇。

表 4.11　微缩胶卷保存库空调方式比较表

	①机组方式	吸附除湿 + 冷却方式	
		②中央热源并用型	③独立热源专用型
方 式	④再加热经过冷却除湿的空气，达到指定的温湿度	⑤因利用化学性吸湿材料吸附除湿的空气呈高温低湿状态，故应通过中央冷水或直胀式盘管显热冷却，使之达到规定的温湿度标准。吸湿材料的再利用，可通过中央蒸汽和电热控制	
热 源	专用独立电动压缩机 + 电热器 100% 备份	专用独立电动压缩机 + 电热器 + 冷水·热水盘管	专用独立电动压缩机 + 电热器 100% 备份
实际效果	系通用产品，选择范围广	在科研类设施中广泛采用	
初始成本	约 2000 万日元	约 8000 万日元	约 1 亿 2000 万日元
机械室空间	约 20m²	约 26m²	约 50m²
优 点	因系通用产品，便于控制成本	在科研类设施中效果很好，可靠性高 即使在中央热源降低时，亦可依靠自身热源运行	在科研类设施中效果很好，可靠性高 为提高可靠性，应安装备用设备
缺 点	寿命 7 ~ 8 年，对 LCC 不利 因采用过冷却除湿原理④，故易产生湿度过高现象，成为发霉的原因。		
综合评价	·落地风管型，在 18℃·35% RH 以上时，性能不突出 ·悬挂型，虽可满足 18℃·25%RH 的条件，但易发生漏水事故，亦不便于维修。	◎可靠性高，能够满足温湿度要求，可全年运行。	○成本及空间的负担较大，但可靠性高。

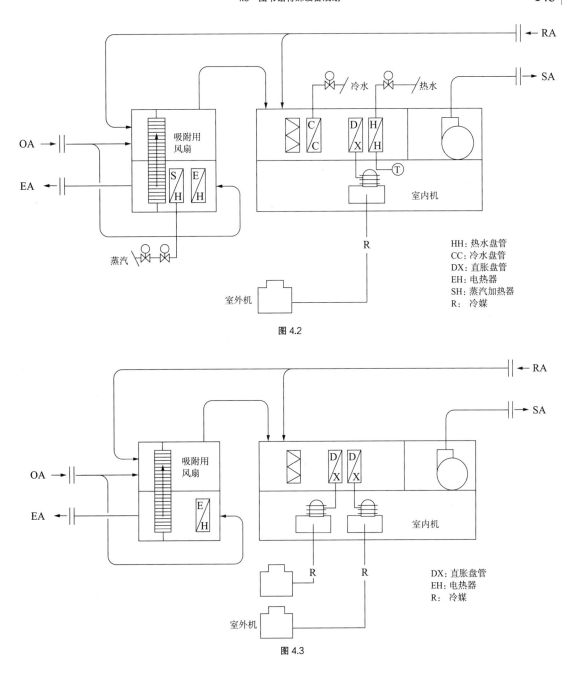

图 4.2

HH: 热水盘管
CC: 冷水盘管
DX: 直胀盘管
EH: 电热器
SH: 蒸汽加热器
R: 冷媒

图 4.3

DX: 直胀盘管
EH: 电热器
R: 冷媒

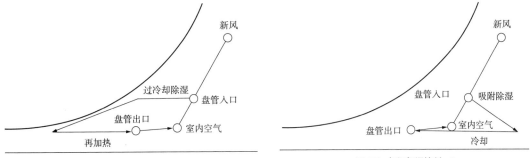

图 4.4 恒温恒湿控制 -1

图 4.5 恒温恒湿控制 -2

特别记载事项

1. 控制方式
　　1. 如系冷热热源，通常以冷水＋热水的控制方式进行。
　　　　在冷水＋热水供给停止时，可自动切换为电动压缩机＋电热水器方式。
　　2. 运行通常以冷水＋热水方式进行，可定期 (12h/1week) 自动切换成电动压缩机＋电气热水器方式。
　　3. 冷热热源切换过程中，控制精度必须符合规定标准。
　　4. 湿度控制仅为除湿控制。

2. 另外实施工程
　　1. 绝热板工程及建筑附属设备工程。
　　2. 排气通风机。
　　3. 空气层换气设备安装工程。
　　4. 气体灭火用、排气用及泄压用风管工程。
　　5. 除湿机空气再生排气用一次侧风管工程。
　　6. 广播、照明、消防、火警设备工程。
　　7. 一次侧冷却水配管敷设工程：
　　　　1）口径 50A；2）水量 144L/min；3）入口温度 32℃；4）压力 200 ~ 250kPa。
　　8. 一次侧冷却水配管敷设工程：
　　　　1）口径 32A；2）水量 46L/min；3）入口温度 32℃；4）压力 400 ~ 500kPa。
　　9. 一次侧热水配管敷设工程：
　　　　1）口径 20A；2）水量 6L/min；3）入口温度 55℃；4）压力 400 ~ 5000kPa。
　　10. 一次侧给水配管敷设工程：
　　　　1）口径 50A。
　　11. 一次侧电源线敷设工程：
　　　　1）电容量 3φ200V60HzVa 接地。

设计条件

1. 室内温湿条件
　　温度 18℃ ±1.5℃ 湿度 25%RH 以下
2. 新鲜空气摄入量
　　300m³/h（DB22℃,55%RH）
3. 周围温湿度条件

设计条件	冷却时		加热时	
	温度（℃）	湿度（%RH）	温度（℃）	湿度（%RH）
书库	DB 22	55	DB 15	20
中间保管室	DB 22	——	DB 15	——
地下	DB 16.5	——	DB 16.5	——

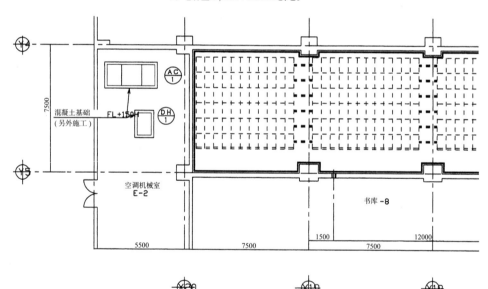

图 4.6

主要机械设备规格

代号	名称	规格	电容量			数量	布置场所
			相 ϕ	电压（V）	额定输出（kW）		
AC-1	空调机组	钢板制水平落地型 冷风机：风量 8900m³/h，机外静压 200Pa 冷却盘管：板翅式冷水盘管 　　　冷却容量 21.1kW（吸气 DB=20.8℃，WB=9.9℃） 　　　直胀板翅式盘管 　　　制冷机 水冷式回转压缩机 　　　冷却容量 21.1kW（吸气 DB=20.8℃，WB=9.9℃）	3	200	5.5	1	空调机械室
		加热盘管：板翅式热水盘管 　　　加热容量 2.4kW（吸气 DB=17.9℃，WB=8.6℃） 　　　片式防湿电加热器 　　　加热容量 2.4kW（吸气 DB=17.9℃，WB=8.6℃） 　　　加热器容量 5.5kW	3	200	30×2		
		内藏自动装置、过滤器，带内部防振、内部绝热及接露盘绝热等	3	200	5.5		
DH-1	除湿机组	干式蜂窝转子型 除湿量：2.2kg/h（吸气 DB=18.9℃，WB=15.9℃） 处理端送风机：风量 1000m³/h 再生端送风机：风量 300m³/h 再生用电加热器：12.5kW 转子驱动电机：0.025kW 内藏自动装置，内部绝热	3 3 3 3	200 200 200 200	0.75 0.3 12.5 0.025	1	空调机械室

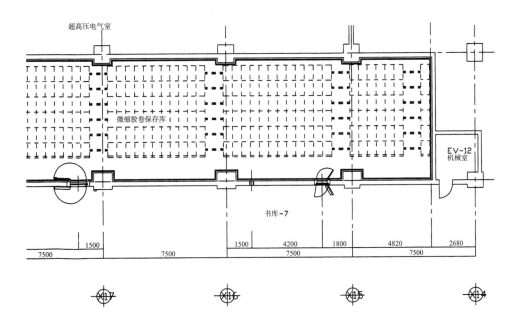

机械设备布置图

A

举 例		
代 号	名 称	备 注
▶SA	送气风管	
▶RA	回气风管	
▶DA	外气风管	
▶EA	排气风管	
FD	防火风门	
VD	风量调节风门	
PD	高气密型电动风门	
PRD	高气密型风门	常闭式

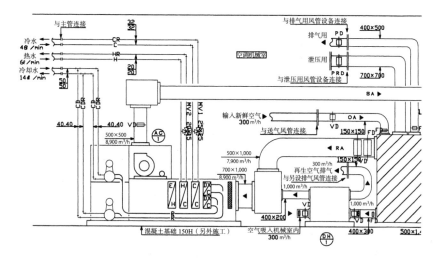

图 4.7

B

举 例		
代 号	名 称	备 注
—— H ——	热水送水管	配管用碳素钢钢管（白）
—— HR ——	热水回水管	配管用碳素钢钢管（白）
—— D ——	冷水送水管	配管用碳素钢钢管（白）
—— CR ——	冷水回水管	配管用碳素钢钢管（白）
—— CD ——	冷却水送水管	配管用碳素钢钢管（白）
—— CDR ——	冷却水回水管	配管用碳素钢钢管（白）
—— R ——	冷媒配管	磷脱氧无缝铜管
MV	三通电动阀	混合型

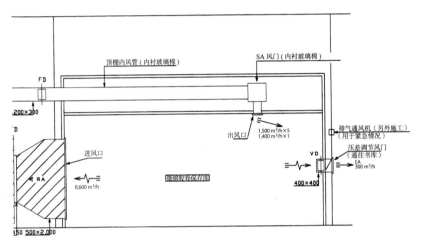

[注] 1. [斜线] 部风管及风门为 1.6 t。
2. 泄压用风管不安装防火风门 (FD)。而在房间相接处则须安装防火风门 (FD)。
3. 微缩胶卷保存库顶棚内的 SA 风管须做保温处理 (25t 玻璃棉)。
4. 微缩胶卷保存库的 SA 房间内敷设保温层 (25t 玻璃棉)。
5. 空调机械室的 SA、RA 和 OA 风管做保温处理（符合 1997 年版之通用规范)。
6. 除湿器输气风管做保温处理 (50 t 玻璃棉)。
7. 除湿器送气风管做保温处理 (25 t 玻璃棉)。
8. 泄压或排气用风管做保温处理直至连接部。

微缩胶卷保存库空调系统工作原理图

表 4.12　书库比较

	取出资料所需时间	平均收容量 [架 /m²(室面积)]
自动书库	仅用机械作业 60 ~ 240s	6.3
集中书库	移动：20 ~ 160s 活动书架：0s 类型：耗时因人而异	2.3
固定书库	移动：20 ~ 160s 类型：耗时因人而异	1.0

4.3.2　自动书库设备规划

[1] 设置自动书库的目的

将自动书库设置在图书馆内的目的是，节省阅览和保管图书资料所需的空间，并使相关作业更为省力。在考虑选址的制约及建筑限制等因素的基础上，一个十分重要的问题就是应该清楚，如何保管及保管什么样的图书资料，以及采取何种手段，达到怎样的程度。

这里的比较图表（表 4.12）可供读者参考。

表 4.13 列出了自动书库所采用的各种方式，设计者可通过比较，从中选择适于自己规划的方式。

[2] 自动书库的平面布置（图 4.8）

自动书库一般都布置在靠近图书阅览室及摆放参考资料柜台等收纳器具的场所，这样能够最大限度地发挥机械化操作的优势。

采用回转方式以外的场合，假如自动书库的位置距出入库地点较远的话，则应考虑布置传送带之类的运输设备。

[3] 自动书库的结构部件（回转方式除外）

（a）收纳容器

由于收纳容器的数量较多，因此为便于取出存放的图书资料，应采用较为简单的结构，并且在整体上具有足够的强度，使用轻质便宜的材料，并在设计上选择适当的造型尺寸。

因保管的图书资料种类不同，故收纳容器的大小不必整齐划一，只是需要注意，不能对格物架机械装置的设计造成影响。

表 4.13　自动书库比较表（收容部分）

	堆垛机方式			线性轨道方式	旋转书库方式	
概述	用机械选取固定收纳容器的方式			各层均设有自行式高速台车，台车仅做前后水平移动即可选取目标容器	通过容器自身移动进行选取的方式	
	利用上下前后移动的自行式吊车选取目标容器的方式					
收纳类型	（单向型） 在 1 台堆垛机两侧各有 1 排收纳容器的格物架	（双向型） 在 1 台堆垛机两侧各有 2 排收纳容器的格物架	（移动型） 收纳容器台架可移动方式堆垛机也可移动	—	（水平循环型） 将容器摆放在水平往复移动的传送带上的方式	（垂直循环型） 将容器摆放在垂直往复移动的传送带上的方式
适用物品	大量多品种物品	同左	大量物品	同左	大量多品种物品	频繁取送的多品种物品
收容量与落地书架相比	150% ~ 180%	180% ~ 200%	250%	150%	130%	300 % （不包括水平搬运空间）
出入库速度	快	较快	稍慢	非常快	较快	快（水平搬运除外）
适用场合	对出库速度要求较高的工厂生产线	与出库速度相比，对收容能力要求更高的工厂生产线	与出入库频度相比，对收容能力要求更高的大批量保管仓库	最看重出库速度的工厂生产线	需要进行大批量多品种零部件管理的装配工厂及零部件管理中心	需要进行小批量多品种零部件管理的装配工厂及零部件管理中心
成本	符合标准			非常高（约为堆垛机单向方式的 2 倍）	稍高	
评价	适用于书籍出入库频繁的场合	同左	适于书籍出入库频度不高，但看重收容能力的场合	适于书籍出入库非常频繁，又重视高水准服务的场合（如多媒体资料等）	因收容能力小，故引入效果，除了节省人力外，不能有太高期望	需要对始于取书口的水平搬运线做换向操作（手动），不能期望节省多少人力

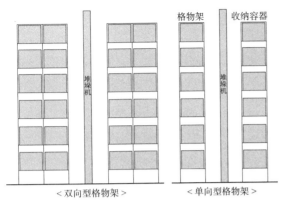

图 4.8 自动书库剖面图

（b）格物架

格物架对于保管收纳容器来说十分方便，但一定要考虑到其抗震性问题。

在与出入库速度快慢相比，更优先考虑提高收纳力的情况下，应采用双面敞开型，反之，则应采用单面敞开型。

（c）堆垛机（图 4.9）

堆垛机作为一种具有搬运功能的机械，可沿着轨道做水平或垂直移动，并可向进深处移动，从而使收纳容器在站台和格物架间改变位置。

（d）出入库站台（图 4.10、图 4.11）

这里成为待保管于自动书库内图书资料入库的窗口部分，配有能够识别贴在图书资料封皮表面条码编号的装置，并具有将其登录在控制装置数据库的功能。

同时，关于要出库的图书资料，则可根据其入库时的信息，由登录的数据库中自动检索出来，因此又成为特定图书资料出库的窗口。

（e）控制装置

这是一种计算机控制的装置，能够在出入库站台检索图书资料条码，然后启动堆垛机，自动高效地将图书资料运送至指定编号的格物架。将图书资料保管在指定编号处的方法被称为固定位置方式，有时也会采用那种不指定保管场所的自由位置方式。自由位置方式的优点是，可以提高读者人数多、出库频繁的图书资料的周转速度。

不过，一旦控制装置发生故障，待取的图书资料将无法出库，因此对数据库及其软件备份，包括使用的电源均应考虑周全。

（f）其他

由于自动书库由许多机械部件构成，对可靠性

图 4.9 堆垛机

的要求也较高，因此如何做到维护管理的方便就显得十分重要。首先应该确保除日常出入库口以外的维修用通道。

[4] 自动书库的附属设备（回转方式除外）

（a）空调设备

对自动书库内部的空调设备，要求具有能够维持保存图书资料环境的功能。要扩大自动书库的收容量，就必须增加层高，故在设计上必须注意气流分布问题。

（b）灭火设备

自动书库与架式仓库一样，亦要布置特殊灭火设备。在选择灭火设备时，应格外注意其灭火能力及危险性等。

图 4.10　自动书库出入库站台实例

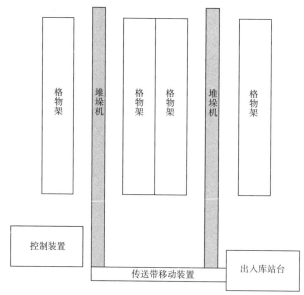

图 4.11　自动书库平面图

设计实例

设计实例 **1**

K大学新建筑

1.1 空调设备

1.1.1 总体规划

[1] 建筑物概况

K大学港岛校园，是以港岛西岸集装箱码头遗址再开发项目作为核心设施建设起来的。该项目建成后，不仅在当地出现了一座校园，而且也使各项基础设施变得更加完善，营造出港城神户的新景观，从而使制定规划时确定的城市共生型生态校园的主题得以实现。

表1.1所示系校园概况；图1.1则显示了用地周边状况；图1.2系新建工程外观。

表 1.1　K大学港岛校园概况

所 在 地	神户市中央区
用 途	大学
区域性质	准工业地区，部分港湾地区
城市街区	市区化区域，非防火指定区域
用地面积	约142000m²
建筑占地面积	约23000m²
总建筑面积	约63000m²
建筑占地比	16%（允许建筑面积比：60%）
容 积 率	44%（允许容积率：200%）
最大高度	31m
层 数	A座地上6层，B座地上4层，C座地上3层
结 构	钢框架钢筋混凝土结构

图 1.1　用地周边图

校园是以用地东侧交叉点向西侧海滨展开的开放空间为中心布置的，并沿南北方向设有贯穿校园的海滨长廊，形成与其他毗邻大学交流的轴线。散步道旁有潺潺的溪水和成列的樱树，周围是一片绿荫掩映的优美景观。并且在用地边界处不设栅栏，与神户市所属的亲水公园进行一体开发。从建筑物的外观设计上看，每座建筑物均各具特色，但又利用红砖使其保留着统一的风格和新鲜感。

图 1.2　外观（西侧空中鸟瞰）

表 1.2　各座建筑概况

代号	总建筑面积（m²）	层数	设施概括
A	约12000	6	校部、图书馆
B	约24000	4	法学部、经济学部、经营学部、教室、教员室
C	约26000	3	药学部、机械室
其他	约1000	1	茶室、守卫室、垃圾场、危险品仓库
合计	约63000	—	

[注]　学生人数3380人

表 1.3　食堂餐位数

食堂名称	餐位数	
	室内（餐位）	室外（餐位）
A座快餐部	99	32
B座快餐区	290	148
B座餐厅	155	32

K大学港岛校园规划的提出，出于这样的考虑：本来具有大学校部功能的原有校园（位于神户市西区）因新学科的创建等而变得拥挤，加之药学部又改为6年制，使得校园更显狭窄。新建的港岛校园，主要用于安排法学部、经济学部及经营学部的3、4年级学生和药学部的2～6年级学生。至于用地，校园1期工程的原集装箱码头旧址，南北长457m，东西宽310m，总面积约为14hm²，校园由布置在其中的A座、B座和C座3栋建筑构成。

表1.2显示了各座校舍的概况；表1.3则显示了食堂餐位数；图1.3～图1.5系各座校舍的平面图。

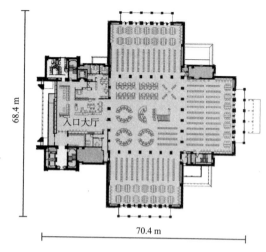

图1.3 A座二层图书馆

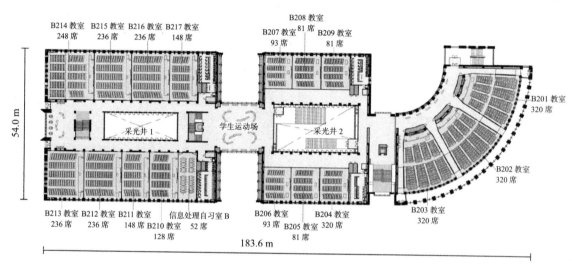

图1.4 B座二层教室

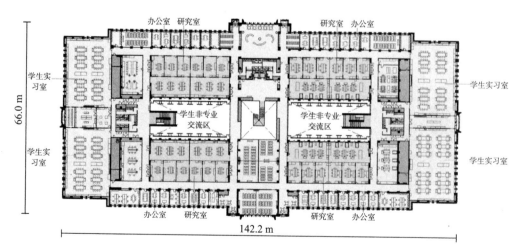

图1.5 C座三层药学部

（a）A座···校部功能、学生服务点

具有标志性作用的 A 座，系由校园的校部功能以及图书馆和信息处理中心构成。一层设有可为学生提供一站式服务、25m×25m 无立柱的业务中心；二、三层设有带采光井的图书馆。

A 座因邻近港湾地区，故在客轮抵达码头前，其一层的咖啡厅可临时作为旅客的候船室使用。

（b）B座···学生、教员和市民的交流场所

面向大海的 B 座，主要由一至三层的教室和四层的教员室构成。

一层还设有餐厅和快餐部，可以为附近的学校和市民所利用，像这样的交流场所甚至一直延伸到校园以外。

（c）C座···功能具有弹性

医学部设施位于校园中央的 C 座，由药学部设施和热源机械室之类的主机械室构成。为了不妨碍外观及将来实验设备的更新，在设施中央设有兼做内院的学生非专业交流区（图 1.5），并在屋顶上留

出充裕的设备布置空间（设备用屋顶）（图 1.36）。

（d）外部空间···人造场地的绿化

四成以上的用地面积被绿化（绿化面积约为 58800m^2，中高树木约 1600 棵，约 8000m^2 的地面覆盖物和 45000m^2 的草坪），在为使用者营造出怡人环境的同时，也在一定程度上抑制了城市的热岛效应。

（e）用地···原有铺装的利用

图 1.6 所示，系在港岛校园中对原有铺装的利用情况。

港岛校园的用地本为港岛内早期填埋的部分，长期以来一直作为集装箱码头使用。为了应对此前发生的基础沉降现象，曾进行多重铺装，直至此次开发前，整个用地范围内的铺装厚度已达 1m 以上。考虑到涨潮时的情况，地基表面能够较开发前高出 1m 以上最为理想。因此，现有的铺装应尽量保留，并在其上设新的基础；而且较之铺装基础则不如只将桩贯通原有铺装来奠定基础。

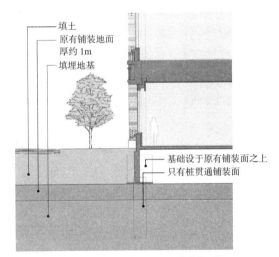

图 1.6　原有铺装的利用

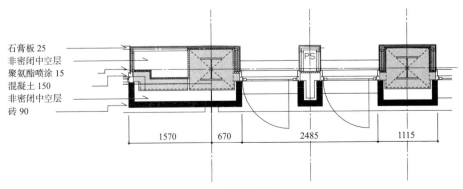

图 1.7　砖砌中空结构

（f）外装 …砖砌外墙的高绝热效果及遮挡日晒

图 1.7 所示系砖砌的中空结构外墙，图 1.8 则显示了以出檐遮挡日晒的情形。将具有较高耐久性的砖作为外装材料，并采用中空结构，使其绝热效果得到提高。而反差很大的凹凸设计，又可最大限度地遮挡自玻璃窗射入的强烈阳光。

· **外墙的高绝热化**

由于采用砖砌中空结构，外墙的总传热系数被降至 0.82 ~ 0.85W/（$m^2 \cdot ℃$）。

· **以出檐遮挡日晒**

最易受到日晒影响的建筑西侧，在出现制冷峰值负荷时（7 月 15 日），A 座低层的全部和 B 座的三、四层均应以出檐来遮挡 14：00 前的直射阳光。

· **建筑西侧窗玻璃的高隔热、高绝热化**

建筑西侧的窗户，要安装隔热性和绝热性较高的 Low-e 玻璃。

· **全年热负荷系数（PAL）**

表示建筑物表面绝热性能的 PAL 比规定标准高出 28%，为 231MJ/（$m^2 \cdot a$）。

［2］规划出发点和规定条件

图 1.9 所示系设备规划的基本方针。

建于神户海上城市港岛的校园，亦是 K 大学校部所在地。新建校园以城市共生型生态校园作为目标，在规划上遵循了以下 3 个基本方针："构建安全、舒适和方便的空间"、"尽量减少能耗和节约资源"以及"确保较长的使用寿命和灵活性"。

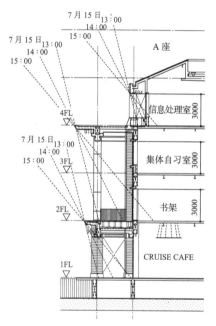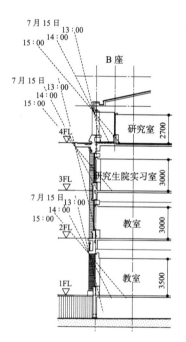

图 1.8　以出檐遮挡日晒

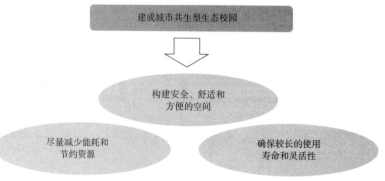

图 1.9　设备规划基本方针

（a）构建安全、舒适和方便的空间

为了使学习和研究的环境更加舒适，除了利用传感技术营造适宜的热环境、空气质量和光环境外，还根据设施利用者和周边环境的具体情况，做了安全方面的规划。如气流室面风速稳定化，以及实验排气、排水的适当处理等。

此外，空调的开动和停止亦与授课时间一致，并可通过室内适宜温度的自动设定等手段提高运行效率。

（b）减少能耗和节约资源

不仅将高效设备器材用于热源、电源和照明系统，而且为了减少学校设施非常大的外气负荷，各个房间基本上都采用了热回收型换气设备。在利用人数变动较大的教室，为了提高减少能耗的效果，使用红外线传感器来控制无人时的关灯和停止换气。

作为利用天然能源的方式，则以热源用冷却塔自然冷却，以自然采光亮度传感器进行照明控制，以及利用共享空间进行自然换气等。此外，还有完全利用雨水和当地再生水自动冲洗包括大便器在内的各种卫生器具的方式，在规划上体现出对有限水资源的节约使用。

为了将减少能耗和节约资源落到实处，则以计量手段使之细分化，找出能耗特别高的部分，并分析产生的原因，制定出改进的措施。不仅让设施的运营者，而且也让设施的利用者增强节能意识，在共用空间里设置了电子显示屏，将设施的能耗直观化。

（c）确保较长的使用寿命和灵活性

为了使设施具有一定灵活性，以便于将来的改扩建，不仅可以向各栋建筑供给超高压电源和冷热水，而且地沟的设计也预想到将来增加管线敷设的需要。在规划上，各栋建筑的电源均可由超高压直接降至低压。

在药学部，需要大量排气和给水排水的机械设备更换较为频繁，除预留出一定的外部空间，用于增设竖排的导线和机械设备外，还自顶棚进行共用供给，排水管预先设置在将来增设时的设想位置。

[3] 热负荷和换气量的概略值

（a）热负荷

表1.4 和表1.5 分别列出了制冷和供暖的峰值负荷概略值。这些数值是在考虑各栋建筑用途（表1.2），确定原单位对热负荷进行概略计算后得到的结果。

图1.10 显示了峰值日各时点负荷；图1.11 则显示出按月计算的负荷值。参考这些统计数据，便求

表1.4 制冷峰值负荷的概略值

建筑名称	总建筑面积（m²）	有效率	制冷峰值负荷	
			（W/m²）	（kW）
A座	12000	0.6	120	864
B座	25000	0.6	140	2100
C座	26000	0.6	180	2808
合计	63000	—	—	5772 → 1642USRt

表1.5 供暖峰值负荷的概略值

建筑名称	总建筑面积（m²）	有效率	供暖峰值负荷	
			（W/m²）	（kW）
A座	12000	0.6	80	576
B座	25000	0.6	100	1500
C座	26000	0.6	80	1248
合计	63000			3324

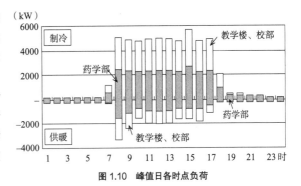

图1.10 峰值日各时点负荷

出了峰值日各时点负荷和各月累计负荷。

（b）新风导入量

表1.6 所示，为新风导入量的概略值。

为了确定对建筑外观有很大影响的外部开口位置及其形状，首先要根据人员密度和换气次数决定新风导入量。再有，并未因用地靠近海滨而采用那种需要许多昂贵除盐过滤器的新风制冷空调方式。

[4] 热源系统的选择和确定（图1.12）

为了提高校园整体的能源利用效率，以自然冷却等手段利用天然能源，降低运行成本，最终采用了中央热源方式。即使是原有的校园，也同样采用中央热源方式，使得设施的管理者对热源的正常运行很有信心。

（a）热源系统比较

表1.7 所示，为不同热源系统设计方案的对比。学校中的热源系统应该尽可能降低对运行成本

影响较大的合同电力的消耗，并根据实验室夜间负荷很小的状况，采取相应的措施。表1.8则显示了各种系统的特点对比。

根据峰值日不同时点的负荷（图1.10）和按月累计负荷（图1.11）求出电力、燃气和自来水的使用量，并计算出能源费用和CO_2排放量。

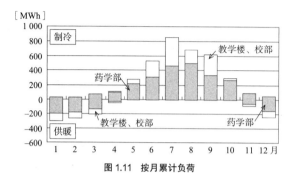

图1.11　按月累计负荷

表1.6　外气导入量的概略值

室　名	人数（人）	新风导入量（m^3/h）
A座 办公中心 图书馆	100 680	2000 13600
B座 小教室 中教室 大教室 大教室	84 240 300 600	1680 4800 6000 12000

室　名	面积（m^2）	新风导入量	
		（$m^3/h \cdot m^2$）	（m^3/h）
C座 所有实验室 动物饲养室	11000 330	6 45	66000 14850

表1.7　各种热源系统方案比较

方案	热源构成
A	吸收式冷热水机 400USRt×3 +空冷热泵 100USRt×4
B	吸收式冷热水机 400USRt×3 +空冷盐水热泵 110USRt×2 +冰蓄热 180 USRt
C	吸收式冷热水机 400USRt×2 +涡轮制冷机 400USRt×1+空冷热泵 100USRt×4
D	吸收式冷热水机 400USRt×2 +盐水冷却器 220USRt +冰蓄热 220 USRt +空冷热泵 100USRt×4
E	吸收式冷热水机 400USRt×1 +涡轮制冷机 400USRt×1 +空冷热泵 100USRt×8
F	吸收式冷热水机 400USRt×3（其中1台为排热投入型）+空冷热泵 100USRt×4 +发电及废热供暖系统 350kW×1

（b）热源系统的确定

表1.9所示，为各种热源系统比较的结果。最后决定采用全年费用和运行成本均具优势的D方案。

在运转时间不同的办公室，对水管十分忌讳的服务器室以及中央监测室，则另外布置了使用空冷空调压缩机的独立热源。

表1.8　各种热源系统特点比较

方　案	特　点
通用	采用空冷（盐水）热泵，适于小负荷
A	以燃气热源为主
B	在A方案基础上增加冰蓄热的方案
C	燃气热源与电力热源并用的方案
D	燃气热源与电力热源（冰蓄热）并用的方案
E	以电力热源为主
F	在A方案基础上增加发电及废热供暖系统的方案

表1.9　各种热源系统比较结果

方案	初始成本	运行成本	年度经费	CO_2排放量
A	100	100	100	100
B	124	115	118	129
C	102	101	101	83
D	111	95	101	83
E	130	104	114	71
F	148	89	112	77

[注]　表中数值为各项目所占比例。
年度经费 = 初始成本 + 运行成本 ÷ 机械耐用年数

[5] 空调系统的选择和确定

图1.13所示，为教室峰值负荷各种构成要素所占比重。在人员密度较高的大学，新风负荷占了空调负荷的一大半，为了降低新风负荷，几乎所有房间都采用了全热交换器，这种交换器能够回收室内排风的热量。尤其是在换气量较多的教室，利用无需维护的红外线传感器来控制换气扇的转动和停止。而CO_2传感器因需要定期校验，故限定使用在空调机的新风导入控制上。

建筑内的所有房间，基本都可进行加湿。为了提高加湿精度，将加湿器安装在风机盘管内，而不是设在空调机或换气扇中。

（a）教室

图1.14为教室的空调系统；图1.15所示，是采用红外线传感器的检测范围和热回收型换气扇的布置。

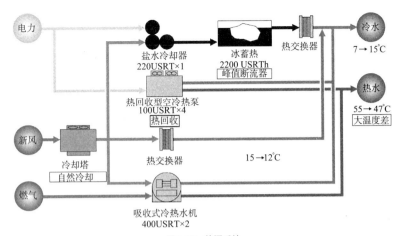

图 1.12　热源系统

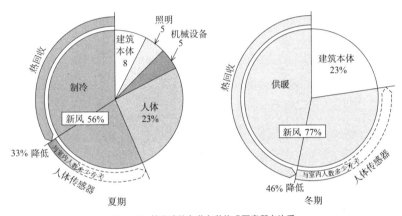

图 1.13　教室峰值负荷各种构成要素所占比重

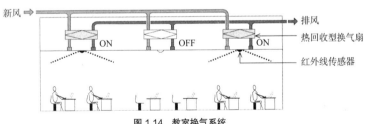

图 1.14　教室换气系统

教室的空调被确定为风机盘管机组 + 热回收型换气扇方式，并且两种设备均采用过滤器及热元素易于交换的顶棚箱型。热回收换气扇被分散布置，以使气流可达范围与红外线传感器的检测范围一致，当室内无人时，红外线传感器可使换气扇自动停止运转。

（b）大教室

图 1.16 显示的是大教室空调系统工作原理。

为了能够在顶棚较高的大教室内高效率地进行空气调节，制冷时冷气自顶棚吹出，地面吸入；供暖时暖气则自地面吹出，顶棚吸入。

为了减轻外气负荷，根据回气 CO_2 浓度来控制外气导入量。

（c）图书馆

图 1.17 显示的是图书馆空调系统工作原理。为了避免在顶棚内敷设水管，采用了落地式空调机的空调方式。并且通过 VAV 分别对外围和室内进行温度控制。

为了避免窗际冷风的侵入，一部分空调气流自近窗的地面吹出。

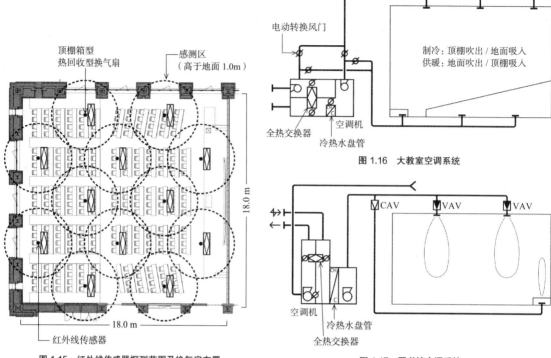

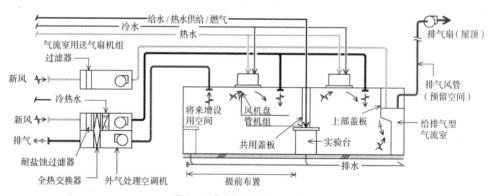

图 1.15　红外线传感器探测范围及换气扇布置

图 1.16　大教室空调系统

图 1.17　图书馆空调系统

图 1.18　药学部实验室空调系统

（d）大会议室

A 座最上层的大会议室，因利用时间有限，故采用了电动空气压缩机空调方式。

由于大会议的顶棚较高，因此选择了落地式空气压缩机，将出风口设在顶棚上，而且与电气式地面采暖合并布置。

（e）药学部实验室

图 1.18 显示的是药学部实验室的空调系统。

实验室的每个房间，设备发热状况各不相同，为了能够布置类似气流室那样需要大量排气的机械设备，采用了四管式风机盘管机组 + 外气处理空调机的空调方式。出于消除外部开口处噪声及实验室间隙风的目的，又使用送气风机组来补充外气处理空调机供给不足的外气。另外，为了减少因大量外气导入引起的室内温度波动，采用了在作业面上部设送气口的气流室。没有被污染的室内排气则可通过空调机内设的全热交换器进行热回收。

（f）气流室排气方式

每个气流室单独排气即可将机械故障时的损害降至最小，与此同时还抑制了与层高关系密切的排气风管尺寸。为了能够在保证研究人员安全的前提下尽量减少换气量，则根据气流室开口部高度来控

表 1.10　气流室排气系统比较

方式	独立方式（本规划）		高速 VAV 方式	
系统图	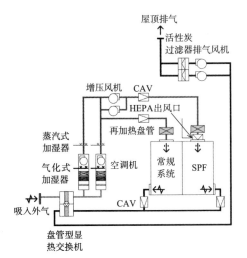			
安全性	设在开口部的传感器可使开口部面风速恒定。	◎	高速 VAV 使开口部面风速保持恒定。	◎
设备发生故障时	每个气流室均设有独立的排气系统，使排气风扇发生故障时的影响降至最小。	◎	排气风扇发生故障时，同一系统内的气流室亦不能利用。	△
顶棚内空间	各排气风管均延伸至预留空间内，可单独导入，不需要右边所讲的顶棚内空间。	○	为使排气在顶棚内合流，需要一定的层高。	△
经济性 初始	较右边所记成本低	○	高速 VAV 造价昂贵，较左边所记成本高。	△
经济性 运行	较右边所记成本低	○	要保持性能，则须对高速 VAV 定期校验。	△

制排气风机的变频器，从而使气流室开口部的面风速保持恒定。

表 1.10 为对本规划与使用高速 VAV 方式所做的比较。近来，采用较多的并不是高速 VAV 系统，类似 1 个传感器控制 1 台排气风机那样的简单方式，动作完成后的检测证明，单独方式与高速 VAV 具有同样好的可控性（图 1.48）。

（g）动物饲养室

图 1.19 显示的是动物饲养室的空调系统工作原理图。

为了保持饲养室内的空气清新，决定采用全外气空调系统。该系统由外气处理空调机 + 再加热机组 +CAV+ 盘管型显热交换器 + 排气风机构成。为了能够在维持湿度恒定的同时减轻电力负荷，联合应用电热式蒸汽加湿器和水气化式加湿器。作为发生故障时的应急手段，分别设置了两台空调机和排气风机，其中 1 台系备用机。为使常规系统与 SPF（Specific Pathogen Free，未感染特定病原体）系统的温湿度条件一致，决定采用相同的空调机系统。必须达到 7 级（10000）清洁度的 SPF 系统，则在空调机二级侧设置增压风机，经 HEPA 过滤器吹出调节后的空气。

以不必担心污染问题的热管方式来回收室内排气中的热量。经活性炭过滤器除掉异味后，再将室内排气由屋顶排放到外部空间中去。

图 1.20 所示，为动物饲养室内的压差状况。

虽然应优先考虑饲养室的清洁度，但为了尽量减少异味向外部泄漏，各房间的给排气风量应该有所区别，空气从微压差风门流出，以保持室间的压差。各室间压差被定为 15Pa。为了缩短门扇的开启时间，原则上设计的开门方向应与空气流动方向相反。

（h）NMR 室

图 1.21 所示为 NMR（Nuclear Magetic Resonance，核磁共振装置）室的空调系统。

由于该室对温湿度的要求十分苛刻，因此其空调机具有通过冷却盘管和加热盘管除湿再加热的功能，并设有电热式蒸汽加湿器。

（i）电气室

将送风管道敷设在检修用通道部分，并以落地式空气压缩机制冷。空气压缩机布置的台数，在发生故障情况下保证制冷供给所需台数的基础上再增设 1 台。

图 1.19　动物饲养室空调系统

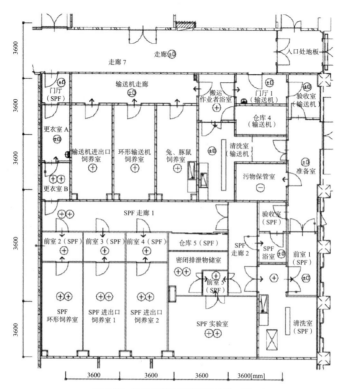

图 1.20　动物饲养室压差设定（⊕：15Pa）

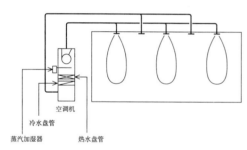

图 1.21　NMR 室空调系统

1.1.2　实施设计

[1] 热负荷计算

以室内外温湿度、新风导入量条件以及室内发热条件作为前提，利用热负荷计算软件（Micro Peak）求出各室冷供暖峰值负荷。

（a）室内外温湿度、新风导入量条件

表 1.11 所示，为室内外温湿度、新风导入量条件。

（b）室内发热条件

表 1.12 所示，为室内发热条件。

[2] 送风量的确定

表 1.13 所示，为空调机的送风量。

普通空调机，以制冷峰值负荷和吹出最大制冷的温度差作为基础，而新风处理空调机和动物饲养

表 1.11　室内外温湿度、外气导入量条件

室　外	新风温度	夏季　34.4℃ *DB*
		冬季　14℃ *DB* 冬季　−2.0℃ *DB*
	新风湿度	夏季　58%*RH*
		冬季　58%*RH* 冬季　61%*RH*
室　内	一般房间	夏季　26℃ *DB*，50%*RH*
		冬季　22℃ *DB*，40%*RH*
	动物 饲养室	全年　24±2℃ *DB* 50±10% *RH*
	NMR 室 质量分析室	全年　22±2℃ *DB* 40±10% *RH*
	电气室	全年　30℃ *DB* 以下
新风 导入量	一般房间	20m³/（h·人）
	实验室	2 次/h 以上
	动物饲养室	15 次/h

室空调机的空调风量则取决于所需换气次数。吹出空气的温度差，在顶棚及周边地面吹出时为 10℃，在室内地面吹出则为 8℃。

[3] 计算热源负荷值

表 1.14 所示，为中央热源部分峰值负荷的合计值。

表 1.12　室内发热条件

室　名	人员密度（ 人 /m²）	照明发热（ W/m²）	机械发热（ W/m²）
A 座			
办公中心	0.2	20	30
图书馆	0.2	20	10
书库	0.05	20	10
信息处理室	0.3	20	50
大会议室	0.4	20	10
B 座			
教室	0.9	20	20
实习室	0.4	20	20
教员室	0.2	20	30
C 座			
实验室	0.2	20	60
实习室	0.6	20	60
动物饲养室	0.1	20	10
NMR 室	0.2	20	90
质量分析室	0.2	20	350

表 1.13　空调机的送风量

系　统	室内面积（ m²）	吹出温度差（ ℃）	空调风量（ m³/h）
A 座			
一层入口周围	469	10	3600
一层入口	469	10	9100
一层办公中心	748	8	13400 × 2
一层快餐部	220	10	10300
二层阅览区	392	10	11000
二层开架书库（东）	458	10	9200
二层开架书库（南）	458	10	8700
二层开架书库（西）	458	10	8900
三层中央阅览区	676	8	17100
三层开架书库（北）	573	10	13100
三层电动书架	458	10	10400
三层杂志架	478	10	11000
三层开架书库（西）	270	10	6200
B 座			
二层大教室	352	10	18000
二层大教室	352	10	18000
二层大教室	352	10	18000
三层大教室	658	10	33000
三层大教室	479	10	23500
一层快餐区	682	10	7000 × 3
一层快餐部周围	682	10	6800
C 座			
西北新风处理	1000	—	6210
西南新风处理	1375	—	8700
北中央新风处理	1867	—	11220
南中央新风处理	2333	—	16020
东北新风处理	1250	—	7750
东南新风处理	2058	—	12520
动物饲养室	294	—	14180 × 2
NMR 室	105	10	6300
质量分析室 1	64	10	9300
入口	117	8	3600 × 2

表 1.14　中央热源部分峰值负荷

建筑物	制冷负荷（ kW ）	供暖负荷（ kW ）
A 座	985	429
B 座	3142	1290
C 座	2604	684
合计	6731	2403

至于同时使用率，在各个方位制冷峰值负荷发生的时点不尽相同的情况下为 0.70；调高供暖空调时出现峰值负荷的情况下为 1.00；因年久老化而须进行补偿时则为 1.15。采用中央热源方式处理的制冷供暖负荷值据此即可求得。

制冷负荷：6731kW × 0.70 × 1.15 = 5418kW

→ 1541USRT

供暖负荷：2403kW × 1.00 × 1.15 = 2763kW

[4] 关键设备的选择

（ a ）中央热源

图 1.22 所示为热源系统。

为了能够长时间（4 ～ 11 月）使用冰蓄热，确定冰蓄热容量占全部容量的 15% 左右。为了避免拆除现有铺装，采用了紧凑的内融型冰蓄热槽（IPF 90%），并设在 C 座屋顶的背面(热源机械室正上方)。为使电力消耗控制在合同允许的最大值之下，冰放热用热交换器释放全部蓄热量的时间可长达 3h 以上。因须处理实验室产生的少量夜间负荷和暑期的再热负荷，引入了热回收型空冷热泵。

因用地邻近大海，故在利用新风制冷时，就需要使用许多价格不菲的除盐过滤器。作为利用新风制冷的替代方式，本规划采用了自然冷却，这是一种仅靠热源冷却塔以低温新风产生冷水的方式。如果长时间运行，因系利用自然冷却，故冷却塔产生的冷水与冷水回流端汇合起来（12 → 15℃）。

为了降低输水能耗，将往复温度差设定在 8℃（冷水 7 → 15℃，热水 55 → 47℃）。表 1.15 所示，为热源关键设备。

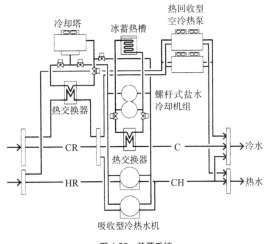

图 1.22　热源系统

表 1.15 热源关键设备

气体吸收型冷热水机 *COP*=1.29（高标准发热）2 台
冷却能力　1582 kW（450USRt）　15.0→7.0℃
加热能力　1031 kW　　　　　　55.0→49.8℃
同上用冷却塔　低噪声开放式　耐盐规格 2 台
冷却能力　2616kW　37.0→32.0℃
盐水冷却机组 *COP*=5.0（连续冷却时）1 台
制冰能力　703kW（200USRt）　−1.3→4.8℃
连续冷却能力　984kW（280USRt）12.7→8.0℃
同上用冷却塔　低噪声开放式　耐盐规格 1 台
冷却能力　1181kW　37.0→32.0℃
热回收型空冷热泵 *COP*=2.4（制冷专用时）2 台
冷却能力（专用）355kW（101USRt）16.5→7.0℃
加热能力（专用）355kW　　　　　55.0→47.0℃
冰蓄热槽 IPF90%　15 台
蓄冰能力　458kW（130USRt）
板式热交换器（冰放热用）盐水 - 冷水 1 台
交换热量　1844kW（524USRt）
3.6→13.0℃ /15.0→7.0℃
板式热交换器（自然冷却用）冷却水 - 冷水 1 台
交换热量　1570kW（446USRt）
13.0→10.0℃ /15.0→12.0℃

表 1.16 采用独立热源的房间及其理由

室　名	理　由	型　式
教员室	a	窗式空调机或 燃气式多功能空调机
大会议室	a	电气式空调机
电气室	b，c	电气式空调机
服务器室	b，c	电气式空调机
空压机室	c	电气式空调机
中央监控室	a，b	电气式空调机
守卫室	d	窗式空调机
厨房	c	电气式多功能空调机
便利店	a	电气式空调机
未处理垃圾库	a，c	电气式空调机
茶室	d	窗式空调机

[注]　a 运行时间不同；
  b 不适宜用水配管；
  c 制冷与供暖的切换的时期不同；
  d 远离中央热源。

（b）独立热源

表 1.16 列出了采用独立热源的各室及其理由。

（c）空调设备

表 1.17 列出了各部所用空调机规格种类。

除了新风量较少的系统（新风量约占空调机送风量的10%以下）和回风中有异味的餐厅系统，其余部分均设有可回收室内排风热量的热交换器。就连实验室的室内排风，由于采取了与气流室等处被污染的排风系统分开的手段，因此也可以进行热回收。成为全新风空调的动物饲养室系统，则在新风端和排风端设有盘管，通过使冷媒在其间循环的方

表 1.17 空调机规格

部　位	盘管	加湿	热交换器
A 座			
一层入口周围	冷热水	—	—
一层入口	冷热水	水气化	—
一层办公中心	冷热水	水气化	—
一层快餐部	冷热水	水气化	—
二层阅览区	冷热水	水气化	—
二层开架书库（东）	冷热水	水气化	回转型
二层开架书库（南）	冷热水	水气化	回转型
二层开架书库（西）	冷热水	水气化	回转型
二层中央阅览区	冷热水	水气化	—
三层开架书库（北）	冷热水	水气化	回转型
三层电动书架	冷热水	水气化	—
三层杂志架	冷热水	水气化	回转型
三层开架书库（西）	冷热水	水气化	回转型
B 座			
二层大教室	冷热水	水气化	回转型
二层大教室	冷热水	水气化	回转型
二层大教室	冷热水	水气化	回转型
三层大教室	冷热水	水气化	回转型
三层大教室	冷热水	水气化	回转型
一层快餐区	冷热水	水气化	—
一层快餐区周围	冷热水	—	—
C 座			
西北新风处理	冷热水	水气化	回转型
西南新风处理	冷热水	水气化	回转型
北中央新风处理	冷热水	水气化	回转型
南中央新风处理	冷热水	水气化	回转型
东北新风处理	冷热水	水气化	回转型
东南新风处理	冷热水	水气化	回转型
动物饲养室	冷水 / 热水	水气化 +蒸气	盘管型
NMR 室	冷水 / 热水	蒸气	—
质量分析室 1	冷水 / 热水	蒸气	—
入口	冷热水	—	—

式，可在避免交叉污染的条件下进行热回收。

［5］配管的设计

图 1.23 所示系热源布置以及空调配管的敷设。

热源被布置在校园中心区 C 座建筑的西侧。为了满足在冬季也需要供冷的增建情报处理室，即便将来同时要求制冷供暖，采取热源至各座建筑物的配管均布置成冷水、热水四管制的方式。

全年需要制冷供暖的 C 座实验室区为冷水、热水四管制，A 座、B 座及 C 座的共用部分和新风处理则为冷热水二管制。这样，即可分部位进行制冷供暖切换。

［6］风管的设计

空调用风管，一律采用单一风管方式。空调、换气风管的尺寸，根据定压损失法（1Pa/m）求出；而母线管道尺寸则利用定速度法（2m/s）来确定。

［7］换气、排烟设备的设计

（a）房间排气的级联利用

由热回收型换气扇进行了热回收的室内排风，

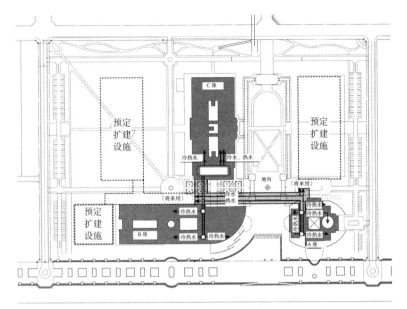

图 1.23　热源配置与空调配管走向

被排放至走廊，用于走廊的空气调节。

K 大学校园的规划，将建筑物内全面禁烟作为前提条件，所以空气质量不会产生问题。

（b）自然换气

由于共用部分较易进行自然换气，因此在 B 座和 C 座的各条走廊以及共享大厅处均设有与外部相通、带电动风门的风管，通过操纵开关即可进行自然换气。

（c）实验室排气

药学部的实验室排气，在经过适当处理后由屋顶排放至外部。为了不致因风向的关系而使实验排气混入技术区内，技术区上部墙壁高出屋顶表面 2m 左右（图 1.34）。

（d）除盐过滤器设置标准

仅在与外部隔离使用的房间（动物饲养室、NMR 室等）和布置了基础设备的房间（热源室、蓄水水箱室及电气室等）才设有用于换气的除盐过滤器。另外为了保护盘管，空调机上也设有除盐过滤器。

［8］检测控制设备

（a）热源控制

图 1.24 所示，为代表性负荷的热源启动顺序。

按月设定各时点热负荷值，并由高效的热源机械启动。启动的先后，原则上按照以下顺序：

〈冷水〉①废热回收时的空冷热泵→②自然冷却→③冰放热→④吸收式冷热水机→⑤盐水连续冷却

〈温水〉①空冷热泵→②吸收式冷热水机

为了减少输送动力，无论初级冷热水、次级冷

热水还是冷却水，均通过泵的台数变换和变频器使之成为变流量方式。冷却塔则根据出口温度来控制冷却塔风机工作的台数。

此外，根据室外湿球温度切换冷却塔周围的自动阀进行自然冷却。

（b）空调机控制

图 1.25 所示，为空调机控制的代表性实例。

关于温度控制，有 VAV 的系统根据室内温度进行变风量控制；没有 VAV 的系统则根据回风温度，通过冷热水、冷水、热水盘管的双向阀来控制。

至于湿度控制，分加湿和除湿两类。加湿系根据室内或回气湿度，由水气化式加湿器进行 ON/OFF 开关控制。除湿如使用冷热水盘管空调机则由盘管旁路控制；如系带冷水、热水盘管的空调机，则进行除湿再加热控制。盘管旁路控制，系由盘管冷却除湿，再经旁路风门混合后使之升温。

在提高空调负荷时，采用了停止新风导入和湿度控制的预热控制。空调机停止时，冷热水双向阀、加湿用给水电磁阀、新风吸入风门和排气风门全部关闭。并设置了过滤器压差警报器。

（c）风机盘管机组控制

根据室内温度，将风机风量分为 3 级，由冷热水双向阀按比例进行控制。

根据室内湿度变化来开关加湿用给水电磁阀。

在排水泵发生故障时，风机停转，并关闭盘管双向阀和加湿用给水阀。

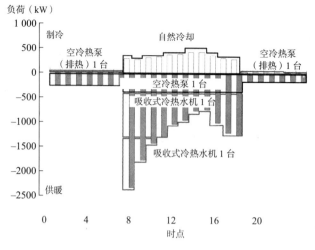

（a）2月份代表日负荷

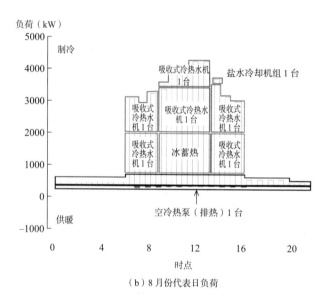

（b）8月份代表日负荷

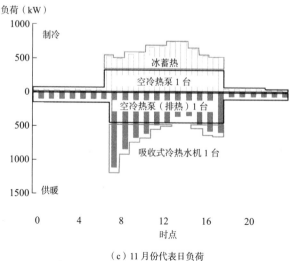

（c）11月份代表日负荷

图1.24   代表性负荷的热源启动顺序

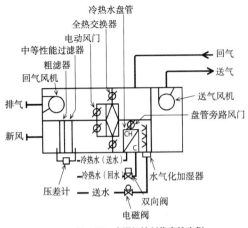

图 1.25 空调机控制代表性实例

（d）机械室风机控制

根据室内温度高低来控制送气风机和排气风机的工作台数。

（e）电力过载控制

当收到电力过载警报时，入口前厅、EV厅、运动场、更衣室等处的空调及水景设备将自动关闭。

（f）建筑物能源管理系统（BEMS）

BEMS系统是为了能够持续降低能源消耗而开发出来的，它的宗旨是"对能源消耗者耗能状况的全面检测"、"与信息爆炸时代相适应的数据分类整理"和"空调负荷预测"。

（1）对能源消耗者耗能状况的全面检测

对全部耗能部位，如热源、输送、照明、插座、动力、给水排水、电梯等的电力、燃气和水的耗用量进行细分化计量，从中找出特定的耗能较多的部分。

（2）与信息爆炸时代相适应的数据分类整理

表 1.18 系能耗计测表其中一部分。

要达到促进节能的目的，很重要一点就是，应该进行大量的检测和妥善保存检测资料，并能够根据分析结果随时随地提取所需要的数据。作为检索方法，除了检索出可能基本一致的关键词之外，还要将数据按照"设备系统性能检验"、"热环境检验"和"能耗检验"的类别，再将其进一步分为大、中、小、细的项目，这样便于以树形格式进行检索。本项目的BEMS监测点约有6600个。为了明确年度的变化，总共保存了5年的数据，数据记录间隔为1h。如果指定数据名和期间，可以把需要的数据用泛用性很高的CSV形式导出。

（3）空调负荷预测

表 1.19 所示为空调负荷预测表。

为了达到适度蓄热的目的，空调系统设置了以下功能：可将日最高气温和周日分类的冷热量实际数值累计起来，依据翌日预报最高气温和是否休息

表 1.18 能耗计测表（其中一部分）

大分类	中分类	小分类	细分类
设备系统性能检验			
热源控制	热源名称		温度、热量等
输送控制	泵名称		ON-OFF、压差
空调机控制	楼座	空调机名称	设定温度、室内温度等
换气控制	楼座	给排气风机名称	ON-OFF、静压
温热环境检验			
室内温度	测定场所	楼座、楼层	室内温度、设定温度等
回气温度	测定场所	楼座、楼层	回气温度、设定温度等
室内温度	测定场所	楼座、楼层	室内湿度、设定湿度等
回气温度	测定场所	楼座、楼层	回气温度、设定湿度等
CO_2 浓度	测定场所	楼座	CO_2 浓度、设定 CO_2 浓度等
能耗检验			
电力	消耗者	楼座	耗电量
燃气	消耗者	楼座	耗气量
自来水	消耗者	楼座	自来水消耗量
再生水	消耗者	楼座	再生水消耗量
过滤水	消耗者	楼座	雨水利用量

表 1.19　空调负荷预测表

新风温度 （℃）	周一	周二	周三	周四	周五	周六	周日休息日	考试前	特殊日
20									
≀				自动输入过去实际发生的数据					
40									

[注]　预测值＝过去 5 日平均值 × α（%）＋上述参照值 ×（100 − α）（%）

　　　α——重量

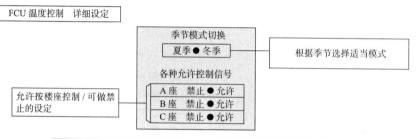

<控制内容>

出于节能的目的，以 FCU 手动开关进行温度设定时，对相应控制房间温度设计值每 10min 为一个周期进行监测，判断其是过冷还是过热，从而适时改变预先设定的温度值。

如采用季节模式，在夏季则对上图左侧（夏季）的下限值进行监测，当低于下限值时，则变更夏季控制设定值。另外，采用季节模式，在冬季则对上图右侧（冬季）的上限值进行监测，当超过上限值时，则变更冬季控制设定值。

图 1.26　温度设定自动校正功能

日等信息，提取类似条件下的日冷热量，再参考过去 5 日等量平均值，预测出翌日空调负荷。

（g）温度设定自动校正功能

图 1.26 所示，为温度设定自动校正功能。

室温设定器对温度设定的稳定状况进行显示，并设有温度设定的上下限值。当远程监控显示室内温度超过上下限值时，在经过一定时间后，中央监测控制盘会将温度稳定下来。

（h）环境显示屏

图 1.27 所示，为实现节能和节省资源目标的体制；图 1.28 则为环境显示屏所显示的内容。

从持续节能和节省资源的理念着眼，十分重要的就是，不仅设施运营者，而且包括设施利用者也来关心节能和节省资源的问题。各楼座入口的电子显示屏上，过去 2 年的耗电量、耗水量、一次能源消耗量和 CO_2 排放量等数据，与普通大学的平均值同时显示出来。其数据每月都进行更新。

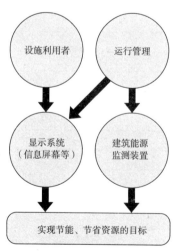

— 今后节能发展方向 —

图 1.27　实现节能和节省资源目标的体制

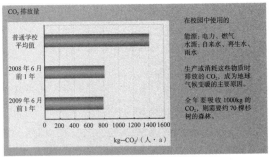

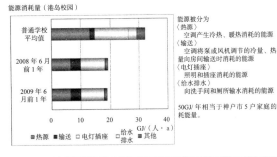

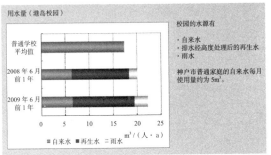

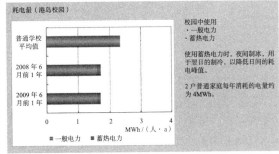

图 1.28 环境显示屏内容

[9] 隔声

产生较大噪声的盐水冷却机组、泵、空调机等，其表面均贴有吸音材料，机械室内的门扇采用完全隔声（PAT）设计。

设于房间顶棚的风机，也全部采用消音设计。布置在室外的冷却塔，则为低噪声型。

[10] 防振

机械室的设备采用橡胶防振装置；安装在屋顶的设备配有弹簧防振装置；悬挂于顶棚的设备则有橡胶防振吊钩。

[11] 抗震

抗震设计的依据是建筑设备抗震设计、施工指导方针（日本建筑中心）。

设计采用标准水平震力系数，带防振装置的机械和消防设备，采取抗震 A 级（上部楼层 1.5、中间楼层 1.0、一层 0.6）；一般设备则采取抗震 B 级（上部楼层 1.0、中间楼层 0.6、一层 0.4，水槽不低于 0.6）。

1.2 给水排水卫生设备

1.2.1 总体规划

[1] 设计条件

· 学生 4000 人，教职员 670 人。
· 栽植树木洒水面积 50000m²。

[2] 负荷概略值

（a）日最大全部用水量

· 学生、教职员：

4670 人 × 80L · d/ 人 ÷ 1000L/m³=374m³/d。

· 植树洒水：

50000m² × 6mm/d ÷ 1000mm/m=300m³/d。

· 合计：374 + 300=673m³/d。

（b）日最大饮用水量

· 学生、教职员：374m³/d × 0.5=187m³/d。

（c）日最大杂用水量

· 学生、教职员：374m³/d × 0.5=187m³/d。

· 植树浇水：300m³/d。

· 冷却塔补给水：

1582kW/ 台 × 2 台 × 4.8L/min/kW × 300min/d × 0.01 ÷ 1000L/m³=46m³/d。

· 合计：187 + 300 + 46=533m³/d。

[3] 系统的选择与确定

（a）给水系统

图 1.29 所示，为水的利用系统。

为了减轻城市基础设施的负担，将给水系统分成饮用和杂用两个系统，杂用系统提供的是雨水和当地的再生水。开发前，当地再生水主管道距项目用地较远，约为 1km 左右。从保护水资源的角度出发，如果限定使用当地的再生水，则可以从排水收费中扣除一定的洒水量费用，故而与相邻两所大学

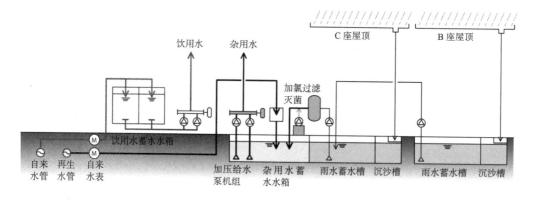

图 1.29 水的利用系统

合作，共同引入了当地再生水。

因各楼座的高度均在 31m 以下，故未沿高度方向分置系统，无论饮用水还是杂用水一律通过加压给水泵机组供水。

（b）热水供给系统

由于使用热水蓄水槽的中央热水供给方式，在学期内休息日等时间段利用者很少的情况下，卫生状况会变得很差，因此采用了局部供给热水方式。

（c）排水系统

实验室排水与一般排水分开，单独布置系统，先储存在地沟内，确认水质符合排放标准之后再将其排至外部。

1.2.2 实施设计

[1] 给水设备

由港岛的排水经净化处理后生成的当地再生水被接入城市杂用水系统，用于厕所的冲洗和植树的浇灌。为了有效利用水资源，降落在 B 座和 C 座大屋顶上的雨水，被蓄存在各楼座地沟内，经沙过滤及加氯消毒后用作杂用水。

（a）蓄水水箱

饮用水系统储存着不少于 1/2 日的用水量；杂用水系统的储水量同样可满足 1/2 日以上使用。饮用水蓄水水箱系 FRP 板制焊接罐；杂用水水箱则利用建筑下面的地沟。

饮用水蓄水水箱：$187m^3/d \times 1/2d = 93m^3$。

杂用水蓄水水箱：$533m^3/d \times 1/2d = 267 \rightarrow 300m^3$。

（b）加压给水泵机组

加压给水泵机组的两个系统均采用推定末端压力恒定式，将瞬时最大水量设为水量值。

· 饮用水系统：

$187m^3/d \div 9h/d \div 60min/h \times 1000L/m^3 \times 4$
$= 1385 \rightarrow 1530L/min$。

· 杂用水系统

$187m^3/d \div 9h/d \div 60min/h \times 1000L/m^3 \times 4$
$= 1385$。

$300m^3/d \div 9h/d \div 60min/h \times 1000L/m^3 \times 1$
$= 556$。

$46m^3/d \div 5h/d \div 60min/h \times 1000L/m^3 \times 2$
$= 307$。

合计：$1385 + 556 + 307 = 2248 \rightarrow 2310L/min$。

（c）雨水利用设备

当植树排水混入雨水时，雨水则变成褐色，在做一般水处理时，这样的颜色并不消除。屋顶表面被设为集水面。

· 集水面积：

B 座：$6000m^2$。

C 座：$6000m^2$。

· 蓄水槽：

图 1.30 系雨水贮存容量计划图。如设雨水利用量等同于植树浇水量 $300m^3/d$，集水面积 $12000m^2$，雨水利用率为 80% 时，按照雨水贮存容量规划图，雨水贮存容量 $\div$ 集水面积 $= 0.025$；B 座和 C 座的雨水蓄水槽均为 $150m^3$。

· 雨水蓄水槽：B 座 $6000m^2 \times 0.025 = 150m^3$。

· 雨水蓄水槽：C 座 $6000m^2 \times 0.025 = 150m^3$。

· 过滤器处理水量。

采用非循环式过滤器，设每小时最大水量为处理水量值。

· B 座 $300m^3/d \times 0.5 \div 9h/d \times 1.5 = 25m^3/h$。

· C 座 $300m^3/d \times 0.5 \div 9h/d \times 1.5 = 25m^3/h$。

设过滤面速度 LV 为 15m/h，并据此确定过滤器

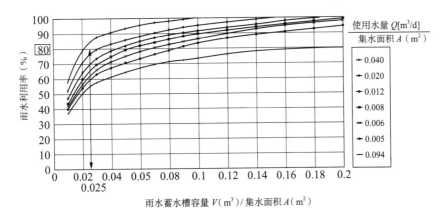

图 1.30 雨水贮存容量规划图（大阪）

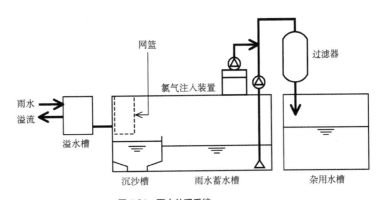

图 1.31 雨水处理系统

尺寸。

· 过滤器 φ1500×H1800（B 座、C 座各 1 台）。
· 雨水处理系统。

图 1.31 所示为雨水处理系统。

雨水先由网篮除去大块垃圾物，在沉沙槽内让水中的沙土和小石块沉淀后，再经加氯灭菌和沙滤，向杂用水槽补给。外部溢水槽设有溢流管，当雨水蓄水槽溢满水时，雨水可直接流入雨水主管道。

[2] 热水供给设备

采用储罐式电热水器提供热水，在需要大量热水的厨房、药学部实验室和淋浴室等处，则采用由燃气快速热水器为局部提供热水的方式。

表 1.20 列出了实验室混合水栓个数和燃气快速热水器选定规格号。

[3] 排水通气设备

图 1.32 所示，为排水流程。

污水和杂排水不分室内室外，均合流在一起；实验室排水、厨房排水和雨水排水则在室内分流。对于含有重金属之类需花时间处理的排水，被直接

表 1.20　实验室混合水栓个数及燃气快速热水器的选择

混合水栓个数	水量（L/min）	同时使用率	热水器（规格号）
1 ~ 6	8	1.0	8 ~ 50
7	56	0.8	50
8 ~ 11	64 ~ 88	0.7	50 ~ 64
12	96	0.55	64 ~

回收。一般的实验室排水，暂存于实验排水槽内，进行 pH 调整后，与直接回收粪便和脱毛后的动物排水分别在室外与一般排水合流。

动物饲养室的地面做干式处理，除清洗室外，一概不设排水侧沟，以避免滋生杂菌。

[4] 卫生洁具设备

为了切实达到节水目的，除了采用自动水栓和自动冲洗小便器外，包括和式大便器在内，均安装了拟音装置，实现自动冲洗。应学生的要求，大便器的类型，男生以坐式为主，女生以和式为主。

为了防备可能发生的实验事故，在实验准备室

设有应急用喷头。下面列出主要卫生洁具的规格：

- 坐式大便器：自动冲洗阀 + 拟音装置。
- 和式大便器：自动冲洗阀 + 拟音装置。
- 小便器：低唇斗式，自动冲洗式。
- 洗脸池：台面式洗脸池 + 自动水栓。

[5] 消防设备

全部建筑均设有易操作的1号室内灭火栓，A座三层以上部分则设有连接输水管放水口。在公用灭火栓覆盖不到的地方，则以防火水槽补充。

在布置着发热机的电气室、热源机械室和厨房等处，以不超过200m²的室内面积作为一个防火区域，一旦发生火灾可防止火势蔓延。

[6] 燃气设备

将中压B燃气引入建筑物内，再将其输送至吸收式冷热水机，经调压器减压后的低压燃气被供给到厨房、实验室、燃气式多功能空调系统（GHP）等处使用。吸收式冷热水机、GHP及其他设备，所收取的燃气费用单价是不一样的，故各自设有单独的燃气表。

[7] 水景设备

图1.33为水景系统工作原理示意图。

在市民可作为散步道使用的项目用地东侧，挖了一条利用当地再生水的溪流，在校园中央建造了水景，为周边环境提供了休憩之处，并营造出清爽的氛围。

水景的用水，做了铜离子灭菌处理，并由陶瓷式过滤器进行了过滤。过滤器的循环周期，基本确定在5次/d左右。水景所需要的水量则由循环泵补给。

〈主要设备〉循环型陶瓷过滤器 +
铜离子注入装置 + 循环泵

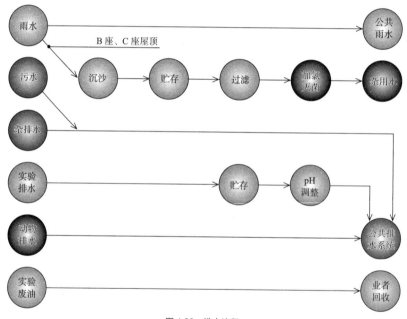

图1.32　排水流程

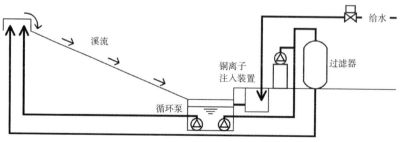

图1.33　水景系统

1.3 实验设备

图 1.34 所示，为 C 座药学部实验室基础设施平面布置图。

（a）功能区

图 1.35 所示，为建筑的功能区。

在 C 座中庭辟有被称为功能区的风管配管空间兼室外机安装场所，用于实验排气风管和给水排水、燃气管道立管以及燃气快速热水器等设备的布置。

（b）功能屋顶

图 1.36 所示，为建筑物的功能屋顶。

在 C 座屋顶上设有与称为功能屋顶的功能区直接相连的实验室用室外机空间，用于布置实验室排气风机及洗涤塔。

（c）应用供给规划

图 1.37 所示，为实验室周围的应用供给布置。

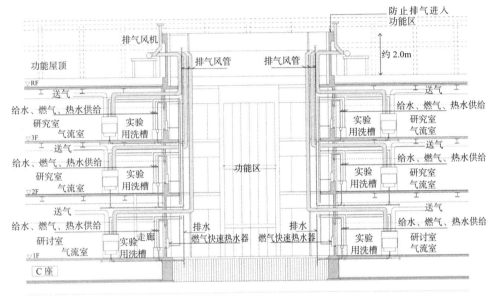

图 1.34 实验室基础设施的供给路径

图 1.35 功能区

图 1.36 功能屋顶

图 1.37 实验设备周围的应用程序布置

除排水部分外，实验室的应用供给全部来自顶棚，以便于将来进行与水有关的改扩建。一旦着手与水有关的改造扩建，为了减少排水对下层部分的影响，预先敷设配管在可能扩建的位置。自顶棚下来的配管及气流室的上部设有与实验器具一体化的外罩，以避免落入灰尘。

至于实习室，尽量少变动其中的实验用设备。连白板设置在内，均注重不影响视野的开阔性，全部应用应都布置在地面以下。

（d）特殊燃气设备

一部分实验室，室内配有非可燃性或非助燃性的氮气泵和氩气泵，其配管一直敷设到必要位置。而可燃性气体，只有在使用时才从户外的气罐中引入建筑物内。

（e）危险品设备

按危险品种类划分的各种危险品仓库均设在室外。

1.4　维护管理、设备运行规划

为使维护管理简便易行，并在设备运行中充分体现设计意图，建筑物竣工伊始便制定了包括下列内容的维护管理手册。

（a）设备概况

附有主要设备照片，显示出各类设备工作原理概况。

（b）热源设备使用说明书

按月设定不同时点负荷，并据此确定热源启动顺序。显示吸收式冷热水机的冷热切换步骤。

（c）冷热水转换阀区划图

冷水、热水的转换阀，A座和B座按方位布置；C座则布置在共用部位。显示出转换阀的位置以及各个转换阀的影响范围。

（d）不同空调方式区划图

在绘制的平面图上，空调机、风机盘管机组、电气式空调机、燃气式空调机、窗式空调、地面采暖等各种空调方式，分别涂以不同颜色。

（e）不同换气方式区划图

平面图上分别显示出，以红外线传感器控制热回收型换气扇开关的房间，根据 CO_2 浓度调节外气导入量的房间，利用开口部传感器控制气流室排风量的房间。

（f）设备检修指南图

平面图还标示出，布置在从室内无法看到的顶棚内和地沟内、需要定期检修或更换的机械设备（如风机盘管机组、空调机附设加湿器、排水装置和各种过滤器等）。

（g）主要设备保养要领

记载的检修项目有：吸收式冷热水机、盐水冷却机组、空冷热泵、冷却塔、泵、膨胀罐、冷却塔注药装置、空调机、风机盘管机组、空压机、风机和自动控制系统等。

（h）恢复供电时操作要领

记载了在恢复供电时不能自动重启的吸收式冷热水机、盐水冷却机组、自动控制台等的重启方法。

（i）运行操作要领

用附带的照片对以下机械设备加以说明：空调机、窗式空调机、遥控装置、温湿度传感器、红外线传感器等及其他空调换气所需的机械设备。标示出从室内难以看清的传感器、自然换气用外气导入口、电动风门和室内换气口的布设位置。

（j）机械设备台账

引入了只要输入设备检修、更新费用以及检修更新周期，便可计算出每一年度设备维护管理费用的机械设备台账软件。

1.5　CASBEE 评价

表 1.21 和表 1.38，分别列出了 CEC 以及 CASBEE 神户的评价结果。

K 大学港岛校园的 CEC 约低于标准值两成左右。

CASBEE 神户因采取了红砖外装、高效的热源及电源系统、红外线传感器的热回收型换气系统、具有较高安全性及经济性的实验辅助系统、顺应爆炸式信息时代潮流的 BEMS 开发以及生态环境显示屏等手段，不仅具有很高的环境性能，而且能够在低环境负荷状态下运行，因此 BEE=3.3，达到最高的 S 级。

1.6　实际运行效果

调查了自 2007 年 4 月开学以来 2 年期间的能源消耗量。

表 1.21　*CEC*

	规划值	标准值
CEC-AC（空调）	1.15	1.50
CEC-V（换气）	0.66	0.80
CEC-L（照明）	0.81	1.00

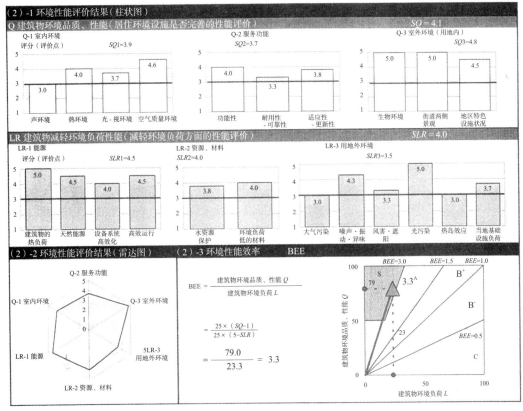

图1.38 CASBEE神户评价结果

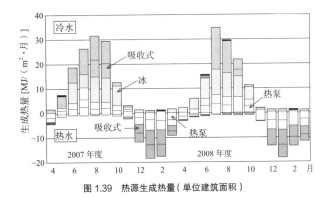

图1.39 热源生成热量（单位建筑面积）

1.6.1 热源系统

［1］产生热量

图1.39所示，系2007年度和2008年度中央热源产生的热量；图1.40则显示出2008年度各类热源产生热量的比例。

2007年度及2008年度均以冰蓄热和空冷热泵为基本手段生成冷水，以弥补吸收式冷热水机的不足部分。热水也基本采用空冷热泵循环，再辅之以吸收式冷热水机运转。因为几乎不存在规划时设想的冬季冷水负荷，所以独立循环系统差不多没有工作。2008年度，通过空冷热泵回收的废热量已占到该设备生成热量的12.8%。在2008年度的制冷负荷中，由冰蓄热生成的热量在夜间可到达四成左右。

［2］热源COP

图1.41所示，系2008年7月热源单体的COP（一次能源换算）。

COP除了生成少量热的时候以外，空冷热泵（包括热回收部分）约为0.5～2.0；冰蓄热系统约为0.8～1.5；吸收式冷热水机约为0.7～1.5。自热源、

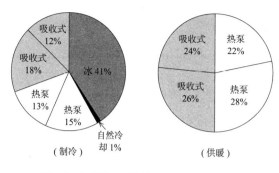

图 1.40 各类热源生成热量所占比例（2008 年度）

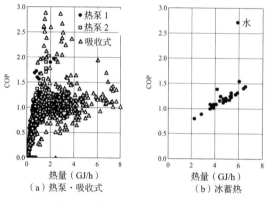

图 1.41 单体热源 COP（一次能源换算）

造成能源的浪费。因此，对红外线传感器感知后工作时间是否适当进行了检验。

图 1.43 所示，为做实验时的人员配置；图 1.44 所示，为改变红外线传感器感知后工作时间的情况下换气扇台数。

假设最难被红外线传感器感知的实验者分散于室内不同位置时，将感知后的工作时间分别改为 1、3、5min，在不考虑室内有无实验者的情况下确认换气扇停止与否。在 30min 时间内可进行数次 1、3min 的工作；工作时间设为 1.3min 时，在 30min 内有 1 台换气扇数次停止运行。如进行 5min 工作，

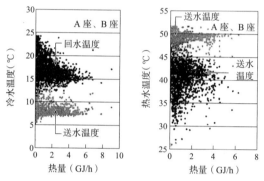

图 1.42 冷水、热水往复温度（2008 年度，A 座、B 座）

冷却塔和冷却水泵求得的热源系统总体的 *COP*，2008 年度的平均值为 0.76，与独立热源的 *COP* 平均值 0.643（《加快引入未利用热资源指导方针》中数据）相比，效率要高出 15.4%。

［3］冷热水往复温度差

图 1.42 所示，系 2008 年度 A 座和 B 座的冷水、热水往复温度。

大体情况是，冷水送水温度 7 ~ 8℃，冷水回水温度在 15℃以上；热水送水温度 48 ~ 50℃，热水回水温度 35 ~ 40℃。2008 年度全部建筑的平均往复温度差（其热量部分），冷水温度差为 8.0℃，热水温度差为 13.2℃。根据平均往复温度差、水泵耗电量及水泵平均效率（假设值 0.45）求得的冷水、热水初级泵以及次级泵的合计扬程为 66m。

1.6.2 采用红外线传感器的热回收型换气系统

（a）红外线传感器感知后的工作时间

红外线传感器感知后的换气扇工作时间，将对室内环境和能源的消耗产生很大影响。如工作时间过短，人尚在而停止换气，则室内环境必然恶化。但工作时间过长，人已不在换气却仍在进行，又会

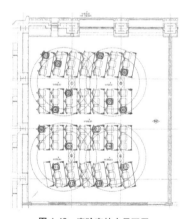

图 1.43 实验室的人员配置

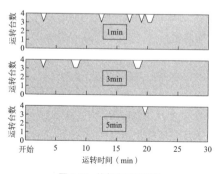

图 1.44 换气扇工作台数

30min 里就会有 1 台换气扇短时停止运转。不过，停止的时间仅有约不到 30 秒而已，因此将红外线传感器感知后的工作时间设定为 5min。

（b）热回收型换气扇的实际效果

图 1.45 所示，系 2008 年度由红外线传感器控制的热回收型换气扇工作台数频率分布状况。通过红外线传感器控制，新风导入量（工作台数 × 工作时间）在 B 座中教室 A-2 减少 42%，在同座建筑的大教室 D 减少 38%，在 C 座研讨室减少 34%。

图 1.46 所示，为本换气系统导入室内的 CO_2 浓度。2008 年度下半学期的室内 CO_2 浓度，几乎全学期都低于 1000ppm。尽管在半个学期内曾有 3h 超过 1000ppm，并且打开了全部换气扇，但据推测应该是室内停留者超出设定人数造成的。

图 1.47 所示，为 2008 年度同一换气系统的新风负荷削减率。其全年新风负荷，通过红外线传感器削减了 26% ~ 37%，由热回收削减了 47% ~ 55%。

1.6.3 气流室风量控制

让气流室前门每隔 60s 开闭一次，计测气流室开口部的面风速。

图 1.48 所示，即气流室开口部的面风速。尽管让开闭气流室前门开闭，其开口正面的风速亦始终维持在 0.6m/s 以上，开口端部的风速则在 0.5m/s 以上。而与门窗高度有关的排气风机的变频控制精度更高一些。

1.6.4 冷水、热水消耗量

[1] 空调机工作时间

表 1.22 列出了 2008 年度空调机工作时间。

在教室，空调机每年约工作 200d，相当于日平均 6.1 ~ 8.5h；入口、餐厅和图书馆等处每年工作 260d，相当于日平均 12.1 ~ 14.8h；药学部全年一半以上时间需要外气供给；动物饲养室全年 85% 的时间，NMR 室全年 98% 的时间，空调机都在工作。

[2] 冷水、热水消耗量

表 1.23 所示，系中央热源的峰值热量与全年热量；图 1.49 所示，系 2008 年度峰值日各时点冷热水负荷值。

冷水峰值时冰放热占 35%，燃气吸收式冷热水机生成冷水占 61%。二者均能削减峰值发挥了作用。

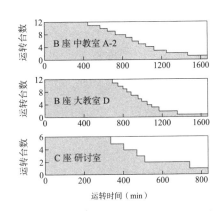

图 1.45 热回收型换气扇工作台数频度分布（2008 年度）

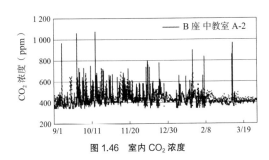

图 1.46 室内 CO_2 浓度

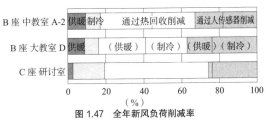

图 1.47 全年新风负荷削减率

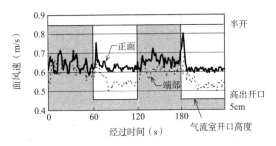

图 1.48 气流室开口部面风速

表 1.22 2008 年度空调机工作时间

楼座	全年工作时间（h/a）			
A	入口	办公中心	二层图书馆	三层图书馆
	3151	3762	3851	3841
B	中教室 B201	中教室 B203	大教室 B302	餐厅
	1414	1704	1228	3461
C	入口	药学部外气处理	动物饲养室	NMR 室
	3151	5159	7445	8566

表 1.23　峰值热量与全年热量

	峰值 （W/m²）		全年 （kWh/m²）		相当总负荷 时间	
	冷水	热水	冷水	热水	冷水	热水
A 座	61	52	33	12	541	240
B 座	110	80	27	21	243	265
C 座	57	34	62	36	1092	1050
全部建筑	63	46	41	25	687	538

［注］　未计入独立热源区域单位建筑面积（2008 年度）

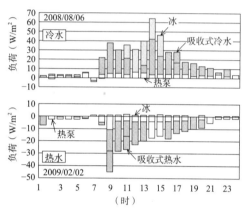

图 1.49　峰值日各时点冷热水负荷

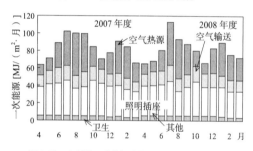

图 1.50　各月份一次能源消耗量（按总建筑面积）

2008 年度的峰值电力为 1460kW，相当于单位建筑面积 23W/m²。教室较多的 B 座，虽峰值热量较高，但全年热量消耗并不多。与此相反，以实验室为主体的 C 座，在用峰值热量除以全年消耗热量所得的总负荷时间，无论冷水还是热水都超过了 1000h。

1.6.5　一次能源消耗量

图 1.50 列出了按月计测的一次能源消耗量。

空调热源在不同月份会有很大变动。如照明及插座的使用时间，在休假较多的 2、3、8、9 月份，均有不同程度的减少。单位面积的一次能源消耗量，2007 年度为 1004MJ/（m²·a），2008 年度则为 978 MJ/（m²·a）。与一般大学的 1660MJ/（m²·a）相比，约减少 40%。

1.6.6　水的使用量

图 1.51 所示，系按月列出的水使用量和降雨量；图 1.52 所示，为使用的各种水源和各种水用途所占比例。

在 2008 年度全年用水量中，雨水利用占 14%，当地再生水占 57%，自来水使用量减少了七成以上。相对于 12000m² 的集水面积，2008 年度的雨水利用率达到 80%。其中用于植树浇水方面最多，相当于单位绿化面积全年降水量 470mm。学生每人每天的用水量中，自来水 27L/（d·人），杂用水 39L/（d·人）。一般来说，杂用水使用量约为自来水用量 2 倍的事例较为常见。在本案的校园中，为 1.4 倍，推测可能因为卫生洁具采用自动冲洗方式的缘故。

1.6.7　CO₂ 排放量

表 1.24 列出了 2008 年度全年 CO₂ 排放量。

2007 年度和 2008 年度，按建筑面积计算的全年 CO₂ 排放量均在 45kg－CO₂/（m²·a）左右，与一般大学的 76kg－CO₂/（m²·a）相比，减少约 40%。

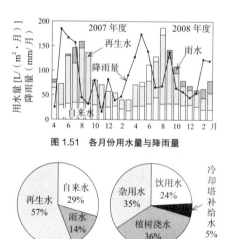

图 1.51　各月份用水量与降雨量

1.52　水源及其各种用途比例

表 1.24　全年 CO₂ 排放量

排放源	CO₂ 排放量 [kg-CO₂/（m²·a）]	削减率（%）
热源	16.8	23.9
热输送	7.0	4.3
照明插座	15.9	9.4
动力	0.3	1.3
用水	2.9	0.4
其他	2.2	1.1
合计	45.1	40.4

［注］　按建筑面积计算

1.7 设计图例集

1.7.1 教室风管图（图1.53）

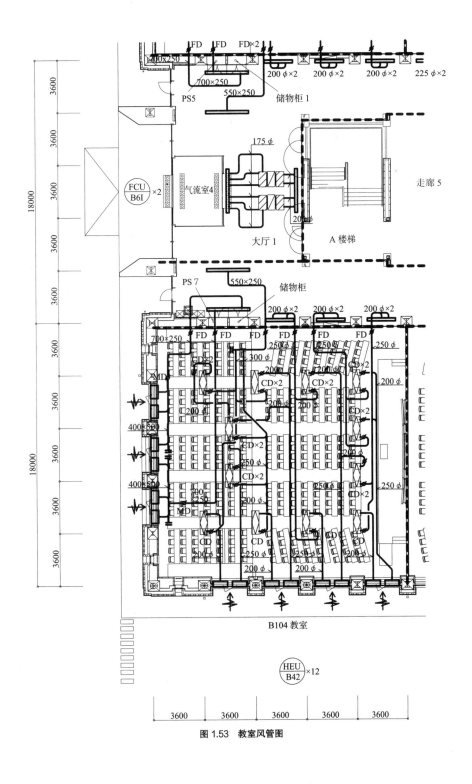

图1.53 教室风管图

1.7.2 屋顶管道配置图（图1.54）

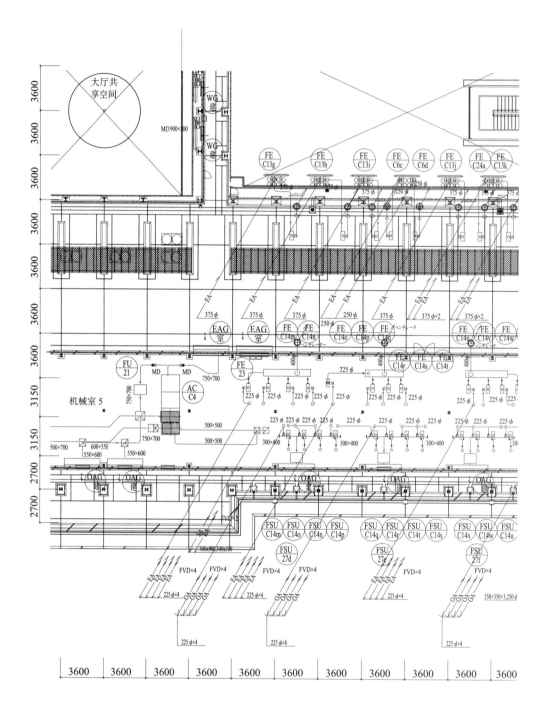

图 1.54

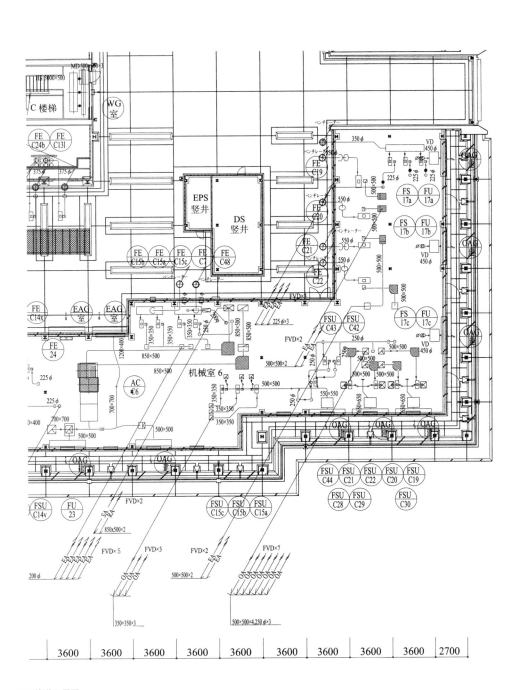

屋顶管道配置图

1.7.3　动物饲养室风管图（图1.55）

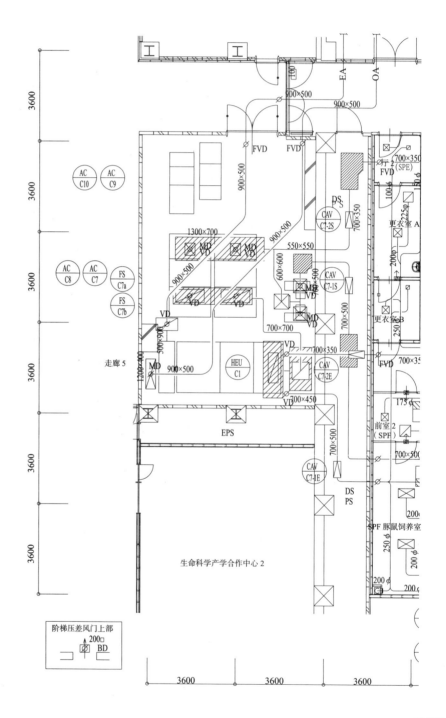

图 1.55

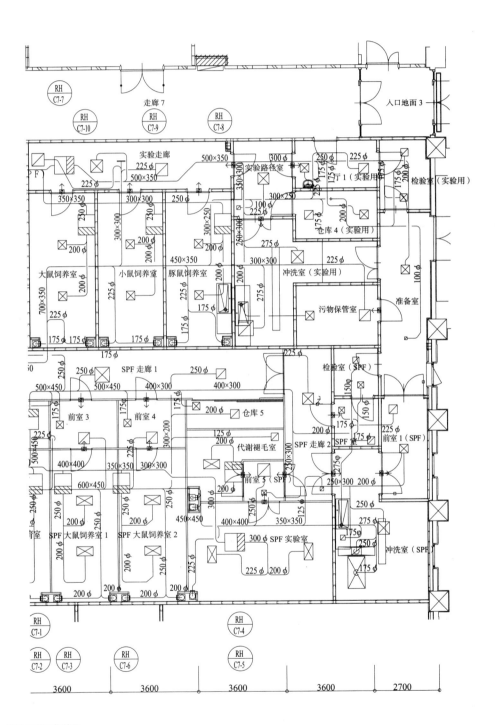

动物饲养室风管图

1.7.4　热源机械室空调配管图（图 1.56）

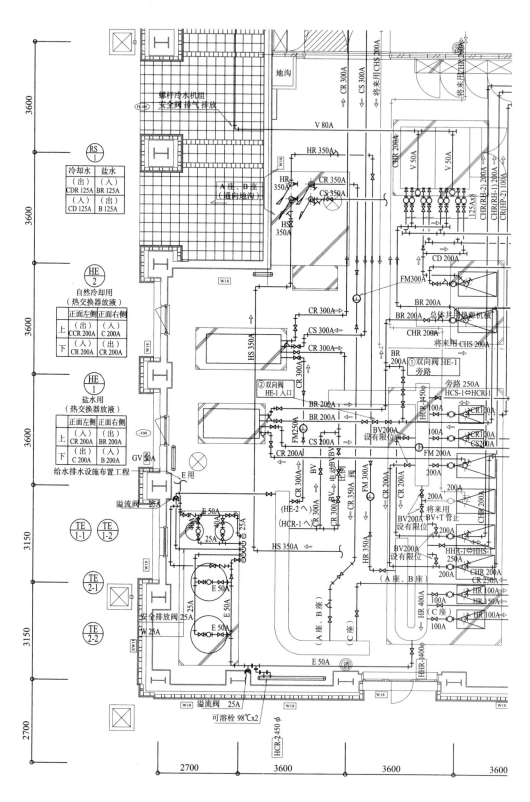

图 1.56

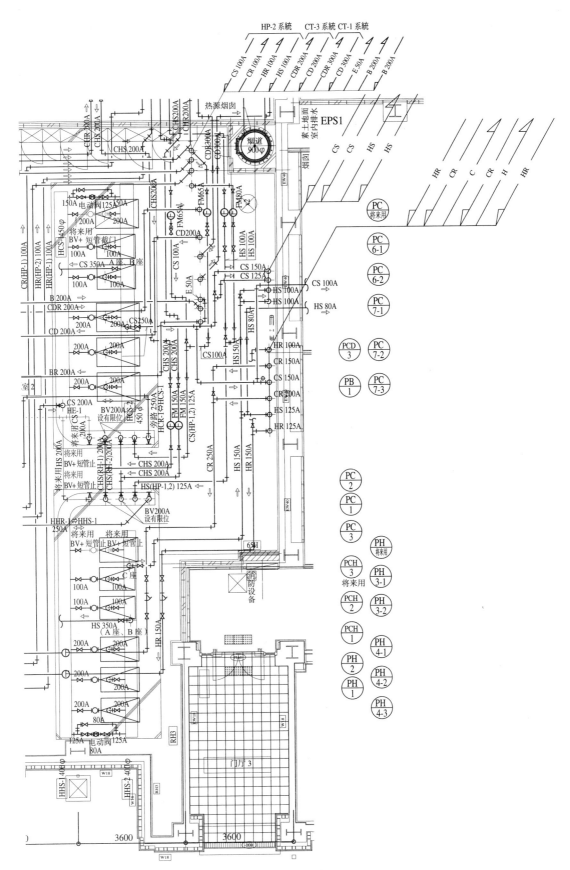

热源机械室空调配管图

1.7.5　给水排水机械室配管图（图1.57）

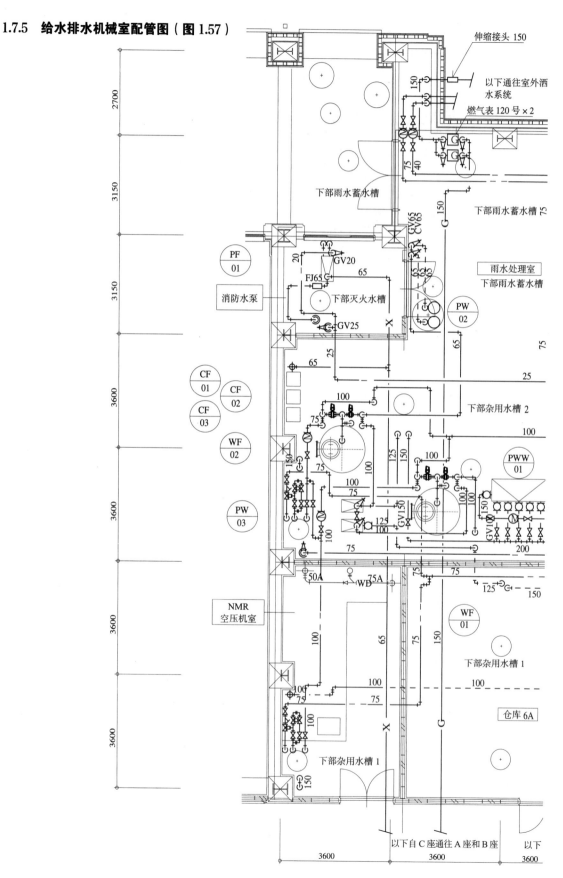

图 1.57

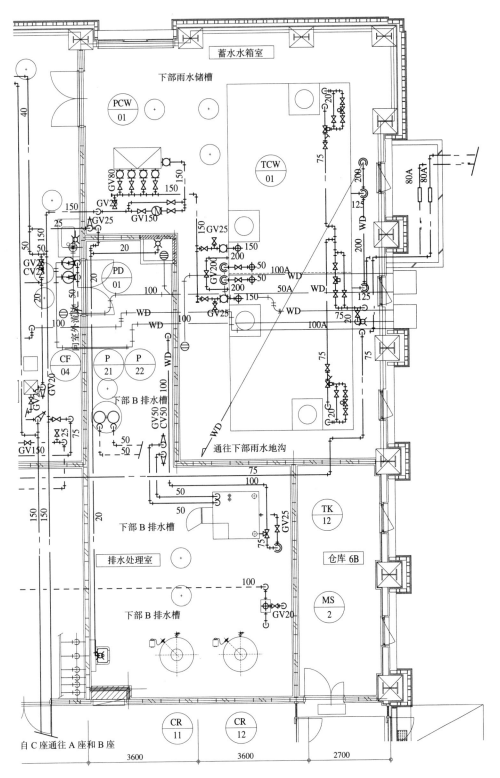

给水排水机械室配管图

设计实例 **2**
武藏野市立O小学

2.1 空调设备

2.1.1 总体规划

[1] 建筑项目概述

(a) 选址条件

O小学位于日本的第一种居住区内，其周边也为居住区环绕，有着十分安静的环境氛围。

因其处于城市中心地带，故距市政府、中央绿地、体育馆和运动场很近，校园与残障者综合中心、学校配餐中心和净水厂相邻。其西面道路为两侧植有成行樱树的绿道，东面也是林荫路。净水厂位于学校南侧，同样拥有广阔的绿地。在小学用地的中央，沿东西方向栽植了一排排榉木，成为学校的象征。此外还种有纪念树及高大榉木等许多树木，以及由当地志愿者建造的花坛。

(b) 建筑概况

(1) 建筑所在地	东京都武藏野市
(2) 用途	学校、写字楼（教育咨询所）儿童福利设施（小学生俱乐部、当地儿童馆）
(3) 用途区域	日本第一种居住区
(4) 用地面积	15051.77m²
(5) 建筑占地面积	3700.35m²
(6) 总建筑面积	13508.07m²
(7) 建筑面积比	31.14%
(8) 容积率	89.74%
(9) 高度、檐高	建筑物高度：22.193m
	檐高：21.653m
(10) 结构	RC结构，部分S结构；SRC结构
(11) 停车数量	3辆
(12) 层高	标准层高4.0m
(13) 主跨	8.0m×8.0m
(14) 工期	2003年10月至2005年3月

(c) 建筑图

图2.1系项目平面布置图，图2.2～图2.7为各层平面图，图2.8、图2.9所示为剖面图，图2.10则为普通教室内部状况照片。

(d) 建筑规划

规划充分利用周边较好的绿化环境，与之调和并具有连续性，将道边榉树作为绿化核心，与东西方向的列木相接，构筑出了一条生机盎然的通道。

建筑规划系按照"百年建筑"、"实现优质多元化教育目标"、"面向当地开放的通用性校舍"、"考虑地球环境的学校"和"重视安全（防范、防灾）"等5个基本方针进行的，在一年级有4个班级的小学校内，其地下一层和地上五层同时设有教育咨询所、小学生俱乐部、当地儿童馆等，总建筑面积约为13500m²。

普通教室采用开放空间形式，可与其他教室相通，成为可连续开展活动的多功能空间。位于二层大厅周围的多功能阶梯教室，则成为可发挥中高年级学生"表现力"的场所，这种表现力正是中高年级学生的学习目标。并且，这里也被规划成密切当地社会与学校关系的交流空间。

[2] 规划理念及其规定条件

(a) 规划理念

关于小学普通教室是否应该安装制冷设备，从对舒适性要求不高的角度以及对学生健康方面的考虑，仁者见仁智者见智。然而，由于近年来地球变暖以及热岛效应等的影响日益显著，因此外气温度的不断升高便成为不可忽视的问题。

O小学的规划，则将重点放在尽量以较少的能耗来缓解环境的不舒适性。

对于普通教室以外的特别教室、管理室等处，优先采用独立控制方式，以期降低运行成本。

(b) 规定条件

(1) 噪声规范

作为日本第一种居住区，不得超出如下噪声规范：早6时至上午8时45dB，上午8时至晚8时50dB，晚8时至晚10时45dB，晚10时至翌日早6时40dB。

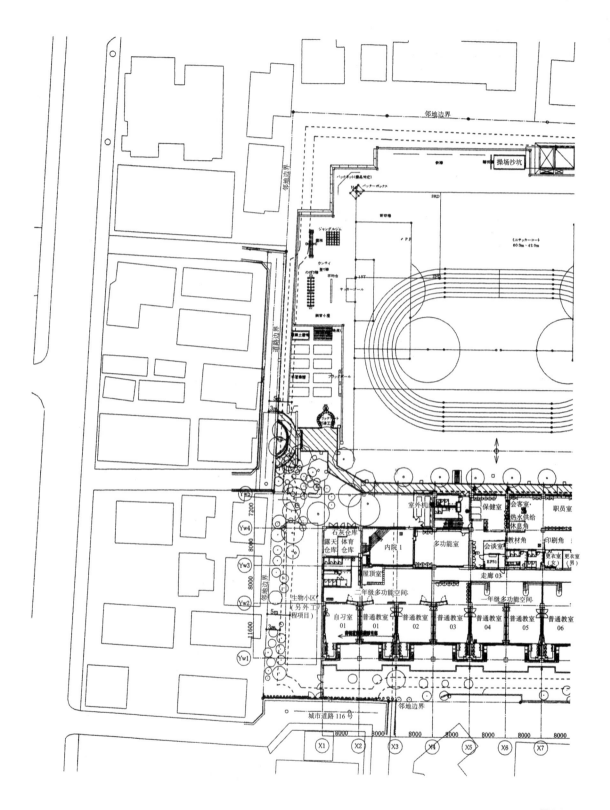

图2.1

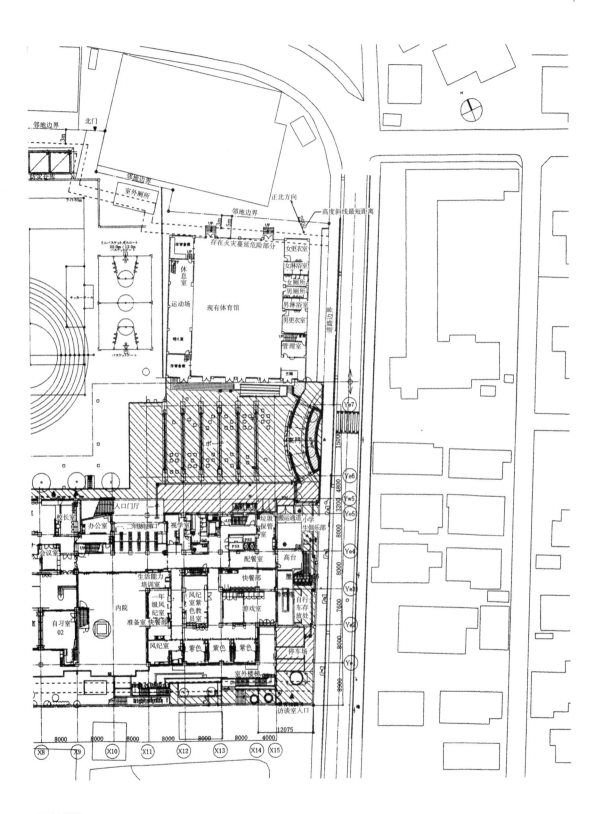

平面布置图

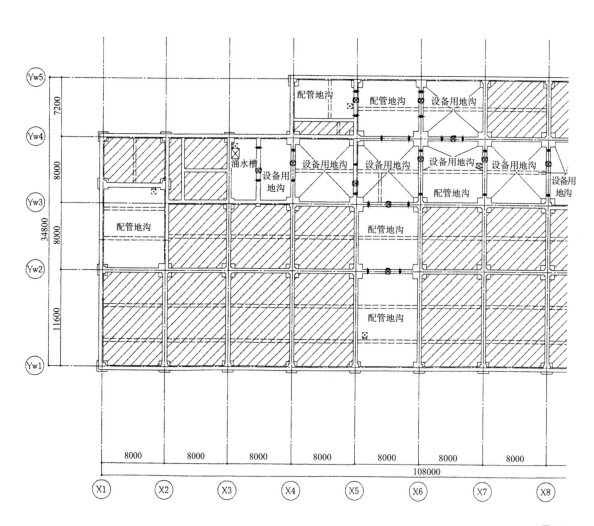

图2.2

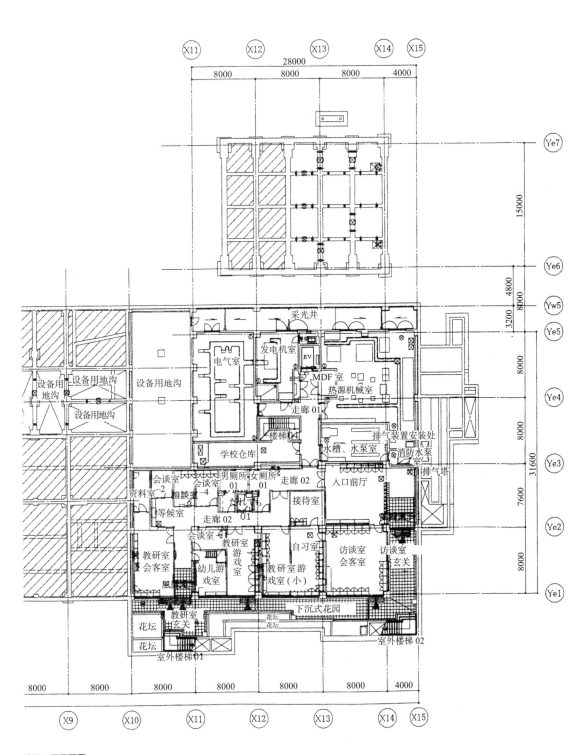

地下一层平面图

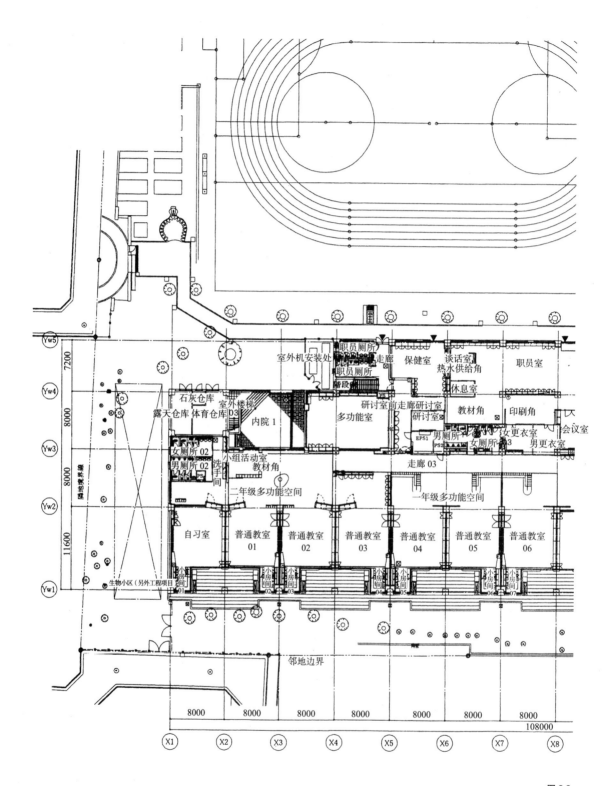

图2.3

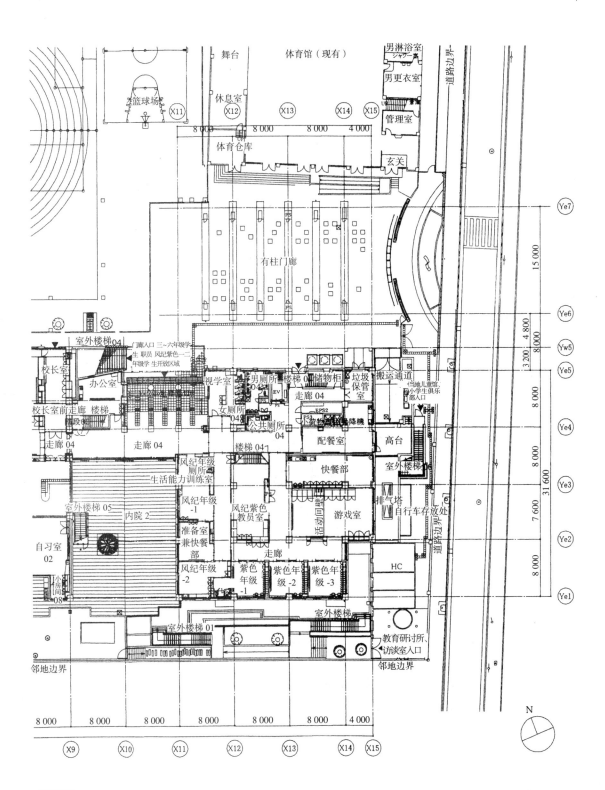

舞台　　体育馆（现有）

男淋浴室
シャワー室
男更衣室

室内篮球场

休息室

X11　X12　X13　X14　X15

8 000　8 000　8 000　4 000

管理室

体育仓库

玄关

道路边界

有柱门廊

Ye7

15 000

Ye6

4 800

门廊入口 三～六年级学　校长室　办公室
生 职员 风纪紫色一二
年级学 生开放区域

Yw5

8 000

搬运通道

Ye5

室外楼梯04

视学室　男厕所 楼梯
UP
EV

储物柜

垃圾
保管
室

地儿童馆
小学生俱乐
部入口

走廊 04

校长室前走廊 楼梯

EPS2

3 200

段

走廊 04　走廊 04　女厕所
04

EPS3

PS3　小衛物　升降机

高台

Ye4

8 000

公共厕所
04

配餐室

室外楼梯

风纪年级厕所
生活能力训练室

快餐部

排气塔
自行车存放处

Ye3

31 600

室外楼梯 05　内院 2

风纪年级
-1

风纪紫色
教员室

准备室
兼快餐
部

活动回

游戏室

7 600

Ye2

自习室
02

走廊

HC

8 000

风纪年级
-2

紫色
年级
-1

紫色年
级-2

紫色年
级-3

小房间
08

Ye1

室外楼梯 01

室外楼梯

教育研讨所、
访谈室入口

邻地边界

邻地边界

8 000　8 000　8 000　8 000　8 000　8 000　4 000

X9　X10　X11　X12　X13　X14　X15

N

一层平面图

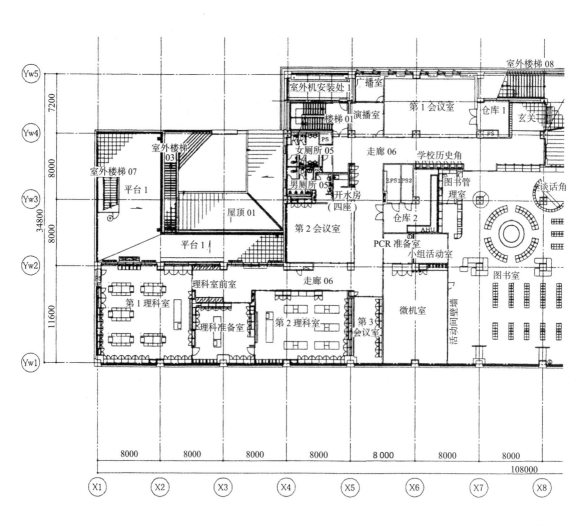

图2.4

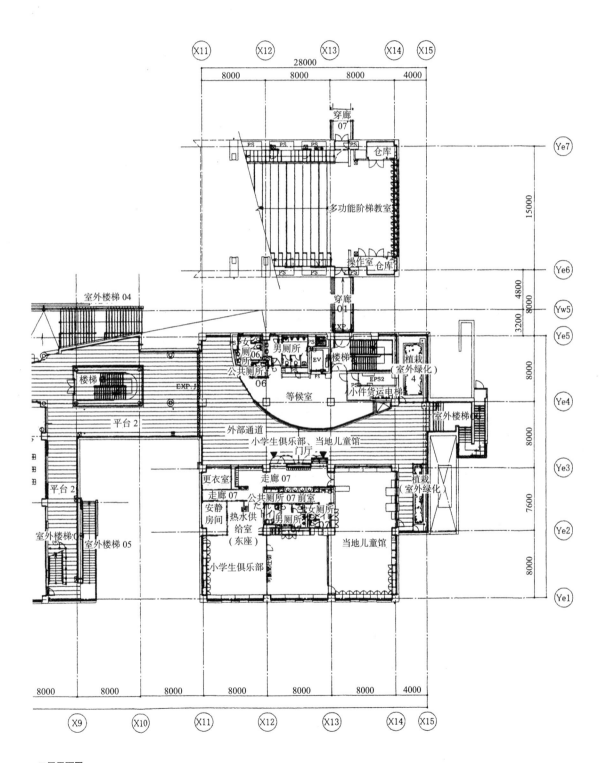

二层平面图

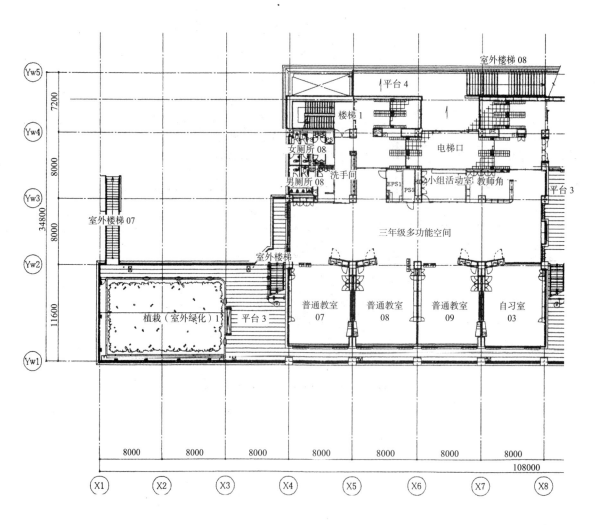

图2.5

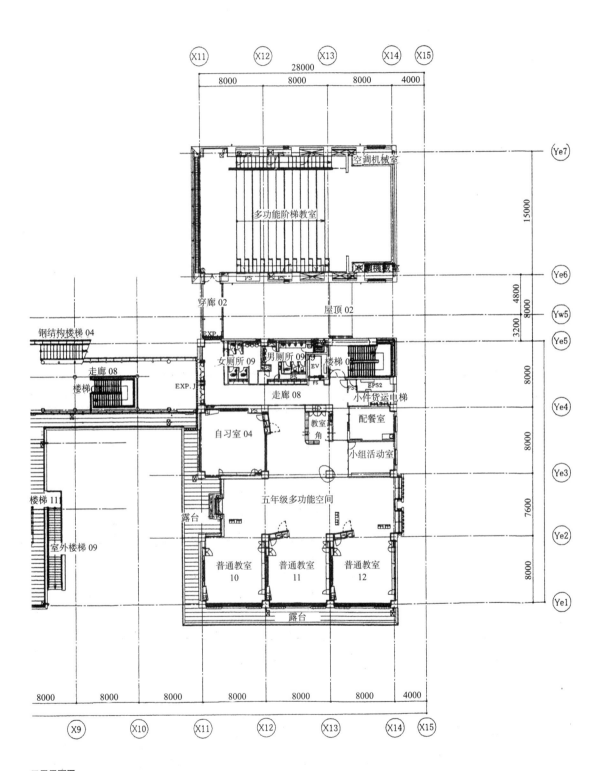

三层平面图

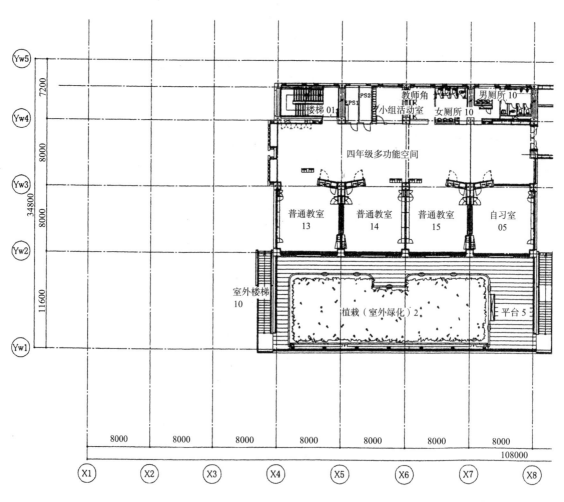

图2.6

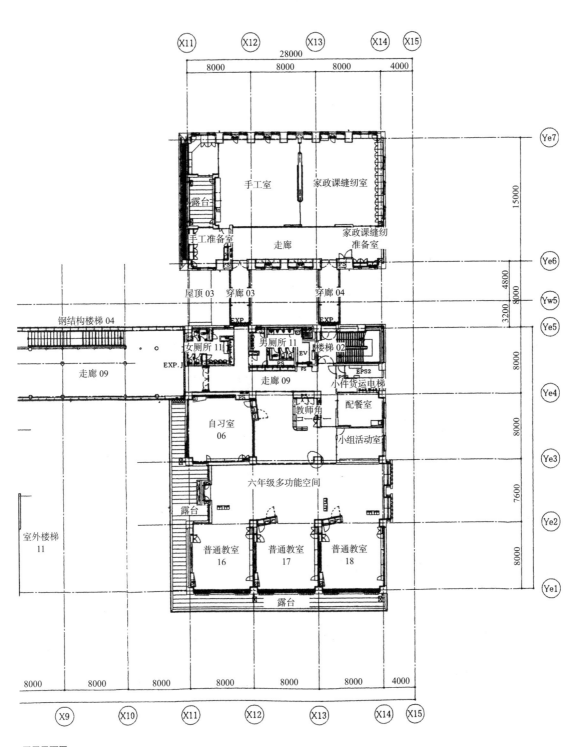

四层平面图

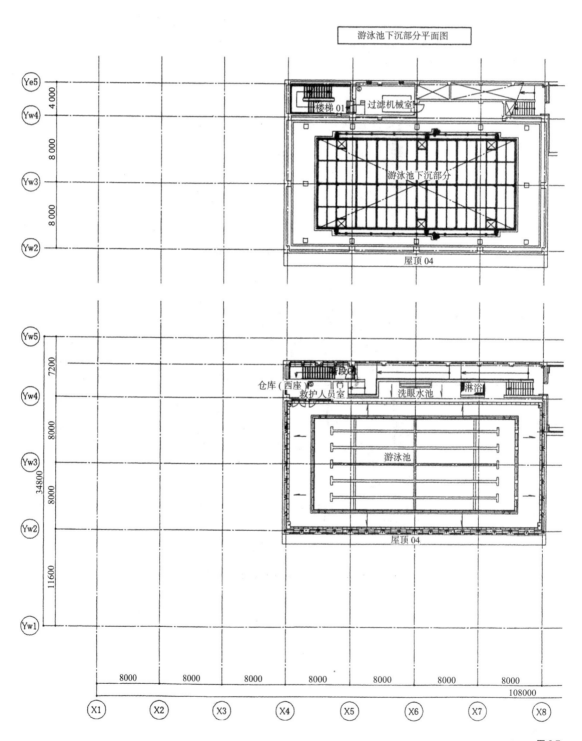

游泳池下沉部分平面图

图2.7

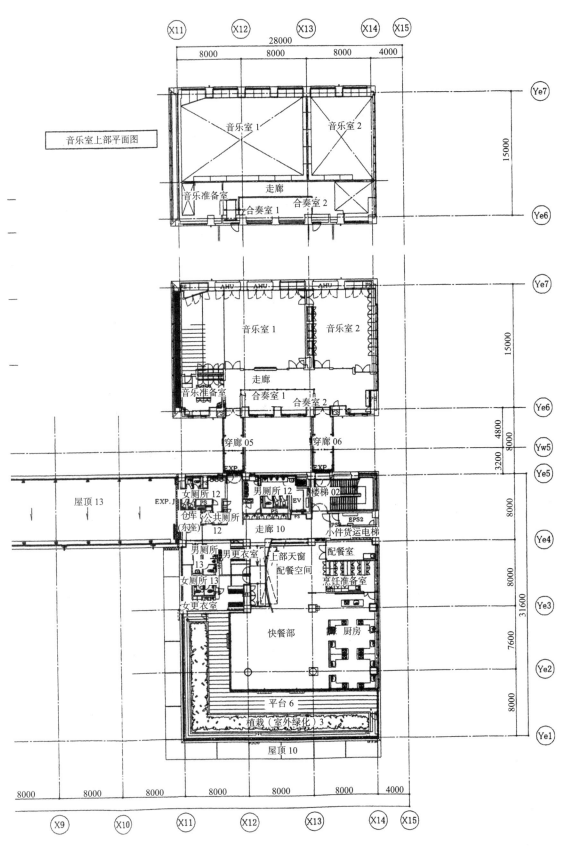

五层平面图·游泳池平面图

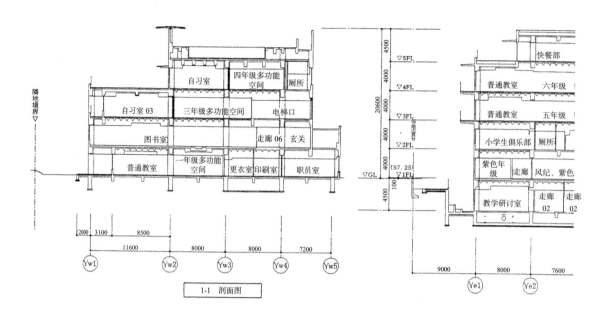

1-1　剖面图

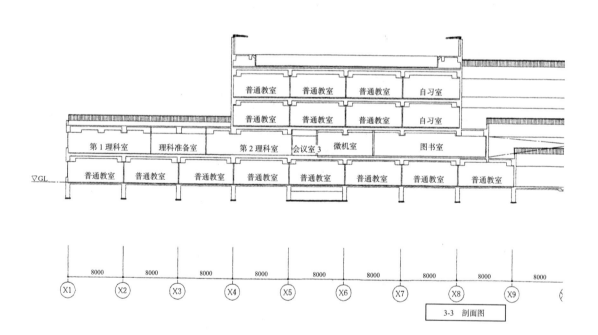

3-3　剖面图

图2.8

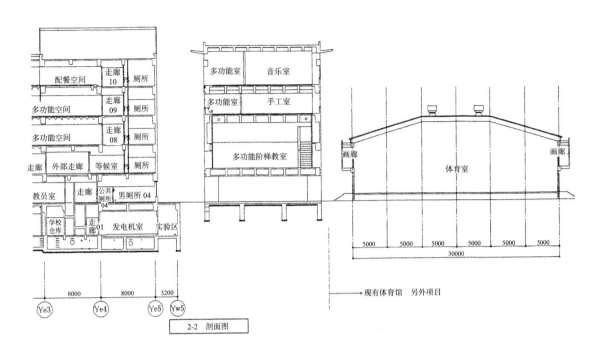

2-2 剖面图

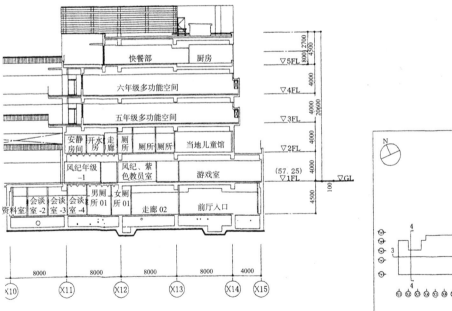

剖面图 -1

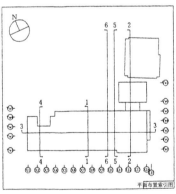

平面布置索引图

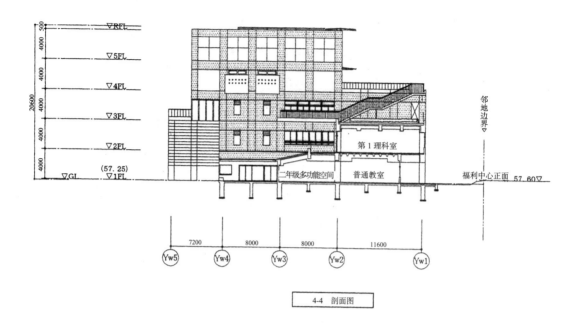

二年级多功能空间　普通教室　第1理科室

邻地边界▽

福利中心正面　57.60▽

(57.25)

7200　8000　8000　11600

Yw5　Yw4　Yw3　Yw2　Yw1

4-4　剖面图

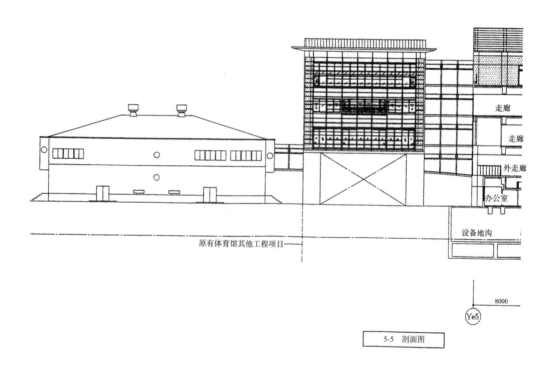

走廊

走廊

外走廊

办公室

设备地沟

原有体育馆其他工程项目

8000

Ye5

5-5　剖面图

图2.9

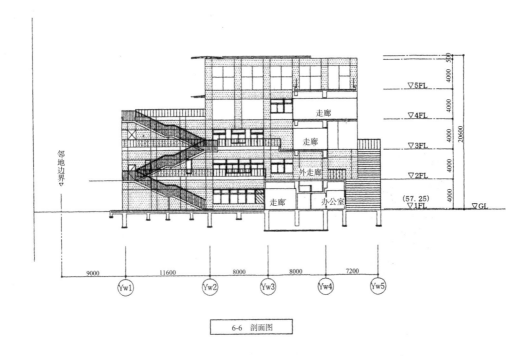

6-6 剖面图

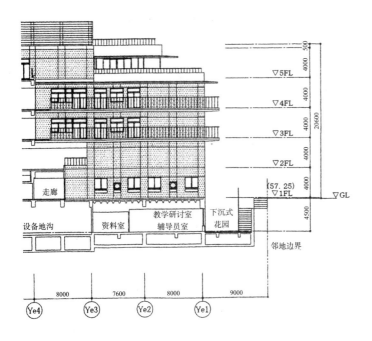

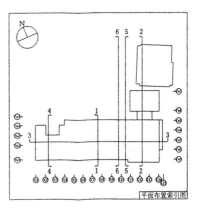

平面布置索引图

剖面图-2

图 2.10　普通教室内部状况照片

表 2.1　室内负荷概略值

类别	方式	室名（典型房间）	面积（m²）	新风导入量（m³/h）	单位负荷（W/m²）制冷	单位负荷（W/m²）供暖	所需功率（kW）制冷	所需功率（kW）供暖	设备功率（kW）制冷	设备功率（kW）供暖	台数
中央热源	1. 地面供冷供暖方式	普通教室、开放空间等	3194	28200	30	100	96	319	111	407	
	2. 地面供冷供暖 +FCU 方式	学前班、紫色年级	532	3975	200	100	106	53	123	68	
	3. 地面供冷供暖 +AHU 方式	学校中心	343	8575	250	200	86	69	99	87	
	合计		4069	40750					333	562	
独立热源	4. GHP 方式										
	E1，2	教学研讨室	544	6800	160 ·	80	87	44	60	30	2
	E3	视学室等	184	775	160	80	29	15	41	20	1
	E4，5	当地儿童馆	456	5700	160	80	73	36	50	25	2
	E6	图画手工室、准备室	179	1400	160	80	29	14	40	20	1
	E7	家政教室、准备室	179	1400	160	80	29	14	40	20	1
	E8	音乐室（1）	172	1000	160	80	28	14	38	19	1
	E9	音乐室（2）、准备室	186	1750	160	80	30	15	41	21	1
	W1	各管理室	240	1575	160	80	38	19	53	26	1
	W2	保健室、会谈室等	272	1425	160	80	44	22	60	30	1
	W3	会议室、广播室等	180	1775	160	80	29	14	40	20	1
	W4	理科室、准备室	288	2800	160	80	46	23	64	32	1
	W5，6	图书室	352	1750	160	80	56	28	39	19	2
	W7	微机室	128	1000	200	80	26	10	35	14	1
	合计		3361	29150					748	371	

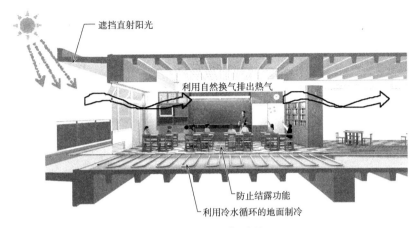

遮挡直射阳光

利用自然换气排出热气

防止结露功能

利用冷水循环的地面制冷

图 2.11 地面制冷示意图

表 2.3 设计条件

室名	室内设计条件				空调负荷条件							单位新风量 [m²/(h·人)]
	制冷		供暖		OA 设备		照明 (W/m²)	人员				
	温度 (℃)	湿度 (%)	温度 (℃)	湿度 (%)	OA 负荷 (W/m²)	负荷率 (%)		人员密度 (人/m²)	定员 (人)	SH (W/人)	LH (W/人)	
普通教室	室内地面 26	变化	22	变化	—	—	20		40	69	53	25
开放空间	室内地面 26	变化	22	变化	—	—	20	0.5	—	69	53	25
活动空间	室内地面 26	变化	22	变化	—	—	20		40	69	53	25
学前班、低年级	26	50	22	变化	—	—	20	0.3		69	53	25
学前班、低年级游戏室	室内地面 26	变化	22	变化	—	—	20	0.5		69	53	25
快餐部	室内地面 26	变化	22	变化	—	—	20	0.5		69	53	25
学校中心	26	50	22	40	—	—	20	1.0		69	53	20
特别教室	26	50	22	变化	—	—	20		40	69	53	25
图书室	26	50	22	变化	15	60	20	0.2		69	53	25
微机室	26	50	22	变化	70	60	20		40	69	53	25
各管理室	26	50	22	变化	15, 30	60	20	不做规定		69	53	25
教学研讨室	26	50	22	变化	—	—	20	不做规定		69	53	25
当地儿童馆	26	50	22	变化	—	—	20	0.5		69	53	25
小学生俱乐部	26	50	22	变化	—	—	20	0.5		69	53	25
配餐室（只设在一层）	26	50	22	变化	—	—	20	0.1		69	53	25

（2）异味对策

适用于日本《异味防止法》，但不受其中特别条款限制。

（3）日影规范

道路东侧被划为日本第一种低层住宅专用区，其他区域应符合日本第一种住宅专用区的规定。

［3］热负荷及换气量的概略值

表 2.1 所示，系室内负荷概略值以及外气导入量。

［4］空调系统的选择及确定

普通教室系开放空间型教室，为了降低供暖的能量损失，通过辐射效应确保营造出舒适的热环境，故而采用地面采暖方式。

至于制冷方式，则根据在地面采暖系统中加入冷热源，通过输送冷水将地面冷却至结露前为止，以缓解室内的不适环境的设想，采用了"地面制冷系统"。这是自然换气结合地暖与地面供冷并行的复

表2.2　各种制冷供暖方式比较表

项目	1. 板辐射制冷供暖方式	2. 地面（辐射）制冷供暖方式	3. 地面（辐射）制冷供暖 + 风机盘管机组方式	4. 风机盘管机组方式
概略流程图	烟囱　冷却塔　CHR・CHS　燃气冷热水机　-G	烟囱　冷却塔　CHR・CHS　气冷热水机　-G	烟囱　冷却塔　CHR・CHS　燃气冷热水机　-G（风机盘管机组 墙面制冷供暖／墙面辐射供暖 冷热盘管）	烟囱　冷却塔　CHR・CHS　燃气冷热水机　-G（风机盘管机组）
概述	由燃气冷热水机使各室制冷供暖辐射板内冷热水循环，以达到冷却和放热的目的。（非除湿型）	由燃气冷热水机使各室地面制冷供暖辐射板内冷热水循环，以达到冷却和放热的目的	由燃气冷热水机使各室地面制冷供暖辐射板内冷热水循环、风机盘管机组，以达到冷却和放热的目的，但对地面的处理有一定要求。	由燃气冷热水机使各室的风机盘管内冷热水循环，以进行制冷供暖
热源机械	各室：辐射制冷供暖机 机械室：燃气冷热水机 屋顶：冷却塔	各室：地面制冷供暖辐射板 机械室：燃气冷热水机 屋顶：冷却塔	各室：地面制冷供暖辐射板、风机盘管机组 机械室：燃气冷热水机 屋顶：冷却塔	各室：风机盘管机组 机械室：燃气冷热水机 屋顶：冷却塔
室内 机械室	置于窗际或边界处，采用与接触的落地形式。	设置空间不受限制，但对地面的处理有一定要求。	设置空间不受限制，但对地面的处理有一定要求。	因设于顶棚处，故不受限制。
机械室 面积	70m²	70m²	130m²	120m²
屋顶 面积	30m² +（烟囱）	30m² +（烟囱）	60m² +（烟囱）	60m² +（烟囱）
对建筑物影响 燃料	燃气	燃气	燃气	燃气
配管	冷热水管	冷热水管	冷热水管	冷热水管
制冷供暖	冷○、暖○	冷○、暖○	冷○、暖○	冷○、暖○
安全性	仅在设备室燃烧部　◎	仅在设备室燃烧部　◎	仅在设备室燃烧部　◎	仅在设备室燃烧部　◎
维护管理	检修部分集中在机械室和屋顶，不需要锅炉安装维护人员，可实现无人远距离管理　○	检修部分集中在机械室和屋顶，不需要锅炉安装维护人员，可实现无人远距离管理　○	各室FCU免维护，不需要锅炉安装维护资质，可实现无人远距离管理　○	各室FCU免维护，不需要锅炉安装维护资质，可实现无人远距离管理　○
功能性	由双向阀进行控制，各室可单独开启或停止　○	由双向阀进行控制，各室可单独开启或停止　○	由双向阀进行控制，各室可单独开启或停止　○	由双向阀进行控制，各室可单独开启或停止　○
舒适性 冬季	利用辐射效果减少上下温度差，可以营造出自然换气效果与室外空气温度低1~2℃的舒适热环境	利用辐射效果减少上下温度差，能够营造出自然换气效果与室外空气温度较低的舒适热环境	利用辐射效果减少上下温度差，可以营造出自然换气效果与室外空气温度较低的舒适热环境	采开放空间形式，会产生较大的上下温度差，气流速度也较快
夏季	通过板式辐射造出的辐射效果出体感温度较低的舒适热环境。不过，全年约有30~40h，处于体感温度超过30℃的不舒适环境　△	通过地面制冷造出的辐射效果能够营造出体感温度较低的舒适热环境。不过，全年约有10h左右，处于体感温度超过30℃的不舒适环境	通过地面制冷造出的辐射效果出体感温度较低的2~3℃的环境。当体感温度超过30℃时，风机盘管加入运行，可确保舒适的热环境	可确保舒适的热环境
综合评价				

备注：新风温度条件（制冷）（除去6~9月期间，除去周末和暑假的385h中，以下为过去5年间的新风温度）数据（截至2002年）
28℃以下：271h/a（70%），28℃以上30℃以下：63h/a（16%），30℃以上32℃以下：32h/a（8%），32℃以上：19h/a（5%）

日期: 2003 年 6 月 24 日

表 2.4

[PAL 计算] 外墙总传热系数 建筑名称: O 小学
（U 值直接输入）

1: OW1

室外空气热传导率 α_o	23
室内空气热传导率 α_i	9
直接输入率 U	2.000
吸收率	0.80
日晒侵入率	0.064

No	材料	材料名称	类型	λ 或 R	厚度（mm）	d/λ
1	22	一般混凝土	1:热传导率	1.400	180.0	0.129
2	85	喷涂聚氨酯（聚四氟乙烯泡沫）	1:热传导率	0.029	25.0	0.862
3	92	空气层（非密封）	2:热阻抗	0.070		0.070
4	31	灰浆	1:热传导率	0.790	9.5	0.012
5	31	灰浆	1:热传导率	0.790	12.5	0.016
					小计	1.088

2: OR1

室外空气热传导率 α_o	23
室内空气热传导率 α_i	9
总传热系数 U	0.400
吸收率	0.80
日晒侵入率	0.013

No	材料	材料名称	类型	λ 或 R	厚度（mm）	d/λ
1	22	一般混凝土	1:热传导率	1.400	80.0	0.057
2	87	聚乙烯泡沫板	1:热传导率	0.044	60.0	1.364
3	43	沥青类	1:热传导率	0.110	3.0	0.027
4	22	一般混凝土	1:热传导率	1.400	10.0	0.007
5	22	一般混凝土	1:热传导率	1.400	150.0	0.107
6	66	木青水泥板	1:热传导率	0.190	30.0	0.158
7	72	玻璃棉（32K）	1:热传导率	0.040	25.0	0.625
					小计	2.345

3: OR2

室外空气热传导率 α_o	23
室内空气热传导率 α_i	9
总传热系数 U	0.463
吸收率	0.80
日晒侵入率	0.015

No	材料	材料名称	类型	λ 或 R	厚度（mm）	d/λ
1	22	一般混凝土	1:热传导率	1.400	100.0	0.071
2	87	聚乙烯泡沫板	1:热传导率	0.044	70.0	1.591
3	43	沥青类	1:热传导率	0.110	3.0	0.027
4	22	一般混凝土	1:热传导率	1.400	10.0	0.007
5	22	一般混凝土	1:热传导率	1.400	150.0	0.107
6	92	空气层（非密封）	2:热阻抗	0.070		0.070
7	32	石膏板、穿孔石膏板	1:热传导率	0.170	9.5	0.056
8	32	石膏板、穿孔石膏板	1:热传导率	0.170	12.5	0.074
					小计	2.003

表 2.5　热负荷汇总表（GHP）

热负荷汇总														
各室热负荷汇总						制冷负荷						供暖负荷		
系统名		GHP				不同时点显热负荷				潜热负荷（W）	最大全热负荷（W）	单位负荷（W/m²）	供暖负荷（W）	单位负荷（W/m²）	备注
楼层	室代号	室名	面积（m²）	容积（m³）	人数（人）	9时（W）	12时（W）	14时（W）	16时（W）						
B1	B101	教学研究所研究员室	52.5	141.8	10	4392	<u>5884</u>	5234	4393	1271	7155	136	7683	146	
B1	B102	研讨室-1	13.8	37.3	4	1063	1184	<u>1201</u>	1162	509	1710	124	1816	132	
B1	B103	幼儿游戏室	23.2	62.6	4	1826	<u>2669</u>	2292	1826	509	3178	137	2927	126	
B1	B104	研讨室-2	8.8	23.8	2	590	683	<u>710</u>	704	254	964	110	1474	168	
B1	B105	研讨室-3	11.3	30.5	2	628	718	<u>730</u>	702	254	984	87	1348	119	
B1	B106	研讨室-4	9.9	26.7	2	583	670	<u>681</u>	653	254	935	94	1245	126	
B1	B107	教学研究所大游戏室	37.0	99.9	5	3332	<u>4395</u>	3936	3343	1271	5666	153	4720	128	
B1	B108	教学研究所小游戏室	31.8	85.9	5	2197	<u>3096</u>	2691	2182	710	3806	120	3744	118	
B1	B109	访谈研讨室	68.0	183.6	13	6680	<u>8925</u>	7969	6656	1727	10652	157	9544	140	
B1	B110	自习室	36.6	98.8	10	3247	<u>4279</u>	3818	3234	1271	5550	152	4437	121	
B1	B111	接待室	16.7	45.1	5	1133	1289	<u>1307</u>	1261	710	2017	121	2292	137	
B1	B112	入口门厅	85.1	229.8	10	4931	5620	<u>5704</u>	5443	1411	7115	84	9965	117	
1	119	学前班、初级班教员室	59.4	160.4	10	5066	5592	<u>5671</u>	5520	1981	7652	129	5337	90	
1	130	配餐室	60.4	163.1	6	<u>10542</u>	7956	8429	8028	9993	20535	340	19780	327	
1	131	视学室	21.5	58.1	2	2278	2676	<u>2746</u>	2617	254	3000	140	3822	178	
1	132	办公室	35.8	96.7	3	3067	3444	<u>3524</u>	3445	509	4033	113	5343	149	
1	133	校长室	40.0	108.0	8	3160	3497	<u>3580</u>	3518	1017	4597	115	5584	140	
1	134	职员室	128.0	345.6	32	12487	13787	<u>13975</u>	13549	4068	18043	141	18641	146	
1	135	谈话室	20.4	55.1	4	2064	3054	<u>3122</u>	2973	2576	5698	279	6044	296	
1	136	休息室	8.9	24.0	4	1080	1322	<u>1361</u>	1290	1991	3352	377	3521	396	
1	137	保健室	57.4	155.0	11	5091	5797	<u>5887</u>	5645	1473	7360	128	9201	160	
1	138	会议室	20.4	55.1	10	2141	2436	<u>2471</u>	2384	1420	3891	191	3875	190	
1	139	男更衣室	17.2	46.4	9	1763	2047	<u>2089</u>	2006	2197	4286	249	4185	243	
1	140	女更衣室	17.2	46.4	9	1763	2047	<u>2089</u>	2006	2197	4286	249	4185	243	
1	141	印刷角	10.5	28.4	1	1031	1248	<u>1279</u>	1215	1106	2385	227	3773	359	
1	142	教材角	32.7	88.3	3	2300	2877	<u>2961</u>	2792	3436	6397	196	8261	253	
1	143	研讨室	12.9	34.8	6	1384	1594	<u>1617</u>	1557	911	2528	196	2681	208	

[注]　带下划线数字系制冷负荷最大值（9时、12时、14时、16时）　　　　　　　　　　　　　　（2009年版）

合型空调方式。图 2.11 为其工作原理示意图，表 2.2 列出了普通教室冷暖方式的比较资料。

特别教室以及各管理室等则采用了可单独控制的独立热源方式。考虑到学校设施会有较长时间的假期，故而采用具有运行成本优势的燃气热泵空调机（GHP）。

2.1.2　实施设计

[1]　热负荷计算

表 2.3 中列出了设计条件，表 2.4 系典型部位的总传热系数（K 值），表 2.5 则为热负荷汇总表。

室内温湿度由日本文部科学省颁布的《机械设备工程设计资料 1996 年版》确定。

[2]　确定送风量

因为几乎所有房间都采用地面制冷供暖方式和 GHP 风机盘管机组，所以机械设备的功率完全则取决于制冷供暖负荷的大小，而不需要确定送风量。

至于多功能阶梯教室，则采用空调机方式，根据其显热负荷及潜热负荷，求得的 SHF 确定当室内温湿度条件达到 26℃·50% 时的出风温度，并根据该温度差计算出送风量。

[3]　与热源设备相关的计算

占建筑物一半以上的地面制冷供暖方式，其中的供暖负荷要比制冷负荷大得多。因此，燃气

热负荷汇总														
各室热负荷汇总						制冷负荷							供暖负荷		备注
系统名		GHP				不同时点显热负荷				潜热负荷（W）	最大全热负荷（W）	单位负荷（W/m²）	供暖负荷（W）	单位负荷（W/m²）	
楼层	室代号	室名	面积（m²）	容积（m³）	人数（人）	9时（W）	12时（W）	14时（W）	16时（W）						
2	201	第1理科室	150.1	450.3	40	15367	<u>20012</u>	19052	17037	12136	32148	214	28389	189	
2	202	理科准备室	57.0	171.0	14	5611	<u>7916</u>	7103	5888	4545	12461	219	10098	177	
2	203	第2理科室	110.7	332.1	40	9998	<u>13229</u>	11968	10220	5085	18314	165	11511	104	
2	204	图书室	387.2	1161.6	77	32951	<u>38843</u>	37451	34511	10012	48855	126	31502	81	
2	205	微机室	97.6	292.8	40	13419	<u>15721</u>	14914	13704	5085	20806	213	9673	99	
2	206	PCR准备室	14.0	42.0	3	1174	1308	<u>1329</u>	1289	456	1785	128	1354	97	
2	207	演讲厅	14.0	42.0	3	1112	1219	<u>1237</u>	1204	456	1693	121	1119	80	
2	208	第1会议室	91.3	246.5	46	9040	10243	<u>10445</u>	10131	5997	16442	180	12975	142	
2	209	第2会议室	68.0	183.6	34	7114	8192	13486	<u>16344</u>	4767	21111	310	10284	151	
2	210	第3会议室	30.7	82.9	15	3285	<u>4330</u>	3921	3351	1981	6311	206	3875	126	
2	211	广播室	14.4	38.9	3	1637	1819	<u>1869</u>	1842	456	2325	161	2055	143	
2	212	工作室	16.8	45.4	3	1568	1720	<u>1741</u>	1696	456	2197	131	1499	89	
2	223	安静房间	13.6	34.0	3	930	1095	1147	<u>1174</u>	456	1630	120	1705	125	
2	222	小学生俱乐部	128.0	384.0	64	15041	19786	22809	<u>23219</u>	9323	32542	254	19649	154	
2	221	当地儿童馆	139.3	417.9	70	15303	<u>18674</u>	18052	16511	9641	28315	203	20487	147	
4	421	图画手工室	136.5	409.5	61	15331	16956	19299	<u>20617</u>	7755	28372	208	17451	128	
4	422	图画手工准备室	29.1	87.3	7	3009	3885	5715	<u>6997</u>	964	7961	274	4189	144	
4	423	家政课缝纫室	115.4	346.2	52	<u>15304</u>	12607	12811	12340	7204	22508	195	15246	132	
4	424	缝纫准备室	20.8	62.4	5	<u>4233</u>	2913	2659	2261	710	4943	238	2818	135	
4	425	多功能室	77.0	231.0	35	6936	<u>8707</u>	8107	7218	4820	13527	176	7460	97	
5	501	音乐室1	171.2	513.6	60	15670	18075	24565	<u>28964</u>	7628	36592	214	19399	113	
5	502	音乐室2	91.0	273.0	40	<u>12304</u>	10587	11087	10932	5085	17389	191	11263	124	
5	503	合奏室1	14.8	44.4	7	1756	<u>2470</u>	2272	1958	964	3434	232	2255	152	
5	504	合奏室2	14.8	44.4	7	1756	<u>2470</u>	2272	1958	964	3434	232	2255	152	
5	505	多功能室	46.4	139.2	23	<u>7194</u>	6549	6383	5857	2998	10192	220	6330	136	
5	506	音乐准备室	33.6	100.8	8	3129	4133	6627	<u>8430</u>	1165	9595	286	4430	132	
5	511	家政课烹饪室	85.0	255.0	40	<u>24177</u>	17895	17515	15144	11572	35749	421	25447	299	
5	512	快餐部	118.8	356.4	119	14613	17594	28432	<u>33893</u>	10596	44489	374	25069	211	
合计			3224.5	9319.4	1126	345321	387731	<u>410978</u>	404794	178557	589535	183	465215	144	

吸收式冷热水发生机的容量是依据制冷负荷确定的，并在燃气吸收式冷热水发生机供暖能力可确保不间断满足负荷需要的基础上来决定真空式热水器容量。

［4］主要机械设备的选定

（a）燃气吸收式冷热水发生机

两台燃气吸收式冷热水发生机，可满足采用独立热源方式 GHP 房间以外的所有制冷负荷需要。

至于两台燃气吸收式冷热水发生机的容量分配，首先将学校开放期间休息日也经常利用的多功能阶梯教室等处的制冷负荷作为可独立运行的容量，设定为 1 台；其余部分的负荷则由第 2 台承担。通过负荷计算求得的制冷供暖负荷，还应加入衰减系数（1.05）、功率补偿系数（1.05）、配管损失及装置负荷系数（1.05），最后选定热源容量。

（b）真空式热水器

根据制冷负荷确定的燃气吸收式冷热水发生机的供暖能力，是以保证连续满足负荷需要为前提条件来选定真空式热水器的容量。

通过负荷计算求得的供暖负荷，还应加入衰减系数（1.05）、功率补偿系数（1.05）、配管损失（1.05）和装置负荷系数（1.05），最后选定热源容量。

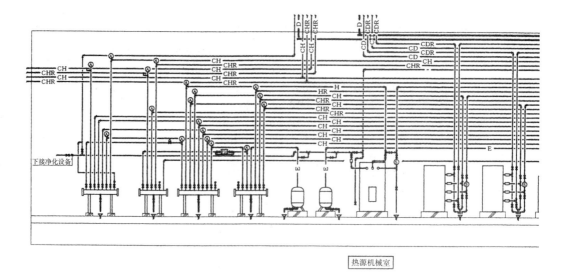

热源机械室

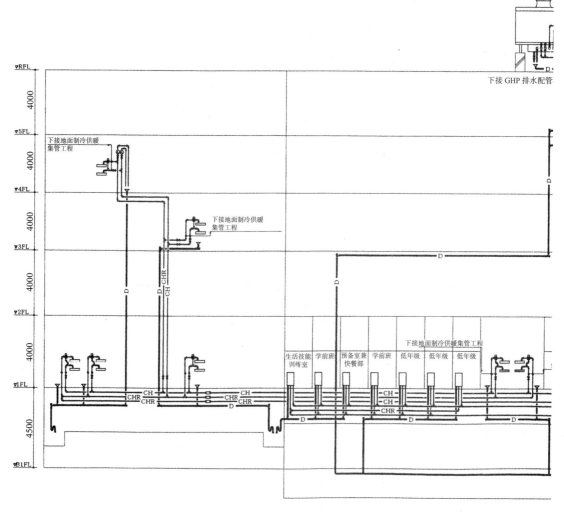

图 2.12

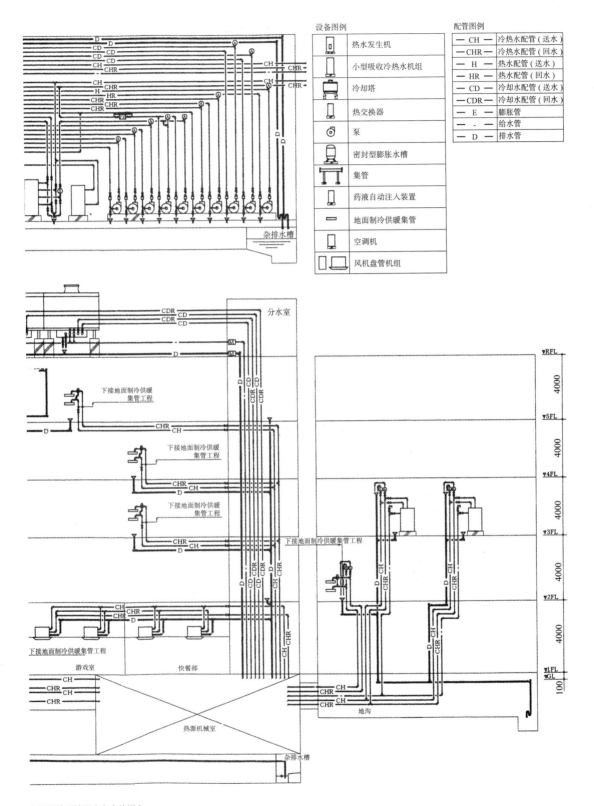

设备图例

图例	名称
	热水发生机
	小型吸收冷热水机组
	冷却塔
	热交换器
	泵
	密封型膨胀水槽
	集管
	药液自动注入装置
	地面制冷供暖集管
	空调机
	风机盘管机组

配管图例

符号	名称
CH	冷热水配管（送水）
CHR	冷热水配管（回水）
H	热水配管（送水）
HR	热水配管（回水）
CD	冷却水配管（送水）
CDR	冷却水配管（回水）
E	膨胀管
-	给水管
D	排水管

空调配管系统图（中央热源）

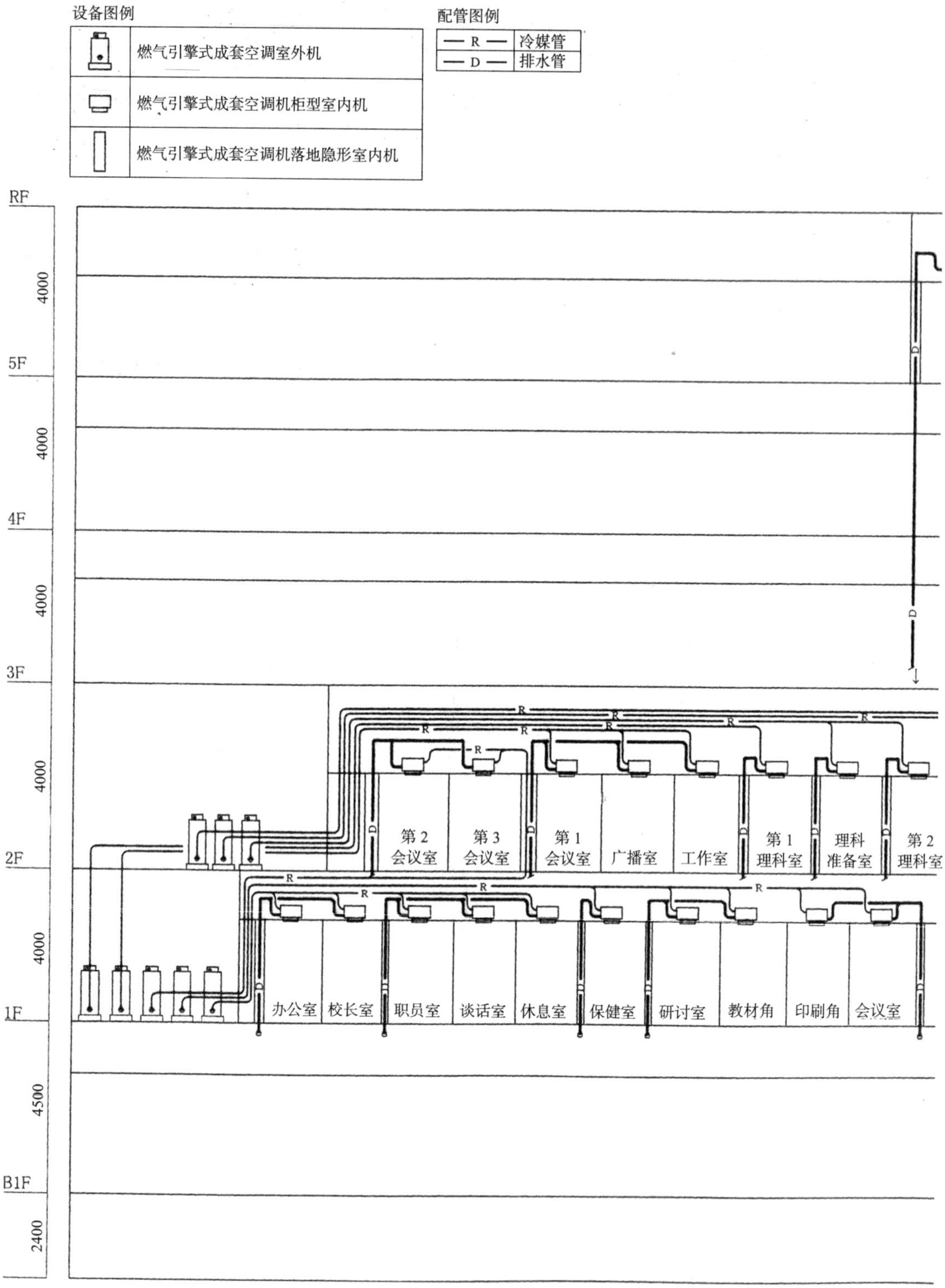
设备图例
燃气引擎式成套空调室外机
燃气引擎式成套空调机柜型室内机
燃气引擎式成套空调机落地隐形室内机
配管图例
R 冷媒管
D 排水管
RF
5F
4F
3F
2F
1F
B1F
4000
4000
4000
4000
4000
4500
2400
第 2 会议室
第 3 会议室
第 1 会议室
广播室
工作室
第 1 理科室
理科准备室
第 2 理科室
办公室
校长室
职员室
谈话室
休息室
保健室
研讨室
教材角
印刷角
会议室

图 2.13

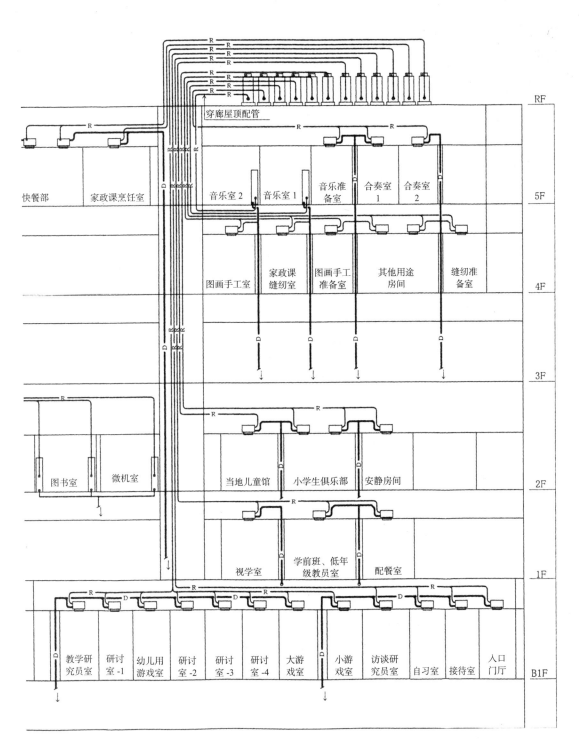

空调配管系统图（独立热源）

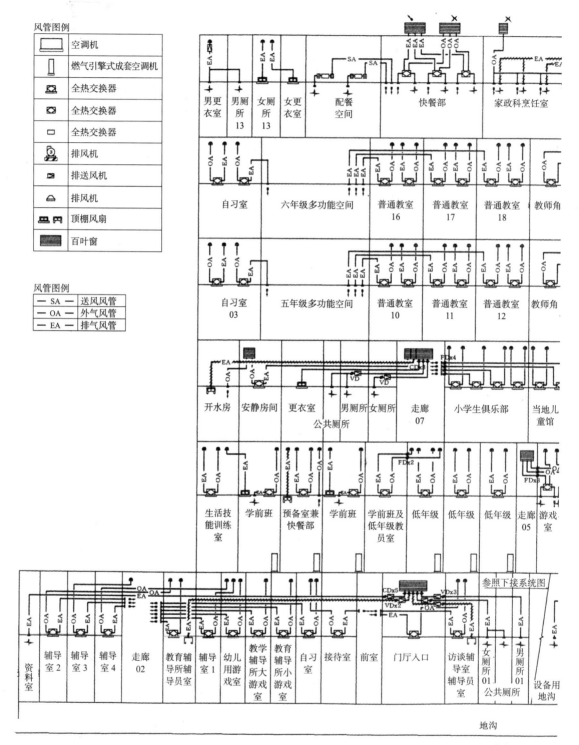

风管图例
	空调机
	燃气引擎式成套空调机
	全热交换器
	全热交换器
	全热交换器
	排风机
	排送风机
	排风机
	顶棚风扇
	百叶窗

风管图例
— SA —	送风风管
— OA —	外气风管
— EA —	排气风管

东座

图2.14

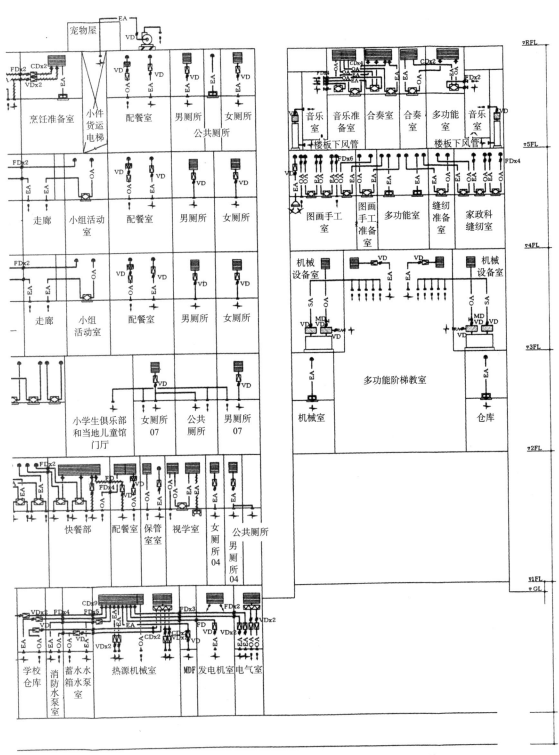

特别教室楼

空调风管系统图

表 2.6　换气计算书

K=0.00108

系统名	楼层	室名	间数（间）	室面积 AF（m²/间）	顶棚高度（m）	室容积（m³/间）	人员密度（人/m²）	换气类别	专有面积 N（m²/人）	室内人数 Af/N（人）	V=25Af/N（m³/h）	Q 使用量（kcal/h）	V=40·K·Q（m³/h）	次数（次/h）	换气量（m³/h）	设计换气量 新风量（m³/h）	设计换气量 排气量（m³/h）	选定风量 新风量[m³/(h·台)]	选定风量 排气量[m³/(h·台)]	台数（台）
一、二年级教室	1	普通教室 04～06 自习室 02	4	78.5	3.0	236		1		160	4000					4000	4000	500	（500）	8
	1	一年级教师角	4	10.8	2.5	27	0.15	1	6.7	6	200					200	200	—	—	—
	1	一年级多功能空间	1	256.0	2.5	640		3										（500）		4
	1	女厕所 03	1	17.2	2.5	43		3						15	650		650		650	1
	1	男厕所 03	1	21.5	2.5	54		3						15	850		850		850	1
	1	普通教室 01～03 自习室 01	4	78.5	3.0	236		1		160	4000					4000	4000	500	（500）	8
	1	二年级教师角	1	44.5	2.5	111	0.15	1	6.7	7	200					200	200	—	—	—
	1	二年级多功能空间	1	224.0	2.5	560		1										（500）		4
	1	二年级小组活动室	1	12.8	2.5	32	0.50	3	2.0	6	200						200		200	1
	1	（图书室）	1	6.4	2.0	13														
	1	女厕所 02	1	17.9	2.5	45		3						15	700		700		700	1
	1	男厕所 02	1	22.4	2.5	56		3						15	850		850		850	1
	1	多功能室	1	103.7	3.0	311		1		40	1000					1000	1000	500	500	2

合　计　　13000（所需 OA 量）　　12250（所需 EA 量）

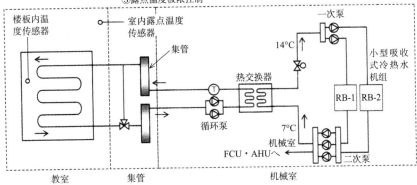

图 2.15　防结露控制流程图

（c）燃气热泵空调机（GHP）

被用在特别教室及各管理室等处的燃气动力式热泵空调机，是在考虑房间的热特性、使用时间段和不同方位的基础上，确定所选用的室外机系统。

采用的室外机是一种可进行冷暖切换的设备。至于其功率，对应通过负荷计算求得的制冷供暖负荷，根据室内外温度、冷媒管长度和高低差进行修正，并在可确保室内机分配能力的基础上确定其容量。

[5] 配管的设计

图 2.12 为中央热源空调配管系统图，图 2.13 则为独立热源空调配管系统图。

中央热源系采用冷热水切换双管式，即由通过热交换器供给的地面制冷供暖系统和空调机、风机盘管机组系统的双配管系统构成。冷热水配管送水温度差设为 7℃，并可根据负荷进行变流量控制。对地面制冷供暖系统的供给，制冷时设为 18℃，供暖时设为 45℃，送水温度差约在 5℃ 上下。地面制冷供暖的集管敷设在各个年级教室，其区划布置系按照制冷供暖负荷的大小可在一定范围内进行温度调节。

另外还要注意到，采用架桥聚乙烯管作为地面制冷供暖的配管材料，以确保其耐久性。

[6] 风管等的设计

图 2.14 所示为空调风管系统图。

建筑物中多半采用地面制冷供暖方式的普通教室及采用独立热源方式的特别教室及各管理室等，均根据所需换气量来决定风管的风量。对这些房间的制冷供暖设计，考虑到节能和确保热环境的舒适性等要求，均采用了全热交换器。在规划设计上，将全热交换器的给排气口分别设在各个楼层，以尽量减少输送动力，并且还对排气帽的布置给予充分关注，以避免发生短路现象。

[7] 换气设备的设计

表 2.6 所示，系典型房间的换气计算书。为了确保各区域之间风量的平衡，通过走廊使全热交换器排气的一部分与厕所的排气处于空气平衡状态。

作为一种新型房间，教室采用了开放空间形式，教室与其他房间相通，充分发挥空气平衡的作用，连续运转一部分全热交换器和厕所等处的排风扇，以对应这样的空间形式。

[8] 监控设备

（a）自动控制

"地面制冷系统"是一种与自然换气并用的方式，它不仅对室内温湿度的变动，甚至对外气温湿度的变动进行控制，以避免发生室内地面结露现象。

该系统通过①热交换器出口送水温度控制、②室内地面温度极限控制、③露点温度极限控制来防止室内地面产生结露，成为一种可最大程度发挥制冷效果的控制系统。该控制系统如图 2.15 所示。

①热交换器出口送水温度控制，会通过外气温湿度和各室内温湿度预测其安全程度，并据此控制热交换器出口送水温度；②室内地面温度极限控制，可在室内地表温度降至设定值以下时进行强制旁路控制；③露点温度极限控制则在室内露点温度达到设定值以上时进行强制旁路控制。

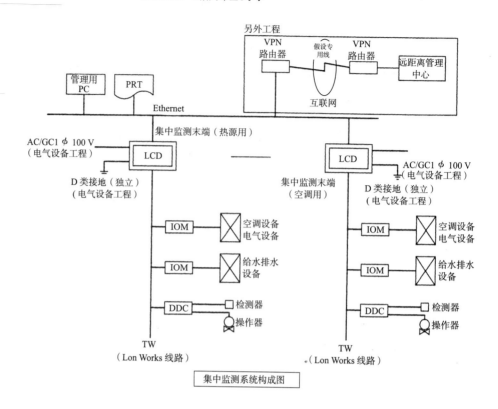

集中监测系统构成图

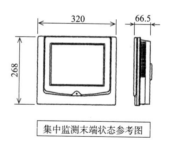

集中监测末端状态参考图

图2.16

（b）监控设备

图2.16为中央监测系统图。

中央监测系统作为由多家厂商提供产品的组合方式，以开放网络（ＥＬ）构建而成，用以实施监控、计量和计测。需要计量的部位，除了学校设施本身外，还包括非学校设施的教育辅导、当地儿童馆和小学生俱乐部等。在规划上，对以上这些区域可进行单独计量，按计量数据收取光热水费。另外，中央监测系统还具有远距离监控的功能。

［9］隔音对策

为周边的居住环境着想，在设计上确保其用地边界处的噪声值不超过40dB。

［10］防振对策

在所有回转设备上均设有防振装置。其中，冷却塔、空调室外机、水泵等大型设备的防振装置防振有效率可达90%以上，小型送风机等防振有效率也不低于80%。

［11］抗震对策

O小学亦是作为避难所设施来设计的。设计的主要依据是日本建设大臣官房营缮部监修的《建筑结构设计标准及其解说》，相当于Ⅱ类结构体，非结构部件的抗震安全性设定为甲种。

集中监测末端硬件规格概要

代 号	名 称	功能概要	功能概要	硬件规格概要	硬件规格概要	备 注
	集中监测末端 （LCD 一体型）	对系统整体进行监测、操作及各种控制。 并具有 Web 服务器功能，可依靠通用浏览器远距离监测	主处理装置 刻度 OS	微处理器 SDRAM 128 MB Compact Flash 64 MB Windows CE		
LCD	（显示／操作部）	除以信号旗软件方式进行显示或操作外，还可做一览显示和趋势图显示	LCD 显示颜色 操作方法	10.4 型 TFT 彩色 LCD 超过 256 种颜色 触摸面板		
IOM	输入输出模式	对管理点的输入或输出进行管理	输入输出规格 连接线路	参照监测点输入输出界面 LONWORKS 线路		
DDC	数字控制	对空调机温湿度控制和热源装置进行控制	功能 连接线路	参照自动控制计测装置图 LonWorks 线路		
CP	自动控制盘	收容 IOM 和 DDC，进行管理点及与自动控制相关的输入输出	管理点 其他	参照监测点一览表 内设自动控制设备		
TW	传输干线	集中监测末端与 IOM、DDC 之间的通信联系	传输方式 传输速度	Lon Tark 协定 78kbps		
	管理用 PC	收集和处理管理点的数据				
PRT	打印机	打印收集、处理过的数据				

远距离管理概要（另外工程）

代 号	名 称	功能概要	硬件规格概要	硬件规格概要	备 注
	远距离管理中心	从远距离对设备进行运行管理和提供信息服务，达到建筑管理省力化和节能的目的，从而降低生命周期成本	主要服务内容	设备的监测、操作 E-mail 通知 数据的收集、分析、分发 周报、月报故障对策 技术支持（原因分析， 信息提供，派遣技术人员）	
	VPN 路由器	将通信数据编码化，使之在互联网上具有假想的专用线路，实现网络间的转接	通信速度编码化	64kbps 或 128kbps 参照 IPsec、DES	提供远距离管理服务公司指定产品

中央监测系统图

建筑设备的抗震设计，则依据日本建设省住宅局建筑指导课监修的《建筑设备抗震设计施工指导方针》进行。

2.2 | 给水排水卫生设备

2.2.1 总体规划

[1] 规划理念及设定条件

考虑到其所具有的地区灾害避难功能，所以在规划时布置了防灾水井，以确保水源。

另外，作为一种节省资源的举措，将雨水再利用和采用节水型器具等纳入设计之中；作为节能措施，在设计上采用了燃料电池。

[2] 负荷概略值

表 2.7 为给水量计算书。是在学生和教职员工的日用水量以及供餐所用水量的基础上，再加上校园洒水用水量、游泳池过滤补给水量和冷却塔补给水量进行计算的。

在确定给水主管的接入口径时，设定以下前提：确认向游泳池供水时的引入流量不大于通常使用时的流量。

表 2.7　给水量计算书

人数计算

使用者分类	室面积(m²)	人员密度(人/m²)	人数(人)	平均用水量[L/(人·d)]	给水50%	杂用水50%	使用时间(h)	小时最大使用系数	瞬间最大使用系数	日用水量(m³/d) 自来水	杂用水	小时平均给水量(m³/h) 自来水	杂用水	单位时间最大给水量(L/min) 自来水	杂用水	瞬间最大给水量(L/min) 自来水	杂用水
学生			778.0	45	22.5	22.5	6	2.0	2.5	17.51	17.51	2.92	2.92	97.3	97.3	243.1	243.1
教师职员			49.0	120	60	60	8	2.0	2.5	2.94	2.94	0.37	0.37	12.3	12.3	30.6	30.6
供餐用				10	5	5	6	2.0	2.5	4.14	4.14	0.69	0.69	23.0	23.0	57.4	57.4
小计			827.0	827						24.6	24.6	4.0	4.0	132.5	132.5	331.2	331.2

洒水

	面积(m²)	单位洒水量[mm/(m²·d)]	洒水周期(比例)	平均用水量(m³/d) 给水	杂用水100%	使用时间(h)	小时最大使用系数	瞬间最大使用系数	日用水量(m³/d) 自来水	杂用水	小时平均给水量(m³/h) 自来水	杂用水	单位时间最大给水量(L/min) 自来水	杂用水	瞬间最大给水量(L/min) 自来水	杂用水
校园洒水	6500	5.0	1/5		6.5	6	2.0	2.5		6.5		1.1		36.1		90.3
小计	6500									6.5		1.1		36.1		90.3

游泳池

	容量(m³)	转数(转)	过滤流量(m³/h)	逆洗时间间隔[L/(min·d)]	平均用水量(m³/h) 给水100%	杂用水	使用时间(h)	小时最大使用系数	瞬间最大使用系数	日用水量(m³/d) 自来水	杂用水	小时平均给水量(m³/h) 自来水	杂用水	单位时间最大给水量(L/min) 自来水	杂用水	瞬间最大给水量(L/min) 自来水	杂用水
RF 游泳池补给水（泳池规格 25×11×12 5冰道）	330	6.0	82.5	1/30	2.8		6	1.5	1.0	2.8		0.5		11.5		11.5	
小计	330				2.8					2.8		0.5		11.5		11.5	

制冷机

制冷机类型	制冷机功率(kW)	单位冷却水量[L/(min·kW)]	设备补给系数 补给水系数	平均用水量(m³/h) 给水100%	杂用水	使用时间(h)	小时最大使用系数	瞬间最大使用系数	日用水量(m³/d) 自来水	杂用水	小时平均给水量(m³/h) 自来水	杂用水	单位时间最大给水量(L/min) 自来水	杂用水	瞬间最大给水量(L/min) 自来水	杂用水
RF 双重效用吸收式	141	4.8	0.010	0.4		6	1.5	1.0	2.4		0.4		10.2		10.2	
RF 双重效用吸收式	211	4.8	0.010	0.6		6	1.5	1.0	3.6		0.6		15.2		15.2	
小计	352								6.1		1.0		25.3		25.3	

合计		自来水	杂用水	自来水	杂用水	自来水	杂用水	自来水	杂用水
		33.4	31.1	5.4	5.1	169.3	168.6	368.0	421.5
		64.5		10.5		337.9		789.4	

表 2.8 给水方式比较表

	1. 加压给水泵方式	2. 高架水箱方式
概念图	（自来水加压给水泵、杂用水加压给水泵（利用地沟）、给水箱、M）	（自来水高架水箱、自来水提压泵、杂用水高架水箱杂用水增压泵、自来水提压泵、杂用水槽（利用地沟）、给水箱、M）
概要	·利用加压给水泵机组，从蓄水箱直接向用水部位供水。 ·给水压力由加压给水泵机组控制盘自动进行控制	·提压泵将蓄水箱中的水注入高架水箱，再利用重力作用将水向供给需要部位。 ·为了得到必要的水压，高架水箱的设置必须高出 RF10m 以上，但因建筑规划上存在困难，故在其顶层的系统中设置了增压泵
给水压力波动	·通过采用推测末端压方式的水泵机组，几乎没有压力波动　○	·因高架水箱水压是恒定的，故而能以较稳定的水压供水　◎
发生灾害时的给水对策	·紧急截止阀可确保蓄水箱留有余量　○	·紧急截止阀可在确保高架水箱留有余量的情况下进行供水　◎
停电时的给水对策	·通过自家发电可进行供水　○	·高架水箱的余量能够供水。 ·依靠自家发电，即使在高架水箱余量断绝的情况下也能够继续供水　◎
维护管理	·除定期检修和清洗水箱外，日常的维护保养是不可缺少的　○	·需要定期检修和清洗水箱　△
对建筑物影响　概要	·除蓄水箱外，还要有布置加压给水泵机组所需空间	·除蓄水箱外，还需要提升水泵的布置空间。 ·屋顶须留有布置高架水箱的空间（为维持正常水压，其高度应为 PHF+10m 左右）　△
对建筑物影响　设置空间	·机械室：80m²，屋顶：—	·机械室：80m²，屋顶：40 m²
综合评价	◎	○
备注		

[注] 对于给水来说，应以自来水和杂用水这样的双系统供水作为前提来研讨。

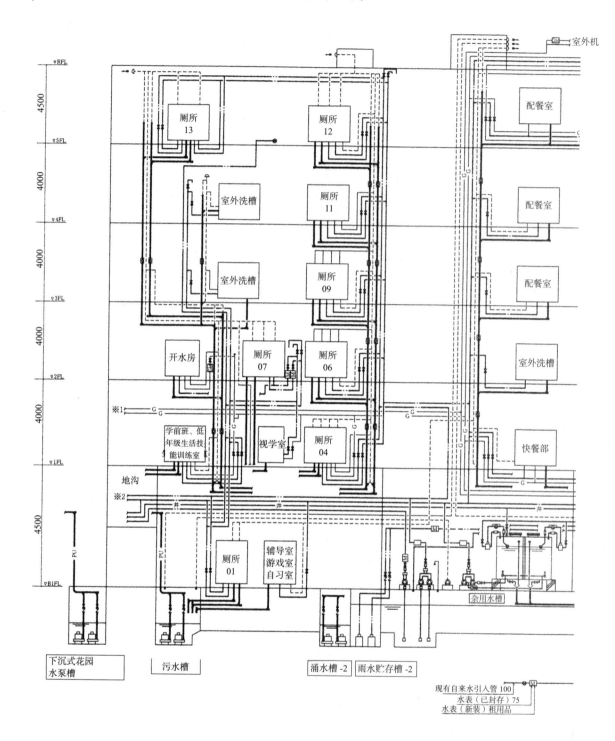

图 2.17

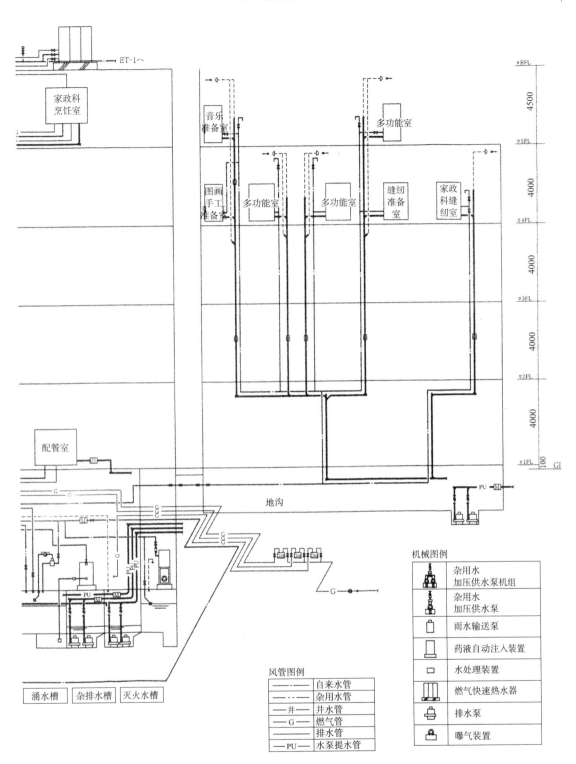

给水排水系统图

机械图例

	杂用水加压供水泵机组
	杂用水加压供水泵
	雨水输送泵
	药液自动注入装置
	水处理装置
	燃气快速热水器
	排水泵
	曝气装置

风管图例

	自来水管
	杂用水管
井	井水管
G	燃气管
	排水管
PU	水泵提水管

设计实例2　武藏野市立○小学

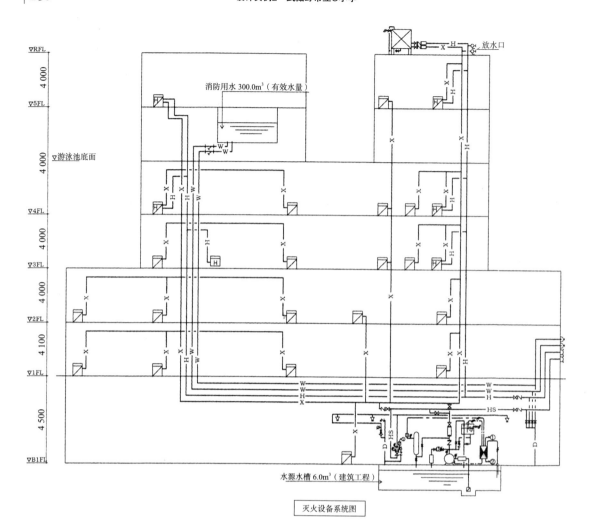

灭火设备系统图

设 备 规 格		
代　号	名　称	规　格
	室内灭火栓连接洒水兼用水泵机组	ϕ 65×450/min×59 m×7.5 kW 200 V50 Hz 水泵启动灌水层 50L、水槽 50L、带连接盘 星形启动
	灭火用补给水槽	0.5m³（有效水量）SUS 材质　置于抗震 1.5 的台架上 （1000×1000×1000H）

报送内容表（至防灾监视器）

设备名称 \ 显示	主水泵			泵启动水槽		水源水槽		预警阀门	合计
	运行	故障	电源	满水	缺水	满水	缺水	区域	
室内灭火栓连接洒水兼用	1	1	0	0	1	0	1	1	5

─▷◁─/	下接给水工程
─── - - -	下接排水工程

下接电气工程	
①	至防灾监视器
②	至紧急电源

特殊事项
◇灭火泵及水槽类基础归建筑工程
◇BIF-3F 之前系列灭火栓阀门均附带减压装置

图 2.18

图例

记　号	名　称	摘　要
	室内灭火栓（1号）	阀 40A 管 40A15m×2，喷嘴 综合控制型
	室内灭火栓（1号）	阀 40A 管 40A15m×2，喷嘴 综合控制型
		专用栓阀 40A 并联型
	室内灭火栓（1号）	阀 40A 管 40A15m×2，喷嘴 综合控制型 SUS 材质
		专用栓阀 65A 并联型
	专用水栓	阀 65A
○	连接洒水集管	72℃ 0.1MPa 80L/min(2 种)
	自动预警阀装置	80A
	过滤器	Y 形
	截止阀	
	逆止阀	
	挠管	SUS 制
	背压阀	
P	压力开关	
N	流量计	
	压力计	
	真空压力两用表	
	电极棒	2P
	终端试验装置	25A(球孔阀一体型)
	取水口	嵌入型 带水栓
	输水口	双口嵌入型
	放水口	40A，65A
——X——	配管	室内灭火栓管 JIS-G-3452
——H——	配管	连接输水管 JIS-G-3452(sch40)
——HS——	配管	连接洒水管 JIS-G-3452
——D——	配管	排水管 JIS-G-3452
——W——	配管	消防用水管 JIS-G-3452
—·—	电路	
	电路水泵控制盘	

		室内灭火栓设备（1号）	连接洒水设备
水泵提水量		150 L/min×2 个 = 300 L/min	5 个 = 450 L/min
水泵总扬程	管路损失	4.3 m	21.8 m
	辐射压力	17.0 m	10.0 m
	实际扬程	28.6 m	7.0 m
	软管损失	3.6 m	
	预警阀门损失		5.0 m
	增大水头		
	泡沫混合损失		
	合计 ×1.1	59.0 m	49.0 m
水源水量（有效部分）		1.2 m³×5 个 = 6.0 m	

终端试验阀周边详图

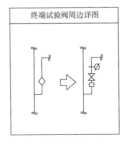

消防系统图

［3］系统的选择与确定

（a）给水系统

出于将维护管理作业量控制在最低程度，并尽量减少运行成本的考虑，采用了"蓄水箱＋加压给水泵方式"。给水方式比较表如表2.8所示。

作为一种减少资源消耗的举措，采取了雨水再利用方式，将自来水与杂用水分为两个系统各自进行供给，并且在杂用水系统中还考虑了降至屋顶雨水的再利用问题。

（b）热水供给系统

由于需要供给热水的部位比较分散，因此采用了独立热水供给方式。在类似淋浴等短时间需要热水的场所以及大量使用热水的场所，均设有燃气快速热水器；而在不便于设置燃气快速热水器的地方或少量使用热水的部位，则安装有热水储罐式电热水器。

此外，一部分采用了家庭用燃料电池（所谓"能源农场"）发出的电力，并利用其排热来供给部分需要热水的场所用水。

（c）雨水处理系统

为减少资源消耗，对雨水进行再利用，将降至屋面的雨水贮存在地沟，用于冲洗厕所及校园绿化用水。

2.2.2　实施设计

［1］给水设备

图2.17为给水排水系统图。

（a）蓄水箱

蓄水箱的容量，按自来水、杂用水日使用量的50%设计，中间设有隔断。蓄水箱由FRP复合板制成，设在机械室内，并装有截止阀，以便于发生灾害时能够可靠地保护水源。

再有，作为长时间休假期间蓄水水箱死水的对策，是以水位传感器来控制水箱内水面高度。杂用水则利用地沟，雨水贮存槽容量不小于100m³，以确保相对于屋顶集水面积，可达到90%的雨水利用率。

（b）加压给水泵机组

水泵分别布置在自来水、杂用水、校园洒水3个系统中。水泵容量由以下数据确定：以日用水量为基础的小时最大使用系数和瞬间最大使用系数计算出其容量，将这一容量与按照器具给水负荷单位计算出的容量进行比较，取其最大值。

至于自来水加压给水泵的容量，因游泳池布置在屋顶上，故要考虑到向游泳池供水所需时间，最终进行选定。

［2］热水供给设备

在设计上，根据设置在需要热水供给场所的器具数量，计算出所需热水供给容量。

关于燃气快速热水器，在确定设备布置地点时，尽量缩短其与供给场所之间的距离，以便于及时供给热水。

［3］排水通气设备

污水与杂排水采用室内分流方式，室外与排水井合流，并与用地内原有的污水槽连接，排放至合流式下水道主管中。

雨水被排放至室外排水井前为独立系统，该系统与用地内的原有公共排水井相接。地下层的污水和杂排水均使用排水泵，将其提升后再排放到室外排水井中。

［4］卫生器具

不仅选定了节水型器具，而且还从易清洗的角度考虑，设置了西式壁挂大便器等。

［5］消防设备

图2.18为消防系统图。

因为校园内的教育辅导所、当地儿童馆和小学生俱乐部是一体布置的，所以作为防火对象，必须符合日本相关法律16项（b）之规定。

作为消防设备，建筑物全部设有室内灭火栓，称为1号灭火栓。在地下一层则设有连接洒水设备，并可兼做室内灭火水泵使用。另外，在三层以上部分还设有连接输水管。设在屋顶游泳池中的水亦可作为消防用水。

［6］燃气设备

燃气主要供给以下部位：热源设备的燃气吸收式冷热水发生机、真空式热水发生器和GHP；家庭燃料电池和燃气快速热水器类热水设备；煤气炉和燃烧器（理科室）等。

低压燃气接入后，分别按照冷热水发生机系统、GHP系统和一般系统的分类各自安装燃气表，然后再将燃气输送至所需部位。

2.3　特殊设备——游泳池设备

游泳池采用全自动硅藻土过滤方式。

2.4 维护管理·设备运行规划

为了削减维护管理费用，采用了耐候性较好的材料、细部不易污损的设计、儿童可自己清扫的厕所等。为方便人们利用建筑物，还将设计意图、管理方法以及安全和防灾的对策等内容汇编成《学校利用手册》，以加深大家的理解。

此外，为了确认已经考虑到环保要求的各个项目是否都真正体现出设计的理念，并使环境得到改善，所有的机械设备都处在远距离监控系统的监测范围之内。

2.5 CASBEE 评价

按照"考虑地球环境的学校"的基本方针，采取了多种多样的环保措施。

其中具代表性的措施如下：

· 建筑物沿东西方向轴布置，以减少热负荷，促进自然换气。
· 西面设有百叶窗，以遮挡日晒。
· 为提高绝热性能，安装中空玻璃。

· 通过自然换气与地面制冷的并用，产生的地面制冷辐射效果既可除去内部发热，又能降低室内地表面温度，从而实现了节能和室温不过低的简单空气调节。
· 利用太阳能发电，每年可获得 41000kW 的电力。
· 在采取雨水渗透方法和雨水利用措施的同时，亦实现了保护和复原现存树木及屋顶绿化等自然环境的目标。
· 不仅确保结构体的抗震性能，以延长其使用寿命，而且还留出了将来机械设备等进行更新改造所需的通道。
· 电线电缆类采用 EM（环保）电线和 EM 电缆。
· 配有家庭用燃料电池（额定输出功率：1kW）。

如图 2.19 所示，通过采取以上种种举措，使得 CASBEE 评价实现了 A 级，BEE=2.3。

2.6 设计图例集

表 2.9 为空调主要机械设备表，表 2.10 为主要给水排水设备表，表 2.11 则为空调设备主要材料表。

此外，表 2.12 所示是给水排水设备主要材料表。

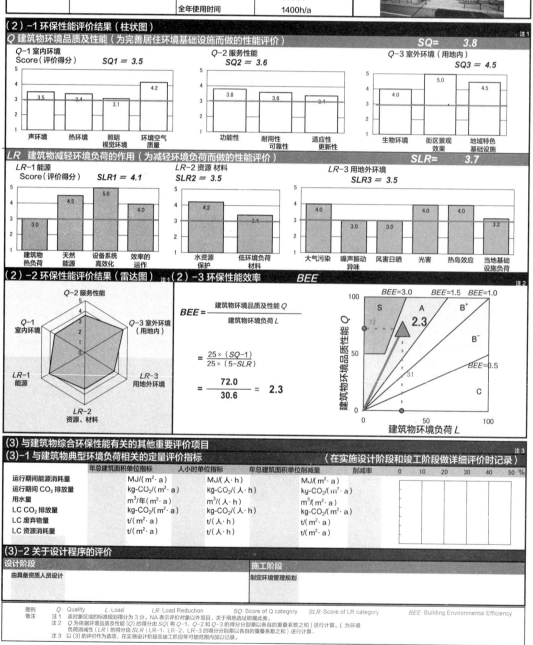

图 2.19　CASBEE 评价结果

表 2.9 空调系统主要设备表

□热水发生机设备表

代号	机种	种类	型式	额定输出功率 kW	供暖加热用回路					浴槽循环加热用回路					水加热用回路						使用燃料		控制方式	电源动力					设置场所	设置方法	台数
					加热功率 kW	热水量 L/min	入口温度 ℃	出口温度 ℃	最高使用压力 kPa	加热功率 kW	热水量 L/min	入口温度 ℃	出口温度 ℃	最高使用压力 kPa	导热面积 m²	加热功率 kW	热水量 L/min	入口温度 ℃	出口温度 ℃	最高使用压力 kPa	类别	流量 Nm³/h		输出功率 kVA	相数 φ	电压 V	启动方式	备用电源			
BH-1	热水发生机	真空式	1回路型	465	465	953	48	55	98	—	—	—	—	—	9.5	—	—	—	—	—	13A	46.05	Hi·Low控制	1.5	3	200	直接启动	—	BIF热源机械室	标准基础	1

□冷机 设备表

代号	型号	制冷功率		加热功率 kW	冷水温度		热水温度		冷却水温度		水量		损失水头		最高使用压力		输入功率 kVA	电源动力		启动方式	备用电源	燃气消耗量		设置场所	基础	台数
		USRT	kW	kW	入口 ℃	出口 ℃	入口 ℃	出口 ℃	入口 ℃	出口 ℃	冷热水 L/min	冷却水 L/min	冷热水 kPa	冷却水 kPa	冷热水 kPa	冷却水 kPa	kVA	相数 φ	电压 V			制冷 Nm³/h	加热 Nm³/h			
RB-1	小型吸收式冷水机组（双重效应、独立式）	55	141	116	14	7	49	55	37.5	32.0	289	670	39	83	785	785	2.6	3	200	直接启动	—	10.9	10.9	BIF热源机械室	标准基础	1
RB-2	小型吸收式冷热水机组（双重效应、独立式）	60	211	174	14	7	49	55	37.5	32.0	432	1003	39	106	785	785	2.4	3	200	直接启动	—	16.4	16.4	BIF热源机械室	标准基础	1

□冷却塔 设备表

代号	型号	制冷功率 kW	冷却水温度		冷却水量 L/min	损失水头 kPa	噪声值 dB(A)	电源动力				启动方式	备用电源	系统	基础	设置场所	台数
			入口 ℃	出口 ℃				送风机 kW	防止冻结 kW	相数 φ	电压 V						
CT-1,2	冷却塔 60+40RT（开放式、低层规格、方形、低噪声型）	384+257	37.5	32.0	1000+670	32.0	66	2.2×2	—	3	200	直接启动	—	RB-1,2	防震基础	屋顶	1

□换热器 设备表

代号	型号	系统	热交换容量 kW	初端					次端					材料			系统	基础	设置场所	台数
				水温（℃） 入口	出口	水量 L/min	压力损失 kPa	最高使用压力 kPa	水温（℃） 入口	出口	水量 L/min	压力损失 kPa	最高使用压力 kPa	框架	导热板	密封垫片				
HEX-1	板型	地面制冷供暖用 热水 / 冷水	620	55.0 / 7.0	48.0 / 14.0	1270	981	981	40.0 / 23.0	45.0 / 18.0	1780	52	96	SS 400	SUS 316	NBR	RB-1,2	防震基础	BIF热源机械室	1

□ 水泵　设备表

代号	名称	型号	吸口口径 mmφ	流量 L/min	扬程 kPa	背压 kPa	电源动力 kW	电源动力 相数	电源动力 V	启动方式	材质 本体	材质 叶轮	轴封装置	基础施工要领	合数	系统	设置场所	备注
HP1-1	热水一次泵	小型离心泵	80	960	147	350	5.5	3	200	直接启动	FC	CAC	压盖填料	防振基础	1	BH-1	BIF 热源机械室	
CHP1-1	冷热水一次泵	小型离心泵	50	290	83	350	0.75	3	200	直接启动	FC	CAC	压盖填料	防振基础	1	RB-1	BIF 热源机械室	
CHP1-2	冷热水一次泵	小型离心泵	65	440	83	350	1.5	3	200	直接启动	FC	CAC	压盖填料	防振基础	1	RB-2	BIF 热源机械室	
CHP2-1	冷热水二次泵	小型离心泵	65	290	221	350	3.7	3	200	直接启动	FC	CAC	压盖填料	防振基础	1	次级端	BIF 热源机械室	
CHP2-2	冷热水二次泵	小型离心泵	80	700	216	350	5.5	3	200	直接启动	FC	CAC	压盖填料	防振基础	2	次级端	BIF 热源机械室	
CHP3	冷热水循环泵	小型离心泵	125	890	412	350	22.0	3	200	星形启动	FC	CAC	压盖填料	防振基础	2	地面制冷供暖	BIF 热源机械室	
CDP-1	冷却水泵	小型离心泵	80	670	246	350	7.5	3	200	直接启动	FC	CAC	压盖填料	防振基础	1	RB-1、CT-1	BIF 热源机械室	
CDP-2	冷却水泵	小型离心泵	80	1000	246	350	11.0	3	200	星形启动	FC	CAC	压盖填料	防振基础	1	RB-2、CT-2	BIF 热源机械室	

□ 槽罐辅机类　设备表

代号	名称	系统名	材质	槽罐容量 L	最高使用压力 kPa(G)	最高使用压力 kgf/cm²(G)	尺寸(参考) mm	架台 mm	设置场所	合数	备注
EXT-1	密封式膨胀罐	冷热水	隔膜式	300	780	8	610φ×1400H	包括在本体中	BIF 热源机械室	1	
EXT-2	密封式膨胀罐	冷热水	隔膜式	300	780	8	610φ×1400H	包括在本体中	BIF 热源机械室	1	
HCHS-1	冷热水(送水)一次集管	冷热水	钢管制	—	980	10	250φ×4150L	阀芯 1300H	BIF 热源机械室	1	
HCHS-2	冷热水(送水)二次集管	冷热水	钢管制	—	980	10	250φ×3660L	阀芯 1300H	BIF 热源机械室	1	
HCHR-1	冷热水(回水)一次集管	冷热水	钢管制	—	980	10	250φ×3480L	阀芯 1300H	BIF 热源机械室	1	
HCHR-2	冷热水(回水)二次集管	冷热水	钢管制	—	980	10	250φ×2680L	阀芯 1300H	BIF 热源机械室	1	
AH-1	放气集管	冷热水	钢管制	—	—	—	100φ×1000L	阀芯 1300H	BIF 热源机械室	3	
AH-2	放气集管	冷热水	钢管制	—	—	—	100φ×1500L	阀芯 1300H	BIF 热源机械室	2	

□ 水处理装置　设备表

代号	名称	系统	型号	处理剂	槽罐 材质	槽罐 容量 L	槽罐 合数	水泵 流量 mL/min	水泵 压力 kPa	水泵 压力 kgf/cm²	水泵 合数	控制盘电源 功率 KVA	控制盘电源 相数 φ	控制盘电源 电压 V	高压编织软管带 CV	设置场所	合数
WTR-1	药液自动注入装置	冷热水配管	隔膜式	防锈剂	PVC	200	2	30	981	10	2	0.3	1	100	10m×2本	BIF 热源机械室	1
WTR-2	药液自动注入装置	冷却水水处理用	隔膜式	防锈、灭藻、防水垢、除军团菌	PVC	200	2	30	981	10	2	0.3	1	100	10m×2本	东座 RF 设备空间	1

□ 空调机　设备表

代号	系统名	型号	能力				风量				机外静压		冷却盘管					加热盘管					电动机（3φ×200V）					加湿器	台数	设置场所
			冷却	加热	再加热	有效加湿	送气	回气	外气	排气	送气	回气	入口空气温度		出口空气温度		冷水量	入口空气温度		出口空气温度		热水量	送气风机		回气风机		全热交换器	1φ×200V		
			kW	kW	kW	kg/h	m³/h	m³/h	m³/h	m³/h	Pa	Pa	DB（℃）	WB（℃）	DB（℃）	WB（℃）	L/min	DB（℃）	WB（℃）	DB（℃）	WB（℃）	L/min	kW	启动方式	kW	启动方式	kW	kW		
AHU-1	多功能阶梯教室	紧凑型	44.1	39.9	—	5.5	4400	2300	2100	0	600	—	30.0	22.9	14.7	13.7	91	12.5	7.2	38.3	17.4	82	3.7	直接	—	—	—	—	2	三层设备空间

□ 风机盘管机组　设备表

代号	型式	制冷功率		供暖功率	吸入空气				标准水量	盘管水头损失	额定风量	机外静压	噪声水平	电源（输入）	台数	各设置场所台数	设置场所
		全热	显热	显热	夏季制冷时		冬季供暖时		冷热水	冷热水						东座一层	
		kW	kW	kW	DB（℃）	RH（%）	DB（℃）	RH（%）	L/min	kPa	m³/h	Pa	dB（A）	VA			
PCU-4-FIH	落地暗装（地面出风）	3.15	2.25	5.05	26	50	22	40	8	17	660	39.0	38	70	2	2	预备室兼快餐部生活技能训练室
FCU-6-FIH	落地暗装（地面出风）	4.49	3.56	7.12	26	50	22	40	12	6	1020	28.0	41	100	2	2	学前班
FCU-8-FIH	落地暗装（地面出风）	5.50	4.21	8.41	26	50	22	40	16	133	1020	28.0	41	200	3	3	低年级
FCU-12-CK2	顶棚内型（双向出风）	10.62	7.23	13.97	26	50	22	40	30	98	1578	—	43	160	4	4	快餐部游戏室
														合计合计数	11	11	

□ 板式散热器　设备表

代号	型号	配管型式	加热能力	盘管水量	尺寸	台数	各设置场所台数	设置场所
				热水	L×D×H		东座一层	
			kW	L/min				
PH-1	单片组合板式散热器	热水盘管	1.6	3.3	1700×50×440	2	2	学前班 WC
					合计合计数	2	2	

□ 燃气热泵空调机 （1）

代号	系统名称	型号	能力 制冷(kW)	能力 供暖(kW)	有效加湿(kg/h)	送风机 风量(m³/h)	机外静压(Pa)	送风机(W)	加湿器(W)	相数	V	启动方式	厂商标准产品	预先过滤	主过滤	台数	设置场所	室外机 燃气消耗量 制冷(kW)	室外机 燃气消耗量 供暖(kW)	动力额定输出功率(kW)	送风机(W)	相数	V	启动方式	台数	设置场所	备用电源
CHP-E1	B1F 教育辅导所	室外机	56.0	67.0	—	—	—	—	—	—	—	—	—	—	—	—	—	44.3	43.8	15.0	230×3	3	200	直接	1	东座屋顶	—
CHP-E1-1		箱式（双出风口）	4.5	5.3	—	720	—	20.0	—	1	200	直接	○	—	—	2	B1F 教育辅导员室	—	—	—	—	—	—	—	—	—	—
CHP-E1-2		箱式（双出风口）	2.8	3.4	—	540	—	15.0	—	1	200	直接	○	—	—	1	B1F 辅导室	—	—	—	—	—	—	—	—	—	—
CHP-E1-3		箱式（双出风口）	3.6	4.2	—	540	—	15.0	—	1	200	直接	○	—	—	1	B1F 幼儿游戏室	—	—	—	—	—	—	—	—	—	—
CHP-E1-4		箱式（双出风口）	2.8	3.4	—	540	—	15.0	—	1	200	直接	○	—	—	1	B1F 辅导室	—	—	—	—	—	—	—	—	—	—
CHP-E1-5		箱式（双出风口）	2.8	3.4	—	540	—	15.0	—	1	200	直接	○	—	—	1	B1F 辅导室	—	—	—	—	—	—	—	—	—	—
CHP-E1-6		箱式（双出风口）	2.8	3.4	—	540	—	15.0	—	1	200	直接	○	—	—	1	B1F 辅导室	—	—	—	—	—	—	—	—	—	—
CHP-E1-7		箱式（双出风口）	3.6	4.2	—	540	—	15.0	—	1	200	直接	○	—	—	2	B1F 大游戏室	—	—	—	—	—	—	—	—	—	—
CHP-E1-8		箱式（双出风口）	2.8	3.2	—	540	—	15.0	—	1	200	直接	○	—	—	2	B1F 小游戏室	—	—	—	—	—	—	—	—	—	—
CHP-E2	B1F 教育辅导所	室外机	45.0	53.0	—	—	—	—	—	—	—	—	—	—	—	—	—	34.0	35.6	12.1	230×3	3	200	直接	1	东座屋顶	—
CHP-E2-1		箱式（双出风口）	7.1	8.5	—	990	—	30.0	—	1	200	直接	○	—	—	2	B1F 访谈辅导员员室	—	—	—	—	—	—	—	—	—	—
CHP-E2-2		箱式（双出风口）	7.1	8.5	—	990	—	30.0	—	1	200	直接	○	—	—	1	B1F 配餐室	—	—	—	—	—	—	—	—	—	—
CHP-E2-3		箱式（双出风口）	2.8	3.4	—	540	—	15.0	—	1	200	直接	○	—	—	1	B1F 接待室	—	—	—	—	—	—	—	—	—	—
CHP-E2-4		箱式（双出风口）	4.5	5.3	—	720	—	20.0	—	1	200	直接	○	—	—	2	B1F 入口前厅	—	—	—	—	—	—	—	—	—	—
CHP-E3	1F 东座	室外机	56.0	67.0	—	—	—	—	—	—	—	—	—	—	—	—	—	44.3	43.8	15.0	230×3	3	200	直接	1	东座屋顶	—
CHP-E3-1		箱式（双出风口）	4.5	5.3	—	720	—	20.0	—	1	200	直接	○	—	—	2	1F 学前班教员室	—	—	—	—	—	—	—	—	—	—
CHP-E3-2		箱式（双出风口）	8.0	9.5	—	1080	—	40.0	—	1	200	直接	○	—	—	3	1F 配餐室	—	—	—	—	—	—	—	—	—	—
CHP-E3-3		箱式（双出风口）	3.6	4.2	—	540	—	15.0	—	1	200	直接	○	—	—	1	1F 视学室	—	—	—	—	—	—	—	—	—	—
CHP-E4	2F 当地儿童馆	室外机	45.0	53.0	—	—	—	—	—	—	—	—	—	—	—	—	—	34.0	35.6	12.1	230×3	3	200	直接	1	东座屋顶	—
CHP-E4-1		箱式（双出风口）	8.0	9.5	—	1080	—	40.0	—	1	200	直接	○	—	—	4	2F 当地儿童馆	—	—	—	—	—	—	—	—	—	—
CHP-E5	2F 学童俱乐部	室外机	56.0	67.0	—	—	—	—	—	—	—	—	—	—	—	—	—	44.3	43.8	15.0	230×3	3	200	直接	1	东座屋顶	—
CHP-E5-1		箱式（双出风口）	9.0	10.6	—	1560	—	50.0	—	1	200	直接	○	—	—	4	2F 学童俱乐部	—	—	—	—	—	—	—	—	—	—
CHP-E5-2		箱式（双出风口）	3.4	3.4	—	540	—	15.0	—	1	200	直接	○	—	—	1	2F 安静室	—	—	—	—	—	—	—	—	—	—
CHP-E6	4F 特别教室 1	室外机	56.0	67.0	—	—	—	—	—	—	—	—	—	—	—	—	—	44.3	43.8	15.0	200×3	3	200	直接	1	东座屋顶	—
CHP-E6-1		箱式（双出风口）	8.0	9.5	—	1080	—	40.0	—	1	200	直接	○	—	—	4	4F 图画手工室	—	—	—	—	—	—	—	—	—	—
CHP-E6-2		箱式（双出风口）	9.0	10.6	—	1560	—	50.0	—	1	200	直接	○	—	—	1	4F 图画手工准备室	—	—	—	—	—	—	—	—	—	—
CHP-E7	4F 特别教室 2	室外机	56.0	67.0	—	—	—	—	—	—	—	—	—	—	—	—	—	44.3	43.8	15.0	230×3	3	200	直接	1	东座屋顶	—
CHP-E7-1		箱式（双出风口）	7.1	8.5	—	990	—	30.0	—	1	200	直接	○	—	—	4	4F 家政课缝纫室	—	—	—	—	—	—	—	—	—	—
CHP-E7-2		箱式（双出风口）	7.1	8.5	—	990	—	30.0	—	1	200	直接	○	—	—	1	4F 缝纫准备室	—	—	—	—	—	—	—	—	—	—
CHP-E7-3		箱式（双出风口）	8.0	9.5	—	1080	—	40.0	—	1	200	直接	○	—	—	2	4F 多功能室	—	—	—	—	—	—	—	—	—	—
CHP-E8	5F 音乐室 1	室外机	56.0	67.0	—	—	—	—	—	—	—	—	—	—	—	—	—	44.3	43.8	15.0	230×3	3	200	直接	1	东座屋顶	—
CHP-E8-1		落地隐形	28.0	33.5	—	4800	79	1.5kW	—	3	200	直接	○	—	—	2	5F 音乐室 1	—	—	—	—	—	—	—	—	—	—
CHP-E9	5F 音乐室 2	室外机	28.0	33.5	—	—	—	—	—	—	—	—	—	—	—	—	—	23.8	21.8	7.5	230×2	3	200	直接	1	东座屋顶	—
CHP-E9-1		落地隐形（内置型）	22.4	26.5	—	3780	70	1.5kW	—	3	200	直接	○	—	—	1	5F 音乐室 2	—	—	—	—	—	—	—	—	—	—

□ 燃气热泵空调机（2）

代号	系统名称	型号	能力 制冷 kW	能力 供暖 kW	能力 有效加湿 kg/h	送风机 风量 m³/h	送风机 机外静压 Pa	送风机 W	加湿器 W	电源动力 相数	电源动力 V	电源动力 启动方式	空气滤清器 厂商标准产品	空气滤清器 预先过滤	空气滤清器 主过滤	空气滤清器 台数	室内机 设置场所	燃气消耗量 制冷 kW	燃气消耗量 供暖 kW	动力额定输出功率 kW	室外机电源 送风机 W	室外机电源 相数	室外机电源 V	室外机 启动方式	室外机 台数	室外机 设置场所	备用电源
CHP-E10	5F音乐室3	室外机	28.0	33.5	—	—	—	—	—	—	—	—	—	—	—	—	—	23.8	21.8	7.5	230×2	3	200	直接	1	东座屋顶	—
CHP-E10-1		箱式（双出风口）	4.5	5.3	—	720	—	20.0	—	1	200	直接	○	—	—	1	5F合奏室1	—	—	—	—	—	—	—	—	—	—
CHP-E10-2		箱式（双出风口）	4.5	5.3	—	720	—	20.0	—	1	200	直接	○	—	—	1	5F合奏室2	—	—	—	—	—	—	—	—	—	—
CHP-E10-3		箱式（双出风口）	11.2	13.2	—	1560	—	50.0	—	1	200	直接	○	—	—	1	5F音乐准备室	—	—	—	—	—	—	—	—	—	—
CHP-E11	5F家政课烹饪室	室外机	56.0	67.0	—	—	—	—	—	—	—	—	—	—	—	—	—	44.3	43.8	15.0	230×3	3	200	直接	1	东座屋顶	—
CHP-E11-1		箱式	11.2	13.2	—	1560	—	50.0	—	1	200	直接	○	—	—	4	5F家政课烹饪室	—	—	—	—	—	—	—	—	—	—
CHP-E12	5F快餐部	室外机	56.0	67.0	—	—	—	—	—	—	—	—	—	—	—	—	—	44.3	43.8	15.0	230×3	3	200	直接	1	东座屋顶	—
CHP-E12-1		箱式（双出风口）	14.0	17.0	—	1920	—	85.0	—	1	200	直接	○	—	—	4	5F快餐部	—	—	—	—	—	—	—	—	—	—
CHP-W1	1F办公室1	室外机	56.0	67.0	—	—	—	—	—	—	—	—	—	—	—	—	—	44.3	43.8	15.0	230×3	3	200	直接	1	西座一层	—
CHP-W1-1		箱式（双出风口）	2.8	3.4	—	540	—	15.0	—	1	200	直接	○	—	—	2	1F办公室	—	—	—	—	—	—	—	—	—	—
CHP-W1-2		顶棚内敷设风管型	7.1	8.5	—	1170	—	160.0	—	1	200	直接	○	—	—	1	1F校长室	—	—	—	—	—	—	—	—	—	—
CHP-W1-3		箱式（双出风口）	5.6	6.7	—	720	—	20.0	—	1	200	直接	○	—	—	4	1F职员室	—	—	—	—	—	—	—	—	—	—
CHP-W1-4		箱式（双出风口）	7.1	8.5	—	990	—	30.0	—	1	200	直接	○	—	—	1	1F谈话室	—	—	—	—	—	—	—	—	—	—
CHP-W1-5		箱式（双出风口）	4.5	5.3	—	720	—	20.0	—	1	200	直接	○	—	—	1	1F休息室	—	—	—	—	—	—	—	—	—	—
CHP-W2	1F办公室2	室外机	56.0	67.0	—	—	—	—	—	—	—	—	—	—	—	—	—	44.3	43.8	15.0	230×3	3	200	直接	1	西座一层	—
CHP-W2-1		箱式（双出风口）	5.6	6.7	—	720	—	20.0	—	1	200	直接	○	—	—	2	1F保健室	—	—	—	—	—	—	—	—	—	—
CHP-W2-2		箱式（双出风口）	4.5	5.3	—	720	—	20.0	—	1	200	直接	○	—	—	1	1F会议室	—	—	—	—	—	—	—	—	—	—
CHP-W2-5		箱式（双出风口）	4.5	5.3	—	720	—	20.0	—	1	200	直接	○	—	—	1	1F印刷角	—	—	—	—	—	—	—	—	—	—
CHP-W2-6		箱式（双出风口）	9.0	10.6	—	1560	—	50.0	—	1	200	直接	○	—	—	1	1F教材角	—	—	—	—	—	—	—	—	—	—
CHP-W2-7		箱式（双出风口）	3.6	4.2	—	540	—	15.0	—	1	200	直接	○	—	—	1	1F辅导室	—	—	—	—	—	—	—	—	—	—
CHP-W3	2F理科室1	室外机	56.0	67.0	—	—	—	—	—	—	—	—	—	—	—	—	—	44.3	43.8	15.0	230×3	3	200	直接	1	西座一层	—
CHP-W3-1		箱式（双出风口）	7.1	8.5	—	990	—	30.0	—	1	200	直接	○	—	—	6	2F第1理科室	—	—	—	—	—	—	—	—	—	—

□ 燃气热泵空调机（2续）

代号	系统名称	型号	能力 制冷 kW	能力 供暖 kW	能力 有效加湿 kg/h	送风机 风量 m³/h	送风机 机外静压 Pa	送风机 W	加湿器 W	电源动力 相数	电源动力 V	电源动力 启动方式	室内机 空气滤清器 厂商标准产品	室内机 空气滤清器 预先过滤	室内机 空气滤清器 主过滤	室内机 台数	室内机 设置场所	室外机 燃气消耗量 制冷 kW	室外机 燃气消耗量 供暖 kW	室外机 动力额定输出功率 kW	室外机 电源 送风机 W	室外机 电源 相数	室外机 电源 V	室外机 电源 启动方式	室外机 台数	室外机 设置场所	备用电源
CHP-W4	2F 理科室2	室外机	56.0	67.0	—	—	—	—	—	—	—	—	—	—	—	—	—	44.3	43.8	15.0	230×3	3	200	直接	1	西座 2层 GHP	—
CHP-W4-1		箱式（双出风口）	7.1	8.5	—	990	—	30.0	—	1	200	直接	○	—	—	2	2F 理科准备室	—	—	—	—	—	—	—	—	—	—
CHP-W4-2		箱式（双出风口）	7.1	8.5	—	990	—	30.0	—	1	200	直接	○	—	—	6	2F 第2理科室	—	—	—	—	—	—	—	—	—	—
CHP-W5	2F 第1会议室 广播室	室外机	35.5	42.5	—	—	—	—	—	—	—	—	—	—	—	—	—	28.5	28.0	9.5	230×2	3	200	直接	1	西座一层 室外	—
CHP-W5-1		箱式（双出风口）	7.1	8.5	—	990	—	30.0	—	1	200	直接	○	—	—	3	2F 第1会议室	—	—	—	—	—	—	—	—	—	—
CHP-W5-2		箱式（双出风口）	2.8	3.4	—	540	—	15.0	—	1	200	直接	○	—	—	1	2F 广播室	—	—	—	—	—	—	—	—	—	—
CHP-W5-3		箱式（双出风口）	2.8	3.4	—	540	—	15.0	—	1	200	直接	○	—	—	1	2F 工作室	—	—	—	—	—	—	—	—	—	—
CHP-W6	2F 第2、3会议室	室外机	45.0	53.0	—	—	—	—	—	—	—	—	—	—	—	—	—	34.0	35.6	12.1	230×3	3	200	直接	1	西座一层 室外	—
CHP-W6-1		箱式（双出风口）	14.0	17.0	—	1920	100	85.0	—	1	200	直接	○	—	—	2	2F 第2会议室	—	—	—	—	—	—	—	—	—	—
CHP-W6-2		箱式（双出风口）	7.1	8.5	—	990	—	30.0	—	1	200	直接	○	—	—	1	2F 第3会议室	—	—	—	—	—	—	—	—	—	—
CHP-W7, W8	2F 图书室	室外机	55.0	67.0	—	—	—	—	—	—	—	—	—	—	—	—	—	44.3	43.8	15.0	230×3	3	200	直接	1	西座 2层 GHP	—
CHP-W7, W8-1		落地隐形（地面出风）	28.0	31.5	—	4800	100	760.0	—	1	200	直接	○	—	—	2	2F 图书室	—	—	—	—	—	—	—	—	—	—
CHP-W9	2F 微机室	室外机	35.5	42.5	—	—	—	—	—	—	—	—	—	—	—	—	—	28.5	28.0	9.5	230×2	3	200	直接	1	西座 2层 GHP	—
CHP-W9-1		落地隐形（地面出风）	28.0	31.5	—	4800	100	760.0	—	1	200	直接	○	—	—	1	2F 微机室	—	—	—	—	—	—	—	—	—	—
																51											

表 2.10 主要给水排水设备表

给水设备								

<table>
<tr><td colspan="2" align="center">WTJ 自来水蓄水水箱</td><td colspan="2" align="center">WPJ-1 自来水加压给水泵机组</td><td colspan="2" align="center">WPR-1 雨水输送泵</td></tr>
<tr><td>型式</td><td>FRP 复合板制（中间加隔断）</td><td>型式</td><td>设终端压力恒定
调频方式</td><td>型式</td><td>污水用潜水泵</td></tr>
<tr><td>容量</td><td>有效容量 16.7m³</td><td rowspan="2">运行方式</td><td rowspan="2">自动交互并列运行</td><td>运行方式</td><td>自动交互并列运行（非自动型）</td></tr>
<tr><td>尺寸</td><td>3.0×3.0×2.5H</td><td>出口口径</td><td>65φ</td></tr>
<tr><td rowspan="9">附件</td><td rowspan="9">检修用人孔 φ600×2 带锁
内外设有爬梯（SUS 制）各 2 副
防波桶 2 个
通气口（带防虫网）各两个
紧急截止阀 100A×2
（感震器与控制盘一体）
给水栓用接口 20A×2
（包括给水栓）
电极插座
其他标准附件 1 套</td><td>吸口孔径</td><td>40φ×2</td><td>排水量</td><td>500L/min</td></tr>
<tr><td>给水量</td><td>470L/min（机组给水量）</td><td>扬程</td><td>90kPa</td></tr>
<tr><td>扬程</td><td>390kPa</td><td rowspan="2">动力</td><td rowspan="2">3φ×200V×2.2kW×2×4P
×50Hz</td></tr>
<tr><td rowspan="2">动力</td><td rowspan="2">3φ×200V×3.7kW×2×2P
×50Hz（备用电源）</td></tr>
<tr><td>附件</td><td>标准附件 1，套 20m 水中管线</td></tr>
<tr><td>备注</td><td>应对红锈用用品</td><td>系统</td><td>雨水</td></tr>
<tr><td>附件</td><td>控制盘等、标准附件 1 套</td><td>设置场所</td><td>东座雨水贮存槽</td></tr>
<tr><td>基础</td><td>防振基础，隔振率 90%</td><td>台数</td><td>1 组（2 台）</td></tr>
<tr><td rowspan="2">系统</td><td rowspan="2">给水、冷却塔补给水、
游泳池供水</td><td colspan="2" align="center">液面水平控制（自来水蓄水箱用）</td></tr>
<tr><td>架台</td><td>箱钢底座平台（100h）
（焊接镀锌处理）</td><td>控制盘</td><td>高低水位可切换型</td></tr>
<tr><td>抗震强度</td><td>1.5G（新抗震标准）</td><td>设置场所</td><td>BIF 水箱水泵室</td><td>传感器</td><td>水位传感器 ×2</td></tr>
<tr><td>设置场所</td><td>BIF 水箱水泵室</td><td>台数</td><td>1 组（2 台）</td><td>台数</td><td>1 组</td></tr>
<tr><td>台数</td><td>1 座</td><td colspan="2" align="center">WPZ-1 杂用水加压给水泵机组</td><td colspan="2"></td></tr>
<tr><td colspan="2" align="center">WTZ 杂用蓄水箱</td><td rowspan="2">型式</td><td rowspan="2">设终端压力恒定
调频方式</td><td colspan="2" align="center">WPR-Z 药液自动注入装置</td></tr>
<tr><td>形式</td><td>地沟（建筑工程部分）</td><td colspan="2">控制盘</td></tr>
<tr><td>容量</td><td>有效容量 15.5m³</td><td>运转方式</td><td>自动交互并列运转</td><td>控制方式</td><td>ON-OFF 控制方式</td></tr>
<tr><td rowspan="2">附件</td><td rowspan="2">电极插座（3P+3P+5P+5P）
电极棒 3P+3P+5P+5P</td><td>吸口孔径</td><td>40φ×2</td><td>检测原理</td><td>极谱分析</td></tr>
<tr><td>给水量</td><td>600L/min（机组给水量）</td><td rowspan="2">检测范围</td><td rowspan="2">游离氯 0～2mg/L
最小分割 0.1mg/L</td></tr>
<tr><td colspan="2" align="center">雨水贮存箱</td><td>扬程</td><td>390kPa</td></tr>
<tr><td>形式</td><td>地沟（建筑工程部分）</td><td rowspan="2">动力</td><td rowspan="2">3φ×200V×3.7kW×2×2P
×50Hz（备用电源）</td><td colspan="2">药液注入泵</td></tr>
<tr><td>容量</td><td>有效容量 100m³</td><td>最大排量</td><td>33L/min</td></tr>
<tr><td>附件</td><td>电极插座（5P），电极棒 5P</td><td>备注</td><td>应对红锈用用品</td><td>动力</td><td>1φ×200V×16kW×50Hz</td></tr>
<tr><td colspan="2" align="center">沉沙沉淀槽</td><td rowspan="2">附件</td><td rowspan="2">背压阀、控制盘等
标准附件 1 套</td><td colspan="2">药液罐</td></tr>
<tr><td>形式</td><td>地沟（建筑工程部分）</td><td>液罐容量</td><td>130L</td></tr>
<tr><td>容量</td><td>有效容量 50m³</td><td>基础</td><td>防振基础，防振率 90%</td><td colspan="2">循环泵</td></tr>
<tr><td>附件</td><td>—</td><td>系统</td><td>杂用水</td><td>出口口径</td><td>50φ</td></tr>
<tr><td colspan="2" align="center">灭火水箱</td><td>设置场所</td><td>BIF 水箱水泵室</td><td>循环量</td><td>267L/min</td></tr>
<tr><td>形式</td><td>地沟（建筑工程部分）</td><td>台数</td><td>1 组（2 台）</td><td>扬程</td><td>9kPa</td></tr>
<tr><td>容量</td><td>有效容量 6.0m³</td><td colspan="2" align="center">WPZ-2 杂用水加压给水泵</td><td>动力</td><td>3φ×200V×0.75kW×50Hz</td></tr>
<tr><td>附件</td><td>—</td><td>型式</td><td>离心泵</td><td>设置场所</td><td>BIF 热源机械室</td></tr>
<tr><td colspan="2" align="center">消防用水箱</td><td>运行方式</td><td>独立运行</td><td>台数</td><td>1 组</td></tr>
<tr><td>形式</td><td>地沟（建筑工程部分）</td><td>吸口口径</td><td>50φ</td><td colspan="2" align="center">WPR-P 水处理装置</td></tr>
<tr><td>容量</td><td>300m³（不少于 100m³）</td><td>给水量</td><td>400L/min</td><td>型式</td><td>NMR 共振型</td></tr>
<tr><td>附件</td><td>—</td><td>扬程</td><td>650kPa</td><td>配管尺寸</td><td>125A</td></tr>
<tr><td colspan="2"></td><td>动力</td><td>3φ×200V×7.5kW×2P×50Hz</td><td>系统</td><td>自来水、杂用水</td></tr>
<tr><td colspan="2"></td><td>备注</td><td>应对红锈用品</td><td>设置场所</td><td>BIF 水箱水泵室</td></tr>
<tr><td colspan="2"></td><td>附件</td><td>背压阀等、标准附件 1 套</td><td>数量</td><td>2 台</td></tr>
<tr><td colspan="2"></td><td>基础</td><td>防振基础，隔振率 90%</td><td colspan="2"></td></tr>
<tr><td colspan="2"></td><td>系统</td><td>校园洒水</td><td colspan="2"></td></tr>
<tr><td colspan="2"></td><td>设置场所</td><td>BIF 水箱水泵室</td><td colspan="2"></td></tr>
<tr><td colspan="2"></td><td>台数</td><td>1 台</td><td colspan="2"></td></tr>
</table>

热水供给设备		排水设备	

热水供给设备

EWH-1 储罐式电热水器

型式	饮用水和杂水两用，台下设置型，常闭式
热水储量	20L
动力	$1\phi \times 200V \times 2.1kW \times 50Hz$
附件	减压阀、溢流阀、稳流阀等 标准附件1套、设周定时器 热水杂水混合栓、有自动给水排水功能
设置场所	东座BIF教育辅导所访谈辅导员室、校长室、西座1F谈话室、开水供应角、办公室 西座2F开水房
台数	6台

EWH-2 储罐式电热水器

项目	内容
型式	洗脸池，台下设置型
热水储量	6L
动力	$1\phi \times 100V \times 1.1kW \times 50Hz$
附件	标准附件1套、设周定时器
设置场所	特别楼座4F家政课缝纫准备室 5F音乐准备室
台数	2台

EWH-3 储罐式电热水器

项目	内容
型式	洗脸池，台下设置型
热水储量	15L
动力	$1\phi \times 100V \times 1.1kW \times 50Hz$
附件	标准附件1套、设周定时器
设置场所	特别楼座4F图画手工准备室
台数	1台

GWH-1 暂缺

GWH-2 燃气快速热水器（16号）

项目	内容
型式	室内壁挂型16号 强制给排气式
热水储量	34.9kW（13A）
动力	$1\phi \times 100V \times 0.069kW \times 50Hz$
附件	配管罩、给排气集管等 标准附件1套
设置场所	西座1F保健室、西座2F理科准备室 东座1F预备室兼快餐部 东座1F视学室、东座2F开水房
台数	5台

GWH-3 暂缺

GWH-4 燃气快速热水器（150号）

项目	内容
型式	室外壁挂型50号3台多
热水储量	324kW（13A）
动力	$1\phi \times 100V \times 0.95kW \times 3 \times 50Hz$
附件	安装台、配管罩、防冻加热器 厨房遥控器、双芯电缆10m 其他标准附件1套
设置场所	东座屋顶
台数	1组

GWH-5 燃气快速热水器（20号）

项目	内容
型式	室内壁挂型20号 强制给排气式
热水储量	43.6kW（13A）
动力	$11\phi \times 100V \times 0.07kW \times 50Hz$
附件	配管罩、给排气集管 其他标准附件1套
设置场所	东座1F公共厕所
台数	1台

GWH-6 燃气快速热水器（32号）

项目	内容
型式	室内壁挂型16号 强制给排气式
热水储量	69.2kW（13A）
动力	$1\phi \times 100V \times 0.1kW \times 50Hz$
附件	配管罩、给排气集管 其他标准附件1套
设置场所	西座5F过滤机械室
台数	2台

排水设备

WAP-1 污水排水泵

型式	带污物用切刀潜水泵
运行方式	自动交互并列 紧急情况下可同时运行（手动与定时两用）
出口口径	50ϕ
排量	100L/min
扬程	90kPa
动力	$3\phi \times 200V \times 0.75kW \times 2 \times 4P \times 50Hz$（备用电源）
附件	标准附件1套 水下电缆20m、组合拆卸装置 浮球开关4个
设置场所	东座污水槽
台数	1组（2台）

WAP-2 杂排水排水泵

型式	杂排水用潜水泵
运行方式	自动交互并列 紧急情况下可同时运行（非自动型）
出口口径	50ϕ
排量	200L/min
扬程	70kPa
动力	$3\phi \times 200V \times 0.75kW \times 2 \times 4P \times 50Hz$（备用电源）
附件	标准附件1套 水下电缆20m、组合拆卸装置 浮球开关4个
设置场所	东座杂排水槽
台数	1组（2台）

SUP-1 涌水排水泵

型式	污水用潜水泵
运行方式	自动交互并列 紧急情况下可同时运行（非自动型）
出口口径	40ϕ
排量	100L/min
扬程	40kPa
动力	$3\phi \times 200V \times 0.25kW \times 2P \times 50Hz$（备用电源）
附件	标准附件1套 水下电缆20m 浮球开关4个
设置场所	西座涌水槽1组（2台）特别教室楼涌水槽1组（2台）
台数	2组（4台）

GT-1 隔油池

型式	管道流入落地型 FRP制3槽内置网篮
容量	20L
设置场所	东座1F配餐室
台数	1台

SUP-2 涌水排水泵

项目	内容
型式	污水用潜水泵
运行方式	自动交互并列 紧急情况下可同时运行（非自动型）
出口口径	50ϕ
排量	100L/min
扬程	90kPa
动力	$3\phi \times 200V \times 0.4kW \times 2P \times 50Hz$（备用电源）
附件	标准附件1套 水下电缆20m 浮球开关4个
设置场所	东座涌水槽
台数	2组（4台）

BP-1 曝气装置

型式	回转容积型
出口口径	50ϕ
空气量	$0.1m^3/h$
出口压力	30kPa
动力	$3\phi \times 200V \times 0.4kW \times 4P \times 50Hz$
附件	标准附件1套 出口消声器 软管接头 止回阀
基础	防振基础 防振效率90%
设置场所	B1F水箱水泵室
台数	1台

WPR-2 雨水泵

型式	污水用潜水泵
运行方式	自动交互并列 紧急情况下可同时运行（非自动型）
出口口径	65ϕ
排量	330L/min
扬程	90kPa
动力	$3\phi \times 200V \times 1.5kW \times 2 \times 4P \times 50Hz$
附件	标准附件1套 水下电缆20m 浮球开关4个
设置场所	东座下沉式花园雨水槽
台数	1组（2台）

PT-1 石膏井

型式	管道流入落地型 不锈钢制
容量	10L
设置场所	特别教室楼4F图画手工准备室 特别教室楼4F多功能室
台数	3台

表 2.11　空调设备主要材料表

主要用途	材 质
冷热水、冷水、热水	配管用碳素钢管（镀锌）
冷却水	供水系统用聚丙烯内衬钢管（PA）
排水	配管用碳素钢管
冷媒	铜及铜合金无缝管
补给水	供水系统用氯乙烯内衬钢管（VB）
膨胀管	配管用碳素钢管（镀锌）
一般系统风管	镀锌钢板
厨房系统风管	不锈钢板
潮湿场所系统风管（淋浴室、地沟等）	不锈钢板

表 2.12　给水排水设备主要材料表

主要用途	材 质
给水（自来水）	供水系统用硬质氯乙烯内衬钢管（VB）
给水（杂用水）	供水系统用氯乙烯内衬钢管（VA）
热水供给	一般配管用不锈钢管
城市燃气	按燃气供应单位之规定
污水、杂排水	排水用氯乙烯内衬钢管（VA）
雨水	配管用碳素钢管（镀锌）
室外排水	硬质氯乙烯管（VP）
通风	配管用碳素钢管（镀锌）
消防（除连接输水管外）	配管用碳素钢管（镀锌）
消防连接输水管	高压配管用碳素钢管（sch40）

设计实例 **3**

荒川区立N小学 —— 学校环保改造

[1] 建筑物概况

（1）所在地　　　　东京都荒川区町屋
（2）用　途　　　　小学校
（3）用途区域　　　准工业区　准防火区
（4）用地面积　　　9889m²
（5）建筑占地面积　1756m²
（6）总建筑面积　　5037m²
（7）建筑面积比　　17.75%
（8）容积率　　　　50.93%
（9）层数、檐高　　地上4层，14.10m
（10）结　构　　　校舍：钢筋混凝土结构
　　　　　　　　　　1965～1971年建
　　　　　　　　　　体育馆：钢架结构
　　　　　　　　　　1963年建
（11）停车数量
（12）层高　　　　3.40m
　　　各层面积　校舍一层：1226m²，
　　　　　　　　校舍二～四层：1068m²，
　　　　　　　　PH层：75m²
　　　　　　　　体育馆一层：532m²
（13）学生数（2007年）　315人
　　　　　　　　　　（1～6年级　各2个班）

表3.1所示为改造项目清单。

[2] 规划理念与设计条件

（a）规划理念——通过环保改造使学校面貌发生变化——

荒川区立N小学于2005年度被选定为日本"学校生态改造与环境教育事业"的9所示范学校之一。以此为契机，同时成立了开展环保活动与研讨生态改造的"学校生态改造研究会"和"环保教育研究会"，以过去校内组织的"关切自己和他人"的人权教育作为基础，推进了以"培养关切自己、他人与自然的儿童"为目标的环保教育。

本着舒适便捷、有益于保护地球的宗旨，将已经建成40年的校舍（先后于1966年、1967年、1971年和1972年分4期建设）进行生态改造，从而实现了减轻能源负荷，营造室内冬暖夏凉的热环境和提高儿童环保意识的目标。

生态改造伊始，便在规划上做了种种设想：了解当地的特色，这里夏季得益于自隅田川吹来的微醺的南风，应该加以利用；从自然规律中，切身感受到自古以来人们所发挥的聪明才智，将其融入环保学习及与当地的合作中去，并持之以恒；考虑如何减少噪声、安全施工和选择恰当材料的问题。

设计的基本概念包括以下7点：

1）改善室内热环境

改善教室和走廊的热环境，使其成为空气流可控的学校，小学生无论待在哪里都不会感觉到明显的温度变化。

2）减轻空调负荷

为了减少教室临窗一侧的热负荷，夏季采取遮挡直射阳光的措施，但尽量不拉上窗帘；冬季则设法让阳光射入室内，以减少玻璃窗及外气进入产生的负荷。

3）节能和利用自然能源

选择利用电费较低的夜间电力及太阳能发电的机械设备。

面向南面的教室和体育馆均设法利用太阳能之类的自然能源，并且将初夏时节自隅田川徐徐吹来的风引进教室内。

4）了解当地特点并加以利用

在隅田川岸边的密集住宅区，学校被看作当地的核心，因此在规划上将改造项目融入了与学校毗邻的幼儿园及当地环境中去。

5）看得见的生态改造

这种改造不仅体现在建筑方面，让人能饶有兴致地感觉到风的吹拂，即使风速、风量、气温、辐射温度、用电量和用水量等亦可以随时看得见。

6）启发地域意识的环保画廊

利用道路两侧的部分绿地，构筑出任何人都可进入的生态画廊，使之成为发布生态改造信息的场所和连结学校与地区的纽带。再将长椅摆放在其中，为保护当地安全、沿街巡逻人员提供休息的地方。

7）构筑绿色网络

建在学校周边的公园和构筑的绿色网络，成为鸟儿和昆虫迁徙的中继站。在荒川自然公园笼子里

表 3.1 改造项目清单

节能化	绝热	屋面屋顶	外墙绝热	校舍:改性沥青防水(自粘、绝热工法) 平面:裸露屋顶防水层工法(自粘工法、绝热夹层 t=50mm)
		墙壁	外墙绝热	校舍:乙烯类聚乙烯泡沫 t=70mm(绝缘墙:透湿型) 体育馆:绝热外墙板 t=18
		开口部	中空玻璃	钢化玻璃 $4t$+空气层 6+钢化玻璃 $4t$
	隔热·遮蔽	屋面	双重屋顶(换气型)	体育馆:嵌合式瓦龙骨(方框)@425 氟化电镀钢板(t=0.045mm) 铺在现有屋顶上的填充材料:乙烯类聚乙烯泡沫 t=45mm
			屋顶绿化	栽植基材 工法 C 种 珍珠岩 t=50mm 轻质土 t=100mm
		墙壁开口部	设出檐和百叶窗	檐探出:900mm 材料:挤压铝型材 + 铝板 t=2.0mm 弯曲加工 氟烧彩涂装
	日光利用	教室走廊	光栅	与出檐并用
设备的高效化			照明	教室、走廊、环保教室等处设置的器具(代表性的) 教室:32 形 Hf 荧光灯 2 盏 初期照度补正功能:窗侧自动调光 走廊:32 形 Hf 荧光灯 2 盏 有初期照度补正功能 环保教室:同教室
太阳能发电板·引入新能源	自然		太阳能发电	设置场所:屋顶 方位:南偏东 仰角:20° 系统容量:7.2kW 电池种类:HIT 太阳能电池 结晶 Si 最大功率:200W 外形尺寸:1319×894×35mm 排列:组合(串接 执行 JIS C 8918 标准),标准数量:36 片 最大功率:7.2kWp
			太阳能供暖	使用场所:体育馆 设置场所:体育馆屋顶 种类 太阳能空气式低温辐射热供暖(型号:OMH-1) (集热面积 63.5m²)(倾斜角度 17°)
			太阳能热水器	同上 使用场所:体育馆厕所洗手间
充实教育空间			环保学习室设置	环保教室:配备多块发布环保学习内容的展示板及白板,以及发表学习心得体会的展示板(展示加工材料的样品)
			生物小区	被称为"七峡生物小区",由当地人与孩子们共同营造 放生的水蚤和鳉游来游去,蜻蜓翻飞,称为环保教育的活教材
			构建与地区的合作空间	环保运动场:一层主电梯口设有休息室,设有专门用于地区交流的展示板 环保画廊:室外门侧设有展示板,通过时就可看见有关生态学习的内容

育成的大紫蛱蝶,很快就能飞到 N 小学里。另外,通过当地志愿者的努力,将樱草种植在花坛里,对优美环境的构建也发挥了作用。

(b)规划与设计条件

规划时所给的设计条件如下(图 3.1)。

· 毗邻隅田川的地块,夏天会自河边徐徐吹来季节风。

· 现有供给热水的设备(天然冷媒热泵热水器)可以利用夜间电力,供暖则由设置于职员室等处的 FF 式供暖机提供。

· 多半照明器具已被更新成高效型,但并不是全部都已更新。

· 引入太阳能发电。

· 校舍和体育馆等建筑物均已老化,有必要对建筑外墙上的机械设备及配管进行改造,并设法延长建筑主体的寿命。

· 为了少洒水节省能源,要采取措施减轻校园内的扬尘。

[3]实施设计

(a)建筑主体外绝热(从过去的无绝热改造成用乙烯类聚乙烯泡沫进行的湿式绝热)

这次改造时采用的外绝热系统,与进口产品相

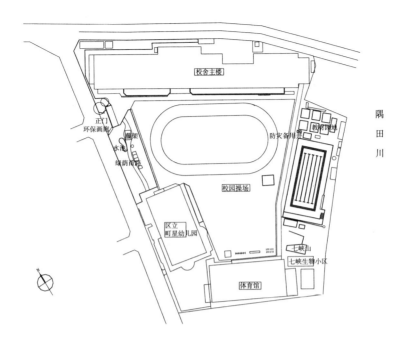

图 3.1 平面图
用地东侧有堤防，隅田川自其身边流过。

比施工自由度更高，可以充分展现设计者所希望的色彩和肌理，在该项目外墙处理方面的效果尤为突出。

外绝热使用的乙烯类聚乙烯泡沫，按照标准其厚度约为 70mm 左右。不过，由于现有配管背侧的空间大小不一，实际施工时的厚度要做些调整。另外，因为外墙的设备配管（如热泵的冷媒配管和电气配线管等）是突出于墙体表面的，所以在改造时必须将其收入建筑墙体内部。考虑到将来增设或检修的便利，室外机被统一设于屋顶。这样一来，不仅建筑外部变得更加美观，而且也改善了外绝热的施工性，并提高了设备性能。在屋顶上栽植花草树木，也是一种外绝热方式。在学校周边构建的公园和绿色网络成为鸟儿和昆虫的中继站。完全可以期待：在荒川自然公园笼子里长大的大紫蛱蝶，不久将飞临 N 小学的上空。

图 3.2 系校舍主楼剖面图。

湿式外绝热工法有很多种，大多不必使用专利产品，通常采取由施工代理公司承担施工责任的体制。日本透湿外绝热系统协议会（MIC）已将该工法共同特点整理成条文。

（b）提高开口部绝热性能——单层玻璃→多层钢化玻璃

在方案设计阶段，本来采用的是在原有窗框上安装中空玻璃的改造方式，但根据现场调查的结果，了解到原有窗框的气密性很差，因此改用了窗框套工法。

建筑南侧窗户的中空玻璃采用了透明钢化玻璃，冬季温暖的阳光可直接照射到教室内部；北侧窗户本想采用 Low-e 玻璃以防止热量散失，但因成本过高而放弃。

（c）利用双层出檐调节直射室内的阳光（利用日光、绝热、遮蔽）

在方案设计阶段，拟将南侧外墙设计成双层，但从模拟的实际效果来看，由上升气流造成的自然对流很小，为热气笼罩的部位仍然存在。为了消除这一现象，建筑外墙上部必须采用机械换气方式进行排气。

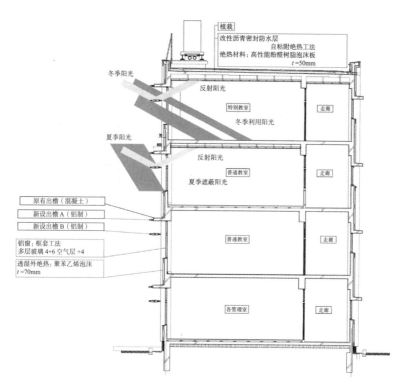

图3.2　校舍主楼剖面图

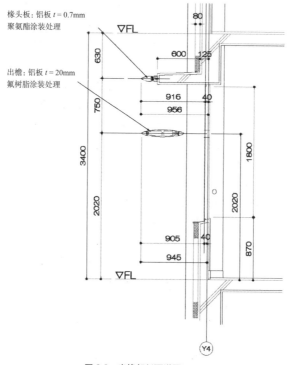

图3.3　出檐部剖面详图

图 3.4 改造前（南侧）

图 3.5 改造后（南侧）

出于以上原因，没有采用双层外墙的设计，而是考虑以简单实用的出檐遮挡阳光的方式，并且设计成效果最好的 2 级出檐。第 1 级利用原有的混凝土出檐，在其前段另外安装铝制檐头，以延长檐的长度。第 2 级则安装在窗框的横档位置，不妨碍教室内向外的视野。将其表面制成圆弧状，使灰尘难以积落在上面。出檐的进深不太大，夏季在遮挡日晒的同时，还可起到光栅的作用。这样一来，光栅的照明所带来的节电效果也是可以期待的了。

在第 2 级自立柱开始的框架和原来的混凝土出檐上安装不锈钢支架，上下强度均可承受当地各个季节的风压。

由于出檐结构十分简单，因此对建筑物整体造型没有任何影响。

图 3.3 系出檐部剖面详图，图 3.4 和图 3.5 为改造前后（均为南侧）的对比。

（d）空气集热式太阳能利用——体育馆

（图 3.6、图 3.7、图 3.8）

为了在体育馆改造过程中尽量少产生建筑垃圾，采用了在现有屋顶上再加一层屋顶的覆盖工法。利用双重屋顶之间的空隙可以吸收太阳能加热屋顶的金属屋面材料，并通过集热玻璃部分进一步提升热空气温度。然后热空气从位于屋顶脊部的集热箱通过玻璃棉保温风管输送至建筑北侧室内地下，最后从建筑南侧的地下排出。利用这样的热空气循环，可以使冬季脚底冰冷的体育馆地面变得暖和起来。

根据屋脊上集热箱的温度、外气温度和室内温度，在内置计算机控制下，全年均可通过适当送风进行温度管理（例如，集热箱（最高 60℃）达到 25℃时风机启动，夏季昼间排出室内空气，夜间当室外空气温度低于室温时，再将室外空气吸入室内）。处理箱的电源则来自设在屋脊上的太阳能发电装置。利用这样的双重屋顶，不仅提高了绝热性能，而且不再需要对废弃物进行处理。外墙的处理，也采用了将具有隔热性的护墙板罩在原有外墙表面的方法。

图 3.6 系体育馆剖面图，图 3.7 显示了其屋顶外观，图 3.8 则为体育馆内部状况。

（e）校园地面铺装材料

校园地面使用的材料是一种混合土，由 30% 针叶树皮（废弃物利用）与含山沙的真沙土混合而成。因其具有优良的透水性和保水性，表层土又不易飞散，故可减少洒水次数，从而达到节水的目的。

另外，其优良的保水性还表现在因蒸发作用而降低校园边界处空气温度的效果。

（f）供暖区域的划定

由烟囱产生的阶梯教室流动空气，会造成很大的隙间风负荷，因此在阶梯教室与走廊之间设置了隔断（推拉门），以阻挡冬季从阶梯教室吹向走廊的

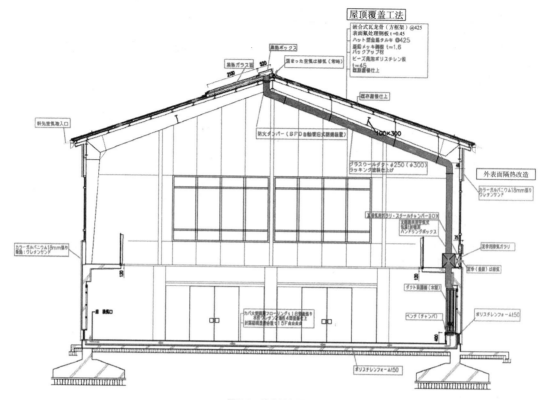

图 3.6 体育馆剖面图

图 3.7 屋顶外观

图 3.8 体育馆内部状态

冷风和夏季的热气。隔断设有闭锁装置，在冬夏两季以外的时间里能够打开，使其成为开放状态。考虑到儿童的安全问题，在设计上采取大开口方式，开闭方便，不易发生冲撞事故。

图 3.9 所示系从走廊一侧看阶梯教室时推拉门的样子。

图 3.9 从走廊一侧看到的供暖区

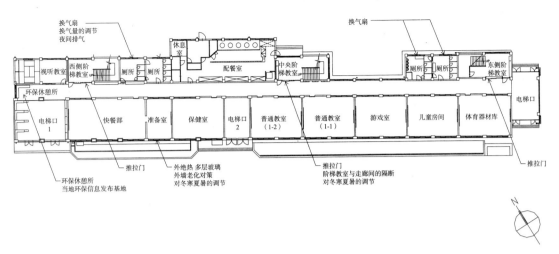

图 3.10　一层平面图

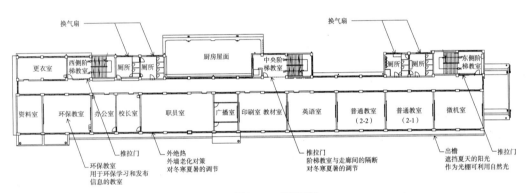

图 3.11　二层平面图

　　通过当地政府建筑指导科的指导得知，因须考虑避难通道问题，故不允许在电梯口处设置门扇。虽然设置推拉门作为划分楼梯区域的手段是允许的，但门扇务必选择那种由不可燃材料制成的。

（g）更新教室照明器具作为节能措施之一

　　通过采取这样的措施，削减了占学校光热费用很大比例的照明电费。

　　原有各类 FL40W×2 灯具都被换成高效型的 FHF32W×2 灯具（9900 lm）。而靠窗一侧的灯具则采用可自动补光和自动调光的型式。这样一来，就变成了可自动感知昼光亮度，确保适宜照度的灯具了。而且，原有的手动开关和配管配线等均被利用。

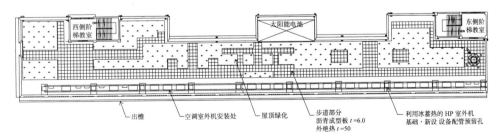

图 3.12　PH 层平面图

图 3.13　改造前 南侧

图 3.16　改造后 北侧

图 3.14　改造后 南侧

图 3.17　改造后 西侧

图 3.15　改造前 北侧

[4] 改造效果——现场教师们的感受和评价

（图 3.13 ~ 图 3.16）

对于教室遮挡阳光的措施获得相当的好评。此前要拉上窗帘来遮挡阳光，不得不打开照明。现在夏天的强烈阳光多半被遮挡住，即使不拉上窗帘，窗户周围的环境也非常好。

改造前的体育馆，冬季地面是凉的，如果脱了鞋子裸足，脚底会感觉很冷，坐在椅子上也照样非常冷。可是改造之后,脚底下已经没有了冰冷的感觉,只要稍一运动就会暖和起来。夏天，由于双重屋顶的换气作用，室内温度不再像改造前那样高，闷热的感觉也几乎消失了。

当时在现场的校长先生，从施工脚手架上一下来后惊喜万分，赞不绝口。这是因为，校舍主楼的 4 个立面，全部做了森林背景的涂装处理，建筑物的外墙可以展现出春夏秋冬四季色彩变幻的缘故。

设计实例 4

O 图书馆

4.1 空调设备

4.1.1 总体规划

[1] 建筑物概况

（1）所在地　　　　　冈山县冈山市丸之内

（2）用途　　　　　　图书馆

（3）用途区域类别　　第 1 种居住区、准防火区

（4）用地面积　　　　13119.05m²

（5）建筑占地面积　　4335.95m²

（6）总建筑面积　　　18276.66m²

（7）建筑面积比　　　33.05%

（8）容积率　　　　　139.31%

（9）层数、檐高　　　地下 1 层、地上 4 层

（10）结构　　　　　　钢框架钢筋混凝土结构
　　　　　　　　　　　（中间层免震结构）

（11）停车数量　　　　174 台

（12）各层面积、层高　参照表 4.1
　　　　　　　　　　　图 4.1 ～ 图 4.6

[2] 规划理念与设计条件

（a）规划理念

　　O 图书馆是一座县立图书馆。它是以适应本县民众高度化、个性化以及多样化的需求，作为本县文化教育基地和为大众提供完善的终生学习环境而规划的项目。

表 4.1　各层面积、层高

	面积（m²）	层高（m）
地下一层	4220	4.5
一层	3640	6.0
内二层	193	3.2
二层	3838	6.0
内三层	234	3.2
三层	3598	4.0
四层	2470	2.8
合　计	18193	

图书馆设计的基本理念有以下 3 点：

① 作为一座建在被称为后乐园和冈山城当地历史名胜区的图书馆，要营造出与历史、文化和自然融为一体的地域景观。

② 作为 21 世纪的信息基地，应将其建成可适应未来变化、具有较高灵活性及抗灾能力的设施，设施要具备很好的安全性、耐久性和抗震性。

③ 构筑出可供本县居民自主开展各种喜闻乐见文化活动的场所，该场所应满足不同人群的需要，并与自然融为一体。

　　图书馆以"人与环境密切交融的图书馆"作为目标，进行任何人均可利用的通用设计，采用有利于保护地球环境的天然能源，并积极采取节能措施。另外，为了能够在发生灾害的情况下，作为信息发布基地使用，其中间层采用了免震结构。再有，为了增强系统的安全性和可靠性，还在地下布置了具有备用线路的不停电电源系统，使信息来源多元化，储备了 3 天的自家发电用燃料和杂用水，备可转换成水蓄热槽的杂用水，设置紧急排水蓄水槽和防灾备用井，确保热源的二元化（电气和城市燃气）等。

（b）设计条件

　　规划过程中所给予的设计条件如下：

·能源类：敷设电缆 φ3，6600V，双回路。
　　　　　城市燃气 13A，低压管线。

·外部环境：位于后乐园和冈山城历史名胜风景区。除用地东北侧毗邻幼儿园外，其周围均面向道路。北侧夹隔着道路是冈山护城河，南侧是县政府。

·内部环境：一、二层为开架阅览室，三、四层为闭架书库和珍贵图书保管库。二层还设有多功能厅、数字信息演播室、小组活动室。办公室设在三层，四层则设有通信设备室。地下层有自助式停车场。

·法规：《建筑基准法》、《消防法》、关于确保建筑物卫生环境的法律（《建筑物卫生法》）、关于能源使用合理化的法律（《节能法》）、《赫德大厦法》、《噪声振动规范法》、《防止大气污染法》和《停车场法》等。

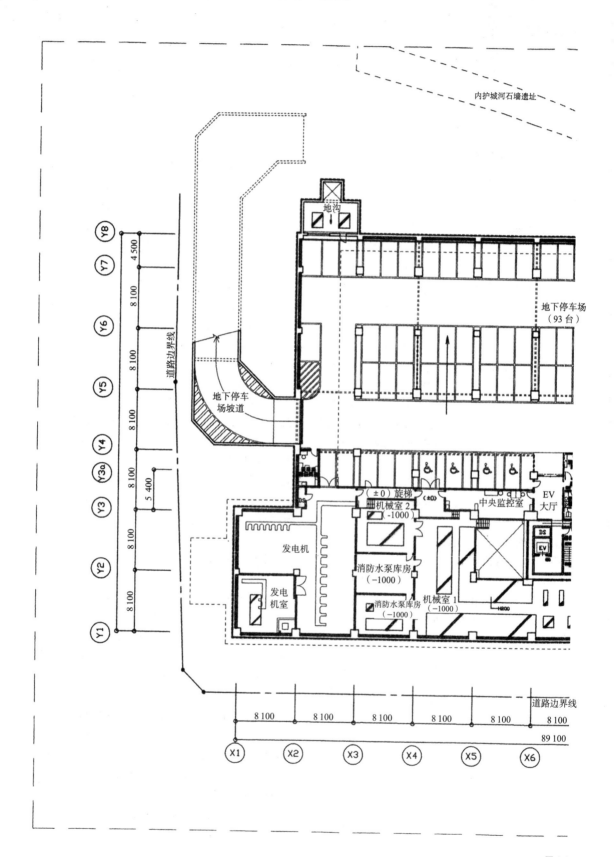

图4.1

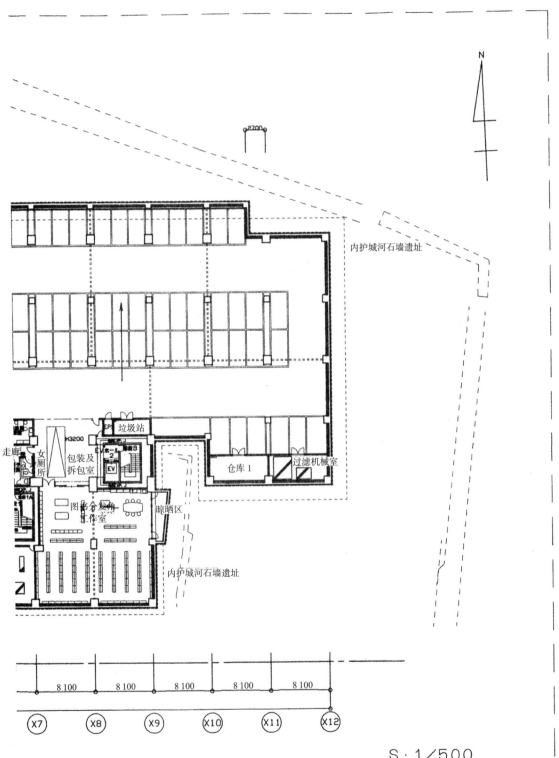

N

2700

内护城河石墙遗址

垃圾站

走廊

女厕所

H3200

包装及拆包室

EV

图书分发件工作室

晾晒区

内护城河石墙遗址

仓库1

过滤机械室

8 100　8 100　8 100　8 100　8 100

X7　X8　X9　X10　X11　X12

S:1/500

地下一层平面图

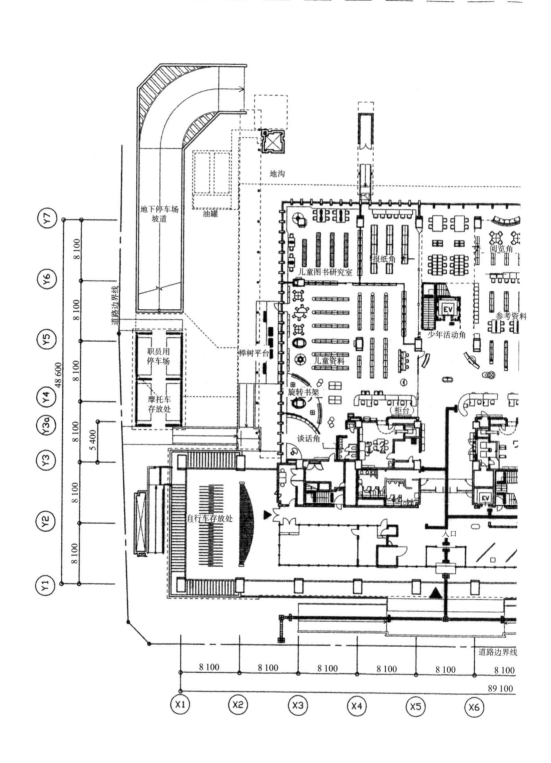

图 4.2

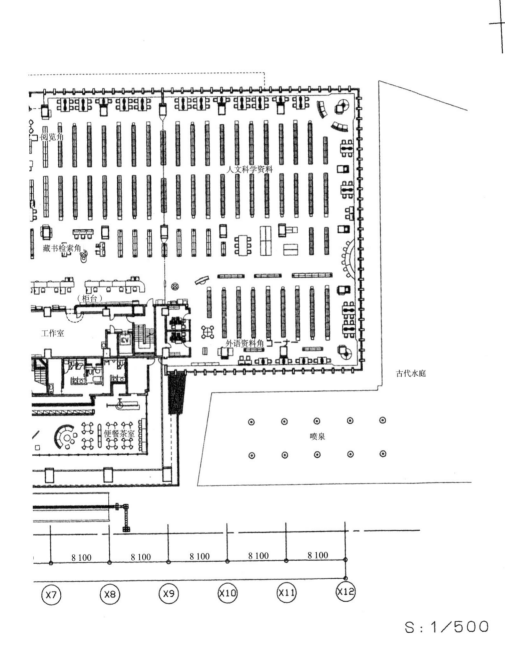

一层平面图

S:1/500

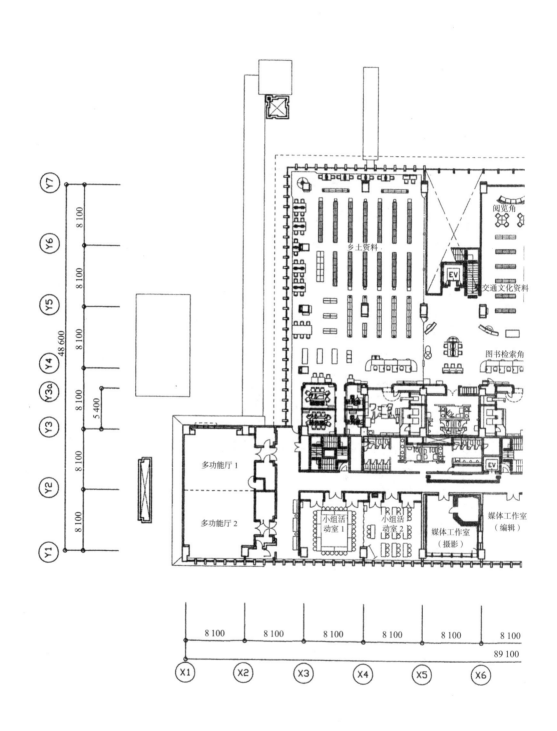

阅览角

乡土资料

交通文化资料

图书检索角

多功能厅 1

多功能厅 2

小组活动室 1

小组活动室 2

媒体工作室（摄影）

媒体工作室（编辑）

EV

Y7
Y6
Y5
Y4
Y3a
Y3
Y2
Y1

8 100
8 100
8 100
8 100
8 100
5 400
8 100
8 100

48 600

X1　X2　X3　X4　X5　X6

8 100　8 100　8 100　8 100　8 100　8 100

89 100

图 4.3

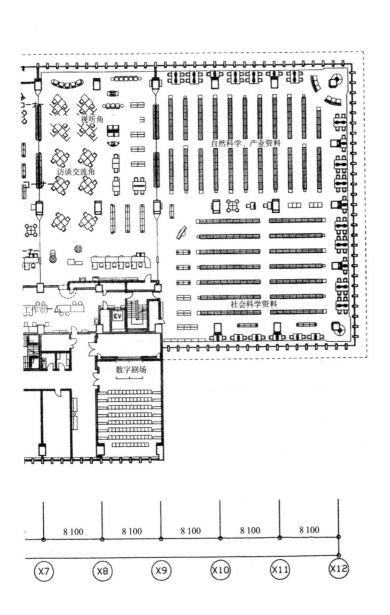

视听角

自然科学、产业资料

访谈交流角

工作室

EV

社会科学资料

数字剧场

8 100　　8 100　　8 100　　8 100　　8 100

(X7)　　(X8)　　(X9)　　(X10)　　(X11)　　(X12)

S：1／500

二层平面图

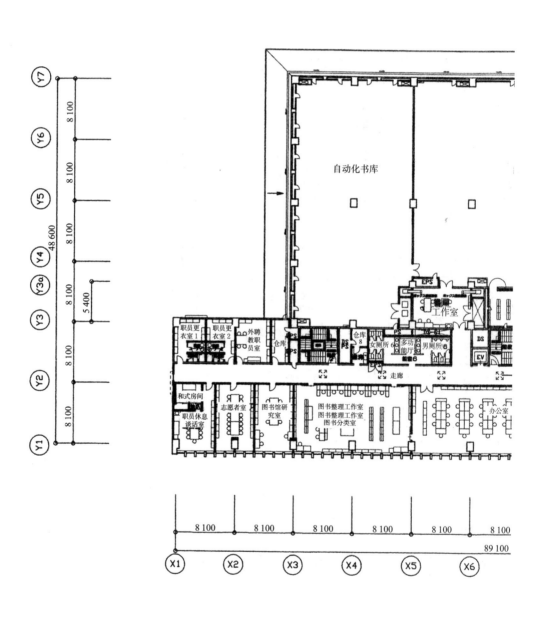

图 4.4

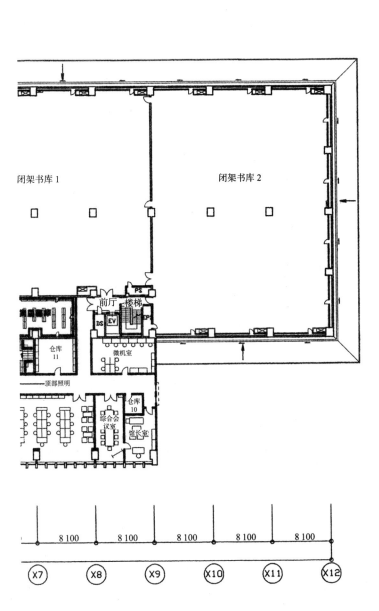

S：1／500

三层平面图

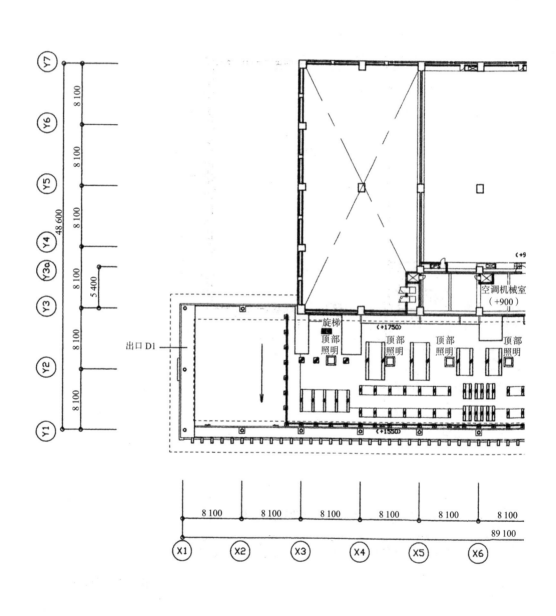

图 4.5

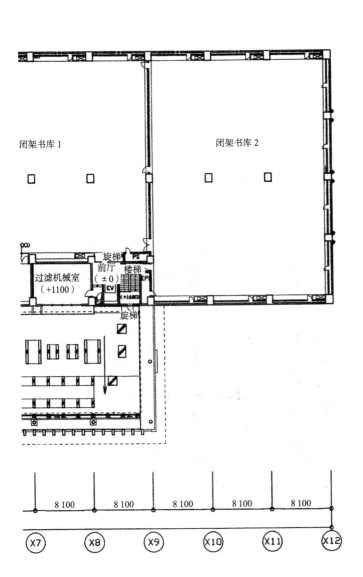

四层平面图

S:1／500

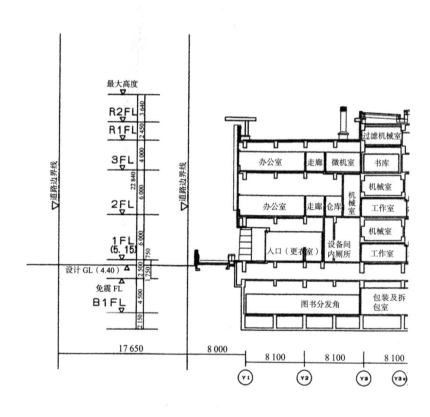

图 4.6

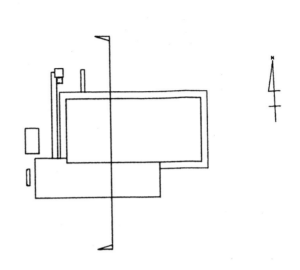

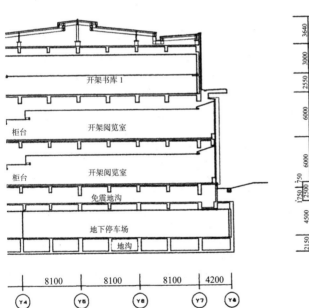

最大高度				
3640	R2FL			
3000	4FL			
2550	3FL			
6000 22840	2FL			
6000	1FL (5.15)			
2500 1750 750	设计GL (4.40)			
4500 8400	免震FL B1FL			
2150				

开架书库1

柜台　开架阅览室

柜台　开架阅览室

免震地沟

地下停车场

地沟

8100	8100	8100	4200

Y4　Y5　Y6　Y7　Y8

S：1/500

剖面图

表 4.2　负荷概略值计算

楼层	室名	建筑面积(m²)	单位制冷负荷 结构体负荷(W/m²)	照明负荷(W/m²)	人体负荷(人/m²)	机械负荷(W/m²)	室内制冷显热负荷合计(W)	单位供暖负荷 结构体负荷(W/m²)	新风量(m³/h)	全热交换器效率	制冷负荷合计(W)	供暖负荷合计(W)	中央热源负荷概算 制冷负荷(W)	供暖负荷(W)	空调机风量概算 风量(m³/h)
B1	图书馆协作室	134	30	20	0.1	0	7666	50	420		12749	11248			
B1	中央监控室	32	30	20	0.1	50	3476	50	120		4928	2900			
B1	停车场警卫室	14	30	20	0.1	10	978	50	60		1704	1350			
1	开架阅览室	2500	50	25	0.2	10	247000	80	15000	0.5	351013	281221	351	200	74848
1	工作室	120	30	20	0.15	30	10842	80	540		17377	15448			
1	入口	280	50	20	0.1	0	22932	80	840		33097	31497	33	22	6949
1	信息设备室	80	50	25	0.1	300	30552	80	240		33456	8999			
1	饮料自动售卖机	87	50	25	0.2	0	7767	80	540		14302	12808	14	7	2354
2	开架阅览室	2500	50	25	0.2	10	24700	80	15000	0.5	351013	281221	351	200	74848
2	工作室	120	30	20	0.15	30	10842	80	540		17377	15448			
2	走廊	207	30	20	0	0	10350	80	0		10350	16560	10	17	3136
2	数字信息演播室	131	50	25	0.6	30	19206	80	2370		47887	36146	48	10	5820
2	媒体编辑加工室	65	50	20	0.2	105	12272	80	390	0.5	14976	7312			
2	媒体摄影工作室	65	50	100	0.2	20	11947	80	390	0.5	14651	7312			
2	小组活动室	65	50	20	0.4	5	6669	80	780	0.5	12078	9423			
2	小组活动室	65	50	20	0.4	5	6669	80	780	0.5	12078	9423			
2	多功能厅	262	50	25	0.8	0	34140	80	6300		110361	89185	110	21	10345
3	珍贵图书库	80	30	20	0.01	0	4069	50	30		4432	4325	4	4	1233
3	开架书库	1700	30	20	0.01	0	86173	50	510		92345	90523	92	85	26113
3	自动化书库	530	30	20	0.01	0	26914	50	180		29092	28449	29	27	8156
3	工作室	50	30	20	0.15	30	4552	80	240		7456	6599			
3	微机室	43	50	20	0.1	280	15395	80	150		17210	5064			
3	印刷装订室	28	30	20	0.1	50	3007	80	90		4096	3215			
3	职员休息室	30	50	20	0.2	10	2814	80	180		4992	4349			
3	职员更衣室	51	50	20	0.2	0	4329	80	330		8323	7654			
3	急救室	50	50	20	0.1	0	4345	80	150	0.5	5385	4812			
3	志愿者室	50	50	2	0.15	10	4552	80	240	0.5	6216	5300			
3	图书馆情报室	50	50	20	0.15	10	4552	80	240	0.5	6216	5300			
3	资料整理室	146	50	20	0.15	10	13198	80	660	0.5	17775	15254			
3	办公室	219	50	20	0.15	20	21987	80	990	0.5	28852	22881			
3	会议室	36	50	20	0.4	10	3915	80	450	0.5	7035	5317			
3	馆长室	36	50	20	0.15	10	3294	80	180	0.5	4542	3855			
3	走廊	195	30	20	0	0	9750	80	0		9750	15600			
4	紧凑书库	2449	30	20	0.01	0	124175	50	750		133251	130572	133	122	37629
4	通信设备室	50	30	20		150	10000	50	0		10000	10500			
	合计	12500					1037329		49680		1456385	1199066	1177	715	

[注]　设人体显热负荷为69W/人，人体潜热负荷为53W/人。外气摄入量为30m³/(人·h)。
　　中央热源负荷概算、空调机风量概算的斜线部分，系表示由独立成套空调机进行空气调节。
　　空调机概算风量(m³/h) = 室内制冷显热负荷(W)/0.33/出风温度差10(℃)

表 4.3 主要房间换气量概略值

		面积（m²）	顶棚高（m）	容积（m³）	换气次数（次/h）	风量（m³/h）
地下一层	停车场	2874	2.5	7185	10	71850
	电气室	218	4.35	948	25	23689
	发电机室	66	4.35	285	5	1427
	机械室1	328	5.35	1755	2	3510
	机械室2（燃气吸收式冷热水机）	71	5.35	381	15	5720
	消防水泵库房	44	5.35	234	2	468
	消防水泵室	44	5.35	234	2	468
	过滤设备间	28	4.35	123	5	617
	仓库	28	4.35	123	3	370
	厕所	16	2.45	39	15	588
一层	厨房	15	2.4	36	40	1440
	厕所2	29	2.4	70	15	1044
	厕所3	31	2.45	76	15	1139
二层	厕所4	60	2.45	147	15	2205
	厕所5	30	2.45	74	15	1103
	开水房	6	2.6	16	25	390
	仓库	6	2.7	16	5	81
三层	珍贵图书库	80	2.42	194	1	194
	闭架书库	1700㎡	2.55	4335㎥	0.5	2168
	自动化书库	530	6.25	3313	0.5	1656
	厕所6	40	2.45	98	15	1470
	开水房	6	2.6	16	25	390
	仓库	15	2.6	39	5	195
四层	紧凑书库	1700	2.7	4590	0.5	2295

[3] 热负荷、换气量概略值

各房间的热负荷概略值被列于表 4.2 中，表 4.3 则列出各房间换气量概略值。

[4] 空调系统的选择和确定

（a）空调系统的选择

在选择空调系统时，考虑到了各房间的使用时间段和使用状态。定时使用的大房间采用中央热源方式，单独使用的房间则采用独立热源方式。

（b）中央热源系统

中央热源部分各个月份的预计负荷被列在图 4.7 中。在选择中央热源方式时，对于表 4.4 中所列举的 5 种方式，则以预计负荷作为基础，通过比较研究得出结论，选择那种净化效果好、运行成本低和大容量的水蓄热系统，与燃气吸收式冷热水机构成最佳组合热源。而在需要通过 24 小时空调保持恒温恒湿的珍贵图书库，则采用蓄热式冷水热水同时释放型机组，不仅可以缩短制冷机的运行时间，而且

还能够实现稳定的空气调节。其热源系统图如图 4.8 所示。

作为主热源，在对本县居民开放区域的屋顶上布置了空气热源热泵机组 355kW×2 台；在地下机械室布置燃气吸收式冷热水机 525kW×1 台。地沟中还设有容量约 1060m³ 的冷热水蓄热槽。

此外，作为用于收藏区域的热源，为了能够适应珍贵图书库全年恒温恒湿空气调节以及书库夜间空调的需要，还设置了冷热同时释放型空气热源热泵机组 102kW×2 台和容量 65m³ 的冷水槽和热水槽各 1 座。空气热源热泵机组 1 台，主要用于发生故障时的热源补充。冷热水蓄热槽系以聚乙烯膜密封的多个槽连接而成的潜堰型式。

（c）二次侧空调系统及其区划

（1）开架阅览室的空调系统（参照图 4.9）

开架阅览室的内部空间部分，采用的是利用书架的地面出风置换空调方式，其上下空间的温度差

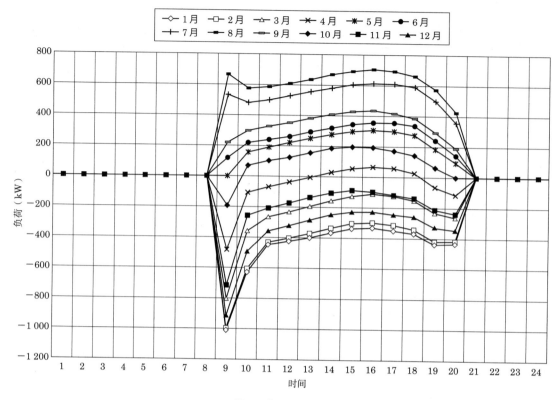

图 4.7　各月预计负荷

较小，另外也是限定使用区域的节能空调方式。在负荷较大的外围空间部分，则合并采用风机盘管机组的方式。关于地面出风置换空调方式，还做了气流的模拟计算（图 4.10）。在采暖过程中，其上下温度分布几乎没有差别；而在制冷时，则会使包括书库在内的整个区域保持设定的温度。因此，被认为是一种高效舒适的空调方式。

各个楼层的 5 台空调机，利用较大的层高，被设在工作空间等处的内二层机械室里，使空间得到充分利用。开架阅览室内的地面，设有 H=500 的自由进出层，平板自下层顶棚插入各个格栅；通过设置防火阀门的扩散出风口，冷暖风被送入自由通道内部，再从书架踢脚板部分的间隙进入室内。这样一来，即使在顶棚较高的开架阅览室（CH=3.9m）中，仍然可以有效保持舒适的室内热环境。室外空气的摄入，则是将地下层上部中间的免震地沟作为设备间利用。一部分室外空气经由利用地沟的冷热坑摄入。在中间免震地沟里设有热交换器，用以减

轻室外空气负荷。而且，还可以根据室内 CO_2 浓度的高低控制室外空气的摄入量，以达到节能的目的。

在中间期，则利用周围柜台处的自然换气进行空气调节。

在可供孩子们围坐在地下听讲故事的角落处，布置了电蓄热式采暖设备。

（2）开架阅览室的自然换气系统

开架阅览室的自然换气系统在不进行空气调节的中间期，利用新鲜的室外空气，通过自然换气来清除内部发热负荷，从而达到使内部空气不处于停滞状态的目的。

自然换气系统的工作原理是，假如新风热焓低于室内热焓，室内温度与新风温度差适宜，并且在没有强风和降雨的情况下，开架阅览室的下部送气口及上部排气口的阀门被打开，通过风压和烟囱的作用实现自然开闭。自然换气窗口的设置场所及剖面图如图 4.11 所示。

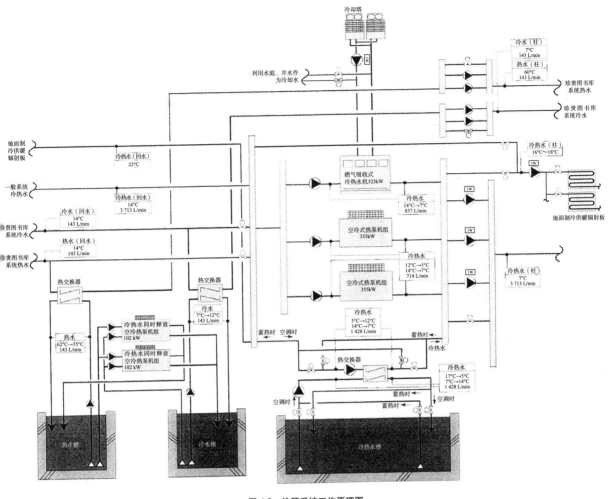

图 4.8　热源系统工作原理图

（3）闭架书库的空调系统

三、四层书库的温湿度环境设计，只是为了保管普通图书和供职员工作的需要，同时考虑到节能方面的要求。这里的空调系统，采用了新风处理空调机＋大型落地式风机盘管机组的方式。新风处理空调机全年 24 小时不间断地工作，夏季进行制冷除湿再加热控制，冬季进行加热加湿控制。大型落地式风机盘管机组贴着外墙设置，对于昼间来自墙面的热负荷，根据室温进行空调开关控制以及冷热水盘管双向阀控制（参照图 4.12）。

（4）珍贵图书库的空调系统

位于三层的珍贵图书库，通过空调机的调节，始终保持室内温度 24℃ ±2℃，室内相对湿度 50%±10% 的恒温恒湿条件。

其空调方式是，平时仅向木制内墙与 RC 内墙间的双重墙内部空间送风。在进行室内作业时，再向室内送风。设有空调机 2 台，其中 1 台作为发生故障时的备用机。设有除酸、除碱过滤器，能够除去有害气体（参照图 4.13）。

（d）独立热源系统

办公室等处的独立热源系统采用以下方式：可控制各房间空调换气开闭和温度调节的空气热源建筑用多包空调机组＋全热交换器。

此外，在类似办公室等定时使用的房间，亦采用冰蓄热建筑用多包方式，通过利用价格较低的蓄热合同电力，降低了运行成本。

表 4.4

方式	A 方案 空冷热泵机组		B 方案 燃气吸收式冷热水发生机
概略图	RHCU 100RT RHCU 100RT RHCU 100RT RHCU 100RT RHCU 100RT RHCU：空冷 HP 机组		CT CT CT RA 160RT RA 160RT RA 160RT RA：燃气吸收式冷热水发生机 CT：冷却塔
主要设备构成	空冷热泵机组 100USRt×5 台		燃气吸收式冷热水机 160USRt×3 台
经济性	建设费	建设费	186700 千日元	121800 千日元
		差额	符合标准	−64900 千日元 /a
	运行费	能源费	19500 千日元 /a	16200 千日元 /a
		维护费	700 千日元 /a	2100 千日元 /a
		合计	20200 千日元 /a	18300 千日元 /a
		差额	符合标准	−1900 千日元 /a
	经常费用	运行费	20200 千日元 /a	18300 千日元 /a
		折旧费	16200 千日元 /a	10600 千日元 /a
		合计	36400 千日元 /a	28900 千日元 /a
		差额	符合标准	−7500 千日元 /a
环境保护	一次能源消耗量		◎　6279GJ/a	○　8581GJ/a
	CO₂ 排放量		◎　319t–CO₂/a	△　535t–CO₂/a
	离子层破坏		◎　因使用替代氟利昂，故为零	◎　零
所需室内空间			△　因热源分割，故空间较大	○　中等大小
综合评价				

4.1.2　实施设计

[1] 热负荷计算

新风与室内的温湿度条件被列于表 4.5 中。

在由 RC 平板制成的屋顶上再覆盖一层不锈钢板，使其成为双重结构，以减轻日晒的负荷。闭架书库的外墙面也同样被设计成 RC 外墙（内面涂布聚氨酯 20mm）+ 挤压成型水泥板的双重结构，不仅能够减轻外部负荷，还可使室内温度不致产生剧烈变化。开架阅览室等处的窗户，一律采用具有高绝热性的多层玻璃（Low-e 玻璃）。另外，通过纵向百叶窗和防晒窗帘的调节作用，也进一步减轻了热负荷。

根据以上这些条件，便可进行有关结构体负荷的计算。至于内部发热负荷以及新风负荷，则要加上表 4.2 中所列出的负荷。

中央热源系统负荷汇总表则如表 4.6 所示。其中汇总了一般冷热水系统的夏季制冷负荷、冬季供暖负荷、珍贵图书库冷水系统的夏季制冷负荷和热水系统的冬季供暖负荷。此外，关于冷水系统，则是在多功能厅和数字信息中心冬季产生制冷负荷的情况下统计的。

独立热源系统负荷表如表 4.7 所示。

[2] 送风量的确定

以负荷最大时点作为基准，由空气线图求得送风量。

[3] 热源负荷的计算

根据中央热源系统的热负荷汇总表选择热源

热源方式比较

C 方案 空冷热泵机组＋冰蓄热	D 方案 空冷热泵机组＋水蓄热	E 方案 空冷吸收式冷热水发生机＋ 水蓄热	备注
HEX：热交换器 RHCU：空冷 HP 机组	HEX：热交换器 RHCU：空冷 HP 机组	HEX：热交换器 RHCU：空冷 HP 机组 RA：燃气吸收式冷热水发生机	
空冷热泵机组 100USRt×3 台	空冷热泵机组 100USRt×3 台	空冷热泵机组 100USRt×2 台	
（制冰时 60USRt×3 台）	水蓄热槽 2000USRth	燃气吸收式冷热水机 100USRt×1 台	
冰蓄热槽 1800USRth		水蓄热槽 2000USRth	
204100 千日元	188800 千日元	185400 千日元	扣除共同费用
17400 千日元 /a	2100 千日元 /a	-1300 千日元 /a	
16900 千日元 /a	12400 千日元 /a	11100 千日元 /a	扣除共同费用
700 千日元 /a	500 千日元 /a	900 千日元 /a	
17600 千日元 /a	12900 千日元 /a	12000 千日元 /a	
-2600 千日元 /a	-7300 千日元 /a	-8200 千日元 /a	
17600 千日元 /a	12900 千日元 /a	12000 千日元 /a	
17700 千日元 /a	14300 千日元 /a	14000 千日元 /a	按年利 3.5% 计
35300 千日元 /a	27200 千日元 /a	26000 千日元 /a	
-1100 千日元 /a	-9200 千日元 /a	-10400 千日元 /a	
○ 7744GJ /a	◎ 6488GJ /a	◎ 6698GJ /a	
○ 392t-CO_2/a	○ 326t-CO_2/a	○ 330t-CO_2/a	
◎ 因使用替代氟利昂，故为零	◎ 因使用替代氟利昂，故为零	◎ 因使用替代氟利昂，故为零	
△ 因要设置冰蓄热槽，故所需空间较大	◎ 因可将地沟用做水蓄热槽，故所需空间较小	◎ 因可将地沟用做水蓄热槽，故所需空间较小	
		◎	

设备。

在考虑留有余地的前提下，热源设备所需制冷能力设定为 1645kW，加热能力则为 1332kW。从整个区域来看，内部发热等峰值负荷并不大，因此当设定其实际最大负荷为所需能力的 80% 时，热源所需制冷能力便减至 1316kW，加热能力降至 1066kW（参照图 4.8）。

[4] 主要机械设备的选择

（a）热源设备

在选择热源设备时考虑了以下条件：为了降低运行成本，在电力消耗的高峰时间段（13 时至 16 时），停止空气热源热泵机组的辅助运行，而是利用水蓄热放热和燃气吸收式冷热水机来提供所需的制冷能力和加热能力。各热源设备的制冷能力分别是，水蓄热放热 1055kW，燃气吸收式冷热水机 525kW，空气热源热泵机组 355kW×2 台（参照表 4.8）。

至于珍贵图书库冷水系统及热水系统，则选定了制冷能力为 102kW 的最小机型，这是一种可同时释放冷水和热水的空冷热泵机组。虽然与负荷相比，其容量显得稍大一些，但是因设有蓄热槽，故运行时间较短，适宜全负荷运行。

（b）蓄热槽（冷热水槽、冷水槽、热水槽）

冷热水蓄热槽被设计成能够全负荷运行制冷供暖系统，这样的全负荷制冷供暖量是由空气热源热泵机组 355kW×2 台在夜间蓄热时间段的 10h 里产生的。书库系统因系 24h 连续运行，故将其冷水槽和热水槽的容量设定为可供机组运转 6h 所需要的程度。如此一来，则可使冷水热水同时释放的空气热

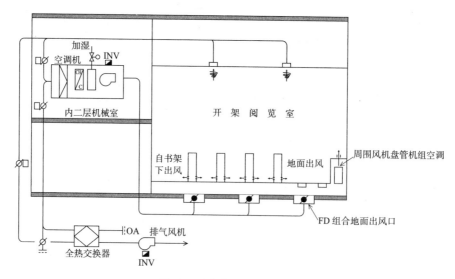

图 4.9　开架阅览室的空调系统

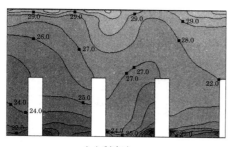
（a）制冷时

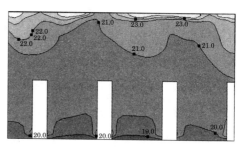
（b）供暖时

图 4.10　气流模拟图

源热泵机组以全负荷运行（参照表4.9）。

（c）泵类

泵的流量按温差7℃选定。按照所需流量，设有冷热水二次泵3台，通过改变运转台数进行控制。

（d）空调机

表4.10所示，系以一层开架阅览室空调机的选择作为典型事例。

开架阅览室为地面风空调，为了在除湿的同时不致使出风温度过低，在空调机内设有旁通节气阀门，将通过盘管的空气与回气混合起来吹出。

[5] 配管的设计

利用空气调节与给水排水工程学手册中的流量线图，将管路单位长度的压力损失设定为300Pa/m，管内流速2m/s以下，采用等摩擦法来选定配管管径。

[6] 风管等的设计

（a）风管

空调风管设计单位长度压力损失为1Pa，再按照等摩擦法来进行选定。

（b）百叶窗

按照实际风速3m/s以下，百叶窗开口率35%进行选定。

[7] 换气设备及排烟设备的设计

（a）换气风量

地下停车场的换气，采取与高速感应风机并用的方式，换气风机为那种按照CO_2浓度变频控制风量的型式，以达到节能的目的。地下层热源设备室、电气室和发电机室则采用第1种换气方式进行换气。换气次数分别设定为，厕所15次/h，停车场10次/h，仓库5次/h。至于电气室的换气量则由发热量的多

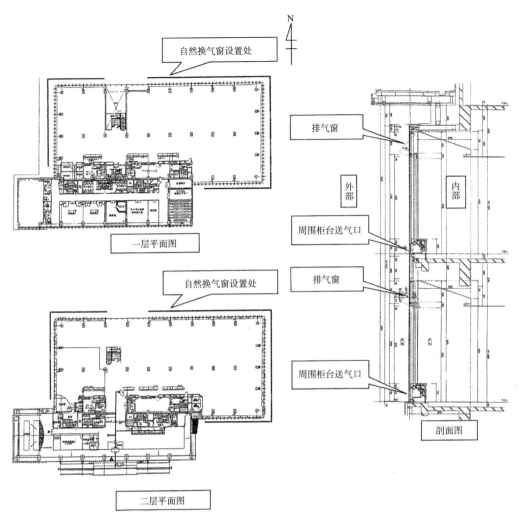

图 4.11 开架阅览室的自然换气系统

少来决定。

热源设备室的换气量取决于燃烧时消耗的空气量及发热量。

（b）排烟风量

在不能进行自然排烟的地下停车场和位于地下的房间等处，要采取机械排烟方式。建筑物一层以上部分，则可进行自然排烟。

· 停车场系统：最大排烟区域 483.72m^2。

排烟风机 FSM-1

$483.72 \times 2 \times 60 = 58046$m^3/h $\rightarrow$ 58100m^3/h。

· 地下层房间系统：最大排烟区域 135.55m^2。

排烟风机 FSM-2

$135.55 \times 2 \times 60 = 16266$m^3/h $\rightarrow$ 16300m^3/h。

[8] 监控设备

（a）中央监测方式

考虑到信息共享、将来扩建的需要和系统更新时的便利，构建了在 BAS 上采用 BACnet 的综合监测系统。

其主要功能是：设备的监测控制功能；为提高设施管理效率和达到节能目的而设置的维护管理业务支持功能；与办公系统 LAN 相连的设施信息显示功能以及可提供展示板服务之类的设施信息管理功能等。

（b）自动控制方式

采用 DDC 方式进行热源控制、空调机控制、风机盘管机组控制、漏水监测等。并对各种控制的特点加以显示。

（1）热源控制

根据过去 2 周的负荷数据及天气预报信息预测

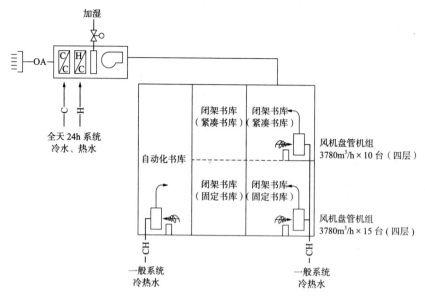

[注] 闭架书库外气处理空调机 5300 m³/h

图 4.12　开架书库空调系统

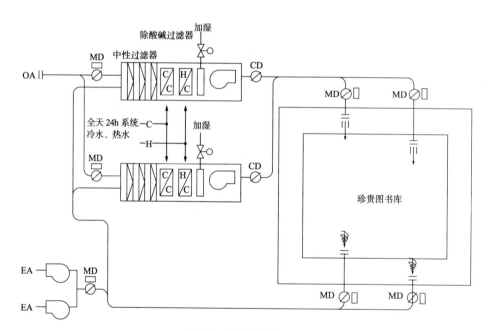

图 4.13　珍贵图书库空调系统

表 4.5 温湿度条件

		室外				室内			
		干球温度 （℃）	相对湿度 （%）	焓值 （kJ/kgDA）	绝对湿度 （kg/kgDA）	干球温度 （℃）	相对湿度 （%）	焓值 （kJ/kgDA）	绝对湿度 （kg/kgDA）
夏季	9	30.5	72	82.1	0.0201	26.0	50	52.9	0.0105
	12	33.5	61	85.2					
	14	34.0	59	85.7					
	16	33.1	62	84.8					
冬季		−1.0	55	3.7	0.0019	22.0	40	38.9	0.0066

[注] 珍贵图书库全年干球温度24℃±2℃，相对湿度50%±10%

表 4.6

（a）中央热源冷热水系统负荷汇总表　　　　　　　　　（单位：W）

系统	制冷负荷				供暖负荷
	9 时	12 时	14 时	16 时	
一层入口	64601	74407	76517	73238	108674
一层开架阅览室内部	224756	237070	239409	235154	146787
一层开架阅览室周围北	14505	17930	18736	17240	31426
一层开架阅览室周围东	55654	11319	11424	9940	16908
一层开架阅览室周围南	4822	11897	9669	5531	8793
一层开架阅览室周围西	3358	4102	18141	29860	7904
二层开架阅览室内部	216656	235944	240540	236554	193773
二层开架阅览室周围北	15702	19388	20343	18686	35696
二层开架阅览室周围东	53279	11255	11424	9940	16908
二层开架阅览室周围南	4912	6298	7212	9821	11003
二层开架阅览室周围西	6389	8191	24658	59694	15752
二层多功能厅	65916	75293	75384	72985	69377
二层数字信息演播室	52199	60317	60284	57042	52558
三层自动化书库	51270	59764	64368	67854	61970
三层闭架书库1	101413	108429	109671	107698	82182
三层闭架书库2	96117	104018	105720	103776	83903
四层紧凑书库1	105119	117896	124795	126796	94898
四层紧凑书库2	100963	115099	122240	123801	100446
合计	1237631	1278617	1340535	1365610	1138958

（b）珍贵图书库冷水系统夏季制冷负荷汇总表、热水系统供暖负荷汇总表　　（单位：W）

系统	制冷负荷				供暖负荷
	9 时	12 时	14 时	16 时	
三层珍贵图书库	6164	6805	6888	6681	3429
三层自动化书库（外气处理）	15084	16680	16937	16474	20335
三、四层闭架书库1（外气处理）	12763	14113	14331	13939	17206
三、四层闭架书库2（外气处理）	22916	25340	25731	25027	30893
合计	56927	62938	63887	62121	71863

（c）珍贵图书库冷水系统冬季制冷负荷　　　　　　　　（单位：W）

系统	制冷负荷			
	9 时	12 时	14 时	16 时
三层珍贵图书库	6164	6805	6888	6681
二层多功能厅（冬季制冷用）	22363	22363	22363	22363
二层数字信息演播室（冬季制冷用）	19658	19658	19658	19658
合计	48185	48826	48909	48702

表 4.7 独立热源系统负荷汇总表

		室面积（m²)	制冷负荷汇总		供暖负荷汇总	
			全热 [W]	单位面积（W/m²)	全热 [W]	单位面积（W/m²)
地下层	停车场保安室	13.5	3153	234	3557	263
	中央监控室	31.6	6567	208	5480	173
	保洁员休息室	13.3	2724	205	2771	208
	图书馆合作室	246.5	26567	108	30704	125
一层	保安室	10.8	2446	226	2284	211
	信息机械室 1	58.3	18532	318	20247	347
	信息机械室 2	21.9	11230	513	5367	245
	简餐茶室	44.3	18129	409	21198	479
	厨房	12.7	8566	674	11051	870
	工作室 1	85.2	13826	162	9322	109
	工作室 2	31.3	5313	170	3670	117
	开放式朗诵室 1	8.4	2396	285	2652	316
	开放式朗诵室 2	8.4	2396	285	2652	316
二层	西走廊	56.7	8345	147	8834	156
	内走廊	93.8	10216	109	10758	115
	东走廊	56.7	8458	149	9457	167
	圆形活动室 1	77.0	18458	240	16384	213
	圆形活动室 2	77.0	18458	240	16384	213
	广播室	12.5	2620	210	2010	161
	媒体摄影室	52.0	10483	202	8073	155
	媒体编辑加工室	77.0	19677	256	11899	155
	机械室	39.4	10270	261	8518	216
	工作室 3	85.2	13741	161	8896	104
	工作室 4	37.2	6062	163	4013	108
	小组研究室 1	16.4	3029	185	2856	174
	小组研究室 2	16.4	2963	181	2626	160
	个人研究室 1	9.5	1615	170	1521	160
	个人研究室 2	9.5	1634	172	1569	165
	临时用房间	10.6	2600	245	2550	241
三层	走廊	174.5	21343	122	20793	119
	职员更衣室 1	27.0	5403	200	6525	242
	职员更衣室 2	24.0	4200	175	4656	194
	职员休息室	16.2	3289	203	3520	217
	急救室	54.7	14672	268	13174	241
	志愿者室	51.8	13490	260	10562	204
	图书馆情报室	51.8	9264	179	7636	147
	资料整理室	155.5	27054	174	21014	135
	工作室	45.4	5905	130	3040	67
	办公室	233.3	42405	182	30864	132
	会议室	39.4	10166	258	8235	209
	馆长室	43.2	6852	159	7585	176
	微机室	40.5	16059	397	3894	96
	印刷装订室	29.0	5066	175	3722	128
四层	通信设备室	43.7	11254	258	4450	102

表 4.8

（a）中央热源冷热水系统热源设备的选定

	制冷负荷（kW）	（USRt）	供暖负荷（kW）
负荷汇总值（kW）	1366		1139
水泵负荷系数	1.03		1
配管损失系数	1.03		1.03
装置负荷系数	1.03		1.03
衰减系数	1.05		1.05
功率补偿系数	1.05		1.05
所需功率（kW）	1645	468	1332
热源 1：水蓄热放热	1030	293	1030
热源 2：燃气吸收式冷热水机	525	149	345
热源 3：空气热源热泵机组补偿运行	355	101	400
热源 4：空气热源热泵机组补偿运行	355	101	400
热源设备容量合计	2265	644	2175
所需功率的 80%	1316	374	1066
热源设备容量合计（不计补偿运行）	1555	442	1375

（b）珍贵图书库冷水系统热源设备的选定

	制冷负荷（kW）	（USRt）	供暖负荷（kW）
负荷汇总值（kW）	64		72
水泵负荷系数	1.03		1
配管损失系数	1.03		1.03
装置负荷系数	1.03		1.03
衰减系数	1.05		1.05
功率补偿系数	1.05		1.05
所需功率（kW）	77	22	84
热源：冷水热水同时释放空冷热泵机组	102	29	119

表 4.9　蓄热槽容量的计算

	冷热水蓄热槽
所需蓄热量（kWh）	7100
热源设备容量（kW）	710
蓄热运行时间（h）	10
蓄热槽利用温度差（℃）	7
蓄热槽效率	0.85
所需水量（m³）	1026
确定的容量（m³）	1060

	冷水蓄热槽	热水蓄热槽
负荷（kW）	64	72
使用时段外空调时间（h）	15.5	155
使用时段外所需热量（kWh）	990	1114
热源设备容量（kW）	102	119
使用时段外的热源设备运行时间（h）	10	9
热源设备停止运行时间（h）	6	6
热源设备停止期间所需负荷（kWh）	370	441
蓄热槽利用温度差（℃）	7	7
蓄热槽效率	0.85	0.85
所需水量（m³）	53	64
确定的容量（m³）	65	65

出第二天的负荷参数，从而进行最佳蓄热控制。在高峰时间段（13～16 时）停止空冷热泵机组的运行，通过削减峰值来控制放热量。

根据负荷预测结果，当负荷较小时，可高效率运行热源机械，以提高冷水送水温度。可以对热源机械进行运转台数控制和二次泵变流量控制。

（2）开架阅览室自然外气制冷控制

当外气热熔低于室内热熔，开始启用开架阅览室自然换气系统时，在仅靠自然换气风量难以维持室温的情况下，则需要开启排气风机，并使空调机外气制冷运行。如遇降雨或强风等天气，自然换气窗无法打开时，便须利用空调机 + 排气风机强制运行外气制冷。

[9] 消声

开架阅览室室内噪声的目标值在 NC=40 以下，应设消声器和消声弯管。

[10] 防振

为使阅览室等处不受振动的影响，热源设备、

表 4.10　空调机的选定

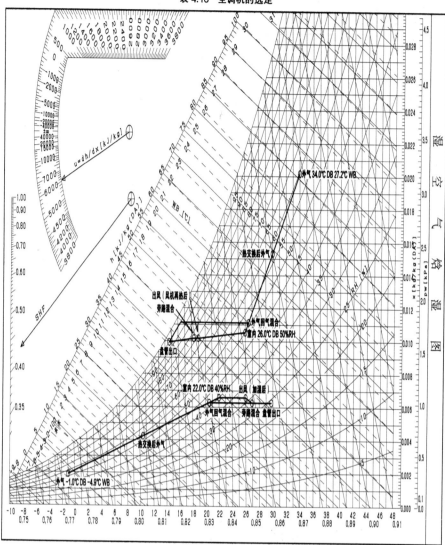

开架阅览室空调机　　　（5台中的1台）

制冷

| 送风量 | 36× | 室内显热负荷 W÷（定压比热 kj/(kg·k)× 空气密度 kg/m³×（ 室内温度℃－送风下限温度℃）)= | 送风量 |
| | 36× | 34985W÷（ 1kj/(kg·k)× 1.2 kg/m³×（ 26℃－ 19℃)= | 14994m³/h → 15000m³/h |

通过盘管风量　盘管出口温度 14.7℃ × 通过盘管风量+盘管混合温度 26.5℃ × 旁路风量 = 全部送风量15000m³/h × 送风温度 18.3℃（风机加热前）据此通过盘管风量 = 10424m³/h → 10430m³/h

	干球温度	湿球温度	焓值
	DB（℃）	WB（℃）	i（kJ/kg）
外气回气混合	26.5	19.3	54.9
盘管出口	14.7	14.2	39.8
热焓差			15.1

衰减系数、补偿系数

| 冷却功率 | 10430 m³/h× | 15.1 kJ/kg× | 0.33 = | 51,973 W | → | 60 kW |

供暖

	干球温度	湿球温度	焓值
	DB（℃）	WB（℃）	i（kJ/kg）
外气回气混合	20.5	13	36.5
盘管出口	29.7	16.5	45.9
热焓差			9.4

衰减系数、补偿系数

| 加热功率 | 10430 m³/h× | 9.4 kJ/kg× | 0.33 = | 32,354 W | → | 40 kW |

冷却塔、泵类、空调机和大型风机须采用弹簧防振装置，成套空调室外机则采用弹簧衬垫进行防振。

[11] 抗震

按照日本建筑中心编写的《建筑设备抗震设计与施工指导方针》，为使其具有发生灾害时信息发布点的功能，图书馆应设计成免震结构建筑物。建筑物屋顶重要设备的设计水平地震荷载系数为1.5。

穿过一层楼面免震层的配管均安装免震接头，可适应600mm的变位。

4.2 给水排水卫生设备

4.2.1 总体规划

[1] 规划的理念与设计条件

规划时给出的设计条件如下：

（a）关于自来水的接入

可从建筑物用地南侧的φ300口径供水主管道接入城市自来水。

（b）关于排水主管道

在建筑用地西侧有1处、南侧2处、东北侧1处，均可与排水主管道相接。

排水主管道采用雨水与污水合流方式，无需设置净化槽。

（c）关于燃气的接入

可从建筑用地南侧接入中压燃气（城市6C燃气）。

（d）关于井水

在用地范围内，掘有两口水井。其中一口井的水量较为充沛，但水质很差，不便于平时使用，只能在发生灾害时用于救急。另一口井的水质较好，可在平时利用，只是水量较少，通过与雨水一并处理后，将其作为杂用水。

（e）其他条件

在保管重要文件、资料等的珍贵图书库、开架书库，发生灾害时具有情报据点功能的通信机械室和信息机械室，均设有惰性气体灭火装置。

为预防灾害，储备3日的杂用水，并可转为水蓄热杂用水，另设有紧急排水储槽和灾害备用井。

为发挥自然能源的作用，作为水源匮乏的对策，积极采取各种雨水利用手段。

因为图书馆用地内有护城河遗址，考虑到历史景观的效果，在作为护城河象征的"历史的水庭"中布置了循环过滤设备。

[2] 负荷的概略值

（a）给水量

给水量按图书馆工作人员100人/日、读者2000人/日设定。冷却塔补给水，则按燃气吸收式冷热水机150USRt 1台消耗量计算。另外还有，一层供给的饮用水、室外洒水和水庭补给水。

（b）排水量

排水量系按给水量中扣除冷却塔补给水和室外洒水部分后设定的。

[3] 系统的选择和确定

（a）给水设备

给水分别设有自来水系统和冲洗便器用的杂用水系统2个系统，以应对可能发生的灾害。杂用水中除了一定量的雨水外，还利用了井水。由于地块位于历史景观区内，因此不适于采用高架水箱的重力方式，而是采用了加压给水方式。

（b）热水供给设备

因为需要供给热水的部位只有开水房、茶室、厨房、工作人员淋浴室等很少的几处，所以采取独立方式，将热水储存式电热水器分别设置在各个需要的部位。

（c）排水通气设备

排水系采用室内外污水杂排水合流方式，雨水则为分流方式。地下层排水，暂时贮存在污水槽内，然后再通过提升泵排出。

（d）城市燃气设备

采用发生灾害时可靠性较高的中压燃气，以供给空调用燃气吸收式冷热水机。

（e）消防设备

作为日本《消防法》规范的对象建筑物，符合该法第（8）条"图书馆"的各项要求。

布置的消防设备有室内灭火栓、连接送水管和泡沫灭火器（地下停车场和发电机室）。此外，在闭架书库、珍贵图书库和信息通信关联机械室配有专用的氮气灭火设备。

（f）水庭过滤设备（制冷机放热系统）

建筑物东侧面向冈山城护城河的地方，设有面积约900m²、水深约300H的"历史的水庭"。

"历史的水庭"是冈山城内护城河的象征，与被保存和复原的冈山城外下马城门楼遗址和内护城河石墙遗址一道，形成重要的历史文化景观。这座"历史的水庭"不仅具有形成景观的功能，而且还具有

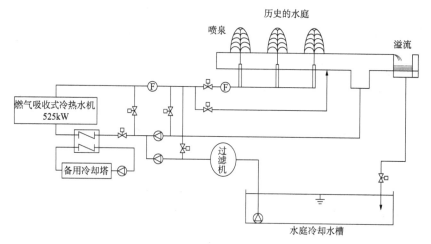

图 4.14　水庭过滤系统

燃气吸收式冷热水机冷却塔的设备功能。在燃气吸收式冷热水机不进行制冷运转的间歇期和冬季，需要进行 40m³/h（约 3 次 /d）的循环过滤。在进行制冷运行时，则要开启循环泵作为补充供给，并根据放热量，通过变频控制调节其水量在 75 ~ 150m³/h 之间。另外，利用喷泉的作用，也可以增强水庭的冷却功能（参照图 4.14）。

（g）雨水回收设备

将落在屋顶上的雨水汇集起来，经过滤后用做水庭补给水和便器冲洗水。通过采用 AMeDAS 气象数据（1980 ~ 1995 年）进行模拟实验，水庭补给水的 93% 和便器冲洗水的 11% 均可利用雨水解决。用地内的小水量人工井的井水，在流入雨水储槽经过滤后亦可作为杂用水。

图 4.15 为雨水利用系统图，图 4.16 为雨水回收模拟图表，图 4.17 为地沟利用图。

4.2.2　实施设计

[1] 给水设备

（a）给水量计算

给水量的计算依据如表 4.11 所示。

日给水量为自来水 27630L/ 日，杂用水 70288L/ 日。

（b）蓄水箱

蓄水箱容量的计算依据如表 4.12 所示。

考虑到所需水量应在 13.8m³ 以上，设定的自来水蓄水箱容量为 15m³；与此相对，杂用水所需水量则在 35.1m³ 左右，在考虑到地沟大小的前提下，将杂用水槽容量设定为 60m³。这样一来，即使发生灾害，基础设施功能丧失，供水断绝的情况下，也能够保证 875 人 ×3d 饮用水和 420 人 ×3d 杂用水的供给水量。而且，通过将杂用水转为空调用蓄热槽的水，则可满足 11778 人 ×3d 的用水。

（c）自来水接入管

通过计算允许摩擦阻力，设定自来水接入管的口径为 50A。

（d）加压给水泵

根据器具单位负荷求出加压给水泵的给水量。

[2] 排水通气设备

按小时最大排水量，设污水槽容量为 2h 的排水量。

[3] 消防设备

（a）室内灭火栓

除去泡沫灭火设备布置区域和惰性气体灭火设备布置区域外，在各楼层内，按可覆盖 25m 范围的标准布置室内灭火栓。

（b）泡沫灭火设备

在地下一层停车场和发电机室设置泡沫灭火设备。

（c）惰性气体（氮气）灭火设备

在地下一层中央监控室、一层信息设备室、三层珍贵图书库、三四层闭架书库 1、闭架书库 2 和自动化书库布置了氮气灭火设备。水泵库房设置在地下一层。

[4] 燃气设备

设在地下一层机械室 2 的燃气吸收式冷热水机 150USRt，由中压燃气配管 50A 供应燃气。

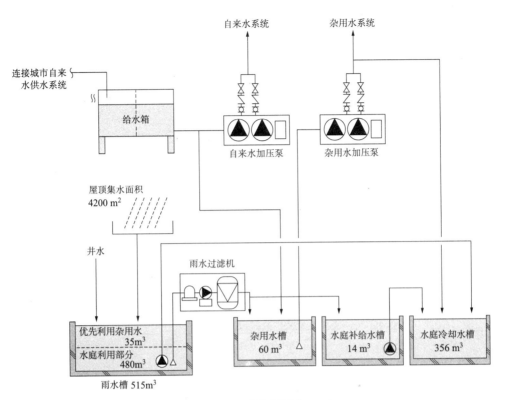

图 4.15　雨水利用系统

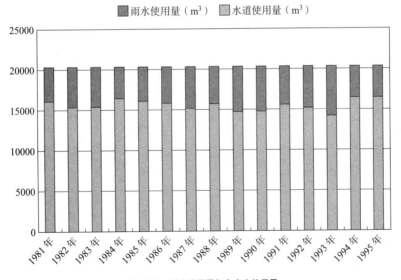

图 4.16　雨水使用量与自来水使用量

[5] 雨水利用设备

根据 AMeDAS 标准年气象数据，冈山的年降水量为 1084mm，日最大降水量为 69mm。落在面积约为 4200m² 屋顶上的雨水均被回收利用。

为尽可能实现利用雨水的目标，在地沟容量范围内最大限度地留出了雨水蓄水槽空间，其容量达

到 515m³。并且，作为雨水利用部分确保杂用水槽 60m³，水庭补给水槽 146m³。雨水过滤机组，按照日最大降水量可 24h 处理的设定容量。

$$日最大雨水回收量 = 4200m^2 \times 0.85 \times 69 \ mm/d/1000$$

$$= 246m^3/d$$

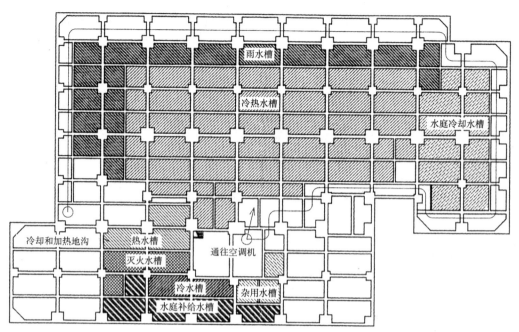

图 4.17　地沟布置图

表 4.11　给水量

使用类别	数 量	单位给水量
工作人员	100（人）	100（L/（人·d））
读者	2000（人）	25（L/人·d）
饮用水	66（m²）	55（L/m²）
冷却塔	525（kW）	3.024（L/kWh）
水庭补给水	1000（m²）	5（L/m³）
室外自动洒水	1（式）	15000（L/d）
合 计		

表 4.12　蓄水水箱容量与紧急情况下可利用人数

	自来水	杂用水	水蓄热槽
日给水量（L/d）	27630	70288	
储水量 = 日给水量的 1/2	0.5	0.5	
蓄水水箱所需容量（L）	13815	35144	
设定蓄水水箱容量（m³）	15	54	1060
紧急时有效储水率（%）	70	70	100
紧急时有效水量	10.5	37.8	1060.0
紧急时单位耗水量（L/（人·d））	4	30	30
紧急时单位利用天数（d）	3	3	3
可利用人数（人）	875	420	11778

雨水过滤容量 =246m³/24h

　　　　　　 =10.2m³/h

　　　　　　 ≈10m³/h

[6] 水庭过滤设备

　　"历史的水庭"面积约 900m²，水深 300mm，

容积 270m³。水庭过滤机组设定的过滤频率为 3次/日。

　　水庭过滤机组容量 = 270m³ × 3 次 /24h

　　　　　　　　　　 = 33.75m³/h → 40m³/h

4.3 维护管理·设备运行计划

[1] 设备运行计划

图书馆的开馆时间,平时为 9 ~ 19 时,周六、周日和节日为 10 ~ 18 时。周一及每月的第 3 个周四为休馆日。其余的年初年末休假(12 月 29 日 ~ 1 月 3 日)和整理资料期间(全年不超过 14d)亦为休馆日。

原则上,空调等设备的运行,应按照以上日程安排,由位于地下一层中央监控室的中央监控盘对其发出开关指令。

[2] 空调设备运行划

冷热水系统在 5 月上旬 ~ 11 月中旬做冷水运行,12 月上旬 ~ 3 月下旬则做热水运行。

每天的热源运行规律是,夜间通过空冷热泵机组在冷热水蓄热槽中蓄热,昼间再做放热运行。如果仅靠蓄热槽放热不能满足要求的话,则需要开启燃气吸收式冷热水机做补充运行。

[3] 给水排水设备运行计划

水庭过滤系统 24h 不停工作。"历史的水庭"中的喷泉,可通过中央监控盘的设定来开闭。另外,水庭过滤系统在夏季开启燃气吸收式冷热水机时,可作为其冷却装置使用,因此可以将循环水流控制在 75 ~ 150m³/h,从而与冷热水机的负荷率相适应。

4.4 CASBEE 评价

表 4.13 所示系 CASBEE 评价结果。而表 4.14 和图 4.18 则分别列出了 O 图书馆所采用的由日本环境省制定的能源对策。

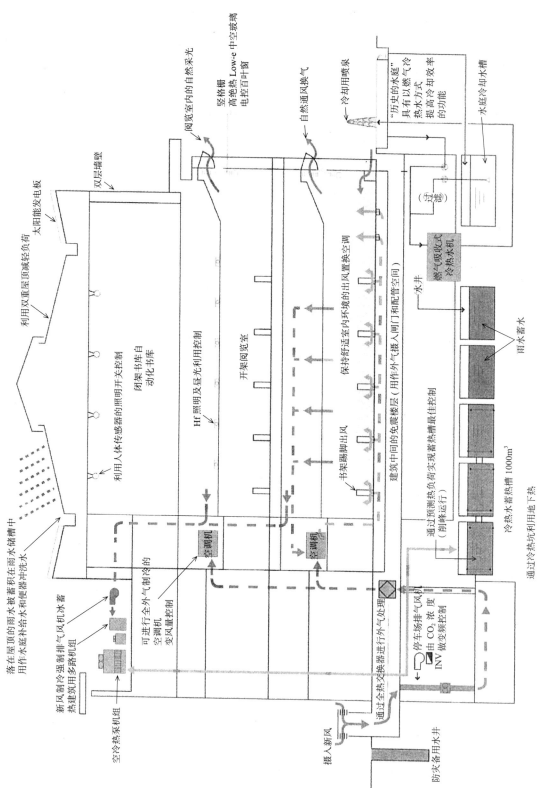

图 4.18　O图书馆环境能源对策

落在屋顶的雨水被蓄积在雨水储槽中
用作水庭补水和便器冲洗水

利用双重屋顶减轻负荷

阅览室内的自然采光

竖格栅
高绝热 Low-e 中空玻璃
电控百叶窗

自然通风换气

冷却热喷泉

"历史的水庭"冷
具有以燃水形式
热水方式
提高冷却效率
的功能

水庭冷却水槽

太阳能发电板

双层墙壁

利用人体传感器的照明开关控制

闭架书库自
动化书库

Hf 照明及昼光利用控制

开架阅览室

保持舒适室内环境的出风置换空调
（用作外气摄入闸门和配管空间）

过滤

燃气吸收式
冷热水机

水井

雨水蓄水

书架踢脚出风

建筑中间的免震楼层

新风制冷强制排气风机冰蓄
热建筑用多路机组

空冷热泵机组

空调机

可进行全外气制冷的
空调机
变风量控制

空调机

通过预测热负荷实现蓄热槽最佳控制
（削峰运行）

冷热水蓄热槽 1000m³

摄入新风

通过全热交换器进行外气处理

停车场排气风机
由 CO₂ 浓度
INV 做变频控制

防灾备用水井

通过冷坑利用地下热

表 4.13 CASBEE 评价

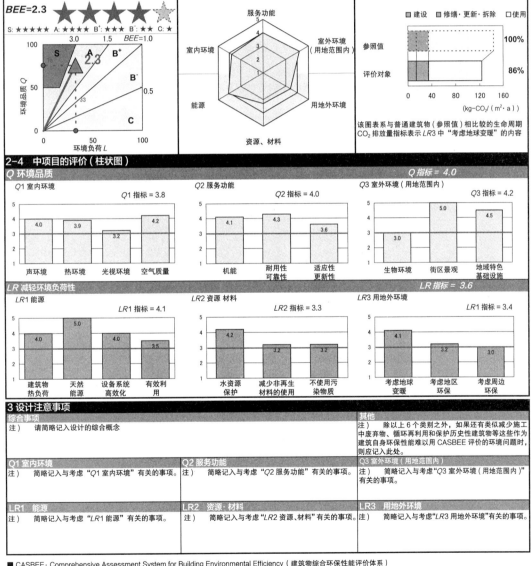

CASBEE 评价 ™ 新建项目　　▌评价结果▌

■使用评价手册：CASBEE- 新建项目 (2008 年版)　■使用评价软件：CASBEE-NC-2008(v.1.0)

1-1 建筑概况

建筑物名称	图书馆	层数	地上 4 层
项目所在地	冈山县冈山市	结构	RC 结构
用途区域类别	商业区、防火区	平均容纳人数	2100 人
气候类别	Ⅳ类地区	全年使用时间	3000h/a
建筑物用途	办公室	评价阶段	实施设计阶段
竣工时间	2004 年 3 月　竣工	评价日	2008 年 7 月 8 日
用地面积	13,119 ㎡	编制者	○○○
建筑占地面积	4,336 ㎡	确认日	#############
总建筑面积	18,277 ㎡	确认者	○○○

1-2 外观

外观效果图等

2-1 建筑物环境效率（BEE 排序及图表）

BEE=2.3 ★★★★☆

S: ★★★★★ A: ★★★★ B⁺: ★★★ B⁻: ★★ C: ★

2-2 大项目评价（雷达图标）

服务功能 / 室外环境（用地范围内）/ 用地外环境 / 资源、材料 / 能源 / 室内环境

2-3 生命周期 CO₂（变暖影响图）

■建设　■修缮·更新·拆除　□使用

参照值 … 100%
评价对象 … 86%

(kg-CO₂/(m²·a))

该图表系与普通建筑物（参照值）相比较的生命周期 CO_2 排放量指标表示 LR3 中"考虑地球变暖"的内容

2-4 中项目的评价（柱状图）

Q 环境品质　　　　　　　　　　　　　　　　　　　　　　Q 指标 = 4.0

Q1 室内环境　Q1 指标 = 3.8

声环境	热环境	光视环境	空气质量
4.0	3.9	3.2	4.2

Q2 服务功能　Q2 指标 = 4.0

机能	耐用性可靠性	适应性更新性
4.1	4.3	3.6

Q3 室外环境（用地范围内）　Q3 指标 = 4.2

生物环境	街区景观	地域特色基础设施
3.0	5.0	4.5

LR 减轻环境负荷性　　　　　　　　　　　　　　　　　　　　LR 指标 = 3.6

LR1 能源　LR1 指标 = 4.1

建筑物热负荷	天然能源	设备系统高效化	有效利用
4.0	5.0	4.0	3.5

LR2 资源 材料　LR2 指标 = 3.3

水资源保护	减少非再生材料的使用	不使用污染物质
4.2	3.2	3.2

LR3 用地外环境　LR1 指标 = 3.4

考虑地球变暖	考虑地区环保	考虑周边环保
4.1	3.2	3.0

3 设计注意事项

综合事项
注）　请简略记入设计的综合概念

其他
注）　除以上 6 个类别之外，如果还有类似减少施工中废弃物、循环再利用和保护历史性建筑物等这些作为建筑自身环保性能难以用 CASBEE 评价的环境问题时，则应记入此处。

Q1 室内环境
注）　简略记入与考虑"Q1 室内环境"有关的事项。

Q2 服务功能
注）　简略记入与考虑"Q2 服务功能"有关的事项。

Q3 室外环境（用地范围内）
注）　简略记入与考虑"Q3 室外环境（用地范围内）"有关的事项。

LR1 能源
注）　简略记入与考虑"LR1 能源"有关的事项。

LR2 资源·材料
注）　简略记入与考虑"LR2 资源、材料"有关的事项。

LR3 用地外环境
注）　简略记入与考虑"LR3 用地外环境"有关的事项。

■ CASBEE：Comprehensive Assessment System for Building Environmental Efficiency（建筑物综合环保性能评价体系）
■ Q：Quality（建筑物环境品质），L：Load（建筑物环境负荷），LR：Load Reduction（减轻建筑物环境负荷性），BEE：Building Environmental Efficiency（建筑物环境效率）
■所谓"生命周期 CO_2"系指建筑物从建设施工至使用、改建和拆除废弃整个过程中的 CO_2 排放量除以建筑物寿命年数所得出的年平均 CO_2 排放量值
■评价对象的生命周期 CO_2 排放量，可根据 Q2、LR1 和 LR2 中的建筑物寿命、节能以及节省资源等项目的评价结果自动算出
■关于 $LCCO_2$ 的计算条件等，请参看"$LCCO_2$ 计算条件图表"。

表 4.14 环保节能对策

项目		手法	概要
考虑周边环境		绿化网络	与冈山城合作，保护用地北侧的绿地
		缓和城市气候变化	在建筑物东侧设置水庭，缓和热岛效应。将水庭作为吸收式冷温水机的冷却装置利用
		涵养地下水 防止城市水害	停车场采用透水性铺装和绿化块
运行阶段的节能及节省资源	抑制负荷	高绝热、减轻日晒负荷	书库采用双重屋顶和双层墙壁
		削减日晒负荷	采用竖条状百叶窗
			根据日照程度自动调节阅览室的电动幕帘
			采用高绝热 Low-e 中空玻璃
		局部空调（人居部分空调）	开架阅览室采用地面出风空调方式
		节水	采用节水型卫生器具
	利用自然能源	自然采光	开架阅览室自然采光，利用昼光进行照明的控制
		自然通风	开架阅览室自然通风系统。比较室内外温湿度，自然通风有效时，从靠外墙周围柜台处摄入新风，再从窗上部排出
		太阳能发电	屋顶上设置面积约 $800m^2$ 的太阳能发电板，可获得额定功率 100kW 的电量
		冷热坑	新风的一部分经地沟摄入，利用地下热达到夏季预冷，冬季预热的目的
		新风制冷	在空调暂停期间，比较室内外温湿度，当新风制冷有效时增加空调机新风摄入量，利用新风进行空气调节
	能源及资源的有效利用	排热回收	设置全热交换器，回收排气的热量，对摄入的新风进行预冷或预热
		负荷正常化	采用水蓄热系统。夜间通过空调热泵机组使冷水或温水蓄热，用于白天的制冷或供暖，以减轻昼间的电力负荷
		减少输送用能源	VAV 系统。根据开架阅览室的空调负荷将空调机送风量调整至最佳程度
			VAV 系统。根据建筑物的空调负荷将二次冷热水泵的送水量调整至最佳程度
			根据空间 CO_2 浓度，对停车场的排气风机进行变频控制
		减少照明耗用能源	采用高效的 Hf 荧光灯
			开架阅览室的照明采用昼光利用控制和初期照度修正控制
			在厕所和开架书库等处，利用人体传感器对照明进行开关控制
		雨水利用	储存降在屋顶的雨水，经过滤后用作水庭补给水和便器冲洗水
		井水利用	尽管水量很少，但同雨水一样亦可用作水庭补给水和便器冲洗水
		灾害时的井水利用	虽然水质较差，但水量较大的井水亦计划用于冲洗便器
		热源设备的最佳运行	获取气象数据，预测热负荷，以最佳蓄热量和蓄热温度运行
		设施管理、能源管理	引入中央监控设施管理系统和能源管理系统，作为以最佳状态运行设备的技术支撑
延长寿命		提高抗震性能	采用免震结构
		提高空调配管耐久性	以耐久性优越的不锈钢管作为冷热水配管，采用聚丙烯配管
环保材料		低环境负荷材料	采用燃烧时不会产生二噁英之类有害物质的 EM 电缆
适当使用、适当处理		非氟利昂冷媒	使用不破坏 R-134a 等离子层的冷媒

4.5 | 设计图例集

[1] 空调设备

表 4.15 为主要设备表,图 4.19 为配管系统图(热源部分),图 4.20 为配管系统图（二次侧），图 4.21 为风管系统图。

[2] 给水排水设备

表 4.16 为主要设备表，图 4.22 为配管系统图。

表 4.15　空调设备表

设备代号	名称	台数	规格	电源	设置场所
RHCU-1-1,2	空冷热泵机组（水蓄热、普通冷暖系统）	2	冷却功率 355kW，加热功率 400kW，冷热水 730L/min，冷水（7～14℃，蓄热时 5～12℃），热水（45～38℃，蓄热时 47～40℃）	φ3 200V 压缩机 45kW×2 送风机 7.2 kW	屋顶
RHCU-2-1,2	空冷热泵机组（冷水、热水同时释放型）	2	冷却功率 102kW，加热功率 119kW，冷水 730L/min（5～12℃），热水 240 L/min（45～38℃）	φ3 200V 压缩机 37.5kW 送风机 3.0 kW	屋顶
RA-3	燃气吸收式冷热水机	1	双重效应大负荷型，冷却功率 525kW，加热功率 345kW，冷热水 1080L/min（冷水 7～14℃，热水 50～44.7℃），冷却水 2500L/min（32～37.2℃）	3φ 200V 6.2kVA	地下一层机械室
CT-1	冷却塔	1	吸收式超低噪声型，冷却功率 912kW，冷却水 2500L/min（36.2～31℃）	3φ 200V 2.2kW×4	屋顶
PCH-1-1,2	冷热水一次泵（RHCU-2 系统）	2	730L/min×10mAq	3φ 200V 3.7kW	地下一层机械室
PC-1-1,2	冷水一次泵（RHCU-2 系统）	2	210L/min×43mAq	3φ 200V 3.7kW	地下一层机械室
PH-2-1,2	热水一次泵（RHCU-2 系统）	2	240L/min×44mAq	3φ 200V 3.7kW	地下一层机械室
PCH-3	冷热水一次泵（RA-3 系统）	1	1080L/min×10mAq	3φ 200V 3.7kW	地下一层机械室
PCH-101～103	冷热水一次泵（RHCU-1 系统）	3	1330L/min×17mAq	3φ 200V 7.5kW	地下一层机械室
PCH-201	冷热水蓄热泵（蓄热槽端）	1	2110L/min×18mAq	3φ 200V 11kW	地下一层机械室
PCH-202	冷温水蓄热泵（放热端）	1	2110L/min×18mAq	3φ 200V 11kW	地下一层机械室
PC-301	冷水蓄热泵（蓄热槽端）	2	210L/min×7.6mAq	3φ 200V 1.5kW	地下一层机械室
PC-302	冷水蓄热泵（放热端）	2	210L/min×17mAq	3φ 200V 1.5kW	地下一层机械室
PC-401	热水蓄热泵（蓄热槽端）	2	160L/min×11.6mAq	3φ 200V 1.5kW	地下一层机械室
PC-402	热水蓄热泵（蓄热槽端）	2	160L/min×19mAq	3φ 200V 2.2kW	地下一层机械室
PCD-3	冷却水泵	1	2500L/min×23mAq	3φ 200V 18.5kW	地下一层机械室
HEX-1	板式热交换器（冷热水蓄热槽系统）	1	热交换功率 1000kW，流量 2110L/min，冷水初级端 5～12℃，次级端 6～13℃；热水初级端 45～38℃，次级端 44～37℃		地下一层机械室
HEX-2	板式热交换器（冷水蓄热槽系统）	1	热交换功率 100kW，流量 210L/min，冷水初级端 5～12℃，次级端 6～13℃		地下一层机械室
HEX-3	板式热交换器（热水蓄热槽系统）	1	热交换功率 115kW，流量 240L/min，冷水初级端 45～38℃，次级端 44～37℃		地下一层机械室
HEX-5	板式热交换器（吸收式冷却水系统）	1	热交换功率 912kW，流量 2500L/min，初级端 36.2～32℃，次级端 37.2～32℃		地下一层机械室
HCHS-1	集管（普通空调系统一次送水）	1	φ300×3500L		地下一层机械室
HCSC-2	集管（普通空调系统二次送水）	1	φ300×3000L		地下一层机械室

设备代号	名称	台数	规格	电源	设置场所
HCHR-1	集管（普通空调系统一次回水）	1	$\phi 300 \times 3500L$		地下一层机械室
HCHR-2	集管（普通空调系统二次回水）	1	$\phi 300 \times 2500L$		地下一层机械室
HCS-1	集管（珍贵图书库冷水系统一次送水）	1	$\phi 300 \times 2000L$		地下一层机械室
HCS-2	集管（珍贵图书库冷水系统二次送水）	1	$\phi 300 \times 2000L$		地下一层机械室
HCR-1	集管（珍贵图书库冷水系统回水）	1	$\phi 300 \times 2000L$		地下一层机械室
HHS-1	集管（珍贵图书库热水系统一次送水）	1	$\phi 300 \times 2000L$		地下一层机械室
HHR-1	集管（珍贵图书库热水系统二次送水）	1	$\phi 300 \times 2000L$		地下一层机械室
HHR-2	集管（珍贵图书库热水系统回水）	1	$\phi 300 \times 2000L$		地下一层机械室
WFU-4 ~ 7	过滤机组	4	陶瓷滤芯式过滤（冷热水系统、冷热水蓄热槽、冷水蓄热槽、热水蓄热槽）	$300 \phi 2000V$ 1.5kW ~ 2.2kW	地下一层机械室
TE-1 ~ 3	膨胀罐	3	密闭型 SUS 制（普通空调系统、珍贵图书库冷水系统、珍贵图书库热水系统）		地下一层机械室
TCH-1	冷热水蓄热槽	1	混凝土制潜堰方式　　1058.62m³		地沟
TC-1	冷水蓄热槽	1	混凝土制连通管方式　65m³		地沟
TH-1	热水蓄热槽	1	混凝土制连通管方式　65m³		地沟
TCW-1	冷却水槽	1	混凝土制连通管方式　350m³		地沟
ACP-B1-1	空冷热泵成套空调机组（地下一层停车场看守员室）	1	独立式 制冷功率4.0kW，加热功率4.8kW	$\phi 3$ 200V 压缩机1.1kW 送风机0.1 kW	地下停车场
ACP-B1-2	空冷热泵成套空调机组（地下一层保洁员休息室）	1	独立式 冷却功率4.0kW，加热功率4.8kW	$\phi 3$ 200V 压缩机1.1kW 送风机0.1kW	地下停车场
ACP-B1-3	空冷热泵成套空调机组（地下一层中央监控室）	1	双独立式 室外机（冷却功率8.0kW，加热功率9.0kW），室内机2台	$\phi 3$ 200V 压缩机2.4kW 送风机0.06 kW	地下停车场
ACP-B1-4	空冷热泵成套空调机组（地下一层图书馆合作室）	1	成套式 室外机（冷却功率45kW，加热功率50kW），室内机8台	$\phi 3$ 200V 压缩机9.5kW 送风机0.38 kW	屋顶
ACP-B1-5	空冷热泵成套空调机组（地下一层电气室）	1	成套式 室外机（冷却功率28kW，加热功率31.5kW），室内机2台	$\phi 3$ 200V 压缩机6.8kW 送风机0.38 kW	屋顶
ACP-1-1	空冷热泵成套空调机组（一层守卫室）	1	独立式 冷却功率4.0kW，加热功率4.8kW	$\phi 3$ 200V 压缩机1.1kW 送风机0.04 kW	地下停车场
ACP-1-2	空冷热泵成套空调机组（一层信息机械室）	1	成套式 室外机（冷却功率73kW，加热功率81.5kW），室内机3台	$\phi 3$ 200V 压缩机19.5kW 送风机0.38kW×3	屋顶
ACP-1-4	空冷热泵成套空调机组（一层工作室等）	1	冰蓄热成套式 室外机（冷却功率45kW，加热功率35.5kW），室内机2台	$\phi 3$ 200V 压缩机8.5kW 送风机0.38kW	屋顶
ACP-1-5	空冷热泵成套空调机组（一层简餐茶室等）	1	成套式 室外机（冷却功率45kW，加热功率50kW），室内机4台	$\phi 3$ 200V 压缩机12.1kW 送风机0.38 kW×2	屋顶
ACP-1-6	空冷热泵成套空调机组（一层开放式朗读室）	1	成套式 室外机（冷却功率14kW，加热功率16kW），室内机2台	$\phi 3$ 200V 压缩机3.5kW 送风机0.12 kW	屋顶
ACP-2-1	空冷热泵成套空调机组（二层环形活动室）	1	成套式 室外机（冷却功率56kW，加热功率63kW），室内机4台	$\phi 3$ 200V 压缩机12.1kW 送风机0.38 kW×2	屋顶
ACP-2-2	空冷热泵成套空调机组（二层媒体摄影工作室）	1	成套式 室外机（冷却功率28kW，加热功率31.5kW），室内机2台	$\phi 3$ 200V 压缩机6.8kW 送风机0.38 kW	屋顶

设备代号	名称	台数	规格	电源	设置场所
ACP-2-3	空冷热泵成套空调机组（二层媒体编辑加工室）	1	冷暖自由组合式 室外机（冷却功率45kW，加热功率50kW），室内机4台	ϕ3 200V 压缩机6.8kW 送风机0.38 kW	屋顶
ACP-2-4	空冷热泵成套空调机组（二层工作室）	1	冰蓄热成套式 室外机（冷却功率56kW，加热功率45kW），室内机6台	ϕ3 200V 压缩机7.5kW 送风机0.38 kW	屋顶
ACP-2-5	空冷热泵成套空调机组（二层备用房间）	1	独立式 室外机（冷却功率8kW，加热功率9kW），室内机6台	ϕ3 200V 压缩机7.5kW 送风机0.38 kW	屋顶
ACP-2-6	空冷热泵成套空调机组（二层走廊）	1	冰蓄热建筑多用成套式 室外机（冷却功率35.5kW，加热功率40kW），室内机4台	ϕ3 200V 压缩机5.82kW 送风机0.38 kW	屋顶
ACP-3-1	空冷热泵成套空调机组（三层救护室等）	1	建筑多用成套式 室外机（冷却功率73kW，加热功率81kW），室内机9台	ϕ3 200V 压缩机5.82kW 送风机0.38 kW	屋顶
ACP-3-2	空冷热泵成套空调机组（三层资料整理室等）	1	建筑多用成套式 室外机（冷却功率56kW，加热功率63kW），室内机9台	ϕ3 200V 压缩机12kW 送风机0.38 kW×2	屋顶
ACP-3-3a	空冷热泵成套空调机组（三层办公室等）	1	冰蓄热建筑多用成套式 室外机（冷却功率45kW，加热功率50kW），室内机8台	ϕ3 200V 压缩机8.5kW 送风机0.38 kW	屋顶
ACP-3-3b	空冷热泵成套空调机组（三层馆长室等）	1	冰蓄热建筑多用成套式 室外机（冷却功率45kW，加热功率50kW），室内机7台	ϕ3 200V 压缩机8.5kW 送风机0.38 kW	屋顶
ACP-3-4	空冷热泵成套空调机组（三层微机室）	1	建筑多用成套式 室外机（冷却功率22.4kW，加热功率25kW），室内机1台	ϕ3 200V 压缩机8.5kW 送风机0.38 kW	屋顶
ACP-3-6	空冷热泵成套空调机组（三层走廊、印刷装订室）	1	冰蓄热建筑多用成套式 室外机（冷却功率28kW，加热功率31.5kW），室内机1台	ϕ3 200V 压缩机5.8kW 送风机0.38 kW	屋顶
ACP-4-1	空冷热泵成套空调机组（四层通信设备室）	1	单纯制冷用独立式 室外机（冷却功率14kW），室内机1台	ϕ3 200V 压缩机3.5kW 送风机0.14 kW	屋顶
AC-1-1~5	小型空调机（一层开架阅览室）	1	送气量15000m³/h，回气量13110 m³/h，外气量1890 m³/h，冷热水盘管（制冷功率60kW（123L/min），供暖功率45kW（94L/min）），风机变频控制	3ϕ200V 11kW	内二层机械室
AC-1-6	小型空调机（一层入口）	1	送气量10200m³/h，回气量6500 m³/h，外气量3700m³/h，冷热水盘管（制冷功率97kW（199L/min），供暖功率97kW（199L/min）），风机变频控制	3ϕ200V 7.5kW	内二层机械室
AC-2-1~5	小型空调机（二层开架阅览室）	1	送气量15000m³/h，回气量13160 m³/h，外气量1840 m³/h，冷热水盘管（制冷功率60kW（123L/min），供暖功率45kW（94L/min）），风机变频控制	3ϕ200V 11kW	内二层机械室
AC-2-6	小型空调机（二层多功能厅1、2）	1	送气量8500m³/h，回气量4700 m³/h，外气量3800m³/h，冷热水盘管（制冷功率96kW（197L/min），供暖功率88kW（181L/min）），风机变频控制	3ϕ200V 7.5kW	二层机械室
AC-2-7	小型空调机（二层媒体工作室）	1	送气量7700m³/h，回气量4850 m³/h，外气量2850 m³/h，冷热水盘管（制冷功率77kW（158L/min），供暖功率67kW（138L/min）），风机变频控制	3ϕ200V 5.5kW	二层机械室
AC-3-1，2	卧式空调机（三层珍贵图书库）	2	送气量1700m³/h，回气量1500 m³/h，外气量200 m³/h，冷热水盘管（制冷功率10kW（21L/min），供暖功率8kW（17L/min）），风机变频控制	3ϕ200V 2.2kW	二层机械室
AC-2-7	小型空调机（二层媒体工作室）	1	送气量7700m³/h，回气量4850 m³/h，外气量2850 m³/h，冷热水盘管（制冷功率77kW（158L/min），供暖功率67kW（138L/min）），风机变频控制	3ϕ200V 5.5kW	二层机械室

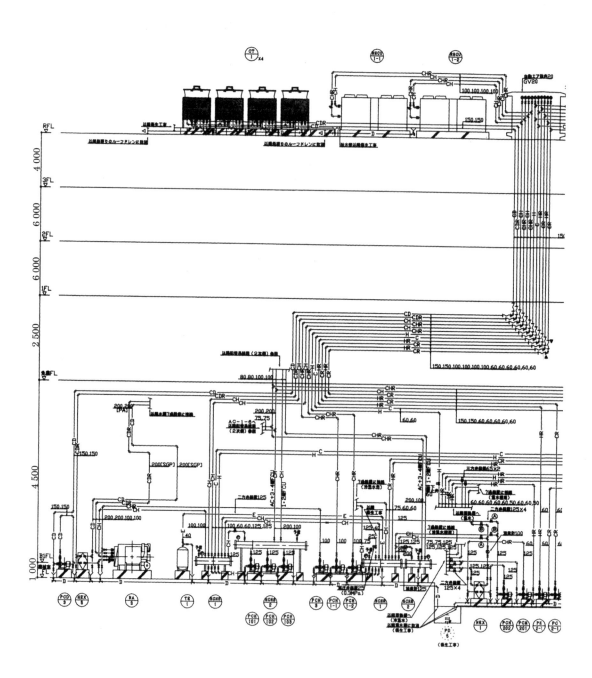

图 4.19

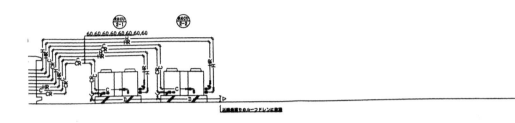

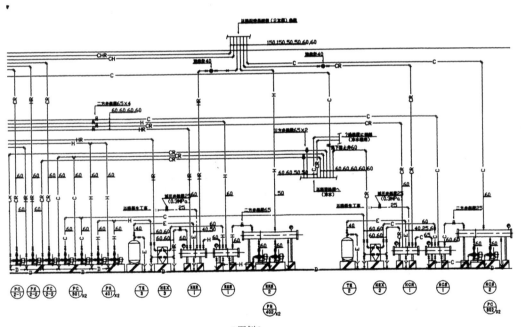

[图例]
1）图中标记▼表示由免震层上部平板或横梁构成的支撑。
2）图中标记▲表示由免震层下部平板构成的支撑。

空调配管系统图（热源）

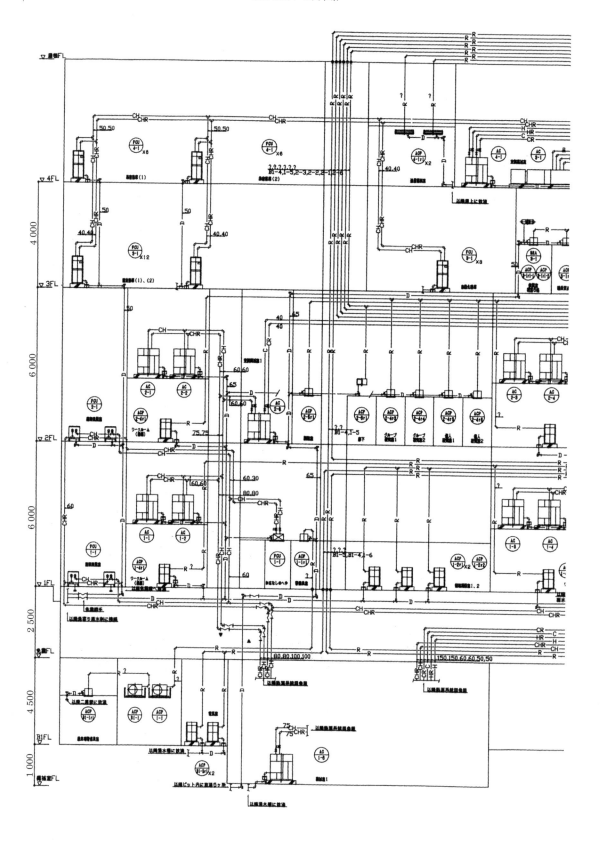

图 4.20

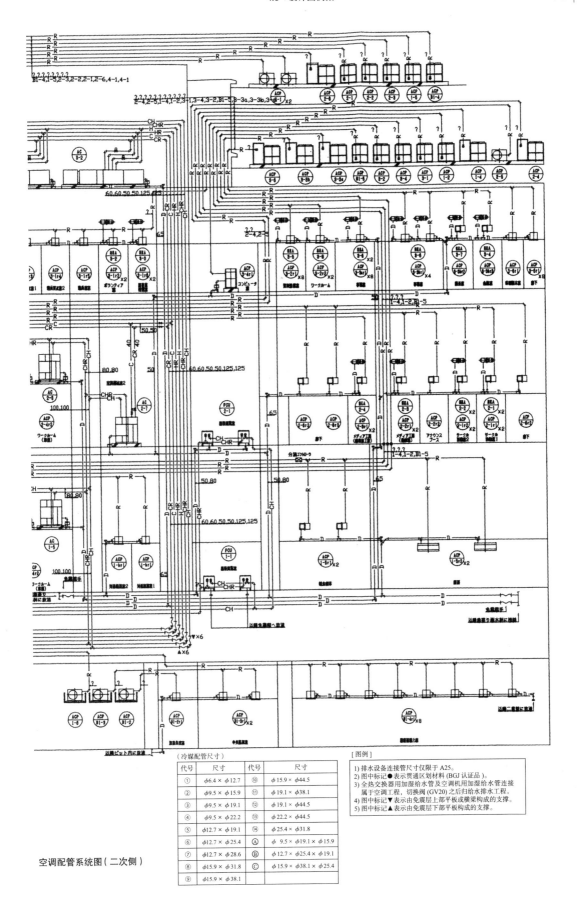

空调配管系统图 (二次侧)

〔冷媒配管尺寸〕		代号	尺寸
代号	尺寸		
①	$\phi 6.4 \times \phi 12.7$	⑩	$\phi 15.9 \times \phi 44.5$
②	$\phi 9.5 \times \phi 15.9$	⑪	$\phi 19.1 \times \phi 38.1$
③	$\phi 9.5 \times \phi 19.1$	⑫	$\phi 19.1 \times \phi 44.5$
④	$\phi 9.5 \times \phi 22.2$	⑬	$\phi 22.2 \times \phi 44.5$
⑤	$\phi 12.7 \times \phi 19.1$	⑭	$\phi 25.4 \times \phi 31.8$
⑥	$\phi 12.7 \times \phi 25.4$	Ⓐ	$\phi 9.5 \times \phi 19.1 \times \phi 15.9$
⑦	$\phi 12.7 \times \phi 28.6$	Ⓑ	$\phi 12.7 \times \phi 25.4 \times \phi 19.1$
⑧	$\phi 15.9 \times \phi 31.8$	Ⓒ	$\phi 15.9 \times \phi 38.1 \times \phi 25.4$
⑨	$\phi 15.9 \times \phi 38.1$		

〔图例〕
1) 排水设备连接管尺寸仅限于 A25。
2) 图中标记 ● 表示贯通区划材料 (BGJ 认证品)。
3) 全热交换器用加湿给水管及空调机用加湿给水管连接
   属于空调工程，切换阀 (GV20) 之后归给水排水工程。
4) 图中标记 ▼ 表示由免震层上部平板或横梁构成的支撑。
5) 图中标记 ▲ 表示由免震层下部平板构成的支撑。

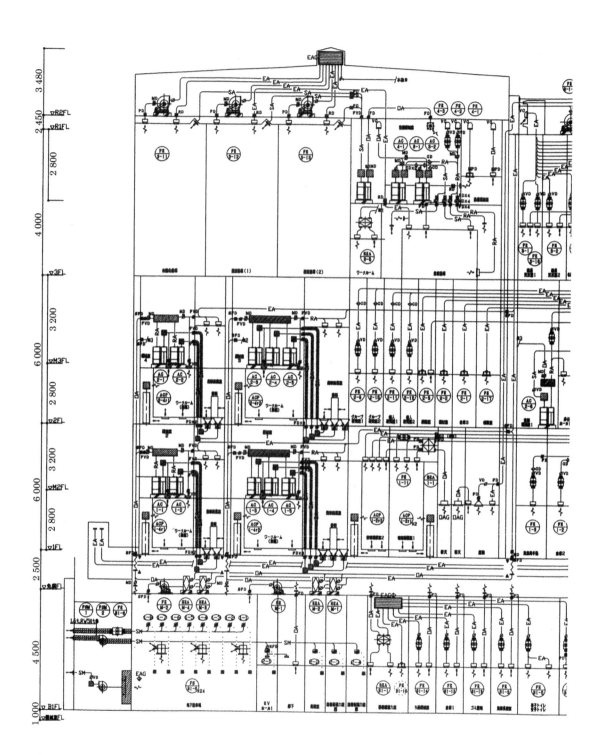

图 4.21

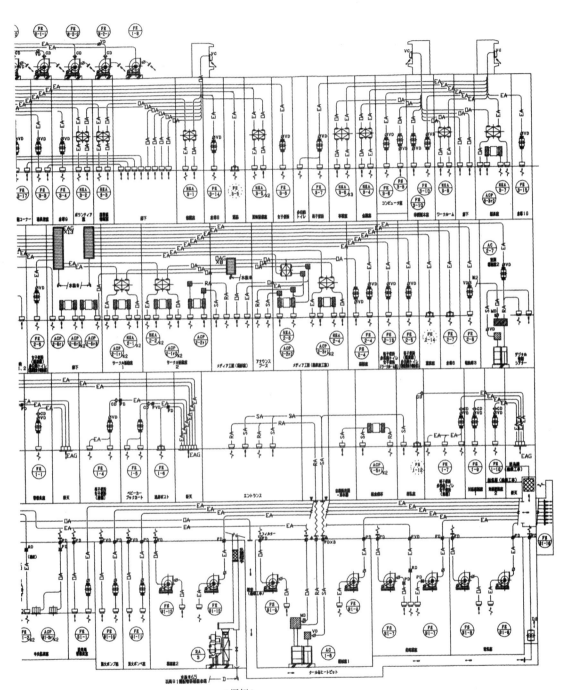

[图例]

1）图中标记▼表示由免震层上部平板或横梁构成的支撑。
2）图中标记▲表示由免震层下部平板构成的支撑。
3）FE-11、12、13 的电动阀门均为无泄漏规格。
4）AC3-1、3-2 的电动阀门均为无泄漏规格。

空调风管系统图

表 4.16 卫生设备表

设备代号	名称	台数	规格	电源	设置场所
T-1	给水箱	1	不锈钢板制双槽型，有效容量 15m³ 4000W×2000L×2500H，抗震强度 1.5G		地下层机械室
TW-1	杂用水槽	1	混凝土制双槽型，54m³（建筑工程部分）		地沟
TW-2	雨水储槽	1	混凝土制，485m³（建筑工程部分）		地沟
TW-3	水庭补给水槽	1	混凝土制，146m³（建筑工程部分）		地沟
TD-1	污水槽	1	混凝土制，1m³（建筑工程部分）		地沟
TD-2	杂排水槽（备用排水槽）	1	混凝土制，1m³，发生灾害时最大 50m³ （建筑工程部分）		地沟
TF-1	消防水槽	1	混凝土制，13.6m³（建筑工程部分）		地沟
TF-2	消防补给水槽	1	不锈钢制，有效容量 0.65m³，1000W ×1000L×1000H，抗震强度 2G		屋顶
PWU-1	自来水加压给水泵机组	1组	不锈钢制，并列自动交互变频控制 200L/ min×600kPa	3φ200V 3.7kW×2	地下层机械室
PWU-2	杂用水加压给水泵机组	1组	不锈钢制，并列自动交互变频控制 760L/ min×610kPa	3φ200V 7.5kW×2	地下层机械室
PFU-1	室内灭火栓水泵机组	1	300L/min×695kPa	3φ200V 7.5kW	地下层 灭火泵室
PFU-2	泡沫灭火泵机组	1	840L/min×760kPa	3φ200V 22kW	地下层 灭火泵室
PD-1-1,2	污水泵	2	半涡型　100L/min×110kPa	3φ200V 0.75kW	污水槽
PD-2-1,2	杂排水泵（兼作备用排水泵）	2	半涡型　100L/min×110kPa	3φ200V 0.75kW	杂排水槽
PD-3-1,2	涌水泵（机械室）	2	半涡型　100L/min×110kPa	3φ200V 0.75kW	涌水槽
PD-4-1,2	涌水泵（东侧系统）	2	半涡型　200L/min×90kPa	3φ200V 1.5kW	涌水槽
PD-5-1,2	涌水泵（西侧系统）	2	半涡型　100L/min×110kPa	3φ200V 0.75kW	涌水槽
PD-6-1,2	雨水槽排水泵	2	半涡型　500L/min×90kPa	3φ200V 3.7kW	雨水储槽
PD-7	水庭冷却水输送泵	1	半涡型　100L/min×90kPa	3φ200V 0.75kW	雨水储槽
PD-8	水庭冷却水槽补给水泵	1	半涡型　100L/min×90kPa	3φ200V 0.75kW	水庭补给水槽
PWW-1	水井泵	1	离心泵　2L/min×35kPa	3φ200V 0.75kW	免震层
PWW-2	水井泵	1	离心泵　14L/min×35kPa	3φ200V 0.75kW	免震层
EH-1-1	电热水器（饮用水、盥洗水）	2	热水储量　30L	1φ200V 3.0kW	各层开水房
EH-1-2	电热水器（饮用水、盥洗水）	1	热水储量　12L	1φ200V 0.75kW	一层 哺乳室
EH-2	电热水器（盥洗水）	4	热水储量　12L	1φ100V 1.5kW	各层 小厨房
EH-3	电热水器（淋浴用）	1	室外型　热水储量　370L	1φ200V 4.4kW	屋顶
WFU-1	水庭过滤机组	1	陶瓷滤芯　40m³/h	3φ200V 4.4kW	一层喷泉 过滤泵室
WFU-2	雨水过滤机组	1	接触氧化滤芯　10m³/h	3φ200V 1.7kW	地下层机械室
GT-1	厨房隔油池	1	不锈钢制　60L		一层茶室
GT-2	燃油分离阀	2	不锈钢制　80L		地下 停车场

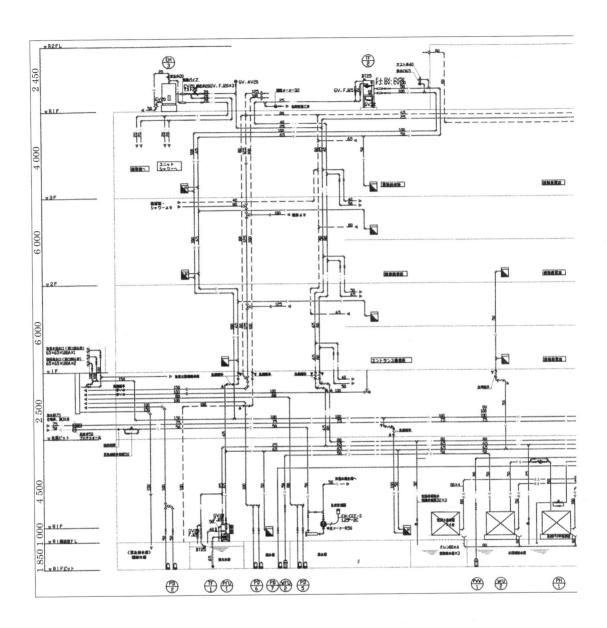

图 4.22

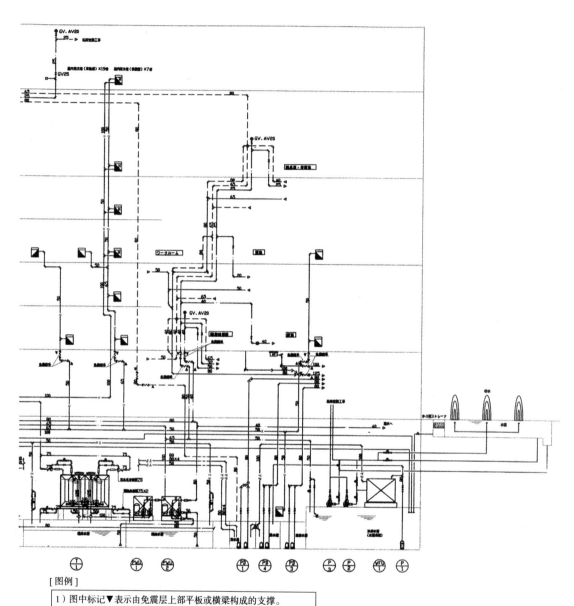

[图例]

1）图中标记▼表示由免震层上部平板或横梁构成的支撑。
2）图中标记▲表示由免震层下部平板构成的支撑。

给水排水设备配管系统图